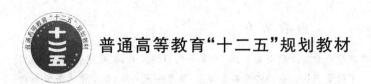

普通高等教育"十二五"规划教材

大学物理实验

主 编 姜 义 曹艳玲
　　　　贾 丛 刘春清

北京邮电大学出版社
·北京·

内容简介

本书包括绪论；测量误差、不确定度及数据处理基础知识；力学和热力学实验；电磁学实验；光学实验；近代物理实验；设计性与研究性实验等内容。在具体实验安排上，遵照由浅入深、循序渐进的原则进行编写，保留了长期教学实践证明对培养学生科学实验能力行之有效的典型实验，又增加了近代科技中具有代表性的实验，增添了一些具有时代信息的综合性和设计性实验项目，以期进一步加强学生分析和解决实际问题能力同时，也让学生了解科学发展的新方向。

图书在版编目(CIP)数据

大学物理实验 / 姜义等主编. -- 北京：北京邮电大学出版社，2015.8
ISBN 978-7-5635-4407-3

Ⅰ. ①大… Ⅱ. ①姜… Ⅲ. ①物理学—实验—高等学校—教材 Ⅳ. ①O4-33

中国版本图书馆 CIP 数据核字(2015)第 143375 号

书　　名	大学物理实验
主　　编	姜　义　曹艳玲　贯　丛　刘春清
责任编辑	张保林
出版发行	北京邮电大学出版社
社　　址	北京市海淀区西土城路 10 号(100876)
电话传真	010-82333010　62282185(发行部)　010-82333009　62283578(传真)
网　　址	www.buptpress3.com
电子信箱	ctrd@buptpress.com
经　　销	各地新华书店
印　　刷	北京泽宇印刷有限公司
开　　本	787 mm×960 mm　1/16
印　　张	22.5
字　　数	479 千字
版　　次	2015 年 8 月第 1 版　2015 年 8 月第 1 次印刷

ISBN 978-7-5635-4407-3　　　　　　　　　　　　　　定价：46.00 元
如有质量问题请与发行部联系
版权所有　侵权必究

前　　言

　　本书是根据国家教育部《理工科类大学物理实验课程教学基本要求》(2010年版)的规定，依照高等教学改革发展的需要和工程类院校人才培养的特点，并且在原有教材(《大学基础物理实验》高等教育出版社)的基础上，结合长春工程学院专业设置特点和大学物理实验开设实际情况，对原有的内容做了部分调整和修改，增加和删减了部分实验项目，使实验内容更加符合目前新常态下实验教学需求。本书是长春工程学院理学院物理实验教学中心全体教师长期辛勤劳动结果，是实验教学改革实践的经验总结。

　　物理实验课是工科院校学生进行科学实验的一门必修基础课程，全书包括绪论，测量误差、不确定度及数据处理基础知识，力学和热力学实验，电磁学实验，光学实验，近代物理实验，设计性与研究性实验等内容。在具体实验安排上，遵照由浅入深、循序渐进的原则进行编写，保留了长期教学实践证明对培养学生科学实验能力行之有效的典型实验，又增加了近代科技中具有代表性的实验，增添了一些具有时代信息的综合性和设计性实验项目，以期进一步加强学生分析和解决实际问题能力同时，也让学生了解科学发展的新方向。

　　本书由长春工程学院的物理实验教学中心教师编写，姜义老师统稿。参编作者分工如下：姜义(绪论、第一章、第四章、附表)，曹艳玲(第二章、第三章1~7)，贯丛(第五章)，刘春清(第三章8~11、第六章)。本书的完成也要特别地感谢郑春，郭延生，刘志明，岳明，李素文，曹萍，岳巾英，刘莹，高金宇等教师，感谢他们在本书的编写过程中提供的教学讲义、相关文献、文字录入等工作的帮助。

　　在本书的编写过程中，编者也参阅了兄弟院校的大学物理实验教材，在此表示感谢。限于编者水平有限，疏漏之处在所难免，衷心希望专家及广大读者提出批评指正意见，以供我们再版时改正，提高本书的编写质量。

编　者

2015年5月

目 录

绪论 ··· 1

第一章 测量误差基础理论 ·· 4

第一节 测量误差的基本知识 ·· 4
第二节 测量不确定度的基本概念 ··· 14
第三节 间接测量的不确定度 ··· 20
第四节 有效数字及其运算规则 ·· 25
第五节 数据处理常用方法 ·· 29
第六节 物理实验基本测量方法 ·· 36
第七节 物理实验最佳方案选择 ·· 41
习题 ··· 47

第二章 力学和热力学实验 ·· 49

实验 2-1 长度的测量 ··· 49
实验 2-2 质量与密度的测量 ·· 56
实验 2-3 静态拉伸法测金属丝弹性模量 ································· 66
实验 2-4 固体线胀系数的测定 ··· 73
实验 2-5 声波速度的测量 ··· 77

第三章 电磁学实验 ··· 85

实验 3-1 电表的改装与校准 ·· 85

实验 3-2　电桥的使用 ………………………………………………………… 91

实验 3-3　电位差计测量电源电动势及电阻 ……………………………… 102

实验 3-4　铁磁材料居里温度的测定 ……………………………………… 111

实验 3-5　模拟示波器的使用 ……………………………………………… 117

实验 3-6　数字示波器的使用 ……………………………………………… 125

实验 3-7　霍尔效应法测磁场 ……………………………………………… 133

实验 3-8　铁磁材料动态磁滞回线和磁化曲线的测量 …………………… 140

实验 3-9　毕奥-萨伐尔实验 ………………………………………………… 147

实验 3-10　RLC 电路的谐振现象 …………………………………………… 156

实验 3-11　RLC 串联电路的暂态过程 ……………………………………… 161

第四章　光学 ……………………………………………………………………… 168

实验 4-1　光路调整与透镜焦距的测量 …………………………………… 168

实验 4-2　分光计的调节与光栅常数测量 ………………………………… 175

实验 4-3　用牛顿环测透镜的曲率半径 …………………………………… 184

实验 4-4　双棱镜法测光波波长 …………………………………………… 190

实验 4-5　迈克耳孙干涉仪的调整与使用 ………………………………… 197

第五章　近代物理实验 …………………………………………………………… 203

实验 5-1　光学全息照相 …………………………………………………… 203

实验 5-2　光电效应及普朗克常量的测定 ………………………………… 210

实验 5-3　密立根油滴实验 ………………………………………………… 217

实验 5-4　液晶电光效应实验 ……………………………………………… 226

实验 5-5　弗兰克—赫兹实验 ……………………………………………… 232

实验 5-6　音频信号光纤传输技术实验 …………………………………… 239

实验 5-7　光导纤维中光速的测定 ………………………………………… 250

实验 5-8　PN 结温度—电压特性的测定及数字温度计的设计 ………… 259

实验 5-9　数字信号光纤通信技术实验 …………………………………… 266

实验 5-10　传感器实验 ……………………………………………………… 283

实验 5-10-1　金属箔式应变片——单臂电桥性能实验 …………………………… 284

　　实验 5-10-2　金属箔式应变片——单臂、半桥、全桥比较 …………………… 288

　实验 5-11　核磁共振测磁场 ……………………………………………………… 291

　实验 5-12　光拍频法测量光速 …………………………………………………… 296

第六章　设计性实验 ……………………………………………………………… 305

　实验 6-1　自组望远镜与显微镜 …………………………………………………… 308

　实验 6-2　转动惯量的测定 ………………………………………………………… 310

　实验 6-3　双臂电桥测金属杆的电阻率 …………………………………………… 312

　实验 6-4　电位差计测定电阻率 …………………………………………………… 314

　实验 6-5　电磁波综合实验 ………………………………………………………… 315

　实验 6-6　磁光调制（法拉第效应）实验 ………………………………………… 317

　实验 6-7　A 类超声诊断与超声特性 ……………………………………………… 319

　实验 6-8　超声 GPS 三维声纳定位 ……………………………………………… 323

　实验 6-9　太阳能电池特性研究 …………………………………………………… 326

　实验 6-10　热辐射与红外扫描成像 ……………………………………………… 328

　实验 6-11　多波段光栅单色仪 …………………………………………………… 331

　实验 6-12　塞曼效应与法拉第效应 ……………………………………………… 333

　实验 6-13　实验空气热机实验 …………………………………………………… 336

　实验 6-14　燃料电池综合特性实验 ……………………………………………… 340

附表 1　常用基本物理常量表 ……………………………………………………… 345

附表 2　标准大气压下不同温度水的密度 ………………………………………… 346

附表 3　20 ℃时常用固体和液体的密度 …………………………………………… 347

附表 4　海平面上不同纬度处的重力加速度 ……………………………………… 347

附表 5　20 ℃时金属弹性模量 ……………………………………………………… 348

附表 6　液体黏度 …………………………………………………………………… 348

附表 7　不同温度下水的黏度 ……………………………………………………… 349

附表 8　某些金属(或合金)的电阻率及其温度系数 …………………………………… 349

附表 9　常用材料的导热系数 …………………………………………………………… 350

附表 10　某些物质中的声速 ……………………………………………………………… 350

附表 11　常用光谱灯和激光器的可见谱线波长 ………………………………………… 351

附表 12　用于构成十进制倍数和分数单位的词头 ……………………………………… 352

绪　论

物理实验课程的目的

由于物理实验有它自身的特点和一套完备的实验知识、实验方法、实验技术等独特的内容,所以物理实验是高等院校学生进行科学实验基本训练的一门独立必修基础课程,是学生进入高等院校后受到系统实验方法和实验技能训练的开端。物理实验课的目的并不单纯是教会学生一些实验知识,也不单单是使其得到实验基本技能和方法的训练,其实最重要的是要使学生借助于实验手段,培养其观察、发现、分析、研究直至最终解决问题的能力,提高其自身的科学素养。因此,物理实验课的目的如下:

(1) 通过对物理实验现象的观测和分析,学习运用理论指导实验、分析和解决实验问题的方法。从理论和实验的结合上加深对理论的理解,同时激发学生对物理科学的兴趣。

(2) 培养和提高学生的科学实验能力,使学生学到物理实验的基本知识、基本方法和基本技能,它包括学会使用各种测量仪器,了解各种物理量的测量方法,学会观察分析各种实验现象,还要了解测量误差的理论知识,学会正确地记录和处理数据,正确地表达实验结果,对实验结果进行正确的误差分析评价。并在扎实的基本训练基础上,进一步进行设计实验,让学生通过自己独立设计完成的实验过程,去发现新物理现象,研究新问题,并总结出规律性的实验结果,提高科学实验能力,为将来的科学研究工作或其他工程技术工作打下良好的实验基础。

(3) 逐步培养起严肃认真、实事求是的科学态度和严谨踏实的工作作风,养成良好的科学实验习惯。科学是来不得半点虚假和马虎的。良好的科学实验习惯是做好实验的重要前提条件,一旦形成不好的习惯,以后就很难改正,要在每次实验中有意识地自我锻炼。

怎样做好物理实验

物理实验课不同于一般的书本理论课,它是在教师的指导下学生独立进行的一种实践活动,因此相应的学习方法也有很大的不同。为了能学好实验课,学生应做好以下的实验环节。

实验预习:每项实验之前,仔细阅读实验教材中有关内容(必要时需查阅相关的参考资料),了解本实验的原理和方法,了解测量仪器的使用方法和注意事项,并在此基础上写出预习报告。预习报告包括:①简要回答预习思考题;②画出实验的原理图(光路图、电路图等),列出实验依据的理论公式,画出实验数据的记录表格;③分析实验过程中不确定度与误差产生的原因及其处理措施。（注意：指导教师将通过不同方式对预习情况予以检查，没有预习报告者，不得进入实验室进行实验操作。）

实验操作：进入实验室后应严格遵守实验室规则，注意安全。未经指导教师允许，不得擅动仪器；实验观测前应首先清点所需用仪器，稳拿妥放，防止损坏。对需要通电源的仪器或电路，必须在教师的允许下方可接通电源。在整个实验过程中，要脑手并用，一方面，要多动脑筋，头脑里要有清晰的物理图像，对实验原理有比较透彻的理解，对实验中出现的各种现象要仔细观测，要有意识地去学着分析实验，对实验得到的结果要想一想是否合乎物理规律及有没有道理，在进行某些操作之前，先想想可能会出现什么结果，然后再看看是否和预期的相符合。如果不相符合，要仔细分析原因，找出改进措施，绝不能拼凑数据，实验中不要只是机械地按讲义上或教师要求的实验步骤一步一步做完就算完事，实验过程中思想状态是积极主动的，还是消极被动的，对收获大小的影响极大。另一方面，要注意培养和锻炼自己的动手能力。在实验操作过程中，我们要做到准确、熟练、快速。实验中还要养成记录好原始数据的习惯，实验记录看上去很简单，做好却不容易，实验数据要做到记得准确、清楚、有次序。实验结束时，需将实验记录交给指导教师审阅，整理还原实验仪器，在《实验仪器记录本》上签名后，经指导教师同意方可离开实验室。

实验总结：实验报告是对实验的全面总结，学生做完实验后，应及时对实验数据进行处理，处理过程包括计算、作图、不确定度及误差分析等。

怎样撰写物理实验报告

物理实验除了使学生受到系统的科学实验方法和实验技能训练外，还能通过书写实验报告为学生将来从事科学研究和工程技术开发等工作时撰写论文打基础。当然，我们只是向初学者提供实验报告的一般格式，实际上一份成功的报告，完全可以按照自己的思路来写，只要理论正确、思路清晰、结果完整，都是可以的。因此，实验报告可以说是实验课学习的重要组成部分，请认真对待。

实验报告包含以下内容：(1)实验目的；(2)实验仪器设备；(3)实验原理；(4)实验步骤；(5)原始数据的记录；(6)实验数据处理及结论。具体的要求如下。

一、实验目的

每个实验有不一样的学习目的，通常书本上都给予明确阐述。但在具体实验过程中，有些内容并不涉及或实验内容作了改变，因此，不能完全照抄书本，要根据实际要求并结合自己的体会来写。

二、实验仪器设备

在科学实验中，仪器设备是根据实验原理及相对不确定度的要求来配置的，书写时应记录：仪器的名称、型号、规格和数量（根据实验情况如实记录）；在科学实验中往往还要记录仪器的生产厂家、出厂日期和出厂编号，以便在核查实验结果时提供可靠依据等。

三、实验原理

实验原理是科学实验的基本依据。实验设计是否合理，实验所依据的测量公式是否严密可靠，实验采用什么规格的仪器，要求精度如何，应在原理中交代清楚。

（1）必须有简明扼要的语言文字叙述，通常教材可能过于详细，目的在于方便学生阅读和理解。书写报告时不能完全照抄书本，应该用自己的语言进行归纳阐述，文字务必清晰、通顺。

（2）写出所依据的原理公式，各物理量的含义，以及简要的推导过程。

（3）画出必要的原理图或实验装置示意图。如果有多张图示，应依次编号，对应在相应的文字附近。

四、实验步骤

用自己的语言简明扼要地说明实验内容、关键步骤及操作要点和实验顺序。

五、原始数据记录

必须严格、慎重、准确、真实、清晰、详尽地把测量数据记录到预习报告的数据表格内，不要随意涂改数据，也不要打草稿再誊写上去，这是一种不科学的坏习惯。如果数据记错了，不要涂抹，应该在其上做一删除记号（必要时应注明删除原因）。实验数据的书写不准用铅笔。

六、实验数据处理及结论

（1）对于需要进行数值计算而得出实验结果的，测量所得的原始数据必须如实代入计算公式，按有效数字运算法则进行计算，不能在公式后立即写出结果。

（2）对测量结果进行测量不确定度误差分析。

（3）写出实验结果的表达式（测量值、不确定度、相对不确定度、单位），实验结果的有效数字必须正确。

（4）若所测量的物理量有标准值或标称值，则应与实验结果比较，求相对误差。

实验室注意事项

（1）课前应完成指定的预习内容和预习报告，学生进入实验室需要带上记录实验数据的表格，经教师检查同意方可进行实验。

（2）遵守课堂纪律，保持安静的实验环境。

（3）使用电源时，务必经过教师检查线路后才能接通电源。

（4）爱护仪器。进入实验室不能擅自搬弄仪器，实验中严格按仪器说明书操作，如有损坏按学校的规章制度赔偿。公用工具用完后应立即归还原处。

（5）做完实验后学生应将仪器整理还原，将桌子和凳子收拾整齐。原始数据记录需指导教师签字后，方可离开实验室。

第一章 测量误差基础理论

大学物理实验的任务,一是定性地观察物理现象和变化过程;二是定量地测量物理量之间的关系;三是通过对测量数据的误差分析和数学处理,科学地评价测得的物理量或物理关系接近真实的程度。因此实验误差分析、不确定度估算、实验数据处理及实验结果评定是每一位实验者必备的知识和能力。限于篇幅,本章不可能对实验误差、不确定度概念以及数据处理和结果评定作出全面而详细的叙述,仅对这方面常用的基础知识作一介绍,以使学习者为今后更高层次的科学实验研究打下坚实的基础。

第一节 测量误差的基本知识

测量的基本概念

科学实验是建立在对物理现象观察和对表征状态或过程物理量测量的基础上,测量是人类认识和改造世界必不可少的重要手段。"科学自测量开始,没有测量便没有精密科学"。所谓测量,就是将待测的物理量与一个选作标准的同类物理量(标准量)进行比较,得出它们之间的倍数关系。选作标准的同类物理量称之为单位,倍数值称之为测量数值,两者的乘积即为被测物理量的测量值,也叫测得量。

一个物理量的大小是客观存在的,但选择不同的单位,却有不同的测量数据。对同一个物理量测量时,选用单位越大,数值就越小(例如一本普通书的厚度是 2.36 cm,若以 mm 为单位则为 23.6 mm,若以 m 为单位,则为 0.023 6 m)。因而在表示一个被测量的测量值时,应注意测量值包含数值和单位两部分,仅有数值而没有单位的测量结果是没有物理意义的。

测量的分类

根据获取测量数据方法的不同和测量条件的不同。测量可有多种分类:按获取数据的方法,可分为直接测量(direct measurement)和间接测量(indirect measurement);按照测量条件，可以分为等精度测量（equal observations）和非等精度测量（unequal observations）。

直接测量又可分直读法和比较法两种。直读法就是使用有相应单位分度的量具或仪表直接读取测量值的直接测量，如用米尺测长度、用温度计测温度、用电表测电流或电压等。其特点是测量方便，但受仪器仪表准确程度的限制，其测量准确度一般较低。比较法是把被测对象直接与体现计量单位的标准器进行比较的直接测量，如用分析天平称质量，用直流电桥测电阻等。这种测量的操作比较麻烦，但因其准确度取决于标准器，只要仪器的选配与使用得当，可使测量准确度达到较高水平。直接测量又包括单次直接测量和多次直接测量。

某些物理量不能通过量具或仪器直接读取测量值，必须把一个或几个直接测量结果按照一定的函数关系计算出来的过程，称为间接测量。例如：测量圆柱体的体积时，需先用游标卡尺和螺旋测微器测出圆柱体的直径 d 和高 h，然后将这两个直接测得量代入函数关系式 $V=\dfrac{\pi d^2 h}{4}$，从而计算出圆柱体的体积。像这种通过直接测得量而计算出待测值的物理量叫做间接测量。

等精度测量（也称重复性测量）是指在相同条件下，对某一物理量 x 进行多次测量得到一组测量值 $x_1,x_2,\cdots,x_n$。相同的条件是指同一个人，用同一台仪器、同一种方法，同一个测量对象，每次测量时周围环境条件相同。等精度测量每次测量的可靠程度相同。在物理实验课中提到对一个物理量进行多次重复测量，如无特殊说明，都是指等精度测量，因此应尽可能保持等精度测量条件不变。

非等精度测量（也称复现性测量）是指测量的五个要素除测量对象不能改变外，其他四个因素全部或者任意一个因素都可能发生改变所进行的测量。在测量过程中，由于改变测量条件，如由不同的观测者、用不同仪器或不同方法、在不同环境条件下对被测进行不同次数的测量，影响和决定测量结果的因数各异，对测得的数据的可行程度不相同。不等精度测量常用于高准确度的测量中。

单位

无论何种测量，物理量的计量单位一律采用国际单位制（SI），也是我国法定计量单位。国际单位制是 1971 年第十四届国际计量大会确定的。国际单位制（SI）的七个基本单位是：长度单位米（m）、质量单位千克（kg）、时间单位秒（s）、电流单位安培（A）、热力学温度开尔文（K）、物质的量单位摩尔（mol）、发光强度单位坎德拉（cd），还规定了两个辅助单位：平面角单位弧度（rad）和立体角单位球面度（sr）。其余各种物理量，如力、功、能量、热容、电阻、电容、电感、磁感应强度、光通量等均可由上述基本单位导出，称为国际单位（SI）的导出单位。

某些具有重要作用和广泛使用的单位，如时间单位分（min）或时（h）、质量单位吨

（t）、体积单位升（L）、能量单位电子伏（eV）、长度单位埃（Å）、级差单位分贝（dB）等，常可与国际单位同时使用。

SI 单位的国际符号，无论是拉丁字母还是希腊字母，也无论是大写字母还是小写字母，一律用正体印刷。为了避免单位的符号与物理量的符号相混淆，国际上规定，所有物理量的符号，一律用斜体印刷。

误差的基本概念

1. 绝对误差

每一个待测物理量都是客观存在的，在一定条件下具有不以人的意志为转移的数值，这个客观数值叫作该测量的真值（ture value），记为 x_0。无论是直接测量，还是间接测量，其目的都是希望获得被测量的真值。但是在任何一种测量的过程中，由于采用的测量方法和所使用的仪器均不可能绝对完善，同时由于测量条件、测量环境和测量人员种种因素的限制，都不可能使测量值与真值完全相同。这就意味着，任何测量值总会与真值存在一定的差值，这个差值就定义为测量值 x 与真值 x_0 的测量误差（measurement Error），记为 Δx，即

$$\Delta x = x - x_0 \tag{1-1}$$

误差 Δx 表示的是测量值对真值绝对偏离的大小和方向，与被测量有相同单位，这种有单位的误差就称为绝对误差（absolute Error）。

2. 相对误差

绝对误差的大小只能够反映对同一待测量误差的大小，但却不能反映误差的严重程度。例如：用米尺测量两个物体的长度时，测量值分别是 0.20 m 和 2 000 m，假定测量中出现的绝对误差分别是 0.02 m 和 2 m，虽然后者的绝对误差远大于前者，但是前者的绝对误差占测量值的 10%，而后者的绝对误差仅占测量值的 0.1%，说明后一个测量值的可靠程度远大于前者，故绝对误差并不能正确比较不同测量值的可靠性。为此，我们引出相对误差的概念：我们将测量值的绝对误差与测量值之比定义为相对误差（relative error），用 E_x 表示，即

$$E_x = \frac{\Delta x}{x} \times 100\% \tag{1-2}$$

相对误差是一个比值，没有单位，通常用百分比形式表示。相对误差不仅包含误差的大小，同时还表示误差对测量结果影响的严重程度，故它能全面评价测量质量的高低。

误差分类

由于测量误差是不可避免的，它存在于一切测量之中，而且贯穿于测量过程的始终。因此，正确地处理误差是非常重要的。其目的在于：①分析误差来源，以便找到减小和消

除误差的方法；②估算误差范围，以便于对实验结果进行修正和评价。

误差的产生有多方面的原因，如实验理论的近似性、实验仪器灵敏度和分辨能力的局限性、实验环境的不稳定性、实验者的实验技能以及判断能力等因素都可能导致测量误差。根据误差的性质和产生的原因，通常可将误差分为系统误差（systematic error）与随机误差（random error）。它们对测量结果的影响不同，处理方法也不同。

1. 系统误差

系统误差的特征是具有一定的规律性和确定性。即在一定实验条件下（实验的方法、仪器、环境和观测者均保持不变），多次测量同一物理量时，误差的大小与正负或恒定不变，或遵守某一规律（递增、递减、呈现周期性等）变化，而增加测量次数并不能减少这种误差的影响。凡具有上述特征的误差称为系统误差，其产生的原因主要来自以下几个方面。

仪器误差（instrumental error）——由测量仪器、装置不完善而产生的误差。通常有两种情况导致仪器误差的产生：一是任何量具、标准器、指示仪表等都存在一定的自身缺欠，如天平的不等臂、砝码标称的不准确、标尺刻度线的不均匀、检流计的灵敏度不足等；二是仪器在安装、调整和使用时，因水平、垂直、平行、准直、共轴、零点等状态没有达到规定的要求而引起误差。

方法误差（method error）——由于实验方法本身或理论不完善等原因所导致的误差。在物理理论中我们常常进行某种理想假定，比如创造出像"无质量"、"无摩擦"、"不可伸缩的弦线"等这样一些概念。这些理论模型可以大大简化理论问题研究的复杂性，但在实际测量中会带来误差。例如，称重时忽略了空气浮力的影响；测长时未考虑热胀冷缩的因素；伏安法测电阻时，没有考虑电表内阻的作用等，均要产生一定的误差。

环境误差（environment error）——由于外界条件变化所引起的误差。如温度、气压、湿度、电磁波、振动、光照等条件按一定规律的变化，引起环境与仪器要求的标准状态不一致，不仅会影响仪器的工作或各测量之间的关系，甚至会影响被测量的本身，如要求在20℃温度下使用的元器件，在50℃温度下使用就属于这种情况。

个人误差（personal error）——由于实验者的感官或习惯所引起的误差（也称人员误差）。个人误差取决于观测人员心理和生理的特点，通常与观测者的反应速度、固有习惯以及经验和能力等因素相关。如记录信息时习惯上的超前或滞后、对准目标读值时习惯上的偏左或偏右、估取数据时习惯上的偏大或偏小等。人为误差在测量中常表现为观测误差、估读误差、视差等。值得一提的是，随着数字化智能化仪器的不断普及，观测人员对测量的干预越来越少，因而人为误差一般可以不考虑。还需要注意的是，人为误差不包括由测量者粗心大意所造成的错误，如将 7 看成 9，将 12.5 记成 15.2。

总之，系统误差是在一定条件下由一些确定因素引起的，因此，通过在相同条件下多次测量来求平均，或者试图用增加测量次数来减少系统误差的方法都是行不通的。

系统误差的存在会影响测量结果的准确性，历史上就不止一次地发生过因系统误差处理不当而造成测量结果的不准确，几乎致使相关物理学理论出现谬误的教训。而且，对系统误差的分析研究，不仅可使测量结果更加接近真值，同时还可以从中发现或获取某些新信息，从而导致物理理论的突破。但是发现和分析、修正、减少以至消除系统误差，既涉及较深的数学和误差理论知识，更需要丰富的科学实验专门知识。所以，在大学物理实验中，一般情况下只考虑两类系统误差。一类叫作可定系统误差。可定系统误差是指那些具有固定不变性，且能够确定其大小或影响因素的系统误差。对于可定系统误差，无论是来自仪器、方法，还是来自环境、测量者，要设法找到它，探求其规律，然后采取相应措施将其对测量结果的影响尽可能减少到可忽略程度。另一类叫作未定系统误差。未定系统误差是指那些只知道测量误差可能存在于某个大致范围而并不知道它的具体数值的系统误差，如仪器的最大允差。任何测量仪器在生产过程中，都会因种种原因，如结构或制造工艺的不完善、活动部件的摩擦、游丝弹性的不均、度盘分格的不准等因素而带来误差。为了综合评定某一仪器产生误差的大小，通常仪器在出厂时都会给出仪器的最大允差（也称为仪器最大误差）。不过最大允差只能使我们知道误差的极限范围，而无法知道其确切的大小和正负，所以，最大允差是一种未定系统误差。通常对于未定系统误差可以根据其分布的随机性而将其合并到我们下面要介绍的另一类误差（随机误差）中去，并以随机误差的形式报告出来。

2. 随机误差

随机误差的特征是其随机性。在一定的实验条件下多次测量某一物理量时，即使消除了一切引起系统误差的因素，测量结果仍会出现不同的数值。这些测量值在与真值的偏差上表现为忽大忽小、忽正忽负。表面看来，它既不可预知，又无法控制，没有确定的规律可循。因而把这种随时都在变化的误差称为随机误差，也叫作统计误差。

随机误差的产生，一方面是由于实验过程中存在着某些不可预知和无法控制的偶然因素的影响，如实验环境中的温度、湿度的起伏、杂散电磁场的干扰、空气的流动、地面的振动、电源电压的不稳定以及重复测量中观测者每次操作在对准、估读、判断、分辨上产生的微小差异等；另一方面是由被测对象本身的不稳定性所引起的，如被测物体本身存在微小差异等。

随机误差的出现，从表面上看似纯属偶然，但也并非无规律可循。实践和理论都证明，在等精度条件下，当重复测量次数很多时，随机误差显示出明显的统计规律。以 Δx 表示每一次测量的随机误差，以 $\rho(\Delta x)$ 表示某一随机误差出现的概率密度函数（probability density function），其数学表达式为：

$$\rho(\Delta x) = \frac{1}{\sqrt{2\pi}\sigma} \exp\left(-\frac{(\Delta x)^2}{2\sigma^2}\right) \tag{1-3}$$

其中 $\sigma = \sqrt{\frac{1}{n}\sum_{i=1}^{n}(x-\bar{x})^2}$ 是测量的标准误差（standard error），可得到图 1-1 所示的曲线，此曲线称为正态分布曲线（normal distribution）（或称为高斯分布曲线（Gaussian distribution），是德国物理学家高斯在 1795 年导出的）。当测量次数 $n \to \infty$ 时，正态分布曲

线完全对称。由高斯分布曲线分析，随机误差具有如下性质：

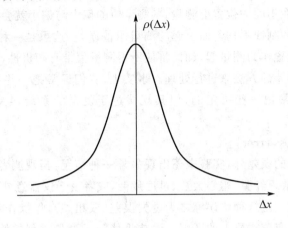

图 1-1

① 有界性（boundedness）：绝对值很大的误差出现概率为零，即误差的绝对值不会超过一定的界限；

② 单峰性（unimodality）：绝对值小的误差出现的概率比绝对值大的误差出现的概率大；

③ 对称性（symmetry）：绝对值相等的正误差和负误差出现的概率相等；

④ 抵偿性（compensation）：误差的算术平均随着测量次数的增加而越来越趋于零，即

$$\lim_{n\to\infty}\frac{1}{n}\sum_{i=1}^{n}\Delta x_i = 0 \tag{1-4}$$

随机误差的统计特性告诉我们，增加测量次数可以减小随机误差。这就是为什么我们在实验室工作中常常采用多次测量的原因。当然，实际的测量次数不可能无限多，所以随机误差是不可能完全消除的。而且，并非测量次数越多越好。因为增加测量次数必定延长测量时间，这会给保持稳定的测量条件增加困难，同时，增加测量次数也会使测量者疲劳，从而导致较大观测误差的出现。一般在科学研究中，实验重复的次数取 50 次左右为佳；在大学物理实验中，取 10 次以内即可。

综上所述，系统误差与随机误差的性质不同，来源不同，处理的方法也不同。在实验中系统误差与随机误差往往是并存的，因而测量结果的总误差应为两者之和。在实际测量中，有时影响测量结果的因素是以系统误差为主，这时随机误差可以忽略不计；有时影响测量结果的因素是以随机误差为主，这时系统误差可以忽略不计；而有时两种误差都将影响测量结果，这时两者均不可忽略。因此，一般来说，在处理实验数据时系统误差与随机误差需加以区别，以便分别处理，最后再求出总的测量误差。但在很多情况下，系统误差和随机误差之间是相互联系的，两者并没有截然分明的界线。例如，测一个钢球的直径

时,因钢球各位置上的直径并不完全相等,如果在某个固定的位置上测量,测量值或总是偏大或总是偏小;而在不同的位置上测量,各测量值的偏大与偏小就会表现出明显的随机性;还比如刻度尺上的刻线不均匀而引起的测量示值误差,这虽是一种系统误差,但当实验选择刻度尺不同位置作为测量起点时,将使所得测量值带有随机性,于是该系统误差便可以采用处理随机误差的方法来进行处理。事实上,我们经常把一些不可定的系统误差看作是随机误差;也常把一些可定的,但其规律过于复杂的系统误差当作随机误差来处理。

3. 过失误差(gross error)

除上述两种性质的误差外,实验中还出现另外一种情况:当观测者在观测、记录和整理数据过程中,由于缺乏经验、粗心大意、过度疲劳,或者由于仪器意外故障等原因造成测量上的错误。虽然我们把这种错误称之为过失误差(或粗差),但操作者在测量中的错误与真正意义上的误差有着本质上的区别。误差将伴随于测量过程的始末,而错误是可以避免的,而且必须避免。事实上,凡是在测量中用客观条件不能合理解释的那些异常数据都将作为坏值或粗差予以剔除。

算数平均值(arithmetic mean or average)

误差是指测量值与真值之差,其定义式为公式(1-1)。因为误差伴随于任何的测量过程中,所以,该式中的真值是不可知的,这也就是说测量误差是不可知的。如果不能知道误差,如何评价测量数据或测量结果呢?为此我们必须找到一个能够替代真值的量,这个能够替代真值的量就是算数平均值,或叫作近真值。

如果对某一物理量进行 n 次等精度测量,获得 n 个测量值 $x_1, x_2, \cdots, x_n$(像这种等精度测量所得到一组测量数据,通常称为测量列),按误差的定义,测量列中各个测量值 x_i 的误差 Δx 分别为

$$\Delta x_1 = x_1 - x_0$$
$$\Delta x_2 = x_2 - x_0$$
$$\cdots\cdots$$
$$\Delta x_n = x_n - x_0$$

将以上各等式两侧求和并同时除以测量次数 n,得

$$\frac{1}{n}\sum_{i=1}^{n}\Delta x_i = \frac{1}{n}\sum_{i=1}^{n}(x_i - x_0)$$

由误差的抵偿性可知,当 $n \to \infty$ 时,上式的左侧为零,这样就得到

$$x_0 = \frac{1}{n}\sum_{i=1}^{n}x_i$$

根据数学知识,n 个测量值 $x_1, x_2, \cdots, x_n$,其算术平均值 $\bar{x}$ 为

$$\bar{x} = \frac{1}{n}\sum_{i=1}^{n} x_i \tag{1-5}$$

由此我们得知,在等精度测量次数为无限次时,测量列的算术平均值 $\bar{x}$ 就是真值 x_0,即 $\bar{x}=x_0$。当然,实际的测量次数都是有限的,不可能是无限的,这时的算术平均值虽不是真值,但根据误差的统计特征,相对测量列中其他的测量值,它是最接近真值的,并且测量次数越多,算术平均值 $\bar{x}$ 接近真值 x_0 的程度也越高。因此,算术平均值 $\bar{x}$ 被称为真值的最佳近似值,简称近真值(亦称约定真值)。用近真值代真值后,测量误差就可以表示为测量值与算术平均值之差,通常称其为测量偏差(deviation)(或残差(residual error)),表示为

$$\Delta x_i = x_i - \bar{x} \tag{1-6}$$

随机误差的估算

1. 标准偏差(standard deviation)

如果进行待测物理量的直接测量,并假定系统误差已被消除(实际是将其降至最小程度内),则影响测量结果的主要原因是随机误差。随机误差有多种表述形式,其中最为普遍的表述形式就是标准误差。

设在相同实验条件下(即等精度)对某一物理量进行 n 次直接测量,其测量值分别为 $x_1, x_2, \cdots, x_n$,则根据统计误差理论,该测量列的标准偏差定义为

$$\sigma_x = \sqrt{\frac{1}{n-1}\sum_{i=1}^{n}(x_i - \bar{x})^2} \tag{1-7}$$

式(1-7)又称为贝塞尔(Bessel)公式。

标准偏差 σ_x 不同于测量误差 Δx。Δx 是真实的误差,而 σ_x 已不是一个具体的测量误差值,它只是一个统计性的特征值,是一种随机误差的量度。标准偏差 σ_x 的大小说明的是在一定条件下等精度测量列随机误差的分布情况,即一组测量数据之间的离散程度。如果 σ_x 大,说明各测量数据较为分散,其测量的可靠性一定较差。具体说,根据统计理论计算,当一组测量数据标准偏差为 σ_x 时,则 σ_x 表征的是:在该测量列中,每一个测量值的测量偏差 Δx_i 有 68.3% 的可能性落在 $[-\sigma_x, +\sigma_x]$ 内。也就是说,在所获得的数据中,将有 68.3% 个数据的测量偏差 Δx_i 是小于 σ_x 的。概率 68.3% 通常称为置信度或置信概率。

2. 算数平均值标准偏差(average standard deviation)

在实际工作中,人们往往关心的并不是测量数据列的分散性,而是测量结果,即数据的近真值 $\bar{x}$ 的离散程度。在消除系统误差的情况下,如果在相同条件下对同一待测量进行多组重复的系列测量,由于随机误差的存在,每一系列测量所得的近真值 $\bar{x}$ 并不相同。为了表征近真值的可靠性,引入近真值的标准误差(也叫算术平均值的标准误差),用符号

$\sigma_{\bar{x}}$ 表示,即

$$\sigma_{\bar{x}} = \sqrt{\frac{1}{n(n-1)}\sum_{i=1}^{n}(x_i - \bar{x})^2} \tag{1-8}$$

近真值的标准偏差 $\sigma_{\bar{x}}$ 表征的是近真值(算术平均值)$\bar{x}$ 的可靠性。若近真值的标准偏差为 $\sigma_{\bar{x}}$,其意义是:表示测量值的平均值 $\bar{x}$ 的随机误差在 $[-\sigma_{\bar{x}}, +\sigma_{\bar{x}}]$ 之间的概率为 68.3%,或者说待测量的真值在 $[\bar{x}-\sigma_{\bar{x}}, \bar{x}+\sigma_{\bar{x}}]$ 区间内的概率为 68.3%。由此可见,$\sigma_{\bar{x}}$ 反映了近真值接近真值的程度。

例1 用单摆测重力加速度的公式为 $g = \frac{4\pi^2 l}{T^2}$。对摆长 l 和周期 T 各测量5次,记录数据如下表所示。求摆长和周期测量值的标准误差 σ_l 和 σ_T,并求算术平均值的标准误差 $\sigma_{\bar{l}}$ 和 $\sigma_{\bar{T}}$。

n	1	2	3	4	5
l/cm	100.20	100.16	100.28	100.12	100.24
T/s	2.001	2.002	1.998	2.003	1.996

解 根据公式(1-4)求得摆长与周期近真值 $\bar{l}$ 和 $\bar{T}$:

$$\bar{l} = \frac{1}{5}\sum_{i=1}^{5} l_i = 100.20 \text{ cm}$$

$$\bar{T} = \frac{1}{5}\sum_{i=1}^{5} T_i = 2.000 \text{ s}$$

根据公式(1-6),所求摆长与周期的测量值标准偏差为

$$\sigma_l = \sqrt{\frac{1}{5-1}\sum_{i=1}^{5}(l_i - \bar{l})^2} = \sqrt{\frac{0.016}{4}} \text{ cm} = 0.07 \text{ cm}$$

$$\sigma_T = \sqrt{\frac{1}{5-1}\sum_{i=1}^{5}(T_i - \bar{T})^2} = \sqrt{\frac{0.000\,034}{4}} \text{ cm} = 0.003 \text{ s}$$

根据公式(1-7)求得算术平均值 $\bar{l}$ 和 $\bar{T}$ 的标准偏差为

$$\sigma_{\bar{l}} = \frac{\sigma_l}{\sqrt{n}} = \frac{0.07}{\sqrt{5}} \text{ cm} = 0.031 \text{ cm} \approx 0.04 \text{ cm}$$

$$\sigma_{\bar{T}} = \frac{\sigma_T}{\sqrt{n}} = \frac{0.003}{\sqrt{5}} \text{ s} = 0.001\,3 \text{ s} \approx 0.002 \text{ s}$$

用随机误差表示测量结果

对一组直接测得量数据,以近真值 $\bar{x}$ 为其测量结果的最佳值,在测量中系统误差已消除或已减至最小的前提下,测量结果的误差就可以用标准误差表示,因此,测量结果可

表示为下面的形式

$$x = \bar{x} \pm \sigma_x$$

需要特别指出的是,上式所给出的是一个数值区间,其物理意义是：由统计学的观点来看,它表示被测量的真值出现在$[\bar{x}-\sigma_x, \bar{x}+\sigma_x]$区域的概率为 68.3%。认为真值一定是在区间$[\bar{x}-\sigma_x, \bar{x}+\sigma_x]$内,或者认为真值是$[\bar{x}-\sigma_x]$,或是$[\bar{x}+\sigma_x]$都是错误的。

例 1 中的测量结果可表示为

$$长度：l = (100.20 \pm 0.04) \text{cm}$$
$$周期：T = (2.000 \pm 0.002) \text{s}$$

公式(1-8)是以绝对误差形式表述的测量结果,根据式(1-2)测量结果也可以相对误差形式表述,并用百分数表示,即

$$E = \frac{\sigma_x}{\bar{x}} \times 100\% \tag{1-9}$$

例题 1 中以相对误差形式的测量结果表述为

$$E_l = \frac{0.04}{100.20} \times 100\% = 0.04\%$$

$$E_T = \frac{0.002}{2.000} \times 100\% = 0.1\%$$

绝对误差和相对误差都是一个含有误差的估算值,在测量次数较小的情况下,只保留一位数即可(参阅第一章,1-4 节内容)。

百分误差(percentage error)

在物理实验中某些待测量有公认值或理论值,这时可将测量结果与其公认值或理论值比较,并同样用百分数的形式表示测量结果的优劣,即

$$A = \frac{|\bar{x} - x_0|}{x_0} \times 100\% \tag{1-10}$$

式中 x_0 是公认值或理论值,A 称为百分误差。

测量的准确度和精密度

在物理实验中,常用"准确度"、"精密度"来定性地评价测量结果的好坏。这两个概念的含义不同,使用时应注意它们的区别。

测量准确度(accuracy)是指测量值与真值符合的程度。测量准确度高,即测量数据的平均值接近真值的程度好,说明系统误差较小。但数据平均值接近真值,并不一定测量数据也集中,完全有可能这时测量的重复性很差,数据相当分散。因此准确度只反映系统误差的大小,而不能确定随机误差情况。

测量的精密度(precision)简称为测量精度,是指重复测量所得结果相互接近的程度。

测量精密度高,即测量数据比较集中;测量的重复性好,说明测量随机误差小。但数据是否接近真值并不明确,也即系统误差的情况不明,所以可用测量精密度反映随机误差的大小。

我们以打靶为例说明两者的意义和区别。

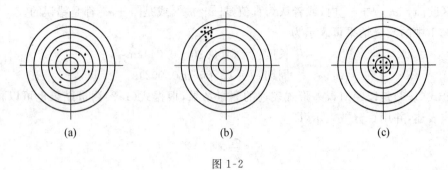

图 1-2

在图 1-2 中,(a)图虽弹着点比较分散,但各击中点总的平均位置距离靶心较近,所以,表示的是系统误差较小,即准确度较高;(b)图弹着点比较集中,重复性好,说明随机误差小,即精密度较高。但其各击中点均偏离靶心较远,说明系统误差较大(准确度差);(c)图的弹着点不但集中,而且都比较接近靶心,说明其准确度与精密度均较高。

随着现代科学技术的发展,测量的准确度与精密度在不断提高。但正如前所述,任何测量都不可能避免误差,测量的准确度和精密度的提高也不可能是无限的。我们的目的是在承认存在误差的前提下,设法将误差控制在实际需要的范围内,并通过数学处理的方式评定误差的大小。

第二节 测量不确定度的基本概念

随着现代化计量学的发展和进步,误差理论体系愈加趋于成熟和完善。不过误差是一个理想的概念。因为误差定义为测量结果与待测量真值之差值,由于真值不可得知,所以任何一个确切的误差同样是不可知的。如果用根本无法确知的量去评价测量质量,显然是不合适的。因此,为了准确地表述测量结果的可信程度,1980 年国际计量局提出了关于实验采用测量不确定度(uncertainty of measurement)的建议和规定。

测量不确定度

测量不确定度是一个定量描述测量结果的指标。通俗地讲,由于测量误差的存在而对被测量值不能确定的程度就称为测量不确定度。依照国际计量委员会《JJF1059—1999 测量不确定度评定与表示》中的定义,不确定度是表征合理地赋予被测量之值的分散性与测量结果相联系的参数,意为对测量结果正确性的可疑程度。具体来说,由于测量结果具有分散性,考虑到测量过程中各种因素的影响,我们可用一个恰当的参数来表述测量结果的分散性,这个参数就是不确定度。不确定度反映了可能存在的误差分布范围,即随机误差分量和未定系统误差的联合分布范围。因此,不确定度能够对测量结果的准确程度作出科学合理的评价。不确定度越小,表示测量结果与真值接近,测量结果也越可信。

不确定度来源于测量过程中种种不能确定因素的影响,如测量的方法、仪器、人员、环境、对象等。从测量数据的性质来看,测量数据可分为两类:一类是符合统计规律的,如重复多次测量所得的数据;另一类是不符合统计规律的,如只能或只需一次测量的数据。据此,不确定度分为两类分量:一类是多次测量时用统计分析方法估算的不确定度分量,称为统计不确定度(也称 A 类不确定度分量或 A 类分量),表示为 Δ_A;另一类是用非统计分析的方法估计的不确定度分量,称为非统计不确定度(也称 B 类不确定度分量或 B 类分量),表示为 Δ_B。下面具体介绍这两类不确定度的估算方法。

1. 统计不确定度的估算

在进行无限次测量时,测量误差服从正态分布,而实际测量中,由于直接测量次数只能是有限次的,这时误差不完全服从正态分布规律,因而对误差的估算,也就是其统计不确定度 Δ_A 需由贝塞尔公式乘以因子 $t_p/\sqrt{n}$ 求得,即

$$\Delta_A = t_p \sigma_x / \sqrt{n} = t_p \sqrt{\frac{\sum_{i=1}^{n}(x_i - \overline{x})^2}{n(n-1)}} \tag{1-11}$$

式中 t_p 是与一定置信概率 p 以及测量次数 n 相联系的常数,称为置信因子。对不同测次 n 及置信概率 p,置信因子 t_p 之值由表 1-1 可以查得。

表 1-1 置信因子 t_p 的数值

概率 p \ 测次 n	2	3	4	5	6	7	8	9	10	11	20	30	∞
0.683	1.84	1.32	1.20	1.14	1.11	1.09	1.08	1.07	1.06	1.05	1.03	1.02	1.00
0.95	12.7	4.30	3.18	2.78	2.57	2.45	2.36	2.31	2.26	2.23	2.09	2.05	1.96
0.99	63.7	9.93	5.84	4.60	4.03	3.71	3.50	3.36	3.25	3.17	2.86	2.76	2.58

在大学物理实验中,因为实验室测量条件较为稳定。在等精度有限次重复性测量情况下,为了避免繁琐的运算过程,统计不确定度 Δ_A 的计算通常采取如下两种简化方案。

(1) 国际标准推荐方案:取置信概率 $p=0.683$,在 $n \geqslant 6$ 的等精度测量条件下,$t_p \approx 1$ (见表 1-1),则统计不确定度 Δ_A 为

$$\Delta_A = \sqrt{\frac{1}{n(n-1)} \sum_{i=1}^{n}(x_i - \overline{x})^2} \tag{1-12}$$

(2) 国家标准推荐方案:取置信概率 $p=0.95$,在 $6 \leqslant n \leqslant 10$ 的等精度测量条件下,$t_p/\sqrt{n} \approx 1$(见表 1-2),则统计不确定度 Δ_A 为

$$\Delta_A = \sqrt{\frac{1}{n-1} \sum_{i=1}^{n}(x_i - \bar{x})^2} \tag{1-13}$$

表 1-2 $p=0.95$ 时,$t_p/\sqrt{n}$ 的数值

测次	2	3	4	5	6	7	8	9	10	15	20	∞
$t_p/\sqrt{n}$	9.98	2.48	1.59	1.24	1.05	0.93	0.84	0.77	0.72	0.55	0.47	$1.96/\sqrt{n}$
近似值	9.0	2.5	1.6	1.2	\multicolumn{5}{c|}{$6 \leqslant n \leqslant 10$ $t_p/\sqrt{n} \approx 1$}					\multicolumn{3}{c|}{$n \leqslant 10$ $t_p/\sqrt{n} \approx 2\sqrt{n}$}		

在国家标准推荐方案中($p=0.95, 6 \leqslant n \leqslant 10$),统计不确定度 Δ_A 的估算公式与贝塞尔公式相同,即 $\Delta_A = \sigma$。在本书中,统计不确定度 Δ_A 的估算统一采用国家标准推荐方案进行估算。

2. 非统计不确定度的估算

非统计不确定度用符号 Δ_B 表示,它是指测量中凡不符合统计规律的不确定度。例如用米尺进行长度的单次测量时,因米尺最小分格 1/10～1/5 不可能读准确,由此必然产生不确定成分。不仅单次测量会产生非统计不确定度,任何重复性测量中的每一次测量,也都会因为测量仪器结构、制造与使用精度等种种不完善因素而产生不确定成分。除此之外,实验的方法、原理、环境,包括实验人员自身等诸多因素也都会产生不确定成分,这些不确定成分均属于非统计不确定度。

非统计不确定度的存在会影响测量结果的准确性,特别是在精密测量过程中,因为这时的统计不确定度已被控制得很小,所以非统计不确定度将主要决定测量结果的准确程度。不过,发现和分析不确定度的来源,既涉及较深的数学和误差理论知识,又需要实验者具备丰富的科学实验经验。因此为了简便起见,大学物理实验中仅考虑由仪器误差产生的非统计不确定度。参照国家标准规定,在直接测量过程中,若计量仪表、器具的仪器最大误差(也称为仪器的最大允差或允许误差限)为 Δ_{ins},同时在不考虑仪器误差概率分布的条件下,则由仪器引起非统计不确定度为

$$\Delta_A = \Delta_{ins} \tag{1-14}$$

仪器的最大误差

仪器的最大误差,也称最大允差(maximum permissible error,MPE),也就是所说的仪器基本误差或示值误差,通常用符号 Δ_{ins} 表示。它是指在规定的条件下正确使用仪器时,测量所得结果和被测量值之间可能产生的最大误差。Δ_{ins} 产生的因素较多,包括仪器结构上和制造技术上的不完善,还有仪表盘分度不准确、活动部分的机械摩擦、表针游丝

弹性不匀或游丝老化、磁铁磁场不均匀等因素的影响。仪器的最大误差通常是由生产厂家和计量机构经过检定后给出的。一般而言为仪器最小刻度所对应的物理量的数量级，通常注明在仪器出厂的质量鉴定书、校准证书或仪器铭牌上。一些常用仪器的最大误差如表 1-3 所示。

表 1-3

仪器名称	量称	最小分度值	最小误差
钢直尺	0～300 mm	1 mm	0.1 mm
	300～500 mm	1 mm	0.15 mm
钢卷尺	0～1 m	1 mm	0.8 mm
	0～2 m	1 mm	1.2 mm
游标卡尺（10 分尺）	0～300 nm	0.10 mm	0.10 mm
游标卡尺（20 分尺）	0～300 mm	0.05 mm	0.05 mm
游标卡尺（50 分尺）	0～300 nm	0.02 mm	0.02 mm
螺旋测微器（零级）	0～100 mm	0.01 mm	0.002 mm
螺旋测微器（一级）	0～100 mm	0.01 mm	0.004 mm
七级物理天平	500 g	0.05 g	0.08 g（接近满量程）
			0.06 g（1/2 满量程附近）
			0.04 g（1/3 量程及以下）
三级分析天平	200 g	0.05 mg	0.08 g（接近满量程）
			0.06 g（1/2 满量程附近）
			0.04 g（1/3 量程及以下）
普通温度计	100 ℃	1 ℃	1 ℃
精密温度计	100 ℃	0.1 ℃	0.2 ℃

对于各类电工仪表来说，其仪器的最大误差是以另一种形式表示的。根据国家标准规定，各类电工仪表或电工器件分为不同的准确度等级，如常用的指针式电流表、电压表分为 0.1、0.2、0.5、1.0、1.5、2.5 和 5.0 七级，这个等级标志被标注在电表的面盘上。使用电表测量时，根据所用电表的准确度级别以及所用电表的量程就可以算得该电表的最大误差，其计算公式如下：

$$\Delta_{ins} = A_{max} \times \alpha\% \qquad (1-15)$$

式中 A_{max} 表示所用电表的量程，α 表示电表的准确度级别。比如量程为 100 mA、准确度级别为 1.5 的电流表，其仪器的最大误差 $\Delta_{ins} = 100 \times 1.5\%$ mA = 1.5 mA。如果同是这块电流表，改用 200 mA 的量程，则其仪器的最大误差就为 3.0 mA。可见，测量所用电表的准确度级别越高，在满足测量值小于所选量程的前提条件下，量程越小，其读值的准确度也越高。

如果测量仪器并没有明确给定仪器的最大允差,对于刻度尺或刻度盘,可取其最小刻度值的一半作为该仪器的最大误差。例如最小刻度值是 1 mm 的米尺,其 $\Delta_{\text{ins}} = 0.5$ mm;对于没有刻度的数字式仪器,可取其末位数的一个单位作为该仪器的最大误差。例如数字毫秒的末位数代表的单位是 0.1 ms,其 $\Delta_{\text{ins}} = 0.1$ ms。

某些测量过程中的测量不确定度并不一定取决于仪器,这要具体情况具体分析。例如用秒表测量时间,虽然秒表的最大误差很小(假设为 0.01 s),但测量者在启动和制动秒表的两个瞬间,由生理方面的原因会各有 0.1 s 的不确定度,因此整个的测时过程应有 0.2 s 的不确定度,故这时秒表的最大误差不是 0.01 s,而是 0.2 s。

合成不确定度

在一个测量过程中,多次重复测量一个待测量,其被测量的真值不能肯定的误差范围既决定于不确定度的 A 类分量,又决定于不确定度的 B 类分量,因而,测量结果的总不确定度应由这两个成分共同决定,具体的计算公式如下:

$$\Delta = \sqrt{\Delta_A^2 + \Delta_B^2} \tag{1-16}$$

在取定 $P = 0.95$,测量次数 $6 \leqslant n \leqslant 10$ 情况下,可表示为

$$\Delta = \sqrt{\sigma^2 + \Delta_{\text{ins}}^2}$$

式中 Δ 为测量结果的总不确定度,称之为合成不确定度(也叫展伸不确定度)。上式表明,合成不确定度等于统计不确定度分量 Δ_A 与非统计不确定度分量 Δ_B 的方和根(本书只讨论 A 类、B 类分量各自独立变化、互不相关的合成问题)。

在处理不确定度合成的问题中,需注意下面两种情况。①如果实验使用仪器精度较高,测量条件较为稳定,在多次测量的情况下,Δ_B 一定很小,当 Δ_A 与 Δ_B 比较,有 $\Delta_B < \frac{1}{3} \Delta_A$ 的关系时,则 Δ_B 可以略而不计,其合成不确定度 $\Delta = \Delta_A$;②如果实验仪器的精度不高,测量条件较为稳定,多次测量同一量结果相同(或相近),也就是仪器的精度已不能分辨出测量值之间的差异,或者测量并不是多次重复而是单次测量,这时一般有 $\Delta_A < \frac{1}{3} \Delta_B$,则可将 Δ_A 略而不计,其合成不确定度 $\Delta = \Delta_B$。

如果确定了合成不确定度,测量结果就可以表述为

$$x = \bar{x} \pm \Delta \tag{1-17}$$

它表示待测量的真值 x_0 落于区间 $[\bar{x} - \Delta, \bar{x} + \Delta]$ 内的概率为 p。显然在置信概率一定的情况下,不确定度的范围越窄,测量结果的可靠性就越大。

例 2 用螺旋测微器测量金属丝的直径 d(mm),测量 6 次的测量值分别为 0.695,0.698,0.697,0.694,0.693,0.694。

螺旋测微器的示值误差 $\Delta_{\text{ins}} = 0.004$ mm,用不确定度计算出测量结果。

解 由测得的数据计算金属丝直径的算数平均值

$$\bar{d} = \frac{1}{6}\sum_{i=1}^{6} d_i = \frac{1}{6}(0.695 + 0.698 + 0.697 + 0.694 + 0.693 + 0.694)\,\text{mm}$$
$$= 0.695\,\text{mm}$$

由式(1-13)计算 A 类不确定度分量

$$\Delta_A = \sqrt{\frac{1}{6-1}\sum_{i=1}^{6}(d_i - \bar{d})^2}$$
$$= \sqrt{\frac{(0.695-0.695)^2 + (0.698-0.695)^2 + (0.697-0.695)^2 + \cdots}{5}}\,\text{mm}$$
$$= 0.002\,\text{mm}$$

由式(1-14)得到 B 类不确定度分量

$$\Delta_B = \Delta_{\text{ins}} = 0.004\,\text{mm}$$

合成不确定度为

$$\Delta_d = \sqrt{\Delta_A^2 + \Delta_B^2} = \sqrt{0.002^2 + 0.004^2}\,\text{mm} = 0.0045\,\text{mm} \approx 0.005\,\text{mm}$$

测量结果

$$d = (0.695 \pm 0.005)\,\text{mm}$$

使用螺旋测微器测量之前,需检查测微器是否有初读值。螺旋测微器这种精密仪器常常会有初读值,这是一种非统计的不确定度成分,属于已定系统误差(即绝对值和符号都确定的误差),一般可以通过算术平均值或测量值修正的方法,将其对测量结果的影响消除(关于初读值概念,详见第二章,实验 2-1)。假如本例题中给定条件:螺旋测微器的初读值为 $-0.013\,\text{mm}$,则直径的算术平均值就应为

$$d = [0.695 - (-0.013)]\,\text{mm} = 0.708\,\text{mm}$$

其测量结果为

$$d = (0.708 \pm 0.005)\,\text{mm}$$

单次测量结果的不确定度

在实际测量中,有时测量条件不允许进行重复多次测量;或者有些实验的测量精度要求较低;还有某些测量仪器准确度较差,已不足以反映测量值的微小起伏,多次测量同一物理量的测量值完全相同,凡此种种情况下,都可以对待测量采取单次测量。

在单次测量中,对于 A 类不确定度 Δ_A 是没有意义的,故 $\Delta_A = 0$。而对于 B 类不确定度 Δ_B,大多数情况下是根据仪器的测量准确度、灵敏度、分度值的大小等具体情况来估算,一般可以根据 B 类不确定度的约定,即 $\Delta_B = \Delta_{\text{ins}}$,也就是取仪器的最大误差直接作为单次测量结果的 B 类不确定度。因为这时的 A 类不确定度并不存在,所以 Δ_{ins} 也就是单次测量结果的合成不确定度。例如螺旋测微器的最大误差 $\Delta_{\text{ins}} = 0.004\,\text{mm}$,若使用螺旋测微器单次测量(不考虑初读值)金属丝直径 d 为 $0.708\,\text{mm}$,则其测量结果即可写成

$$d = (0.708 \pm 0.004)\,\text{mm}$$

同理可知,量程为 100 mA、准确度级别为 1.0 级的电流表,其 $\Delta_{\text{ins}} = 100 \times 1.0\%$ mA = 1.0 mA。若使用该电流表进行单次测量,则测量结果的总不确定度就为 $\Delta = 1.0$ mA。

例 3 用灵敏度为 0.1 g 的物理天平秤衡金属圆柱体的质量,称得的值为 36.51 g。求测量结果。

解 用物理天平秤衡质量时,重复称量的读数往往相同,故一般只进行单次测量。由于物理天平最大误差 Δ_{ins} 为其最小分度值(灵敏度值)的一半,即 0.05 g,所以 $\Delta_A = 0$,$\Delta_B = 0.05$ g,也即 $\Delta = \Delta_B$。于是,测得的结果表示为:

$$m = (36.51 \pm 0.05)\,\text{g}$$

注意:单次测量的不确定度只有非统计不确定度而没有统计不确定度成分,并非意味着单次测量的不确定度 $\Delta = \Delta_B$,只是小于多次测量的不确定度 $\sqrt{\Delta_A^2 + \Delta_B^2}$。这只说明两者对测量结果的估算相差不大,也并不能认为单次测量过程中不存在随机误差,只说明仪器的分辨率太低已不足以反映微小差异,故而取 $\Delta = \Delta_B = \Delta_{\text{ins}}$ 是合理的。

相对不确定度

把合成不确定度 Δ 与被测量的近真值(算术平均值 $\bar{x}$)之比称为相对不确定度 E,即

$$E = \frac{\Delta}{\bar{x}} \times 100\% \tag{1-18}$$

相对不确定度表示的是测量误差的不确定度成分在测量值中所占的比例。

对单次测量来说,式(1-18)中的近真值可用测量值代替。如例 2 和例 3 测量结果的相对不确定度分别为

$$E_d = \frac{\Delta_d}{\bar{d}} \times 100\% = \frac{0.005}{0.695} = 0.719\% \approx 0.8\%$$

$$E_m = \frac{\Delta_m}{m} \times 100\% = \frac{0.05}{36.51} = 0.13\% \approx 0.2\%$$

第三节 间接测量的不确定度

间接测量值都是通过一定函数关系由各直接测量值得到的,由于各直接测量值都存在不确定度,所以间接测量必然也会有不确定度,这就叫作不确定度的传递。在这一节中,我们将讨论如何由直接测得量得到间接测量结果,如何由直接测量不确定度得到间接测量结果的总不确定度的问题。

函数的不确定度

直接测量不确定度对间接测量结果的影响可由相应的数学函数关系计算出来。设间

接测得量为 N，各直接测得量为 $x, y, \cdots$，其函数关系为

$$N = f(x, y, \cdots) \tag{1-19}$$

对这一函数求微分，有

$$dN = \frac{\partial f}{\partial x}dx + \frac{\partial f}{\partial y}dy + \cdots$$

上式表示，当 $x, y \cdots$ 有微小变化 $dx, dy \cdots$ 时，N 也将发生相应的改变 dN。因为不确定度远小于测量值，所以就把微小变量 $dx, dy \cdots$ 和 dN 视为不确定度，故上式可表示为

$$\Delta_N = \frac{\partial f}{\partial x}\Delta_x + \frac{\partial f}{\partial y}\Delta_y + \cdots \tag{1-20}$$

式中 $\Delta_x, \Delta_y \cdots$ 代表某一次测量中各直接测得量的不确定度，Δ_N 代表相应的间接测得量的不确定度（常称为合成不确定度）。

若在物理实验中，对各直接待测物理量 $x, y, \cdots$ 进行 n 次测量，其测量结果分别为

$$x = \bar{x} \pm \Delta_x$$
$$y = \bar{y} \pm \Delta_y$$
$$\cdots \cdots$$

则由式(1-19)可得间接测得量的近真值为

$$\bar{N} = f(\bar{x}, \bar{y}, \cdots) \tag{1-21}$$

将不确定度传递公式(1-20)的各项求"方和根"，得到间接测得量的合成不确定度为

$$\Delta_N = \sqrt{\left(\frac{\partial f}{\partial x}\right)^2 \Delta_x^2 + \left(\frac{\partial f}{\partial y}\right)^2 \Delta_y^2 + \cdots} \tag{1-22}$$

式(1-22)表明，间接测得量 N 的总不确定度 Δ_N 等于各直接测得量合成不确定度与相应偏导数乘积的方和根。

为了得到间接测得量的相对不确定度，较为简便的做法是先把函数式两边同时取自然对数，然后再对函数取全微分，得到相对不确定度为

$$E_N = \frac{\Delta_N}{\bar{N}} = \sqrt{\left(\frac{\partial \ln f}{\partial x}\right)^2 \Delta_x^2 + \left(\frac{\partial \ln f}{\partial y}\right)^2 \Delta_y^2 + \cdots} \tag{1-23}$$

由此得到一些常见函数的不确定度传递公式如下表 1-4 所列。

表 1-4　常见函数的不确定度传递公式表

函数关系 $N = f(x, y, \cdots)$	不确定度传递公式
$N = x \pm y$	$\Delta_N = \sqrt{\Delta_x^2 + \Delta_y^2}$
$N = x \cdot y$ $N = x/y$	$\frac{\Delta_N}{\bar{N}} = \sqrt{\left(\frac{\Delta_x}{x}\right)^2 + \left(\frac{\Delta_y}{y}\right)^2}$
$N = kx$	$\Delta_N = k\Delta_x$
$N = x^k$	$\frac{\Delta_N}{\bar{N}} = k\frac{\Delta_x}{x}$

函数关系 $N=f(x,y,\cdots)$	不确定度传递公式
$N=\sqrt[k]{x}$	$\dfrac{\Delta_N}{N}=\dfrac{\Delta_x}{kx}$
$N=\ln x$	$\Delta_N=\dfrac{\Delta_x}{x}$
$N=\sin x$	$\Delta_N=\lvert\cos x\rvert\Delta_x$
$N=\dfrac{x^k\cdot y^m}{z^n}$	$\dfrac{\Delta_N}{N}=\sqrt{k^2\left(\dfrac{\Delta_x}{x}\right)^2+m^2\left(\dfrac{\Delta_y}{y}\right)^2+n^2\left(\dfrac{\Delta_z}{z}\right)^2}$

得到间接测量的不确定度,间接测量的结果可以表述为

$$N=\overline{N}\pm\Delta_N \tag{1-24}$$

例 4 已知两电阻 $R_1=(50.8\pm0.8)\,\Omega$,$R_2=(49.2\pm0.2)\,\Omega$,求把它们串联后的总电阻 R 和合成不确定度 Δ_R。

解 串联后的总电阻阻值为

$$\overline{R}=\overline{R}_2+\overline{R}_1=(50.8+49.2)\,\Omega=100.0\,\Omega$$

根据式(1-22)得合成不确定度

$$\begin{aligned}\Delta_R&=\sqrt{\left(\dfrac{\partial R}{\partial R_1}\right)^2\Delta_{R_1}^2+\left(\dfrac{\partial R}{\partial R_2}\right)^2\Delta_{R_2}^2}=\sqrt{\Delta_{R_1}^2+\Delta_{R_2}^2}\\&=\sqrt{0.2^2+0.8^2}\,\Omega\\&=0.9\,\Omega\end{aligned}$$

根据式(1-23)得相对不确定度

$$E_R=\dfrac{\Delta_R}{\overline{R}}\times100\%=\dfrac{0.9}{100.0}=0.9\%$$

测量结果为

$$R=(100.0\pm0.9)\,\Omega$$

例 5 测量金属空心圆柱体的内径 $D_1=(2.880\pm0.004)\,\text{cm}$,外径 $D_2=(3.600\pm0.004)\,\text{cm}$,高度 $h=(1.575\pm0.004)\,\text{cm}$,求金属体积 V 的测量结果。

解 空心圆柱体体积公式为 $V=\dfrac{\pi}{4}h(D_2^2-D_1^2)$,把内径、外径、厚度的近真值代入体积公式,得体积的算数平均值为

$$\begin{aligned}\overline{V}&=\dfrac{\pi}{4}\overline{h}(\overline{D}_2^2-\overline{D}_1^2)\\&=\dfrac{3.1416}{4}\times1.575\times(3.600^2-2.880^2)\,\text{cm}^3\\&=5.771\,\text{cm}^3\end{aligned}$$

先将体积公式两边取自然对数,再求全微分

$$\ln V = \ln \frac{\pi}{4} + \ln h + \ln(D_2^2 - D_1^2)$$

$$\frac{dV}{V} = \frac{dh}{h} + \frac{(2D_2 dD_2 - 2D_1 dD_1)}{D_2^2 - D_1^2}$$

将微分号 d 用不确定度符号 Δ 代替,得相对不确定度

$$E_V = \frac{\Delta_V}{\overline{V}} = \sqrt{\left(\frac{\Delta_h}{\overline{h}}\right)^2 + \left(\frac{2\overline{D_2}\Delta_{D_2}}{\overline{D_2}^2 - \overline{D_1}^2}\right)^2 + \left(\frac{2\overline{D_1}\Delta_{D_1}}{\overline{D_2}^2 - \overline{D_1}^2}\right)^2}$$

$$= \sqrt{\left(\frac{0.004}{1.575}\right)^2 + \left(\frac{2 \times 3.600 \times 0.004}{3.600^2 - 2.880^2}\right)^2 + \left(\frac{2 \times 2.880 \times 0.004}{3.600^2 - 2.880^2}\right)^2}$$

$$= 0.0067 = 0.7\%$$

体积合成不确定度为

$$\Delta_V = \overline{V} \cdot E_V = 5.771 \times 0.0067 \text{ cm}^3 = 0.04 \text{ cm}^3$$

空心圆柱体体积的测量结果

$$V = (5.77 \pm 0.04) \text{ cm}^3$$

体积 $\overline{V} = 5.771$ cm³,但由于 $\Delta_V = 0.04$ cm³,为了与不确定度的位数取齐,必须将 $\overline{V}$ 的最末位数字 1 按有效数字尾数取舍法则舍去,故为 5.77 cm³(参见第一章,第 4 节内容)。

由以上两例题可注意到以下两点。①由于不确定度是一个误差估计,一般取两位有效数字就足够了。为了与有效数字概念相对应,在大学物理实验中不确定度取 1 位有效数字即可。而测量的近真值末一位有效数字应与不确定度同在一位,也就是由不确定度决定测量近真值的末一位。对于相对不确定度原则上保留一位数,考虑勿使尾数取舍造成偏差过大,相对不确定度可保留两位数。②计算间接测量的不确定度时,若函数关系仅为"和差"形式(如例 4),可以利用式(1-22)直接求得合成不确定度;若函数关系为"积商"(或积商和差混合)形式(例 5),可利用(1-23)先求出相对不确定度,再求合成不确定度。

例 6 某一规则金属圆柱体,用分度值为 0.02 mm 的游标卡尺测其直径 d 和高度 h(测量数据如下表 1-5 所列);用量程为 500 g 的分析天平(精度为 1 mg)测其质量为 $m = 142.130$ g。求该金属圆柱体的密度 ρ。

表 1-5 金属圆柱体直径和高度测量数据记录表

测量次数	d_i/mm	$\|d_i - \overline{d}\|$/mm	h_i/mm	$\|h_i - \overline{h}\|$/mm
1	19.40	0.027	35.22	0.013
2	19.46	0.033	35.24	0.007
3	19.44	0.013	35.26	0.027
4	19.42	0.007	35.20	0.033
5	19.44	0.013	35.22	0.013
6	19.40	0.027	35.20	0.033
测量值的平均值	$\overline{d} = 19.427$ mm		$\overline{h} = 35.233$ mm	

解：

(1) 金属圆柱体密度 ρ 的算数平均值为

$$\rho = 4m/\pi h d^2 = 4 \times 142.130/(3.1416 \times 19.427^2 \times 35.233) \text{g} \cdot \text{mm}^{-3}$$
$$= 0.013609 \text{ g} \cdot \text{mm}^{-3}$$

(2) 计算金属圆柱直径的不确定度。根据公式(1-13)计算直径 A 类不确定度分量 Δ_{Ad}，有

$$\Delta_{Ad} = \sqrt{\frac{1}{6-1}\sum_{i=1}^{6}(d_i - \bar{d})^2} = \sqrt{\frac{1}{5}(0.027^2 + 0.033^2 + \cdots)} = 0.0243 \text{ mm}$$

根据公式(1-14)可知直径 B 类不确定度分量 Δ_{Bd} 为

$$\Delta_{Bd} = \Delta_{\text{ins}} = 0.02 \text{ mm}$$

金属圆柱直径的合成不确定度为

$$\Delta_d = \sqrt{\Delta_{Ad}^2 + \Delta_{Bd}^2} = 0.032 \text{ mm}$$

(3) 计算金属圆柱高度的不确定度。根据公式(1-13)计算直径 A 类不确定度分量 Δ_{Ah}，有

$$\Delta_{Ah} = \sqrt{\frac{1}{6-1}\sum_{i=1}^{6}(h_i - \bar{h})^2} = \sqrt{\frac{1}{5}(0.013^2 + 0.007^2 + \cdots)} = 0.02567 \text{ mm}$$

根据公式(1-14)可知直径 B 类不确定度分量 Δ_{Bh} 为

$$\Delta_{Bh} = \Delta_{\text{ins}} = 0.02 \text{ mm}$$

金属圆柱直径的合成不确定度为

$$\Delta_h = \sqrt{\Delta_{Ah}^2 + \Delta_{Bh}^2} = 0.033 \text{ mm}$$

(4) 计算金属圆柱质量的不确定度。由于质量 m 是单次测量，它的合成不确定度就是仪器的最大误差值 $\Delta_{\text{ins}} = 0.001 \text{ g}$，故 $\Delta_m = \Delta_{\text{ins}} = 0.001 \text{ g}$。

(5) 计算金属圆柱密度的相对不确定度：

$$E_\rho = \sqrt{\left(\frac{\Delta_h}{\bar{h}}\right)^2 + \left(\frac{2\Delta_d}{\bar{d}}\right)^2 + \left(\frac{\Delta_m}{\bar{m}}\right)^2} = \sqrt{\left(\frac{0.033}{35.233}\right)^2 + \left(\frac{2 \times 0.032}{19.427}\right)^2 + \left(\frac{0.001}{142.130}\right)^2}$$
$$= 0.3424\%$$

密度的合成不确定度

$$\Delta_\rho = E_\rho \cdot \bar{\rho} = 0.013609 \times 0.3424\% \text{ g/mm}^3 = 4.66 \times 10^{-5} \text{ g/mm}^3$$

(6) 测量结果：

$$\rho = (1.361 \pm 0.005) \times 10^{-2} \text{ g/mm}^3$$
$$E_\rho = 0.4\%$$

第四节　有效数字及其运算规则

实验中既要记录数据,又要进行数据的计算,记录时应取几位数字,运算后应保留几位数字呢? 我们知道任何物理量的测量都存在误差,表示该测量值的数值都只能是一个近似数值并具有不确定性,因而其位数是不能够随意选取的。另一方面,数值计算(numeric calculation)都有一定的近似性。这就要求数字在计算过程中既要保证测量的准确性基本不会因位数取舍、数值修约(rounding off)而被降低,又要避免测量的准确性因多读取或多保留毫无意义的位数而被提高。换句话说,在数据读取、运算及结果表述过程中,其计算的准确性既不必超过测量的准确性,也不能使测量准确性受到损失。因此,掌握有效数字(effective figure)的基本知识是非常重要的。

有效数字的基本概念

能够正确而有效地表示测量和实验结果的数字,称为有效数字。它是由从左第一个非零数字起的若干位可靠(准确)数字和一至两位欠准确或存疑的数字构成的。

例如用毫米尺测量一个物体的长度,如图 1-3 所示,读出的长度为 0.017 3 m。这一数字中的零是用于指明小数点的位置的,它们不是有效数字。零后的 17 是从米尺刻度上读出来的,是准确数字;最后一位数 0.000 3 是从米尺上最小分度刻线之间估计出来的,故是带有一定不确定成分的欠准确数字。

在一般情况下有效数字是由多位准确数字和一位欠准确数字构成,该欠准确数字就是量仪或量具读数的最后一位数,是含有不确定成分的一位数,如上例中的 0.000 3。但也有欠准确数字是两位数的情况,如图 1-4 表示的是一个量程为 200 mA 的电流表,其分度值为 2 mA,读数时可以估计到分度的十分之一,即 0.2 mA,若指针指在 112~114 mA 的两条分度线之间靠近 112 mA 约十分之四格处,则应该为 112.8 mA,这里的 2.8 两位都是估读的。

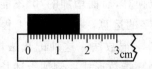

图 1-3　用毫米尺测量物体长度

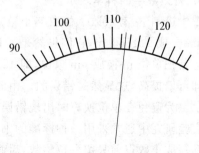

图 1-4　量程为 200 mA 电流表读数

有效数字的基本性质

1. 决定有效数字的因素

图 1-3 例是普通米尺读出的 0.017 5 m，只得到 3 位有效数字，欲提高测量精度，也即想得到更多位数的有效数字，可以换用其他准确度更高的测量仪器，如用螺旋测微器测同一物体，可得到 0.017 513 m 的结果，其中 0.017 51 是可靠的，末位上的 3 是可疑数。可见，有效数字位数的多少，不仅与被测对象自身的大小有关，而且还与所选用的测量仪器的准确度有关。通常情况下，仪器的准确度越高，对于同一被测对象，所得到测量结果有效数字位数越多。

有效数字位数的多少，还与测量方法有关。例如，若用秒表测量单摆的周期，如只测一个周期，得到 $T=1.9$ s，而若测连续的 100 个周期，则 $100T=191.2$ s，由此得到一个周期 $T=1.912$ s。可见，由于采用了不同的测量方法，测量结果的有效位数也随之变化了。

一般来说，测量结果的有效数字位数愈多，其相对不确定度愈小，测量亦愈准确。例如 1.0 ± 0.1，有效位数是两位，相对不确定度为 10%；而 1.00 ± 0.01，有效位数是三位，相对不确定度为 1%。由此可见，两位有效数字对应于 $\sim/10$ 至 $\sim/100$ 的相对不确定度，三位有效数字对应于 $\sim/1 000$ 的相对不确定度，余者类推。因而在进行误差分析时，可以用误差或不确定度的大小评价测量质量，有时也可以根据有效数字的位数多少评价实验结果的优劣。

2. 有效数字中的数字"0"

有效数字中的"0"，不同于其他的 9 个数字。末位数的"0"和非零数字中间出现的"0"都是有效数字，如基本电荷 1.602 189 2 和万有引力常量 6.672 0 中的"0"都是有效数字的有效成分。数字第一位数字为"0"，小数点前出现的和小数点之后紧接着的"0"，不算作有效数字。例如 0.24、0.000 24，这里的"0"与被测量单位的选取有关，其作用只是用于指明小数点的位置，它自然也可以通过适当的单位变换而消除掉，所以不能算作有效数字。0.24 与 0.000 24 都只是两位有效数字。

3. 有效数字的科学表示法

在十进制中，有效数字位数与小数点位置或单位变换无关。如 12.80 cm 可以写成 128.0 mm 或 0.128 0 m，它们仍然是 4 位有效数字，小数点位置的变化并不影响有效位数。但若把单位 m 换成 μm 单位，即 12.80 cm=128 000 μm，似乎所用单位不同，而测量精度却可以提高，这显然是错误的。由此可见，因单位换算，后面增加的"0"不能看作是有效数字。为避免在单位换算时出现错误，便于有效数字的运算，一般物理、工程以及其他科学实验研究中通常采用一种标准的书写方法——科学记数法。这种记数法规定：任何数值都写成小数点前只留一位整数，后面再乘以 10 的幂指数形式。例如上述长度数据按科学记数应写成 12.80 cm=1.280×10 cm=1.280×10^2 mm。

4. 测量结果的有效数字

根据有效数字的定义,当测量结果给出误差时,通常要把误差或不确定度所在的一位与有效数字的最后一位对齐,如测得摆长 L 为 64.683 cm,不确定度或误差为 0.07 cm,则表示为 $L=64.68\pm0.07$ cm 而不是 $L=64.683\pm0.07$ cm。再如某人测得真空的光速为 299 700 km·s^{-1},不确定度为 300 km·s^{-1},其结果为 $(2.997\pm0.003)\times10^5$ km·s^{-1},而不能是 $(299\ 700\pm300)$ km·s^{-1}。只有在精密测量中,才可能会有不确定度是两位甚至 3 位的情况,如 $N=(6.022\ 095\ 7\pm0.000\ 016\ 8)\times10^{23}$。

有效数字尾数的取舍法则

(1) 对于测量数据的尾数,由于数学常用的"四舍五入"规则是"见五就入",导致从 1 到 9 的九个数字中,入的机会大于舍的机会,因而可能使经舍入处理后所得数据之和大于未进行舍入处理的原始数据之和,从而引起不确定度(是一种非统计不确定度)。为了使入与舍机会均等,物理实验中的通用规则是:"四舍六入五凑偶"。即对保留数字末位的后部分的第一个数字,小于 5 则舍,大于 5 则入,等于 5 把保留数的末位凑为偶数。例如 4.25 取 2 位有效数字时,由于保留的末位本身就为偶数 2,故最后位的 5 舍去,得 4.2;若 4.75 取 2 位,则需最后的 5 进上来,方可使保留数的末位成为偶数,即 4.8。

(2) 误差或不确定度在表示测量结果时的尾数取舍规则是只进不舍(非零即进)。如 $\sigma=0.413\ 3$,留一位是 0.5,留两位是 0.42,留三位是 0.414。一般来说,当测量次数较少时(50 次以下),标准误差(包括相对误差和不确定度)可取两位,当测量次数较多时(100 次以上),或者误差(不确定度)的第一位数是 1、2 的情况下,误差或不确定度可取到三位数。在数学中,因为实验时的测量次数较少,同时既要得到定量结果,又要避免数字计算过于麻烦,所以大学物理实验通常规定合成不确定度只留一位,相对不确定度保留两位即可。考虑到勿使尾数取舍造成合成不确定度或相对不确定度过大,在其第一位数较小时(1、2、3),不确定度均可保留 2 位数,如 $\sigma=0.212$,应保留为 0.22(或 0.3);$E=2.33\%$,应保留为 2.4% 或 3%。

有效数字的运算规则

有效数字的运算如同间接测量结果不确定度估算的问题一样,也存在着不确定度的传递。在有效数字运算过程中,为了不致因运算而引起不确定度或损失有效位数,并尽量简化运算过程,统一规定有效数字的运算规则如下。

1. 加减法运算规则

根据不确定度合成的理论,总不确定度应是大于或至少等于任一项不确定度分量。所以,加减法运算中,和或差结果的可疑数字所占位置,与参加运算的各数值中可疑数字所占位数最高的相同。

例7 $N = A + B - C$,其中:$A = 71.3, B = 0.753, C = 6.262$,求 N。

解 $N = 71.3 + 0.75\dot{3} - 6.26\dot{2} = 72.053 - 6.262 = 65.791 = 65.8$

2. 乘除法运算规则

根据乘除法的不确定度合成规则,得到乘除法的运算规则:积或商结果的有效数字位数通常与参加运算的各项分量中有效数字位数最少的那个相同。某些情况下可以多留一位数或者少留一位数。

例8 $N = A \times B$,其中 $A = 3.523, B = 18.6$,求 N。

解 $N = 3.523 \times 18.6 = 65.5278 = 65.5$

但在乘法运算中,如果它们最高位相乘的积大于或等于 10,则积的有效数字位数可多留一位。如 $8.32 \times 43.26 = 359.9$。在除法运算中,若被除数有效数字的位数小于或等于除数的有效数字位数,并且它的最高位的数小于除数的最高位的数,则商的有效数字位数应比被除数少一位。如 $127 \div 361 = 0.35$。

3. 乘方、开方运算规则

乘方、开方等运算最后结果的有效数字,其取位与底数相同即可,例如 $2.15^2 = 4.62$, $\sqrt{49} = 7.0$。

4. 函数运算有效数字取位规则

对数函数:自然对数运算结果的有效数字,其小数点后面部分的位数与真数的位数相同。当真数的第一位数大于"5"时,有效数字可以多取一位。

例9
$$\lg 56.7 = 4.038$$

指数函数:指数运算结果的有效数字位数与指数的小数点后的位数相同(包括小数点后的零)。例如 $x = 6.25$,小数点后为 2 位,所以 $10^{6.25} = 1\,778\,279$,取成 $10^{6.25} = 1.8 \times 10^6$,$x = 0.000\,092\,4$ 小数点后有 7 位,则取 $e^{0.000\,092\,4} = 1.000\,092$。对于 10^x 的有效数字位数取法与 e^x 的取法相同。

三角函数:通常三角函数运算结果的有效数字位数由角度的有效数字决定。一般来说,当角度准确至分度时,三角函数可以取四位有效数字。另外,也可以通过改变角度值的末位数一个单位,由函数值的变化来决定三角函数值的有效数字的取位。例如 $\sin 35.58° = 0.581\,839\,1$。其角度末位改变一个单位则 $\sin 35.59° = 0.581\,981$,两数在小数点后第四位产生差别,因而函数应取得四位有效数字,即 $\sin 35.58° = 0.581\,8$。

5. 非测量数

如常数 π、e 等,数 $\sqrt{5}$、$\dfrac{1}{3}$ 等,它们叫作正确数(或叫数学数)。

当正确数与有效数字共同参与运算时,其有效数字的位数可根据实际情况而定,一般可比测量值多取一位数,例如计算圆面积时,$S = \pi \cdot r^2$,当半径测量值 $r = 6.043\text{ cm}$,根据乘除法运算规则，π取 3.141 6 即可。

应强调的是：在上述的各个近似计算规则中，由于具体问题所要求的准确度或采用的方法不同，可能得出具有不同位数的有效数字的结果，只要这些结果是在实验精度要求允许的范围内，都可以认为是正确的。盲目地追求计算结果的绝对准确，或者违反计算规则而无根据地取舍有效数字都是错误的。

第五节　数据处理常用方法

所谓数据处理，就是对实验数据通过必要的整理、分析和归纳计算，得到正确的实验结果。根据不同的实验内容、不同的要求及需要，可采取不同的数据处理方法。物理实验中常用的方法有列表法、作图法、逐差法和最小二乘法等，正确掌握这些方法是实验能力的基本训练之一。

列表法

在记录和处理数据时，常常需要将所提数据列表。数据表格可简单明确表示出有关物理量之间的对应关系，便于随时检查结果是否合理，及时发现问题，避免错误，有助于从中找出规律性的联系，以便求出经验公式。

通常表格有原始数据表格和实验数据（处理）表格之分。原始数据表格一般用于预习报告中。在预习了实验内容后，它是针对欲测量的物理量而设计的表格。原始数据表格可以不考虑数据的计算内容，只保证不漏记欲测量的物理量即可。

实验数据表格实际上是实验数据处理的一种方法，它不仅包括测量内容，还包括各种要求的计算量、平均值等。实验数据表格的列表要求如下：

(1) 写明所列表的名称。各栏目均应标注名称和单位；单位及量值的数量级应写在该符号的标题栏中，不要重复记在各个数值上。

(2) 列入表中的内容，原则是原始数据。但计算过程中一些中间结果和最后结果也可以列入表中。

(3) 栏目的顺序应充分注意数据的联系和计算的程序，力求条理、齐全、简明。

(4) 表中所列数据是正确反映测量结果的有效数字。基本原则是：计算各量的平均值和数据处理的中间过程可以多保留一位，最后按有关有效数字规则进行取舍。

作图法

物理量之间的关系既可以用解析函数关系表示，也可用图示的方法来表示。作图法（graphing method）是把实验数据按其对应关系在坐标纸上描点，并绘出一光滑的曲线，以此线揭示物理量之间对应的函数关系,求出经验公式。作图法最突出的优点是直观,同时,作图连线对数据可起到平均的作用,从而减少测量的不确定度,还可以从曲线上简便求出实验需要的某些结果,如求直线的截距、斜率等。此外,从图上既可读取没有进行观测的对应点(内插法),还可以在一定条件下从曲线延伸部分读到测量范围以外的对应点(外推法)。当被测量的函数为非线性关系时,由对应的曲线建立经验公式一般是比较困难的,不仅难以求值,也难以从曲线中判断测量结果是否正确,这时可以用作图法进行置换变数处理,使曲线图改为直线图,再利用建立直线方程的方法解决上述问题。如在恒温下,定质量气体压强 p 随容积 V 而变,其 $p-V$ 图为一双曲线(图 1-5),若用变数 $\frac{1}{V}$ 置换 V,得 $p-\frac{1}{V}$ 图(图 1-6),则图线就由曲线变为直线了。因此,作图法是一种被广泛用来处理实验数据的重要手段。

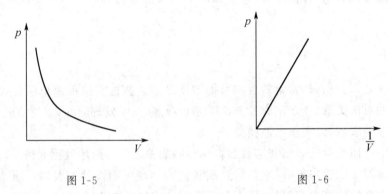

图 1-5　　　　　　　　　　图 1-6

作图要求如下:

(1) 根据所测物理量及其变化特点而确定应选哪种坐标纸(直角坐标纸、单对数坐标纸、极坐标纸等)。坐标纸大小一般根据测得数据的有效数字位数来确定。原则上应使坐标纸上的最小格,对应于有效数字可靠数的最后一位。

(2) 画出坐标轴方向,通常横轴代表自变量,纵轴代表因变量,标明其代表的物理量或符号及单位,并写清楚图的名称。

(3) 横轴和纵轴的标度可以不同,两轴的交点也可以不是零。如果数据特别大或特别小,可以提出因子,例如提出 $\times 10^m$ 或 $\times 10^{-n}$,放在坐标轴物理量单位符号前面,如 ($\times 10^3$)kg。

(4) 依据实验数据用削尖的硬铅笔在图上描点,并以该点为中心,用"+"、"×"等符号标注清楚。同一图线上的观测点要用同一种符号,不同曲线要用不同符号以示区别,并在图纸的空白位置处注明符号所代表的内容。

(5) 连点描线一般有两种方法。一种是直接将各点逐一用直线连接起来,成为一条折线,这只是在仪表的校准曲线或测量数据不够充分,导致点数过少,自变量和因变量难以确定时才用。多数情况下，物理量在一定范围内都是连接的，所绘的直线或曲线应连续且光滑匀称。当然不可能曲线都穿过每个点，但应尽量能使所绘曲线穿过尽可能多的测量点。对那些严重偏离直线或曲线的个别点，应检查描点是否有误，即使该点准确无误，连线时也可以舍去不考虑，而照顾大多数的测量点。所有不在曲线上的点，应使它们均匀分布在曲线的两侧，并限定在不确定度的允许范围以内。

作图法在物理实验中是一种常用处理手段，但它具有一定的局限性。由于图纸大小的限制，一般有效数字位数只能达到三或四位，而且图纸本身分度的均匀性、准确性有限，图纸上难免产生相当大的主观任意性。常常不同人用同一组测量数据作图，可得不同的结果。此外，作图法不是建立在严格统计理论基础上的数据处理方法，通常情况下，也并不根据图线来计算测量误差或不确定度。尽管如此，一张精良的图纸仍然胜过文字叙述，所以，作图法仍不失为一种有效手段，只要可能，实验的结果就应表示为曲线形式。

下面以伏安法测量电阻为例，说明列表和作图法在实验中的应用。

表 1-6　伏安法测电阻记录表

电压表等级：2.5，电压表量程 10 V
电流表等级：2.5，电流表量程 10 mA

	1	2	3	4	5
U/V	2.00	4.00	6.00	8.00	10.00
I/mA	3.80	8.00	12.05	15.65	19.00

以电压 U 为横轴、电流 I 为纵轴，描点作 $I-U$ 曲线，如图 1-7 所示，由该曲线进一步得到 I 与 U 的函数关系。设其直线方程为 $I=a+bU$ 解得其斜率 b 和截距 a 分别为

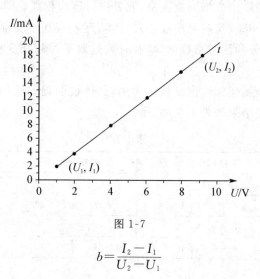

图 1-7

$$b = \frac{I_2 - I_1}{U_2 - U_1}$$

$$a = \frac{U_2 I_2 - U_1 I_1}{U_2 - U_1}$$

式中(U_1, I_1)和(U_2, I_2)对应的是直线上两个坐标点。为减少不确定度,所选这两个点应尽量拉开些。如取$U_1 = 1.02\,\text{V}$,$I_1 = 2.00\,\text{mA}$;$U_2 = 9.20\,\text{V}$,$I_2 = 18.0\,\text{mA}$。将这两个坐标值代入上式,得

$$\text{斜率}\ b = \frac{(18.0 - 2.00) \times 10^{-3}}{9.20 - 1.02}\,\Omega^{-1}$$

$$= 1.96 \times 10^{-3}\,\Omega^{-1}$$

$$\text{截距}\ a = \frac{(9.20 \times 2.00 - 1.02 \times 18.00) \times 10^{-3}}{9.20 - 1.02}\,\text{mA}$$

$$= 0.489 \times 10^{-5}\,\text{mA}$$

$$\approx 0$$

即得$I-U$直线方程为

$$I = b \cdot U$$

于是,所求电阻为

$$R = \frac{U}{I} = \frac{1}{b} = 510\,\Omega$$

逐差法

逐差法(method of successive difference)是物理实验常用的数据处理方法之一,特别在两个被测量之间存在多项函数关系、自变量变化引起因变量作等量变化的测量中常常采用逐差法处理实验数据。

所谓逐差法就是测量的数据列成表格,或者进行逐次相减(又叫逐项逐差);或者分成高、低两组实行对应项相减(又叫隔项逐差)。逐项逐差有利于验证被测量之间的函数关系,而隔项逐差可以充分利用所测数据,具有对数据取平均和减少相对误差(或相对不确定度)的效果。

下面以拉伸法测金属丝弹性模量数据为例,具体说明逐差法的使用。拉力与金属丝伸长量的关系以及逐差结果列表 1-7 如下。

表 1-7

负荷/kg	伸长位置/m	逐项逐差/m	隔项逐差/m
0.0	$L_0 = 0.11 \times 10^{-2}$	$L_1 - L_0 = 0.31 \times 10^{-2}$	$L_4 - L_0 = 1.25 \times 10^{-2}$
0.5	$L_1 = 0.42 \times 10^{-2}$	$L_2 - L_1 = 0.31 \times 10^{-2}$	
1.0	$L_2 = 0.73 \times 10^{-2}$	$L_3 - L_2 = 0.31 \times 10^{-2}$	$L_5 - L_1 = 1.22 \times 10^{-2}$
1.5	$L_3 = 1.04 \times 10^{-2}$	$L_4 - L_3 = 0.32 \times 10^{-2}$	

续表

负荷/kg	伸长位置/m	逐项逐差/m	隔项逐差/m
2.0	$L_4=1.36\times10^{-2}$	$L_5-L_4=0.28\times10^{-2}$	$L_6-L_2=1.22\times10^{-2}$
2.5	$L_5=1.64\times10^{-2}$	$L_6-L_5=0.31\times10^{-2}$	
3.0	$L_6=1.95\times10^{-2}$	$L_7-L_6=0.35\times10^{-2}$	$L_7-L_3=1.26\times10^{-2}$
3.5	$L_7=2.30\times10^{-2}$		

从表中可看出,每项逐差的结果接近相等,说明金属丝伸长量与所加拉力成线性变化关系。但若求出每增加 0.5 kg 负荷时金属丝的平均伸长量,逐项逐差再求平均值,偏差一定较大,这是因为：

$$\overline{\Delta L}=\frac{1}{7}[(L_1-L_0)+(L_2-L_1)+\cdots+(L_7-L_6)]=0.313\times10^{-2}\ \mathrm{m}$$

只有始末两次测量值参与运算,这相当于一次增加 3.5 kg 负荷的单次测量。因此,必将造成较大偏差。

对隔项逐差求其平均值,得

$$\overline{\Delta L}=\frac{1}{4}[(L_4-L_0)+(L_5-L_1)+\cdots+(L_7-L_3)]=1.24\times10^{-2}\ \mathrm{m}$$

由于全部数据都用上了,并求得的是实际相当于四次间隔为 2 kg 负荷引起金属丝伸长量的平均值,既保持了多次测量的优点,又减少了测量误差。

利用逐差所得结果,可以估计测量的随机误差和不确定度。如上述测量数据的标准偏差为

$$\sigma_L=\sqrt{\frac{1}{12}[(L_{73}-\overline{\Delta L})^2+(L_{62}-\overline{\Delta L})^2+(L_{51}-\overline{\Delta L})^2+(L_{40}-\overline{\Delta L})^2]}$$
$$=0.01\times10^{-2}\ \mathrm{m}$$

式中 $L_{40}=L_4-L_0, L_{51}=L_5-L_1, L_{62}=L_6-L_2, L_{73}=L_7-L_3$。

同样得到测量的 A 类不确定度分量为

$$\Delta_{AL}=\frac{t_p}{\sqrt{n}}\sqrt{\frac{1}{3}[(L_{73}-\overline{\Delta L})^2+(L_{62}-\overline{\Delta L})^2+(L_{51}-\overline{\Delta L})^2+(L_{40}-\overline{\Delta L})^2]}$$

其中 $n=4$,根据式(1-11),$p=0.95$,则 $t_p=3.18$,得

$$\Delta_{AL}=0.04\times10^{-2}\ \mathrm{m}$$

逐差法运算简单,方法容易掌握。但要求函数必须满足多项式的形式及自变量必须是等值变化的。

最小二乘法(least square method)

物理量之间的关系,通常可用图线或函数来表示。正如前面所谈到的,图线的优点是

直观,其缺点是准确性稍差。如何才能从实验数据找到最佳的函数形式适合于观测点的测量值,也即求出经验方程呢?常用的方法是最小二乘法。运用该法所得的变量之间的函数关系称为回归方程,因而最小二乘法线性拟合亦称为最小二乘法线性回归。由于最小二乘法拟合曲线是以误差理论为依据的一种十分严格的方法,它涉及许多概率知识,且计算比较繁杂,在工科院校物理实验中只要求一般性了解,并且由于工科物理实验中常常遇到的物理量之间的函数关系是线性的(或通过变量代换可以转化为线性的),所以,这里只简单介绍如何用最小二乘法进行直线拟合(一元线性回归)的问题。

最小二乘法拟合曲线的原理是:若能够找到最佳的拟合曲线,那么这条拟合曲线和各测量值之偏差的平方和,在所有拟合曲线中应最小。

假设所研究的两个物理量,x 与 y 之间存在线性相关关系,其回归方程的形式为

$$y = a + bx \tag{1-25}$$

自变量 $x_1, x_2, \cdots x_k$ 对应的因变量为 $y_1, y_2, \cdots, y_k$。x 与 y 是等精度的测量值,x 与 y 总是有误差的。为讨论问题的简化,假定 y 的误差相对 x 的误差来说是极小的,即认为 y 是准确的,所有误差都只与 x 相关。

由于存在误差,实验点是不可能完全落在由上式拟合的直线上的,对于和某一个 x_i 相对应的 y_i 与直线在 y 方向上的偏差为

$$v_i = y_i - (a + bx_i) \tag{1-26}$$

根据最小二乘法原理,所有偏差平方和为最小,则

$$s = \sum_{i=1}^{k} v_i^2 = \sum_{i=1}^{k} [y_i - (a + bx_i)]^2 \tag{1-27}$$

此式中 y_i 和 x_i 是确定的数据点,它们不是变量,变量只是 a 和 b,如果确定了这两个参数,该直线也就确定了。根据求极值的条件,令上式对 a、对 b 的一阶偏导为零,即得两个方程

$$\frac{\partial s}{\partial a} = -2 \sum_{i=1}^{k} (y_i - a - bx_i) = 0 \tag{1-28}$$

$$\frac{\partial s}{\partial b} = -2 \sum_{i=1}^{k} (y_i - a - bx_i) x_i = 0 \tag{1-29}$$

整理后写成

$$\overline{x}b + a = \overline{y}$$
$$\overline{x^2}b + \overline{x}a = \overline{yx}$$

上式中:

$$\overline{x} = \frac{1}{k} \sum_{i=1}^{k} x_i$$

$$\overline{x^2} = \frac{1}{k} \sum_{i=1}^{k} x_i^2$$

$$\bar{y} = \frac{1}{k}\sum_{i=1}^{k} y_i$$

$$\overline{xy} = \frac{1}{k}\sum_{i=1}^{k} x_i y_i$$

解出 a 和 b，得

$$a = \bar{y} - \bar{x}b$$

$$b = \frac{\bar{x}\cdot\bar{y} - \overline{xy}}{\bar{x}^2 - \overline{x^2}} \tag{1-30}$$

若式(1-28)表示极值最小，还需证明其二阶导数大于零(证明从略)。实际由式(1-29)给出的 a 和 b 对应的 $\sum_{i=1}^{k} y_i$ 确实是最小值。由此我们知道，对任何两个变量(x,y)的一组实验数据(x_i, y_i)都可按上述方法拟合一条直线，且该线必然通过$(\bar{x}, \bar{y})$点。当然，实际上必须当(x, y)之间存在线性关系时，上述的讨论才有意义。

为了检验拟合直线有无意义，在数学上引进一个叫相关系数 r 的量，它表示为

$$r = \frac{\overline{xy} - \bar{x}\cdot\bar{y}}{[(\overline{x^2} - \bar{x}^2)(\overline{y^2} - \bar{y}^2)]^{\frac{1}{2}}} \tag{1-31}$$

r 的数值大小表示了相关程度的好坏。r 值在 $+1$ 和 -1 之间，说明变量(x, y)完全线性相关，拟合直线通过全部观测点，即实验数据点密集地分布在求得的直线附近；$|r|$ 越接近零，x 和 y 的线性关系越差；当 $r=0$，说明 x 和 y 之间不存在线性关系，即实验数据点远离所求得的直线，表明线性函数回归的方法并不合适。在物理实验中，一般 $|r| \geqslant 0.9$ 时，可认为两个物理量之间存在较密切的线性关系。当 $r > 0$ 时，拟合直线的斜率为正，称为正相关；当 $r < 0$ 时，拟合直线的斜率为负，称为负相关。

最后用最小二乘法处理弹簧伸长量与受力关系的实验数据。实验数据记录与处理列表 1-8、1-9 如下。

表 1-8

	砝码质量/g		弹簧伸长量/cm		$x_i y_i$/(g·cm)
x_1	0.000	y_1	5.97	$x_1 y_1$	0.000
x_2	0.200	y_2	7.40	$x_2 y_2$	1.480
x_3	0.400	y_3	8.83	$x_3 y_3$	3.532
x_4	0.600	y_4	10.24	$x_4 y_4$	6.144
x_5	0.800	y_5	11.64	$x_5 y_5$	9.132
x_6	1.000	y_6	12.94	$x_6 y_6$	12.940

表 1-9

$\sum x_i/\text{cm}$	3.00	$\sum y_i/\text{cm}$	57.02
$\sum x_i y_i/\text{cm}^2$	33.408	$\bar{x}/\text{cm}$	0.500
$\bar{y}/\text{cm}$	9.50	$\overline{xy}/\text{cm}^2$	5.57
$\sum x_i^2/\text{cm}^2$	2.200	$\overline{x^2}/\text{cm}^2$	0.367

设弹簧伸长量与外力 F 有如下线性关系：

$$L=\frac{1}{K}F+L_0=\frac{g}{K}m+L_0$$

对比 $y=a+bx$ 知，$b=\frac{g}{K}, a=L_0$。将上表数据代入式(1-30)得

$$b=\frac{\bar{x}\cdot\bar{y}-\overline{xy}}{\bar{x}^2-\overline{x^2}}=\frac{0.500\times9.50-5.57}{0.500^2-0.367}\text{ m/kg}=7.01\text{ m/kg}$$

$$a=\bar{y}-\bar{x}b=(9.50-7.01\times0.500)\text{ m}=6.00\times10^{-2}\text{ m}$$

$$K=\frac{g}{b}=\frac{9.81}{7.01}\text{ N/m}=1.40\text{ N/m}$$

因此，得到弹簧伸长与受力关系的最佳拟合直线方程为

$$L=\frac{F}{1.40}+0.060\ 0(\text{SI 单位})$$

以上所介绍的几种数据处理方法，是物理实验，乃至科学实验和工程测量中最常见的一些方法。这些方法各有特点：列表法普遍采用于数据记录中，其特点最简单而明确，便于检查也便于减少和避免错误，易于从数据中寻找有关物理量之间的对应关系；图示法比列表法更为直观地表示物理量之间的变化关系，并且通过曲线可以定量求得待测物理量或得到经验方程。对于变量等间距变化的物理量，逐差法优于列表和图示法，而且还具有对数据取平均和减少相对误差(或不确定度)的作用。逐差法虽比作图法准确，却又在客观性和准确性方面劣于最小二乘法。当然最小二乘法可能在计算过程上稍显麻烦。总之，在一项具体实验中，可以根据这些方法的特点，以及实验的具体情况，如测量的准确度要求、实验仪器、人员技术等各方面因素予以综合考虑，选择出最佳的数据处理方法。

第六节　物理实验基本测量方法

所谓测量方法，指的是如何根据测量要求，在给定的条件下，尽可能地消除或减少系统误差以及减小随机误差，减小测量不确定度，使获得的测量值更为准确、更为可靠的方法。测量的方法及其分类方法名目繁多，如按内容来分，可分为电学量测量和非电学量测

量;按数据获得方式来分,可分为直接测量和间接测量;按测量进行方式来分,可分为直接法、比较法、替代法和差值法;按被测量与时间的关系来分,可分为静态测量、动态测量和积算测量等。本章仅对最常见的几种基本测量方法作以介绍。这些测量方法不仅在物理实验,也是在科学实验范围内均具有普遍意义,是学习和掌握科学实验方法的重要基础。

比较法

它是将被测量进行比较而得到测量最值的方法,是物理实验中最普通、最基本的测量方法。比较法又分为直接比较法和间接比较法。

直接比较法——将待测量与同类物理量的标准量具或标准仪器进行直接比较,得出其量值(也叫直读测量法)。例如,用米尺、游标尺测量长度,用秒表或毫秒计测量时间,用天平称衡物体的质量等,都属于直接比较。

因为无论是在数学中,还是在实际生产与科研中所使用的直接比较量具均受到制造、材料、成本等因素的限制,其精度不可能做得很高,所以,一般来说,直接比较法的测量精度都比较低。

间接比较法——通过一定对应关系将待测量与某种标准量进行间接比较而得出其测量值的方法。在物理实验中,有许多物理量无法进行直接比较,而利用物理量之间的函数关系可以制成相应的测量工具进行间接比较测量。例如在惠斯通电桥测电阻实验中,所使用的公式为 $R_x = \dfrac{R_1}{R_2}R_0$,若在电桥平衡条件下测定 R_1 与 R_2 的比值及 R_x 的量值,即可通过比较 $R_x = \dfrac{R_1}{R_2}R_0$ 来确定待测电阻。由于 R_1、R_2、R_x 是精度高、稳定性好的标准量,所以间接比较法的测量结果可以达到很高精度。正是这个缘故,间接比较法在物理和科学实验中应用相当广泛。

需要说明一点,直接比较法与间接比较法并无严格的界线之分,比如使用电流表测电流,完全可以认为是通过标准仪器直接比较测得电路中的电流,即是直接比较法。但也可以认为这是间接比较法的测量。因为电流表的工作原理是利用通电线圈在磁场中受到力矩而产生偏转角度。从这个意义上讲,利用电流表指针的偏转量测量电流正是一种间接比较的过程。实际上,所有测量都是将待测量与标准量进行比较的过程,只不过比较的形式各有不同而已。

放大法

实验中经常会遇见测量微小物理量的情况,由于待测量过小,以至实验者很难通过肉眼观测,此时需要用相应的仪器设备或采用某种方法将待测量放大,然后再进行测量,这种方法便是放大法。有时待测量并不是很小,但为了提高测量准确度,测量时也采用放大进行测量。因此,放大法也是物理实验中经常使用的基本测量方法之一。根据放大法采用的放大原理的不同,放大法分为机械放大法、积累放大法、光学放大法和电磁(或电子)放大法等。

机械放大法——在带有毫米刻度的测杆上,加工高精度的螺纹,并配上与之相应的精制螺母套筒,套筒周界准确等分刻度,根据螺旋推进原理,套筒每转一周,测杆就前进(或后退)一个螺距,于是,就将测杆沿轴线方向的微小位移转换为圆周上一点移动的较大距离。例如:若套筒的外径 D 足够大,如 $D=16\,\mathrm{mm}$,则套筒上每一分格的弧长为 $1\,\mathrm{mm}$。这样,当测杆移动 $0.01\,\mathrm{mm}$,套筒就会对应有 $1\,\mathrm{mm}$ 距离的变化。物理实验仪器中,像螺旋测微器、读数显微镜等,都是利用这种机械放大原理进行精密测量的。

积累放大法——用秒表测量单摆摆动周期时,若单一周期地测量,会产生较大的相对不确定度。以单次测量举例来说,单摆的一个周期约为 $1.965\,\mathrm{s}$,测量用秒表仪器最大误差为 $0.2\,\mathrm{s}$,则测量相对不确定度 $\frac{0.2}{1.96}=10\%$。为减少不确定度,采用连续积累的测量方法,取其稳定摆动的 $50\sim100$ 个周期,测量其总时间,如 100 个周期的总时间约为 $196\,\mathrm{s}$,秒表最大误差仍为 $0.2\,\mathrm{s}$,则其相对不确定度为 $\frac{0.2}{196}=0.1\%$。由此可见,在不更换测量仪器的条件下,采用连续的测量方法可大大提高测量准确度。

光学放大法——光学放大法分为视角放大和微小变量放大两种。视角放大即是被测物通过光学仪器,如测微目镜、读数显微镜等放大视角得到放大像,以便于观察和判别;微小变量放大是将变化小的待测物理量进行光学放大,而后再通过测量放大了的物理量来获得本身较小的待测物理量的量值。如在灵敏电流计、冲击检流计、光点检流计中,都是利用微小变量放大的原理实现光学放大测量的。

电磁放大法——若对微弱电信号,如电流、电压、电功率等进行观测,为使观测现象明显,使测量准确度提高,必须对这些微弱信号作放大处理,这就叫作电磁(或电子)放大法。对于某些非电学量,若能将其转换成电学量,也可以采取电磁放大进行测量。

转换法

对于某些难以用仪器、仪表直接测量的物理量,可以根据物理量之间的定量关系和各种效应,将不易测量的待测物理量转化容易测量的物理量,再利用这个物理量测量值反求待测物理量,这种方法就叫转换测量法,简称为转换法。转换法通常分为参量换测法和能量换测法。

参量换测法——利用物理量之间的某种变换关系,以得到某一物理量的测量结果,这就是参量换测法。物理实验的间接测量都属于参量换测。所以这一测量方法贯穿于整个物理实验过程,实验仪器和测量仪表的结构原理也都运用了这一方法。

参量换测法还有一个特点,即这种测量方法可将某个(或多个)不能测量的转换为可测的量。如在物体密度测量的实验中,物体密度的定义 $\rho=\frac{m}{V}$,式中物体质量 m 可以利用天平直接测量出,而式中物体体积 V 一般无法直接测量,特别若待测物的形状非规则,其体积根本就不能直接测得。在这种情况下,需利用阿基米德原理,将待测物置于水中,测出待测物实际重量 W_1 和待测物完全没入水中的重量 W_2,两者之差为待测物在水中所受的浮力的量值,该值为 $\rho'Vg$ 则

$$W_1 - W_2 = \rho'Vg$$

也就是

$$\rho = \frac{W_1}{W_1 - W_2}\rho' = \frac{m_1}{m_1 - m_2}\rho'$$

式中的 ρ' 为室温下水的密度值,m_1 和 m_2 分别为待测物在空气中和完全没入水中时由物理天平测得的质量值。由此可见,采用参量换测法,可将不可测的体积参量 V 转换为可测的参量 m_1 和 m_2。

能量换测法——利用能量守恒定律及能量具体形式上的相互转化规律,使物理量之间建立相应的等式关系,从而实现对某一物理量的测量,如机械量、热工量、声学量、光学量等,这些量即使是能够检测,也难以放大、处理和传输,难以实现高准确度的测量。而电磁学测量具有测量准确度高、反应速度快,既易于检测,也易于处理和传输等特点,所以常常把非电学量的测量转换成为电学量的测量(如电流、电压、电阻、电容、电感)。这时的转换基本上都是属于能量换测,利用一种叫作传感器的转换装置,将非电学量转换成为电学量予以测量。如图 1-8 所示,这是一种测力装置。将金属丝或金属箔弯曲成栅状和敏感栅片用黏合剂贴在纸质或玻璃纤维布的基底上,敷盖保护层后用两根引线将其与测量电路相连。在实际测量中,是把敏感栅片牢固地固定在被测物上,当外力作用于被测物时,物体发生形变,敏感栅片随之发生形变;外力大小不同,形变大小也不同;这一形变引起敏感栅片电阻的变化。于是,或利用电阻变化值的测量,或将阻值变化转换成电流、电压的变化,通过电流、电压的测量,即可确定待测物所受作用力的大小。其测量系统组成由下面的图 1-9 框路图所示;被测量是力,作为传感器的敏感栅片将其转换为电阻(电流、电压,也就是电能)的测量。

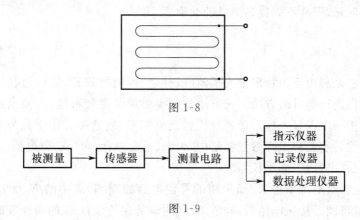

图 1-8

图 1-9

模拟法

所谓模拟法,就是指运用相似理论人为地制造一个类同于研究对象的物理过程或现象的模型来进行科学研究的一种实验方法。

在探求物质的自然规律或解决工程技术问题时,常常会遇到难于对研究对象进行直接研究和实地测量的情况,这时可避开研究自然现象或物理过程的本身,而用与这些自然现象或物理过程相似的模型来进行研究和测量,这种用对模型的测试代替对实际对象的测试方法就是模拟法。模拟法分为物理模拟和数学模拟两种方法。

物理模拟法——指模拟量和被模拟量保持同一物理本质的模拟方法。例如,利用"风洞"(高速气流装置)中的飞机模型模拟实际飞机在空中飞行所需要的各种可靠的实验数据。

数学模拟法——指把两个不同本质的物理现象或过程,用同一个数学方程进行描述的模拟方法。例如用电场强度分布或电位分布对静电场研究的问题。如果对静电场进行直接测量,由于测量仪器的任何部件进入静电场中都将因感应电荷的出现而造成被测电场原始分布状态的变化,所以直接测量静电场的电场强度或电位是不可能的。为此,采用测量稳定恒电流场来代替静电场。实际上静电场与稳恒电流场是本质不同的两个概念,但根据两者具有相同的数学方程式,因而决定它们具有相似的分布性质,这样就可以通过研究较容易测量的稳恒电流,而避开对不易测量的静电场的研究,并最终得到静电场的分布特性。

随着电子计算机技术的不断发展和广泛应用,利用计算机进行物理实验模拟研究,既方便、快捷、形象,还可以预测实验的可能结果;通过各种条件(参量)的调整、变化,可以选择实验的最佳条件和设计最佳方案,而且计算机还能将数学和物理模拟两者有效地结合起来,使模拟法的优势充分显露出来。模拟法在一些特殊行业,如地下矿物勘探、电真空器件设计、水电建设、海洋研究等方面应用甚广。当然模拟也有很大的局限性,虽然它能够解决右测性问题,但并不能提高测量的准确度。

补偿法

补偿测量法是利用已知物理量去抵消(或补偿)被测物理量,最后通过已知量与被测物理量的比较而进行测量的方法。该方法常常需要调节测量系统,以使系统达到平衡后将测量与系统中一个或多个标准量进行比较获得结果,故这种方法也称为平衡法。补偿测量法常用于测量实验和工程参量测量中,天平、电位差计、单(双)臂电桥、万用电桥等都是典型的补偿法(平衡法)测量仪器。

图 1-10 是测量电源动势 E_x 所采用的补偿电路原理图,图中的 E_0 为标准电源的电动势,它已知且可调。接通电路后,调节 E_0 的电动势使检流计 G 的指针准确指零。只要

检流计的灵敏度足够高,就可以保证 $E_x=E_0$,称之为两个电源的电动势相互补偿,电路处于补偿状态。此时就可由已知的标准电源的电动势 E_0 求得未知的电源电动势 E_x。

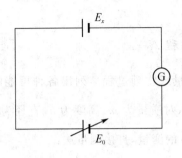

图 1-10

补偿法通常需要指零装置,用以显示待测量与补偿量比较的结果。由于指零装置的灵敏度可以做得很高,比较用的"标准量"(如砝码、标准电阻等)同样精度很高,因而保证比较测量是高精度的。如物理天平测量不确定度在几十毫克,分析天平测量不确定度更小,它们比普通杆秤测量质量精密得多;又如单臂电桥测中值电阻比电表类仪器测量电阻的相对不确定度要小得多。通过平衡指示器指零作为比较的依据,其比较的方法分为零示和差示两种。零示被称为完全补偿,差示被称为不完全补偿。

以上分别介绍了几种常用的实验测量方法,在一个具体的物理实验或科学实验中,还有许多其他的测量方法,而且一个工程技术实验过程中,往往都是各种方法的综合运用。因此,只有对物理实验的各种基本测量方法都有所了解和熟悉,方能在未来的实际工作中做到熟中生巧,游刃有余。

第七节　物理实验最佳方案选择

一旦实验题目确定下来,首先就涉及如何制定实验方案的问题,即考虑实验依据于哪种原理、采用何种方法、使用哪些仪器等。一般来说,对于一个确定的检测项目,总会有多种方案可供选择。例如,欲测实验室所在地的重力加速度 g,可以选择单摆法、复摆法、可逆摆法、自由落体法、气垫导轨法等;对未知电阻值 R 的测量,可选用伏安法,还可以选择万用表、电桥或电位差计进行测量。实验方案选择得不同,不仅会影响到测量原理、测量方法、测量仪器、测量环境等诸多因素,还会影响到测量结果精度(不确定度大小)的不同,因而究竟采用怎样的方法进行实验,也就是如何设计一个能够完成检测任务的最佳方案,需要综合实验目的、原理、方法、精度等多方面的因素后才能确定,这对于每一位实验人员而言都是一项很重要的基本技能。

所谓最佳方案,指的是在现有条件下最充分地发挥仪器装置以力求得到最好的实验结果。具体来说，就是根据研究对象及实验题目的要求，选定合适的实验原理，按照实验对测量精度的要求（包括仪器要求、量限要求、特性要求、环境要求等），选定合适的实验方法。

最佳方案选择一般程序

（1）根据研究对象（物理量或物理过程），列出各种可能的实验原理及其测量所依据的理论公式，以便选择。例如，对质量为 m、高度为 h、直径为 d（其体积为 $V=\frac{1}{4}\pi d^2 h$）质量均匀分布实心圆柱体密度 ρ 的测量，直接测量法：

$$\rho=\frac{m}{V}=\frac{4m}{\pi d^2 h}$$

若圆柱体在空气中的重量为 mg，在液体中的重为 $m_1 g$，已知液体的密度为 ρ_0，则间接测量法（静力称衡法）：

$$\rho=\frac{m}{m-m_1}\rho_0$$

使用比重瓶时，若比重瓶总质量为 m_2，比重瓶装入圆柱体的总质量为 m_3，则间接测量法（比重瓶法）：

$$\rho=\frac{m}{m+m_2-m_3}\rho_0$$

（2）分析各测量原理及其所依据测量公式的适用条件、局限性和优缺点。

（3）结合罗列的实验原理或所依据的测量公式，结合可能提供的实验条件（包括实验仪器设备、实验环境等），分析各实验原理应用的可行性，并大致估算可能达到的测量精度。

（4）根据实验的要求，如实验对测量精度的要求，确定实验原理及选定实验方法与仪器，即确定实验最佳方案。

最佳方案选择基本原则

（1）在选定实验最佳方案时，需对实验过程中可能的不确定度（误差）的来源、性质及大小作出初步估算，针对不同性质的不确定度（误差）及其来源，选定实验方案，力求测量的不确定度（误差）最小。

无论是在实验的理论方法，还是在环境条件、仪器结构、操作测量等方面，都可能存在着种种偶然的情况；此外，由于观测者感官灵敏度的限制，或者是仪器分辨力的局限，每个实验都不可避免地存在许多不确定因素。这些因素将是测量的 A 类不确定度分量的主要来源。比如气垫导轨上的实验，由于导轨面与滑块面之间的吻合不好、滑块变形、滑块质量分布不对称、气源压强起伏变化、滑块运动时的摆动和震动以及摩擦力的影响等，均会产生不确定度。对 A 类不确定度分量的处理,一方面要在实验的设计安排、仪器装置的使用以及操作测量过程中采取必要的措施以尽量避免或减小其影响;另一方面主要是采取等精度的重复多次测量的方法,以减小其影响。

对于 B 类不确定度分量,需仔细考虑与研究对测量原理和方法推演过程的每一步骤;检验或核准每一件仪器与设备;分析每一实验条件,注意每一步调整和测量的细节,以便从中发现 B 类不确定度分量。在一般情况下,该类不确定度是不能由重复多次测量来发现,多次测量的方法对其消除也是无济于事的。所谓"消除"B 类不确定度分量,其实不过只是将其影响减小到 A 类不确定度分量之下而已。一般消除的途径是通过校准仪器、改进实验装置或实验方法,或对测量结果进行理论上的修正。

(2) 在实验中,常常会遇到选择仪器的情况,比如对一个待测量的测量,是选择精度高的还是选择精度低的仪器呢?对于一个比较复杂的实验来说,还会涉及多个待测量的测量,用到多种测量仪器的问题。不同的仪器究竟如何配套使用,是否选择的仪器一定是级别愈高才是愈好的呢?对于这个问题的回答,我们可以从直接量的不确定度与间接量的不确定度的关系(或从误差及其传递规律)来予以说明。

由式(1-13)和式(1-14)可知,间接测量的函数式确定后,将各直接观测量的不确定度 $\Delta_x, \Delta_y, \cdots$ 乘以函数对各直接量的偏导数 $\frac{\partial f}{\partial x}, \frac{\partial f}{\partial y}, \cdots$,再求方和根即得间接量测量结果的总不确定度,即直接测量不确定度决定于间接测量结果的不确定度。由两公式我们可以看到,如果各直接测量的不确定度 $\Delta_x, \Delta_y, \cdots$ 很小,而各偏导数 $\frac{\partial f}{\partial x}, \frac{\partial f}{\partial y}, \cdots$ 很大,则总不确定度不一定小;同样,如果各 $\Delta_x, \Delta_y, \cdots$ 虽很大,但各 $\frac{\partial f}{\partial x}, \frac{\partial f}{\partial y}, \cdots$ 非常小,则总确定度不一定大。

下面我们以实例来说明仪器选择的基本原则。

例 10 欲测直径 D 约为 $0.8\,\text{cm}$,高 h 约为 $3.2\,\text{cm}$ 的金属圆柱体体积,现只考虑统计不确定度,并要求 $\frac{\Delta_V}{V}$ 在 0.5% 以内,问应如何选用仪器?

解 根据体积公式 $V = \frac{1}{4}\pi D^2 h$ 和不确定度的合成公式,有

$$\Delta_V = \sqrt{\left(\frac{\partial V}{\partial D}\right)^2 \Delta_D^2 + \left(\frac{\partial V}{\partial h}\right)^2 \Delta_h^2}$$

$$= \sqrt{\left(\frac{1}{2}\pi Dh\right)^2 \Delta_D^2 + \left(\frac{1}{4}\pi D^2\right)^2 \Delta_h^2}$$

$$= \sqrt{16\Delta_D^2 + 0.25\Delta_h^2}$$

由上式可见,合成的总不确定度 Δ_V 由两个分不确定度 Δ_D 与 Δ_h 决定,且在相同数量级情况下,前者的影响远大于后者,因此总的不确定度 Δ_V 的大小取决于前者。根据相对

不确定度的定义及其合成公式,进一步讨论有

$$E_V = \frac{\Delta_V}{V} = \sqrt{\left(\frac{2\Delta_D}{D}\right)^2 + \left(\frac{\Delta_h}{h}\right)^2} = \sqrt{4E_D^2 + E_h^2}$$

由此式可见,合成的总相对不确定度由直径和高度的相对不确定度分量来决定。而直径 D 值小于高度 h,故 $E_D^2 > E_h^2$,$4E_D^2 \gg E_h^2$,所以测量应保证下式成立:

$$E_V = \frac{\Delta_V}{V} \approx \sqrt{\left(\frac{2\Delta_D}{D}\right)^2} = 2\frac{\Delta_D}{D} \leqslant 0.5\%$$

长度测量的常用工具有米尺、游标卡尺和螺旋测微器,根据这些工具的最小分格,可以估算其不确定度的大小。

米尺的最小分格为 0.1 cm,用米尺测量:

$$\frac{2\Delta_D}{D} = \frac{2 \times 0.1}{0.8} = 25\%$$

50 分游标卡尺的最小分格为 0.002 cm,用卡尺测量:

$$\frac{2\Delta_D}{D} = \frac{2 \times 0.002}{0.8} = 0.5\%$$

螺旋测微器的最小分格为 0.001 cm,用螺旋测微器测量:

$$\frac{2\Delta_D}{D} = \frac{2 \times 0.0005}{0.8} = 0.125\%$$

由此可以知道,米尺不合要求,如果用 50 分格的游标卡尺或 0.01 mm 的螺旋测微器做测量工具都是合乎要求的。

通过以上的讨论可以看到,不同的直接测得量,其对间接测得量的总的不确定度的影响差别可能很大,如例题的情况,即达到 $\Delta_h = 8\Delta_D$,关于直径 D 的不确定度($16\Delta_D^2$)才与高度 h 的不确定度($0.25\Delta_h^2$)相等。这说明,实验时,并不是对每一个待测量都一定要选择级别高、精度高的仪器,也并非每个量都是测得越准越好。在实际的测量过程中,应根据每个不确定度分量对合成总不确定度影响的大小来确定哪些量需精密测量,哪些量不需要测得很准(如例题中的高度 h,在保证 $\frac{\Delta_V}{V} \leqslant 0.5\%$ 不变的条件下,其测量精度可以较低)。

例 11 所用电压表的量程 $U_{max} = 1$ V,欲测的电压约为 0.1 V,要保证其测量结果的不确定度小于 1%,问选取电压表的准确度级别 a 为多少?

分析:初看起来,这个问题似乎十分简单。因为单次测量电压表仪器误差 $\Delta_{ins} = U_{max} \cdot a\%$,它也就是测量的不确定度 Δ,故

$$\frac{\Delta_U}{U} = \frac{U_{max} \cdot a\%}{U} \leqslant 1\%$$

由此可知

$$a < 0.1$$

即电压表的准确度级别应取 a 为 0.1 级。我们知道,准确度级别为 0.1 的表是标准表,只

在省市级计量部门才有,普通实验室是没有的。因此上面的方案是不切实际的。

如果电压表量程不是限定在 1 V,而是可以任选,可否通过选用小量程的方法达到目的呢?从上面的分析可知,若取 $U_{max}=0.1$ V,则保证测量结果 $\frac{\Delta_U}{U}<1\%$,只需电压表的准确度级别为 1 级即可。然而,量程为 0.1 V 的电压表不多见,这同样是不切实际的方案。

解: 综合考虑上述两方案的缺陷,采取如下措施:如图 1-11 所示,电路 CB 之间电压通过滑动电阻器滑动端 C 调节,其电压约为电压表量程值,即 1 V,两电阻 R_1 与 R_2 组成分压电路,且利用电阻箱使 $R_1:R_2=9:1$,则 R_2 两端电压为

$$U'=\frac{R_2}{R_2+R_1}U$$

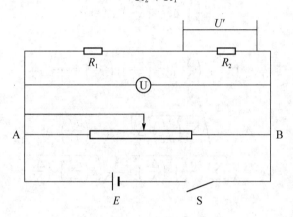

图 1-11

考虑式中 $R_1 \geqslant R_2$,则约为 0.1 V 的电压测量相对不确定度为

$$\frac{\Delta_{U'}}{U'}=\sqrt{\left(\frac{\Delta_{R_2}}{R_2}\right)^2+\left(\frac{\Delta_{R_1}}{R_1}\right)^2+\left(\frac{\Delta_U}{U}\right)^2}$$

选用电阻 R_1 与 R_2 为 0.1 级电阻箱,$\frac{\Delta_{R_2}}{R_1}=\frac{\Delta_{R_1}}{R_2}\approx 0.1\%$,于是,在保证 $\frac{\Delta_{U'}}{U'}\leqslant 1\%$ 条件下,得

$$\frac{\Delta_{U'}}{U'}=1\%$$

即

$$U_{max}\cdot a\%=U\cdot 1\%$$

解得

$$a=0.1$$

由以上分析可见,并不是只有选择高级别、高精度的测量仪器,装置才能保证测量结果的精度,只要测量方法正确,较低级别的仪器、设备同样可以得到高精度的测量结果。

(3) 前面已经介绍过,测量过程中的间接测得量的合成不确定度 Δ_N 由各个间接测得量的分不确定度 $\Delta_x, \Delta_y, \cdots$ 所决定。其合成关系式为(1-22)和式(1-23)。合成公式还指出,在合成不确定度 Δ_N 中,各直接测量不确定度 $\Delta_x, \Delta_y, \cdots$ 的分配并不是绝对平均的。因此,就涉及这样的一个问题:若当合成总不确定度被指定后,如何确定各个直接测量不确定度呢? 实际上这也是一个如何确定实验方案的问题。在这种情况下,"不确定度均分原则"是我们最重要的依据。

所谓"不确定度均分原则"指的是:"各独立变量的测量误差对于间接测量引起的误差相等",即若已知 $N=f(x,y,\cdots)$,各直接测量 x、y、$\cdots$ 的不确定度 $\Delta_x, \Delta_y, \cdots$ 对间接测量 N 的合成总不确定度 Δ_N 的影响相同。若有 k 个直接测得量,则

$$\left(\frac{\partial f}{\partial x}\right)^2 \Delta_x^2 = \left(\frac{\partial f}{\partial y}\right)^2 \Delta_y^2 = \cdots$$

或

$$\left(\frac{\partial f}{\partial x}\right)^2 \left(\frac{\Delta_x}{N}\right)^2 = \left(\frac{\partial f}{\partial y}\right)^2 \left(\frac{\Delta_y}{N}\right)^2 = \cdots$$

也就是

$$\Delta_N = \sqrt{\sum \left(\frac{\partial f}{\partial x}\right)^2 \Delta_x^2} = \sqrt{k \left(\frac{\partial f}{\partial x}\right)^2 \Delta_x^2} \tag{1-32}$$

$$E_N = \sqrt{\sum \left(\frac{\partial f}{\partial x}\right)^2 \left(\frac{\Delta_x}{N}\right)^2} = \sqrt{k \left(\frac{\partial f}{\partial x}\right)^2 \left(\frac{\Delta_x}{N}\right)^2} \tag{1-33}$$

还可以写作

$$\Delta_N = \sqrt{k} \left(\frac{\partial f}{\partial x}\right) \Delta_x = \sqrt{k} \left(\frac{\partial f}{\partial y}\right) \Delta_y = \cdots$$

$$E_x = \frac{1}{\sqrt{k}} E_N, \quad E_y = \frac{1}{\sqrt{k}} E_N, \cdots$$

例 12 规则圆柱体的密度公式为 $\rho = \frac{4m}{\pi d^2 h}$,当质量 $m \approx 140$ g,圆柱体直径 $d \approx 20$ mm,圆柱体高度 $h \approx 50$ mm,若要求单次测量 $E_\rho \leqslant 1\%$,问质量、直径、高度的不确定度应为多少才符合要求?

解 由间接测量量的不确定度的合成公式,有

$$E_\rho = \sqrt{\left(\frac{\Delta_h}{h}\right)^2 + \left(\frac{2\Delta_d}{d}\right)^2 + \left(\frac{\Delta_m}{m}\right)^2}$$

按给定的要求

$$\sqrt{\left(\frac{\Delta_h}{h}\right)^2 + \left(\frac{2\Delta_d}{d}\right)^2 + \left(\frac{\Delta_m}{m}\right)^2} \leqslant 1\%$$

根据"不确定度均分原则",质量、直径、高度应各取 $0.01/\sqrt{3}$,即

$$\frac{\Delta_m}{m} = 2\frac{\Delta_d}{d} = \frac{\Delta_h}{h} = 0.01/\sqrt{3}$$

由于质量的测量精度很高,故将 $\frac{\Delta_m}{m}$ 忽略不计,这样可认为合成相对不确定度只有直径 E_d 和高度 E_h 两项构成,故有

$$2\frac{\Delta_d}{d} = \frac{\Delta_h}{h} = 0.01/\sqrt{2}$$

从而

$$\Delta_d = d\frac{0.01}{2\sqrt{2}} = 20 \times \frac{0.01}{2\sqrt{2}} \text{ mm} = 0.07 \text{ mm}$$

$$\Delta_h = h\frac{0.01}{\sqrt{2}} = 50 \times \frac{0.01}{2\sqrt{2}} \text{ mm} = 0.4 \text{ mm}$$

在单次测量情况下,若用 50 分游标卡尺测量圆柱体的直径和高度,其 $\Delta_{ins} = 0.02$ mm,显然满足实验要求是完全可以的。

例 13 单摆测重力加速度的实验,根据函数关系 $g = 4\pi^2 l/T^2$,若要求测量结果准确到 0.5%,问摆长 l 和时间周期 T 的测量仪器应如何选择?

解 根据题意 $\frac{\Delta_g}{g} \leqslant 0.5\% = 0.005$,预先设定重力加速度约为 980 cm·s^{-2},则

$$\Delta_g = 0.005 \times 980 \text{ cm}\cdot\text{s}^{-2} = 4.9 \text{ cm}\cdot\text{s}^{-2}$$

根据"不确定度均分原则",可有

$$\Delta_l = \frac{\Delta_g}{\sqrt{k}\frac{\partial g}{\partial l}} = \frac{4.9 T^2}{4\pi^2 \sqrt{2}}$$

$$\Delta_t = \frac{\Delta_g}{\sqrt{k}\frac{\partial g}{\partial T}} = \frac{4.9 T^3}{8\pi^2 l\sqrt{2}}$$

若选用的单摆摆长约 $l = 100.0$ cm,则单摆的时间周期约为 $T = 1.00$ s。将其代入公式中,得摆长与周期的不确定度分别为

$$\Delta_l = \frac{4.9 \times (1.00)^2}{4\pi^2 \sqrt{2}} = 0.088 \text{ cm} \approx 0.09 \text{ cm}$$

$$\Delta_t = \frac{4.9 \times (1.00)^3}{8\pi^2 \times 100.0 \times \sqrt{2}} = 0.000\,44 \text{ s} \approx 0.5 \text{ ms}$$

由此可见,测量摆长可选最小分度为毫米的米尺。测量周期若只测摆动一个周期的时间,应选 0.1 ms 的数字毫秒计;若采用积累放大法,则 50~100 个周期的时间,可选用普通的电子秒表即可。

习 题

1. 系统误差和随机误差各有什么特征?

2. 什么叫绝对误差和相对误差?

3. 何谓准确度、精确度? 它们与误差有何联系?

4. 指出下列情况各属什么性质误差:

米尺刻度不均匀;动量守恒实验中摩擦力影响;电学实验中电源不稳定影响;电路中各导线接点电阻对电路的影响;雷电引力的误差;实验人员在读数和操作上的习惯引起的误差;千分尺的零值误差;仪器刻度盘没调零。

5. 置信概率 P 是什么含义?

6. 下列数据如有不妥,试改正。

$L = 5.725 \pm 0.03$

$T = (3.71349 \pm 0.2163) \times 10^3$

$N = 6\,771\,253 \pm 41$

31 cm = 310 mm, 310 mm = 31 cm

7. 根据有效数字运算规则计算以下各式:

$1.408 + 0.21$

163.5×1.1

$2.00 \times 10^4 + 135$

$\dfrac{840\,000 - 24\,000}{20^2}$

$\pi \times 3.602$

8. 用螺旋测微器测圆柱体的直径,6 次测量值如下:

$d(\text{mm}) = 19.567, 19.563, 19.565, 19.569, 19.564, 19.562$

螺旋测微器的示值误差限 $\Delta_{\text{ins}} = 0.004$ mm,求测量结果。

9. 用不确定度知识写出下列间接测量的结果:

(1) $N = A + 2B - C$ (2) $N = \dfrac{4m}{\pi D^2 h}$

已知 $A = (28.279 \pm 0.005)$ cm; $B = (14.15 \pm 0.02)$ cm; $C = (0.679 \pm 0.006)$ cm; $D = (19.679 \pm 0.005)$ mm; $m = (125.669 \pm 0.001)$ g; $h = (35.56 \pm 0.02)$ mm。

第二章 力学和热力学实验

实验 2-1 长度的测量

长度是基本的物理量之一。在生产过程和科学实验中,我们不仅常常要对长度进行测量,而且,许多其他物理量也都需要转化为对长度的测量。例如各类指针式仪表,其刻度就是均匀等分的弧长,还如温度计、压力表的示值,最终都是以度(刻度)进行读数的。从这个意义上说,长度的测量是一切测量的基础。目前,直接测量长度的技术已达到十分完善的地步,如比长仪等一系列的仪器,测长可达 $\mu m(10^{-6})$ 的精度。物理实验中常用的长度测量仪器是米尺、游标卡尺、螺旋测微器等。通常用量程和分度值表示这些仪器的规格。量程是指仪器的测量范围,分度值是仪器的最小分划单位,它反映仪器的测量准确度。学习使用这些仪器,应该掌握它们的构造原理、规格性能、读数方法及维护知识等。

本实验通过对待测物体长度(或直径)的测量来求得物体的体积。

【实验目的】

(1) 了解游标尺的构造、掌握其正确的使用方法。
(2) 掌握螺旋测微器的读数原理和正确的使用方法。
(3) 学习正确记录测量数据,并进一步熟悉不确定度的计算和实验结果的表示。

【实验仪器介绍和测量方法】

实验仪器:游标卡尺,螺旋测微器,待测物(实心铝柱、金属丝、金属或塑料圆形垫片等)。

普通长度测量通常可用各种带分度的直尺直接测量。为使测量较为准确,必须选用温度系数小,不受环境条件(如温度、压力)影响,由不锈钢、铁镍铬合金等材料制成的直尺。

常用直尺量程有 100 cm、200 cm 等,其最小分度一般都是 1 mm,观测者用眼睛可估读到最小刻度的 1/10 格值,即 0.1 mm。要想使长度测量的准确度进一步提高,可以采用某些特殊的方法,如干涉法或莫尔条纹技术等。本实验所使用的测长度工具是常见的利用游标或螺旋装置制成的游标卡尺和螺旋测微器。

1. 游标卡尺(vernier caliper)

游标卡尺的外形结构如图 2-1-1 所示。主要由主尺 D 和可以沿主尺滑动的游尺(又称副尺)E 构成。卡尺上方的 A′,B′叫作内量爪,是用来测量物体的内径或内部长度的,下方的 A,B 叫作外量爪,用于测量物体的长度或外径;C 叫尾尺,用于测量孔或槽的深度;F 是紧固螺钉,用来固定读数的。

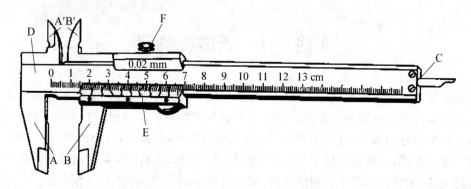

图 2-1-1

设主尺的分度值为 a,游尺的分度值为 b,通常设计游尺全部 n 个分格的长度等于主尺的 $(n-1)a$ 个分格的长度,即

$$nb = (n-1)a \tag{2-1-1}$$

主尺分度值与游尺值之差可通过上式得出,并定义为游标的精度 ΔL,即

$$\Delta L = a - b = a/n \tag{2-1-2}$$

游标的精度是游标尺能读准的最小值,也即是游标尺的分度值。按国家规定标准,游标的精度有 1/10,1/20 和 1/50 三种,习惯上分别称为"十分游标尺"、"二十分游标尺"、"五十分游标尺"。下面以十分游标尺的为例说明游标尺的读数原理以及具体读数的方法。

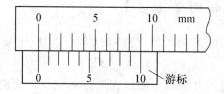

图 2-1-2

如图 2-1-2 所示,十分游标尺主尺的最小分格为 1 mm,游尺的 10 个分格的总长刚好

与主尺上 9 个分格的总长相等。这样游尺上的第一个分格的长度是 0.9 mm，由式(2-1-2)可知，该游标尺的分度值 ΔL 为

$$1/10 \text{ mm} = 0.1 \text{ mm}$$

当游标尺量爪 A，B 合拢时，游标尺上"0"线与主尺上的"0"线重合，游尺上的第一条刻线，第二条刻线……，分别与主尺的 1 mm 刻线、2 mm 刻线……错开 0.1 mm、0.2 mm、……。这正是图 2-1-2 所示的情况，这也就为游标尺的准确测量提供了依据，如果在量爪 A，B 间放入 0.2 mm 的待测物件，则与量爪 B 连为一体的游标尺就会向左移动同样的距离，如图 2-1-3 所示，游尺上的第二条刻线恰与主尺上的刻线对齐。此时，游标卡尺的读值即为 $2\Delta L = 2 \times 0.1 \text{ mm} = 0.2 \text{ mm}$。由此可知，如果游尺上第 K 条刻线是与主尺上的某条刻线对齐，则游标卡尺的读值即为 $K\Delta L$。

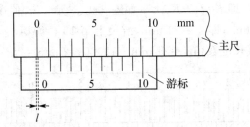

图 2-1-3

需要特别指出的是，图 2-1-3 的读数应该是"0.20 mm"，而不是"0.2 mm"。因为游标的分度值是表示仪器能读准的最小数值。根据误差理论和仪器的一般读数规则，读数的最后一位应为 0.1 mm，则毫米以下的第一位数是准确数，故应在其后再估读一位，即在毫米以下第二位上加个"0"，以表示读数误差出现在该位上。从另一角度说，游标读数引入的最大误差为分度值的一半，即 $\Delta L/2 = 0.5 \text{ mm}$，所以十分游标卡尺的读数就读到百分之一毫米位上。

十分游标卡尺有时会出现游标卡尺的刻度线与主尺的刻度线不完全对齐的情况，此时应取游尺与主尺上对得最为接近的两根刻度线号数的平均值为 K，如图 2-1-4 所示，最近的两根线是第 5 和第 6 根刻度线，因此，可读为 $(5+6)/2 \cdot \Delta L = 5.5 \times 0.1 \text{ mm} = 0.55 \text{ mm}$。

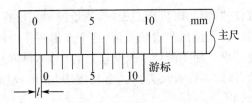

图 2-1-4

二十分游标卡尺,是将主尺上的 19 mm 等分为游尺上的二十格,或者将主尺上的 39 mm 等分为游尺上的二十格,其分度值为 $\Delta L=1/20$ mm$=0.05$ mm;五十分游标卡尺,是将主尺上的 49 mm 等分游尺上的五十格,其分度值 $\Delta L=1/50$ mm$=0.02$ mm。这两种尺一般不会出现游尺的刻度与主尺上刻度线不对齐的情况,其读值结果仍然为 $K\Delta L$,K 为游尺上与主尺对齐的刻度线号数,ΔL 为所使用卡尺的分度值。另外,因为二十分和五十分游标卡尺的最大读数误差为 $0.05/2$ mm$=0.03$ mm 和 $0.02/2$ mm$=0.01$ mm,即误差出现在百分之一毫米位上,所以这类游标卡尺在读出测量值后不应在其后一位上加"0",也就是说它们的读数就应该读至百分之一毫米上,而不必估读。

游标卡尺的游标只给出毫米以下的读数,当被测物长于 1 mm 的长度时,应先读出与游标"0"线对应的主尺上的整数刻度值 l_0,再读出毫米以下的数位,也就是 $K\Delta L$,最后两者相加得到测量的长度,即 $l=l_0+K\Delta L$。如图 2-1-5 所示,若使用的是五十分游标尺,则其主尺上的整数为 21 mm,即 $l_0=21$ mm,游尺上第 13 根游标线与主尺上的某根刻线准确对齐,则 $K=13$,故该长度数值 $l=21$ mm$+13\times 0.02$ mm$=21.26$ mm。

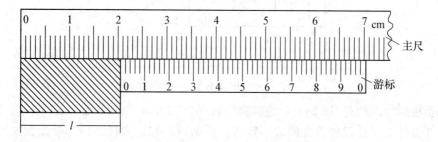

图 2-1-5

游标卡尺在进行单次测量时,其仪器的最大误差是指游标卡尺的读数与实际值之间可能产生的最大误差,它是由主尺、游尺的刻度不确定度,刻度面弯曲,主尺基准面不平,刻度线宽度以及刻线与基准面不能严格垂直等因素造成。根据国家计量局规定,量程在 300 mm 以下的各类游标尺的仪器最大误差和卡尺的分度值在数值上相同。例如,分度值为 0.02 mm 的五十分游标卡尺,其仪器最大误差 $\Delta_{ins}=0.02$ mm,因而其非统计不确定度分量 $\Delta_B=\Delta_{ins}=0.02$ mm。对量程大于 300 mm 的游标卡尺,其仪器最大误差需参阅相应的仪器使用说明书。

游标卡尺属于精密仪器,使用时应小心爱护,测量前要先检查主尺零刻线与游尺零刻线是否对齐,若没有对齐,应先读出两者的差值(这个差值叫作卡尺的初读值,也叫零位误差),以便用以修正测量结果。使用游标卡尺测量过程中,不得测量粗糙物体,不允许被夹紧的物质在卡口内挪动,以防弄伤卡尺刀口。卡尺用毕,立即放回卡尺袋,不要随便放在桌上,更不得放在潮湿之处。

2. 螺旋测微器(spiral micrometer)

螺旋测微器的分度值为 0.01 mm,即 $1/1\,000$ cm,故而又称其为千分尺。由于仪器结构和视觉分辨能力的限制,游标卡尺测量准确度最高为 0.02 mm。如果再增加游尺上的格数,就会因为分辨不清主尺与游尺上严格对准的刻度线而带来新的不确定度。所以螺旋测微器是比游标卡尺更为精密的长度测量仪器。

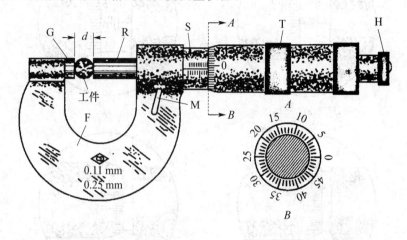

图 2-1-6

螺旋测微器的外形结构如图 2-1-6 所示,由弓架 F、测量螺杆 R、螺母套筒 S、微分套筒 T、棘轮 H、锁紧手柄 M 以及测量砧台 G 等部分构成。测微器的关键部件是精密的测微螺杆,以及与之相连的螺母套筒。根据螺旋推进原理,当微分套筒旋转一周,螺杆正好沿轴向移动一个螺距 a,如此就可将测微杆较小的直线位移变成较大的角位移来测量长度。若微分套筒周边刻有 n 个均分分度,当它转过一个分度时,测微螺杆使轴线移动位移 a/n mm,由此根据微分套筒转过的刻度就可以准确读出测微螺杆移动的微小长度。常用螺旋测微器的螺距 $a=0.5$ mm,微分套筒周边均匀刻有 50 分度,每转动一分度,螺杆移动距离为 0.5/50 mm=0.01 mm。可见,利用精密螺旋装置使测量的准确度达到 0.01 mm,而且,通过微分套筒周边刻线,测量可以估读出 0.001 mm 位的读数。

使用螺旋测微器时,应轻轻转动棘轮,推进螺杆缓慢接近被测物,当听到转动棘轮发出"喀喀"的声响,说明螺杆与测砧已将被测物夹紧,不应再继续推进螺杆,以免因螺杆与测砧夹物过紧而影响读数的准确性。螺旋测微器的读数原则是:首先以微分套筒 T 的前沿为读数准线,在螺母套筒 S 读取 0.5 mm 以上的数值;然后再由微分套筒 T 的刻线读取下一位数值,并估读末位数。如图 2-1-7(a)中的读数为(4+0.5+0.031)=4.531 mm,图(b)的读数为(5+0.033) mm=5.033 mm。

使用螺旋测微器时,特别需注意测量工具的初读值。测量前,转动棘轮,使螺旋杆与砧台相接触,即听到"喀喀"声。此时,微分套筒 T 的前沿应与螺母套筒 S 上的 0 刻线对齐,微分套筒 T 上的 0 刻线也与螺母套筒 S 上的横准线对齐,即读值为 0.000 mm。若两线错开,说明螺旋测微器存在一个读值(这是个非统计不确定度),称其为测微器的初读值(或零值误差)。记下这一初读值的大小和符号,以便测量结束后对测量结果进行修正,即测

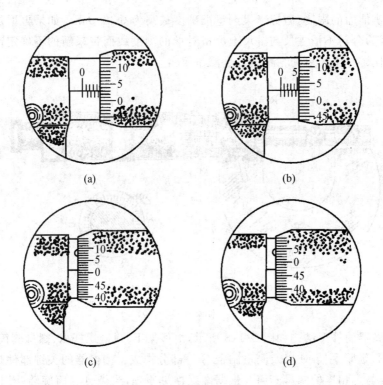

图 2-1-7

量值＝读数－初读值。初读值正负号的规定是：微分套筒的零线位于螺母套筒横准线之下，读数取负；反之为正。图 2-1-7(c),(d)所示的情况，读值分别为＋0.010 mm、－0.024 mm。

螺旋测微器属于精密仪器，并且由于螺旋是力的放大装置，因而无论是测量读数，还是校准零位时，都不允许直接旋转微分套筒，只能慢旋尾部的棘轮。螺旋测微器用毕，应使测量螺杆与砧台之间松开一段距离再放入盒中，以避免因环境原因（如热胀冷缩等）造成两测量砧因过分压紧而损坏螺纹。

【实验内容与步骤】

（1）用游标卡尺或螺旋测微器测量待测物（圆柱体），各量分别测 6 次，求其平均值，计算体积，讨论不确定度。

（2）用游标卡尺或螺旋测微器测量待测物（圆垫片），各量分别测 6 次，求其平均值，计算圆垫片体积和不确定度。

【数据处理】

自拟测量数据表格。

计算圆柱体体积及其不确定度如下。

圆柱体的直径为 D,其近真值为

$$\overline{D} = \frac{1}{n} \sum_{i=1}^{n} D_i$$

其直径的 A 类和 B 类不确定度分量分别为

$$\Delta_{AD} = \sqrt{\frac{1}{n-1} \sum_{i=1}^{n} (D_i - \overline{D})^2}$$

$$\Delta_{BD} = \Delta_{\text{ins}}$$

直径的合成不确定度为

$$\Delta_D = \sqrt{\Delta_{AD}^2 + \Delta_{BD}^2}$$

圆柱体的高度为 h,则其近真值,不确定度分别为

$$\overline{h} = \frac{1}{n} \sum_{i=1}^{n} h_i$$

$$\Delta_{Ah} = \sqrt{\frac{1}{n-1} \sum_{i=1}^{n} (h_i - \overline{h})^2}$$

$$\Delta_{Bh} = \Delta_{\text{ins}}$$

$$\Delta_h = \sqrt{\Delta_{Ah}^2 + \Delta_{Bh}^2}$$

圆柱体的体积为

$$\overline{V} = \pi \left(\frac{\overline{D}}{2}\right)^2 \cdot \overline{h}$$

体积的相对不确定度 E_V 为

$$E_V = \frac{\Delta_V}{\overline{V}} = \sqrt{\left(2\frac{\Delta_D}{\overline{D}}\right)^2 + \left(\frac{\Delta_h}{\overline{h}}\right)^2}$$

圆柱体积的合成不确定度为

$$\Delta_V = E_V \overline{V}$$

测量结果为

$$V = \overline{V} \pm \Delta_V$$

计算圆垫片体积及其不确定度如下。

圆垫片的体积为

$$\overline{V'} = \frac{1}{4} \overline{d} \pi (\overline{D_{\text{外}}^2} - \overline{D_{\text{内}}^2})$$

圆垫片厚度及其不确定度为

$$\overline{d} = \frac{1}{n} \sum_{i=1}^{n} d_i$$

$$\Delta_{Ad} = \sqrt{\frac{1}{n-1}\sum_{i=1}^{n}(d_i - \overline{d})^2}$$

$$\Delta_{Bd} = \Delta_{ins}$$

$$\Delta_d = \sqrt{\Delta_{Ad}^2 + \Delta_{Bd}^2}$$

圆垫片外径与内径及其不确定度为

$$\overline{D_{外}} = \frac{1}{n}\sum_{i=1}^{n}D_{外}, \quad \overline{D_{内}} = \frac{1}{n}\sum_{i=1}^{n}D_{内}$$

$$\Delta_{AD} = \sqrt{\frac{1}{n-1}\sum_{i=1}^{n}(D_i - \overline{D})^2}, \quad \Delta_{BD} = \Delta_{ins}$$

$$\Delta_D = \sqrt{\Delta_{AD}^2 + \Delta_{BD}^2}$$

圆垫片体积的相对不确定度 $E_{V'}$ 为

$$E_{V'} = \frac{\Delta_{V'}}{\overline{V'}} = \sqrt{\left(\frac{2\overline{D_{外}}\Delta_{D外}}{\overline{D_{外}}^2 - \overline{D_{内}}^2}\right)^2 + \left(\frac{2\overline{D_{内}}\Delta_{D内}}{\overline{D_{外}}^2 - \overline{D_{内}}^2}\right)^2 + \left(\frac{\Delta_d}{\overline{d}}\right)^2}$$

圆垫片体积的合成不确定度为

$$\Delta_{V'} = E_{V'}\overline{V'}$$

测量结果为

$$V' = \overline{V'} \pm \Delta_{V'}$$

【思考题】

(1) 游标卡尺的分度值为 0.02 mm，主尺最小分度值为 0.5 mm，问游标的格数为多少？

(2) 为什么使用螺旋测微器测量之前，一定要检查其初读值的大小？

(3) 使用一级螺旋测微器进行单次测量，测得数据为 31.446 mm，写出正确的测量结果。

(4) 根据有效数字的计算规则，求高 $h = 13.32$ cm、直径 $d = 1.54$ cm 的圆柱体的体积。

实验 2-2　质量与密度的测量

一个物体所含物质越多，质量就越大，其惯性就越大，它吸引别的物体(或被别的物体吸引)的引力也就越大。质量是力学中三个基本物理量之一，物理学中很多重要的定律都与它相关，因此，质量测量技术的发展一直受到极大的重视。

质量的测量方法有很多，测量仪器种类也有很多。在物理实验中，物理质量的测量通常采用天平称衡的方法。称衡时将待测物体放入天平的左盘,在右盘中放进砝码。由于天平的制作是根据等臂杠杆原理,故天平平衡时,物体的质量就等于砝码的质量。

密度是物质的基本特性之一,它是物质纯度的表征。物体密度的测量不仅常见于物理实验当中,在工农业生产和科学研究中,在对材料进行成分分析和纯度鉴定时,密度的测量常常是必不可少的手段。因此,学会一些测量密度的方法是十分必要的。

【实验目的】

(1) 了解天平的构造、测量原理;正确掌握天平的调整与使用方法。
(2) 学会物体密度的测量方法。

【实验仪器介绍和测量方法】

物理天平或分析天平,待测物体(铝柱、石蜡块等),玻璃烧杯,细线,游标卡尺,螺旋测微器,温度计,配重物等。

一、质量(Quality)的测量

用于测量质量的天平,因为其种类有很多,所以其分类方法也是各有依据。比如按天平的结构形式划分,有等臂、不等臂天平;单盘、双盘天平;杠杆、无杠杆天平;扭力天平、电磁天平、电子天平等。按天平分度值划分,天平有超微量、微量、半微量之分。不过,无论是哪一种类的天平,它们总有测得很准和测得不很准的区别。因此惯用的做法就是根据天平测量的准确度,将其统分为两大类,即物理天平和分析天平(准确度较低的称为物理天平,也叫普通天平,测量准确度较高的称为分析天平,也叫精密天平。下面我们通过了解天平的各种技术指标,对两种天平分别介绍。

1. 天平主要技术参数

(1) 称量:天平允许称衡的最大质量。使用天平时,被称物体的质量绝不可大于天平称量,否则会使天平横梁产生形变,或者使天平的刀口受损。

(2) 分度值与灵敏度:当天平平衡时,为使天平指针从标度尺上的平衡位置偏转一个刻度,在砝码盘中所需增加(或减少)的砝码质量。通常用字母 S 表示,即 $S=\dfrac{\Delta m}{\Delta Q}$。其中 Δm 为增加的(或减少)的砝码质量,ΔQ 为指针在标尺上移动的刻度数,其单位是"毫克每分度"。习惯上将"每分度"略去,而只以"毫克"作为天平分度值的单位。分度值越小,说明指针偏转相同的刻度数,其添加(或减小)砝码质量亦愈小,即天平愈灵敏。因而分度值的倒数又被称为天平的灵敏度 C,即 $C=\dfrac{1}{S}$。显然,分度值越小灵敏度越高。理论表明,天平的灵敏度与其结构的关系如下

$$C=\frac{RL\cos\alpha}{(2P+\Delta m)L\sin\alpha+P_k d} \qquad (2\text{-}2\text{-}1)$$

式中 R 是天平指针 C 的长度(图 2-2-1), L 是横梁的臂长, α 是横梁与水平线间所成角度, P 是天平负载的重量, Δm 是天平平衡时所添加的小砝码的重量, P_K 为横梁的重量, d 是横梁重心到刀口支点 A 的距离。

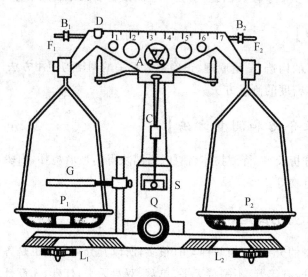

图 2-2-1

由式(2-2-1)可知,天平的灵敏度与横梁的重量、横梁的臂长以及横梁重心到横梁支点的距离有关。横梁越长,重量越轻,则灵敏度越高。为解决横梁臂长与重量的矛盾,实际的天平都在横梁中挖去一部分形成桁架结构,即减轻重量,同时又保证横梁具有一定的臂长和足够的强度。横梁重心到支点间的距离 d 愈小时,天平灵敏度愈高。通常天平指针上附有可上下移动的重心螺钉,通过调整重心螺钉的位置,可以调整天平的灵敏度,即重心越高,灵敏度也越高(一般重心螺钉的位置已调好,不可随意变动)。另外,天平灵敏度还与负载大小有关,随负载的增加,天平灵敏度减少。故灵敏度高的天平,其称量较小。

说明一点,在过去常用"天平感量"作为分度值的同义词,而许多教材上也用这个词表示灵敏度,为避免概念上的混乱,现在计量部门已不再采用"感量"这个术语,统一以"分度值"或"灵敏度"取而代之。

(3) 不等臂误差:理论上的等臂天平,其横梁两臂的长度应该是严格相等的,但由于制造、调整及温度不匀等原因,实际的天平两臂并不绝对等长,由这原因造成的偏差就叫作不等臂误差。不等臂误差属于系统误差,将导致非统计不确定度的产生,它随载荷增大而增加。计量部门规定,物理天平的横梁空载时,不等臂误差不应大于 3 个分度,使用中不得大于 6 个分度。

(4) 示值变动误差:它表示在同一条件下多次启动天平,其平衡位置的再现性。也即表示天平称衡结果的可靠程度。由于天平零部件的调整状态以及操作情况、温差、气流、振动等原因,会使重复称衡时各次平衡位置产生差异,由此产生一定误差。示值变动误差属于随机误差,会导致统计不确定度的产生,按规定它不应大于1分度。

(5) 天平的精度(准确度)级别:据《天平的检定规程 JJG98—72》规定,按天平的名义分度值与称量之比决定天平的精度等级,把天平分成10级,如表2-2-1所列。

表 2-2-1 天平精度等级表

精度级别	1	2	3	4	5
分度值/称量	1×10^{-7}	2×10^{-7}	5×10^{-7}	1×10^{-6}	2×10^{-6}
精度级别	6	7	8	9	10
分度值/称量	5×10^{-6}	1×10^{-5}	2×10^{-5}	5×10^{-5}	1×10^{-4}

实验室常用的物理天平为9级和10级,通常可以从天平的铭牌上区分出天平的类别、型号、规格等。如 TW-05 型,第一个字母 T,代表天平;第二个字母 W,代表物理;第一位数字,表示的是天平级别,"0"即10级;第二位数字,表示天平称量,"5"即称量为500 g。

天平在质量测量中是一个比较器,体现质量单位标准的是砝码,因而一定精度级别的天平,必须选用等级与之相应的砝码与它配合使用。根据《砝码检定规程 JJQ99—72》规定,砝码的精度分为5等,各等级砝码的允许误差,也即极限误差如表2-2-2所列。实验室使用的物理天平配用的是四或五等砝码。

表 2-2-2 砝码允许误差表

名义质量 \ 允差/mg \ 等级	一级	二级	三级	四级	五级
500	±2	±3	±10	±25	±120
200	±0.5	±1.5	±4	±10	±50
100	±0.4	±1.0	±2	±5	±25
50	±0.3	±0.5	±2	±3	±15
20	±0.15	±1	±2	±2	±10
10	±0.10	±0.2	±0.8	±2	±10
5	±0.05	±0.15	±0.6	±2	±10
2	±0.05	±0.10	±0.4	±2	±10
1	±0.05	±0.10	±0.4	±2	±10

2. 物理天平(physical balance)

物理天平的构造如图 2-2-1 所示,它主要由横梁、支柱、吊盘 P_1 和 P_2、指针 C、标尺 S 等构成。图中的 Q 叫作制动旋钮,其作用是:当横梁上升后,天平处于工作状态;而横梁下降后,制动架托起横梁,以保护天平的刀口 A。横梁两端两个螺母 B_1 和 B_2 叫作平衡螺钉,用于天平空载时天平平衡的调节。横梁上的 D 为可移动的游码,用于 1 g 以下的质量称衡。当游码向右移动一个刻度时,相当于在右盘中增加一小质量的砝码(不同规格的天平,增加质量值可能不同)。

物理天平的操作步骤与规程如下:

天平如果使用不当,不仅会降低天平的灵敏度和砝码的准确度,使测量达不到应有的准确度,而且还可能损坏天平。因而使用天平时必须遵守下列操作规程。

(1) 使用天平首先了解天平的最大称量是否满足称衡要求。同时检查天平横梁、吊盘是否安装正确,砝码是否齐全。转动底脚螺钉,调节水平,使水准仪内的气泡置中(或使铅锤的尖端与底座准钉尖端对正),以保护天平垂直竖放和防止称衡过程中刀口滑移。

(2) 调整和确定天平停点:将横梁上的游码移至零位处,旋转制动旋钮,使天平处于自由摆动状态,以确定天平停点(即横梁静止时所指的刻度值)。若指针向某一侧摆动摆幅较大,旋动制动钮,落下横梁,调节平衡螺钉;然后再升起横梁,观察指针摆动情况,再次调节平衡螺钉,直至指针在中央零线附近的左右摆幅相等为止,此时天平便处于平衡状态了。这种调整和确定天平停点的方法叫作等摆法。

(3) 天平称衡:称衡时,左盘放待测物,右盘放砝码,待测物与砝码均要放在吊盘中央。取用砝码必须使用镊子,砝码不用时,一定放回砝码盒中,异组砝码不可混用。取放砝码以及调节天平时,都必须将横梁放下。只有称衡时,方可支起横梁。支起横梁后,观察指针的摆动情况,若指针在标尺中央零线附近未作对称摆动,便要在右盘内以由大至小为原则加减砝码。反复多次调节,直至支起横梁时,指针指向标尺中央零线或在零线附近作等幅对称摆动,此时立即放下横梁,可以记录数据了,即左盘中待测物的质量等于右盘中砝码的总和再加上游码所在位置的刻度示数。

对于一般的测量,按上述程序调整和使用天平就可以了,但若想提高测量准确度,可以采用复称法(也叫交换法或高斯法)或定载法(也称门捷列夫法)进行测量。

复称法就是将待测物在同一架天平上称衡两次,一次放在左盘中,测得 m_1;一次放在右盘中,测得 m_2,则被测物质量为 $\frac{m_1+m_2}{2}$。复称法有利于消除由天平不等臂而产生的非统计不确定度(即不等臂误差)。定载法是在天平的左盘中放上接近于极限负载的砝码或重物,在右盘中放上大小不等,总质量等于左盘砝码的小砝码,并调整天平使之平衡。正式称衡时,将被测物体放在右盘中,同时从这盘中取砝码,当天平重新恢复平衡时,从右盘中取出的砝码的总和就等于被测物体的质量。定载法称衡是在天平负载保持一定的条件下进行的,所以称衡过程中天平的灵敏度保持不变。

(4) 不可长时间把重物和砝码放在天平上,读数完毕后立即将其取下,并将游码归回零位,把盘摘离刀口,以尽可能缩短刀口的负载时间。

(5) 天平的各部件以及砝码都要注意防锈、防蚀,高温物体、液体及带腐蚀性的化学药品不得直接放在盘内称衡。

3. 分析天平(analytical balance)

分析天平是一种精密称衡质量的仪器。一般分析天平可准确称量到万分之一克左右,最大称量为 100 g 或 200 g,常用的空气阻尼式分析天平,其装置如图 2-2-2 所示。

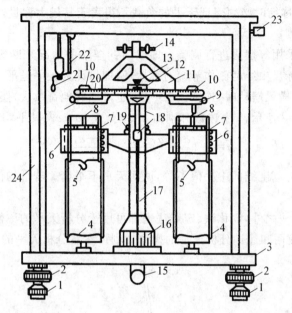

图 2-2-2

分析天平的构造原理与物理天平基本相同,只是为了提高称衡准确度,分析天平有更精细严密的结构。为了防尘和保护天平,分析天平都是放置在玻璃柜内。称衡时只需打开玻璃两侧的边门就可以增减砝码或置放待测物。玻璃柜的另一个作用是减小气流对称衡的干扰。

由于分析天平十分灵敏,所以称衡时指针总是摆动不停。为使之很快静止下来,以便迅速判定平衡与读数,分析天平的左右盘上方各装一个空气阻尼器,其构造为:金属外筒固定在天平支柱上,金属内筒挂在天平吊环上,其筒口向下套于外筒中,内外筒之间有很小的空隙。横梁摆动时,必有一秤盘向下运动,相应的内筒也随之下降,并压缩内外筒之间空隙的空气。受压空气必须通过两筒壁间很狭窄缝隙及外筒底板上的小孔向外排出,因气体流泄较慢,就使横梁的摆动受到阻尼而很快停止下来。

分析天平的游码是通过玻璃柜外手把进行调节的:首先将游码吊起,再根据所需将其移放在横梁上的游码标尺上。分析天平的游码标尺不同于物理天平的标尺,其零刻线恰在中央,所以,若游码置于左臂一侧,相当于左盘内增加砝码;若游码置于右臂一侧,相当于右盘内增加砝码。

分析天平的操作步骤与规程如下:

(1) 调水平:调节天平底脚螺钉,使支柱竖直,刀承水平。

(2) 调零点:天平空载时,转动制动旋钮,使天平横梁处于自由状态,观察指针的摆动情况,调节平衡螺钉,直至指针在刻度板标尺中线两侧作摆幅较小的等幅对称摆动为止,表明天平达到平衡。

(3) 天平称衡:称衡时必须保证天平的负载不得大于其最大称量,必要时可用物理天平对待测物进行粗测。

称衡一般可以采用等摆法进行调整。即以指针摆动的情况来断定天平是否平衡,只要指针是在刻度板标尺中线两侧作等幅对称摆动,即可认为天平是平衡的;另一种称衡方法叫作摆动法,即在横梁摆动时,连续读取 5 次(也可取其他奇数次)摆动到偏转最大刻度时的读数,如图 2-2-3 所示,5 个读数分别为 a_1、a_2、a_3、a_4、a_5,其平均值为

$$\bar{a} = \frac{1}{2}\left(\frac{a_1 + a_3 + a_5}{3} + \frac{a_2 + a_4}{2}\right)$$

若算得平均值与刻度线的中央值不等,说明天平不平衡。若平均值与中央值相等,则说明天平平衡。

除等摆法、摆动法之外,复称法、定载法也都可用于分析天平的称衡。

(4) 有关正确使用和保护分析天平的操作规则可参看分析天平的操作规程。

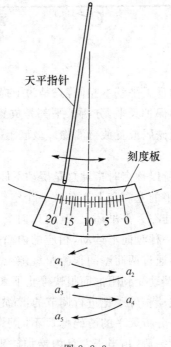

图 2-2-3

二、物体密度(density)的测量

若待测物体的质量为 m,体积为 V,则物体的密度为

$$\rho = \frac{m}{V} \tag{2-2-2}$$

密度 ρ 是一个间接测得量,由式(2-2-2)可知,如果用天平测得待测物体的质量 m,再用卡尺或螺旋测微器等测长工具求得待测物体的体积 V,则密度 ρ 便可以得到。

1. 直接法

若待测物体的质量分布均匀,其外形规则且不复杂的固体,利用式(2-2-2)可求其密度。例如直径为 d、高度为 h 的金属圆柱体,其密度可求,为

$$\rho = \frac{m}{V} = \frac{4m}{\pi d^2 h} \tag{2-2-3}$$

2. 间接法

若待测物体的质量分布均匀,但其外形并不规则,其体积无法直接测量,此时需用流体静力称衡法间接解决体积的问题,具体做法如下。

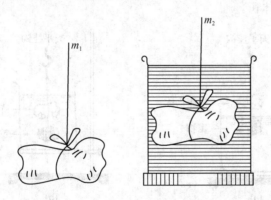

图 2-2-4

首先在空气中称衡待测物体质量为 m,然后将待测物浸入水中(或密度已知的其他某种液体中),测其在水中的质量为 m_2(图 2-2-4)。如果忽略空气浮力以及拴系待测物细线质量的影响,根据阿基米德浮力原理,则物体所受的浮力 $V\rho_0 g$ 应等于物体在空气中的重量 $m_1 g$ 与它完全浸没在液体(水)中的重量 $m_2 g$ 之差,即

$$V\rho_0 g = m_1 g - m_2 g$$

式中 ρ_0 为液体的密度,V 为物体排开液体的体积,也即是待测物的体积。由此可得

$$V = \frac{m_1 - m_2}{\rho_0}$$

将此式代入密度的定义,就得到不规则的形状固体密度的计算公式

$$\rho = \frac{m_1}{V} = \frac{m_1}{m_1 - m_2}\rho_0$$

如果待测物体的密度较小,当将该物体放入液体中,因浮力作用它不能完全浸入液体时,可采取下面的措施:将待测物体先悬挂于空气中称衡质量为 m_1,再将待测物下面拴一个配重物,按照图 2-2-5(a)所示的情况。在配重物完全浸没于液体中而待测物尚在空气中时称衡得质量为 m_2,最后在配重物与待测物一同浸没于液体中称衡得质量 m_3[图 2-2-5(b)]。则待测物在液体中所受的浮力为

$$V\rho_0 g = m_2 g - m_3 g$$

待测物体积为

$$V = \frac{m_2 - m_3}{\rho_0}$$

待测物的密度为

$$\rho = \frac{m_1}{m_2 - m_3}\rho_0$$

从上面的讨论可见,流体静力称衡法的实质是在测量过程中,用易于测量的待测物的质量代替难以测量的体积。

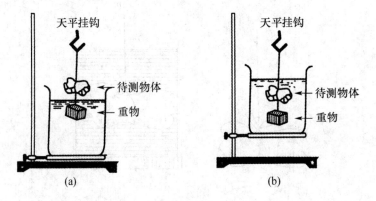

图 2-2-5

【实验内容与步骤】

(1) 熟悉天平的结构,并按天平操作规程将天平调整好。
(2) 直接法测量金属圆柱体的密度。
  ① 游标长尺测圆柱体高度 h,测 6 次;
  ② 螺旋测微器测圆柱体的直径 d,测 6 次;
  ③ 天平测圆柱体的质量 m,单次测量。
(3) 间接法(流体静力称衡法)测量金属圆柱体的密度。用天平分别称衡圆柱体在空

气中的质量 m_1 和浸没水中后的质量 m_2，将 m_1 与 m_2 代入式(2-2-3)中算出圆柱体的密度 ρ。

(4) 称衡完毕，整理实验场地。将天平横梁放下，将称盘摘离刀口，将砝码归入砝码盒中。

【数据处理与不确定度计算】

(1) 直接法。

天平最大称量＝　　　　　($\times 10^{-3}$ kg)
天平最小分度值 Δ_{ins} ＝　　　　　($\times 10^{-3}$ kg)
天平测得质量 m ＝　　　　　($\times 10^{-3}$ kg)

圆柱体直径与高度数据记录表

测次	$d/(10^{-3}$ m$)$	$(\bar{d}-d_i)/(10^{-3}$ m$)$	$h/(10^{-3}$ m$)$	$(\bar{h}-h_i)/(10^{-3}$ m$)$
1				
2				
3				
4				
5				
6				
平均				

由上述数据可进行下列各步计算：

$$m \pm \Delta_{ins} = m \pm \Delta_m$$

$$\bar{d} = \frac{1}{n}\sum_{i=1}^{n} d_i$$

$$\bar{h} = \frac{1}{n}\sum_{i=1}^{n} h_i$$

$$\bar{\rho} = \frac{4m}{\pi \bar{d}^2 \bar{h}}$$

$$\Delta_{Ad} = \sqrt{\frac{1}{n-1}\sum_{i=1}^{n}(\bar{d}-d_i)^2}, \Delta_{Bd} = 0.005 \times 10^{-3}\text{ m}$$

$$\Delta_{Ah} = \sqrt{\frac{1}{n-1}\sum_{i=1}^{n}(\bar{h}-h_i)^2}, \Delta_{Bh} = 0.02 \times 10^{-3}\text{ m}$$

$$\Delta_d = \sqrt{\Delta_{Ad}^2 + \Delta_{Bd}^2}, \Delta_h = \sqrt{\Delta_{Ah}^2 + \Delta_{Bh}^2}$$

密度的相对不确定度

$$E_\rho = \sqrt{\left(\frac{\Delta_m}{\overline{m}}\right)^2 + \left(\frac{2\Delta_d}{\overline{d}}\right)^2 + \left(\frac{\Delta_h}{\overline{h}}\right)^2}$$

密度测量结果的合成不确定度

$$\Delta_\rho = \overline{\rho} \cdot E_\rho$$

密度测量结果

$$\rho = \overline{\rho} \pm \Delta_\rho$$

(2) 流体静力称衡法。

天平最大称量＝　　　　　(kg)
天平最小分度值 Δ_{ins}＝　　　　($\times 10^{-3}$ kg)
环境温度 T＝　　(℃)，水的密度 ρ_0＝　　　(kg/m^3)
空气中圆柱体质量 m_1＝　　　　$\pm \Delta_{m_1}$ ($\times 10^{-3}$ kg)

圆柱体密度　　　$\rho = \dfrac{m_1}{m_1 - m_2}\rho_0$

密度相对不确定度

$$E_\rho = \sqrt{\left(\frac{1}{m_1} - \frac{1}{m_1 - m_2}\right)^2 \Delta_{m_1}^2 + \left(\frac{1}{m_1 - m_2}\right)^2 \Delta_{m_2}^2}$$

密度测量结果的合成不确定度

$$\Delta_\rho = \rho \cdot E_\rho$$

密度测量结果

$$\rho = \rho \pm \Delta_\rho$$

【思考题】

(1) 简要写出天平的调整步骤及注意事项。
(2) 物理天平称衡物体时，可不可以把砝码放在左盘而待测物体放在右盘？为什么？
(3) 用流体静力平衡法测物体密度时，若被测物体浸入水中时表面吸有气泡，则测量结果所得密度值是偏大还是偏小？
(4) 实验中所测圆柱体是金属铝做成，将所测结果与其理论值(可查表得到)比较，若有不同试分析其原因。

实验 2-3　静态拉伸法测金属丝弹性模量

材料受外力作用时必然发生形变，弹性模量(modulus of elasticity)是衡量材料受力后形变能力大小的参数之一，亦即描述材料抵抗弹性形变能力的一个重要物理量。材料能够发生弹性形变(elastic deformation)，是因为材料内部存在着可使自身恢复原状的内应力(the internal stress)。弹性模量(也称杨氏模量)反映的就是物体形变与其内应力关系的物理量,它表征某种材料抗形变能力的强弱,是选定机械构件材料的依据之一,是工程技术设计中常用的重要参量。

本实验以细金属丝为被测材料,在外力的作用下,金属丝被拉伸,通过对其长度、截面积、伸长量、外力等量的测量而测定出该金属丝的弹性模量。实验中涉及较多长度量的测量,应根据不同测量对象,选择不同的测量仪器。其中金属丝长度的改变很小,用一般测量长度的工具不易精确测量,也难保证其精度要求。本实验采用的光杠杆是一种应用光学转换放大原理测量微小长度变化的装置,它的特点是直观、简便、精度高。

其中光杠杆的工作原理广泛应用于许多测量技术中,如在光电检流计、冲击电流计等高灵敏测量仪器中都有光杠杆的装置,因而这个实验是力学实验中的一经典实验项目。

【实验目的】

(1) 学会拉伸法测量金属丝的弹性模量。
(2) 掌握光杠杆测量微小长度变化的原理和方法。
(3) 学习运用误差分析的方法选用合适的量具,并会用逐差法处理数据。

【实验原理】

任何物体在外力作用下都将发生形变,棒状物体(如金属丝)仅受轴向外力作用时单纯伸长(或缩短)的变形称为拉伸形变,是形变中最简单也是最常见的一种形变。设某种金属丝的长度为 L,横截面积为 S,沿轴向受到力 F 的作用,金属丝伸长量为 ΔL。其单位横截面积上的垂直作用力 F/S 称为正应力(协强)。相对伸长 $\Delta L/L$ 称为线应变(协变)。实验表明,在弹性形变范围内,正应力与线应变成正比,即

$$F/S = Y\Delta L/L \quad \text{或} \quad Y = \frac{F/S}{\Delta L/L} \tag{2-3-1}$$

式中比例系数 E 称为金属丝弹性模量,它表征材料本身的性质。E 越大的材料,要使它发生一定的相对形变所需单位横截面积上的作用力也越大,说明该材料的抗形变能力也越强。从微观结构来考虑,弹性模量是一个表征原子间结合力大小的物理参量。弹性模量的单位是 $N \cdot m^{-2}$ 或 Pa。

为了测量弹性模量,可将式(2-3-1)进一步写作

$$Y = \frac{4FL}{\pi d^2 \Delta L} \tag{2-3-2}$$

式中 d 为待测金属丝直径。根据式(2-3-2),测出等号右侧各量,便可算得金属丝的弹性模量。本实验的全称为静态拉伸法测定金属材料的弹性模量,具体做法是:将待测金属丝竖直地悬挂于支架上,其上端固定,下端加挂砝码对金属丝施力 F。金属丝长度 L 用米尺测量,直径 d 用螺旋测微器测量,力 F 由砝码的重力 $F=mg$ 算出。因金属丝的伸长量

ΔL 很小(约 10^{-1} mm 数量级),用普通的测长工具,既难以测量,又测量准确度极低,故采用光杠杆来测量。

光杠杆工作原理如图 2-3-1 所示,光杠杆装置由平面镜、望远镜、标尺等部件构成。望远镜水平地对准光杠杆镜架上的平面镜,标尺与被测长度的变化方向平行,标尺到平面镜的距离为 D,调节望远镜以看清平面镜内反射的标尺像,并由望远镜中的叉丝横线读出标尺上的相应刻度值 x_0。当被测长度在外力作用下发生 ΔL 的变化后,平面镜固定架的后脚随之变化,使平面镜产生 θ 角的偏转。根据光的反射定律,镜面转过 θ 角,其反射光线将旋转 2θ 角。此时由望远镜标尺上读出的刻度值为 x,如图 2-3-1 中标示的 $\Delta x = x - x_0$,这样就将微小量 ΔL 转换为较大的变量 Δx 的测量,有

$$\tan\theta \approx \theta \approx \frac{\Delta L}{b}, \quad \tan 2\theta \approx 2\theta \approx \frac{\Delta x}{D}$$

以上两式联立消去 θ,得

$$\Delta L = \frac{b}{2D}\Delta x \tag{2-3-3}$$

由此可见,通过 D、b、Δx 这些较为容易测准的量,可以间接地准确测量出被测量金属丝的微小伸长量 ΔL。

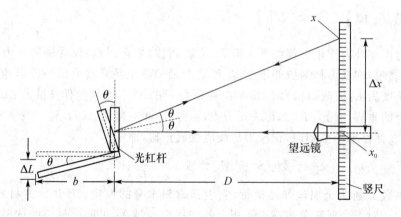

图 2-3-1

上式还告诉我们,光杠杆具有放大作用,即光杠杆将微小长度变化量 ΔL 的测量转换为标尺上相应位移量 Δx 的测量,且 Δx 与 ΔL 相差较大,即 Δx 比 ΔL 大 $\frac{2D}{b}$ 倍。对于一定的光杠杆装置来说,$\frac{2D}{b}$ 是一常数,可将其称为光杠杆的放大倍数。

综合上面公式,得待测金属丝的弹性模量为

$$Y = \frac{8DFL}{\pi d^2 b \Delta x} \tag{2-3-4}$$

【实验仪器及其介绍】

弹性模量测定仪、游标尺、螺旋测微器、米尺、待测金属丝、砝码等。

弹性模量测定仪装置如图 2-3-2 所示，H 形支柱下部有一个可调底脚螺钉，调节它们可使支柱垂直地面，同时也使支柱中部可上下调节的小平台 G 处于水平。小平台中间开有一圆孔，圆孔中穿有一个圆柱形夹具 C。待测金属丝一端被固定在 H 形支柱的横梁上，另一端就与这个圆形夹具相连。夹具在平台圆孔中可随金属丝的伸缩而作上下自由移动。圆柱夹具上有水平刻线作为金属丝下端位置的读数标记。砝码悬挂在夹具下，随所挂砝码数的多少，金属丝产生大小不同的伸长。

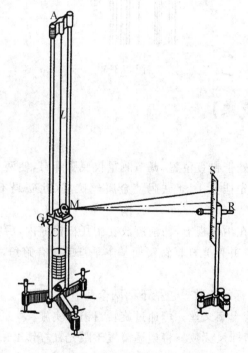

图 2-3-2

平面镜 M 被垂直固定在一个小 T 形架上，其结构如图 2-3-3 所示。T 形架由 3 个尖足 a、d、c，a 足置于圆柱体夹具的顶面上，当金属丝长度发生伸长（或缩短），a 足随之向下（或向上）运动，致使平面镜绕 dc 轴偏转，产生偏转角 θ。

光杠杆的读数装置是由一个竖直的标尺 S 和一架测量望远镜 R 组成，望远镜水平地对准光杠杆镜架上的平面镜，调节望远镜可看清平面镜内反射的标尺像，由此读出金属丝长度变化前和变化后的刻度值，从而便可确定 Δx 值。

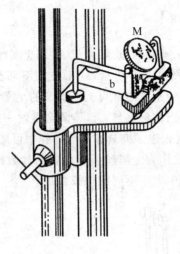

图 2-3-3

【实验内容与步骤】

1. 仪器调整

(1) 为了使金属丝处于铅直位置,调节测量仪底脚螺钉,使两支柱铅直。

(2) 在砝码托盘上先挂上 1 kg 砝码使金属丝拉直(此砝码不计入所加作用力 F 之内)。

(3) 将光杠杆镜放在中托板上,两前脚放在中托板横槽内,后脚放在固定钢丝下端夹套组件的圆柱形套管上,并使光杠杆镜镜面基本垂直或稍有俯角,如图 2-3-3 所示。

2. 望远镜调节

调节望远镜能看清标尺读数。包括下面两个环节的调节。

(1) 调节目镜,看清十字叉丝。可通过旋转目镜来实施。

(2) 调节物镜,看清标尺读数。将望远镜置于距光杠杆镜 2 m 左右处,并与镜面基本等高,对准光杠杆镜面,然后在望远镜的外侧沿镜筒方向看过去,观察光杠杆镜面中是否有标尺像;若有,就可以从望远镜中观察;若没有,则要微动光杠杆或标尺,直到在光杠杆镜面中看到标尺像后,然后再从目镜观察,缓缓旋转调焦手轮,使物镜在镜筒内伸缩,直至在望远镜中看到清晰的标尺刻度为止。

3. 测量

(1) 用米尺测量金属丝原始长度 L 及光杠杆平面镜到刻度尺间的距离 D,只作单次测量即可。

(2) 在加挂初始砝码 m_0 后,记录十字叉丝处刻度尺的读数 x_1。

(3) 依次在砝码钩上加挂砝码,每增加一个砝码(0.5 kg 或 1 kg),金属丝被拉伸,标尺刻度值发生变化,读取对应的标尺刻度值,依次记为 x_2、x_3、$\cdots$、x_8,随后进行相反过程测量,即以 x_8 值开始,把砝码逐个减下,记下对应的标尺刻度值,得到 x'_8、x'_7、$\cdots$、x'_1。

(4) 用游标尺测量光杠杆常数 b。方法是将 T 形架平放在纸上轻压一下,印得三尖足留痕,单次测出其后足至两前足间连线的垂直距离。

(5) 用螺旋测微器测量金属丝直径 d,应在金属丝上不同的 6 个部位处各测 1 次。

【数据处理】

1. 单次测量的各测量值

标尺到平面镜的距离 $D=$ ___ cm。

金属丝原始长度 $L=$ ___ cm。

光杠杆常数 $b=$ ___ cm。

2. 多次测量的各测量值

测次	砝码质量 /kg	望远镜标尺读数			逐差 ($\Delta x = \overline{x_{i+4}} - \overline{x_i}$)/cm
		加砝码 x_i/cm	减砝码 x'_i/cm	平均值 $\overline{x_i}$/cm	
1	m_0				
2	m_0+1				
3	m_0+2				
4	m_0+3				
5	m_0+4				
6	m_0+5				
7	m_0+6				
8	m_0+7				
				平均值 $\overline{\Delta x}$/cm	

金属直径测量表

测量次数	1	2	3	4	5	6
直径 d/cm						
螺旋测微器初读数/cm				平均值 $\overline{d}$/cm		

3. 逐差法处理标尺数据

由于金属丝伸长量与所加拉力呈线变化关系,所以对标尺读数表格中的数据,宜用隔项逐差予以处理,并求得标尺上位移 Δx 的平均值 $\overline{\Delta x}$,即

$$\overline{\Delta x} = \frac{1}{4}\left[(\overline{x_8}-\overline{x_4})+(\overline{x_7}-\overline{x_3})+(\overline{x_6}-\overline{x_2})+(\overline{x_5}-\overline{x_1})\right]$$

4. 各量不确定度的计算

对单次测量的各个量,不确定度取决于所用测量工具的最大仪器误差。测量标尺到平面镜的距离 D 和金属丝原始长度 L 所用米尺,其 Δ_{ins} 本应取最小分度位 $1\ mm$ 的 $1/2$,即 $0.5\ mm$,但考虑 D 与 L 需在始端与末端两次读值,$\Delta_D = \Delta_L = 0.1\ cm$;测量光杠杆常数 b 所用卡尺的分度位为 $0.02\ mm$,故其单次测量结果的不确定度 $\Delta_b = 0.002\ cm$。

计算标尺读数变量 Δx 的 A 类不确定度

$$\Delta_{A\Delta x} = \sqrt{\frac{1}{3}\left[(\overline{x_{84}} - \overline{\Delta x})^2 + (\overline{x_{73}} - \overline{\Delta x})^2 + (\overline{x_{62}} - \overline{\Delta x})^2 + (\overline{x_{51}} - \overline{\Delta x})^2\right]}$$

其中 $\overline{x_{84}}$、$\overline{x_{73}}$、$\overline{x_{62}}$、和 $\overline{x_{51}}$ 分别表示隔项逐差的各项。

标尺读数变量 Δx 的 B 类不确定度分量 $\Delta_{B\Delta x} = 0.1\ cm$,则

$$\Delta_{\Delta x} = \sqrt{\Delta_{A\Delta x}^2 + \Delta_{B\Delta x}^2}$$

金属丝直径 d 的不确定度为

$$\Delta_{Ad} = \sqrt{\frac{1}{n-1}\sum_{i=1}^{n}(d_i - \overline{d})^2}, \Delta_{Bd} = 0.0005\ cm, \Delta_d = \sqrt{\Delta_{Ad}^2 + \Delta_{Bd}^2}$$

5. 测量结果

$$Y = \frac{8DFL}{\pi d^2 b \Delta x}(N \cdot m^{-2})$$

利用以上数据,可用两种方法求得金属丝的弹性模量 Y。

一种办法是将各所测数据代入式(2-3-4)中,求得 Y 值。需注意,本地重力加速度 $g = 9.796\ m \cdot s^{-2}$。由隔项逐差法求得的位移平均值 $\overline{\Delta x}$ 相对应的砝码数量应为 4 个,故金属丝所受拉伸外力为

$$F = 4mg(N)$$

金属丝弹性模量 E 的相对不确定度由下式决定

$$E_Y = \sqrt{\left(\frac{\Delta_D}{D}\right)^2 + \left(\frac{\Delta_L}{L}\right)^2 + \left(\frac{\Delta_{\Delta x}}{\Delta x}\right)^2 + \left(\frac{\Delta_b}{b}\right)^2 + \left(\frac{2\Delta_d}{d}\right)^2}$$

其合成不确定度

$$\Delta_Y = \overline{Y} E_Y$$

测量结果为

$$Y = \overline{Y} \pm \Delta_Y$$

另一种方法是通过描绘作图求得 Y,由式(2-3-4)有

$$\Delta x = \frac{8DFL}{\pi d^2 bY} = KF$$

式中 $K = \dfrac{8DL}{\pi d^2 bY}$,在给定的实验条件下,$K$ 是常量。若以 $\Delta x = x_{i+1} - x_i (i = 1, 2, \cdots, 8)$ 为纵坐标,F 为横坐标作图应得一直线,其斜率恰为 K,由此便可得到金属丝弹性模量。

【思考题】

（1）光杠杆测量微小长度变化量的原理是什么？有何优点？

（2）用逐差法处理数据有什么好处？能否根据实验数据判断金属丝是否超过弹性限度？

（3）本实验的测量数据采用隔项逐差法予以处理，为什么不用逐项逐差法呢？

（4）为什么要在不同位置上测量金属丝的直径？

实验 2-4　固体线胀系数的测定

随着外界温度的升高，绝大多数物质的体积都会增大；而当外界温度降低时，其体积又会随之缩小，我们称这种现象为物质的热胀冷缩（thermal expansion and contraction）。物质之所以具有如此性质，是由于物体内部分子热运动的加剧或减弱造成的。固体线胀系数（linear expansivity）是指固体材料受热膨胀时，在一维方向上的伸长量，它反映的就是物体形变与其受热关系的物理量，是一个表征固体材料热性质的重要参量。在新材料的研究领域，或在那些与材料性质相关的行业中，如工程结构的设计、机械或仪表的制造以及材料的焊接、切割、表面处理等加工过程中，都离不开对材料线胀系数的测定。

【实验目的】

（1）了解用光杠杆测量微小长度变化的原理和方法，并掌握调整光杠杆和望远镜的基本要领。

（2）学会测量金属杆的线胀系数。

【实验原理】

实验表明，在一定的温度范围内，原来长度为 L_0 的物体受热后，其伸长量 $\Delta L = L - L_0$ 与原长 L_0 成正比，与其温度的增加量 $\Delta t = t_2 - t_1$ 近似成正比，这一关系可表示为数学式，即

$$L - L_0 = \alpha L_0 (t_2 - t_1) \tag{2-4-1}$$

式中的比例系数 α 称为固体的线胀系数（也叫线膨胀系数）。实验还表明，在温度变化不大的范围内，线胀系数 α 可视为不变的常量，就是说，对某种确定的固体材料，其线胀系数为确定的常量；对不同类的固体材料，其线胀系数各不相同，表 2-4-1 就是几种常用材料的线胀系数。

表 2-4-1　几种常用材料的线胀系数

材料名称	线胀系数/℃$^{-1}$	材料名称	线胀系数/℃$^{-1}$
硬橡皮	8.0×10^{-5}	铜	1.7×10^{-5}
铅	2.9×10^{-5}	金	1.4×10^{-5}
铝	2.3×10^{-5}	钢	1.1×10^{-5}
银	2.0×10^{-5}	普通玻璃	0.9×10^{-5}
黄铜	1.9×10^{-5}	石英玻璃	0.6×10^{-5}

为测量某种固体材料的线胀系数,通常可以取该材料做成线状或杆状的样品。由式(2-4-1)可知,先测量出温度为 t_1 时的样品长度 L_1 再使其均匀受热,当温度达到 t_2 时,测得其长度 L_2,这样就可以得到样品的伸长量 $\Delta L=L_2-L_1$,则该种固体材料在 (t_1,t_2) 温区的线胀系数为

$$\alpha=\frac{\Delta L}{L_1(t_2-t_1)} \tag{2-4-2}$$

此式说明,线胀系数 α 是某种固体材料在一定温度区域内,温度每升高一度时该材料的相对伸长量,其单位为 ℃$^{-1}$。因为同一材料在不同温区内的线胀系数不一定完全相同,故式(2-4-2)所求得的线胀系数,严格说只是 (t_1,t_2) 温区内的平均线胀系数。

根据经验,若待测线状材料(如金属杆)的长度 L 约为 500 mm,温度变化 Δt 是在 100 ℃ 区间内,因为金属的线胀系数的数量级为 10^{-5}℃,则可估算出其伸长量 ΔL 约为 0.5 mm。对于这样微小的线状材料改变量的测量,用普通的米尺或游标卡尺是难以测准确的。因而通常采用光学放大法进行测量,即先将待测微小量进行光学放大,然后测量放大了的物理量,最后通过较大物理量的测量获得微小待测量的量值。本实验就是借助光杠杆来放大和测量金属杆受热伸长量的。

光杠杆测量系统由光杠杆的平面镜 M、水平放置的望远镜 T 和竖直标尺 S 等部件构成,其工作原理如图 2-4-1 所示,当金属杆受热伸长时,光杠杆镜架(也叫 T 形架)的后足脚在竖直方向上被抬高,致使平面镜 M 绕轴转过 θ 角。由光线传播的性质可知,平面镜的反射光线将因此而发生 2θ 角的方向改变。通过望远镜的观测,可将角度的变化转换为标尺读数的改变,若从望远镜中读得金属杆伸长前后的标尺读数分别为 x_0 和 x,由此就把金属杆微小伸长量 ΔL 的测量转换为较大标尺读数改变量 $\Delta x=x-x_0$ 的测量(详细的光杠杆工作原理可参阅实验 2-3)。

在金属杆伸长很小,也即平面镜 M 偏转角 θ 很小情况下,由图 2-4-1 可见

$$\tan\theta\approx\theta\approx\frac{\Delta L}{b}$$

$$\tan 2\theta\approx 2\theta\approx\frac{\Delta x}{D}$$

消去 θ,可得

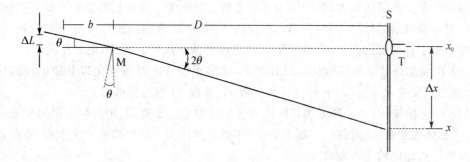

图 2-4-1

$$\Delta L = \frac{b}{2D}\Delta x = \frac{b}{2D}(x-x_0) \tag{2-4-3}$$

式中 b 是光杠杆常量,为光杠杆前后足脚之间的垂直距离;D 为光杠杆镜面到标尺之间的垂直距离;$\Delta x = x - x_0$,x_0 与 x 分别为温度为 t_1 及 t_2 时望远镜中标尺的读数。由式(2-4-3)和式(2-4-2)可得

$$\alpha = \frac{b(x-x_0)}{2DL_1(t_2-t_1)} \tag{2-4-4}$$

可见,若准确测得式中的各量,便可算得金属杆的线胀系数 α。

【实验仪器及其简介】

固体线胀系数测定仪,待测金属杆,光杠杆,望远镜,数字温度计,米尺,游标卡尺等。整个实验装置由线胀仪及光杠杆系统和测温系统(数字温度计)等部分组成。线胀仪主要包括:给待测材料加热的加热管,安装加热管的支架和放置光杠杆的平台。当待测金属杆置入加热管内,光杠杆的前足置于支架平台槽内,后足置于金属杆端顶,随金属杆的受热伸长,光杠杆后足抬高,致使光杠杆平面镜发生绕轴偏转。测温系统(数字温度计)主要包括:温度计、传感器和数字显示器。置于待测金属杆内的温度计测得温度,传感器将其转换成电信号,并由数字显示窗将所测温度显示出来。测温系统的温度测准范围为 0 ℃~(120.0±0.5)℃。为确保安全,测温装置设有过温保护电路,一般限温为(120±5)℃,即当温度超过 120 ℃时,仪器将自动断电,停止加热;当温度低于 120 ℃时,仪器又会自动启动,开始工作。

【实验内容与步骤】

(1) 将数字温度计与线胀仪连线接好(注意:红线接红色接线柱。正负极不可接错)在待测金属杆置入加热管之前,用米尺测其长度 L,并记录此时的温度 t_0。

(2) 在线胀仪平台上装好光杠杆,在光杠杆平面镜 1.5~2 m 处放置镜尺装置,将望远镜调整水平,使之与平面镜等高后,先用眼睛在望远镜筒外面找到平面镜标尺的像,然后缓缓地变动平面镜法线方向,使眼睛观察像的方位逐渐与望远镜的方位一致,这时从望远镜内应能够观察到标尺的像,仔细调整望远镜焦距,使观察的标尺像处于最清晰状态。此刻望远镜中标尺的读数 x_0 就是对应于温度 t、金属杆长度 L 的值,记录此值。

(3) 接通加热管电源给待测金属杆加热,观察温度计的温度变化以及望远镜的标尺读数,每当温度变化 5 ℃,记下 t_i 与标尺读数 x_i,读取 12 组数据即可。

(4) 停止加热,用米尺测量光杠杆镜面到标尺的垂直距离 D;用游标卡尺测量光杠杆常数 b,具体做法是:将光杠杆在纸上轻按,印得足脚印为一段线痕和一个点痕,据此用游标卡尺测得点线间的垂直距离。

【数据处理】

1. 数据记录

单次测量的各测量值:

金属杆长度 $L=$ cm。

标尺到平面镜的距离 $D=$ cm。

光杠杆常量 $b=$ mm。

温度与标尺数据记录表

测序	温度 t/℃	标尺读数 x/cm	逐差($\Delta x = x_{i+6} - x_i$)/cm
1	t_0		
2	$t_0+5.0$		
3	$t_0+10.0$		
4	$t_0+15.0$		
5	$t_0+20.0$		
6	$t_0+25.0$		
7	$t_0+30.0$		
8	$t_0+35.0$		
9	$t_0+40.0$		
10	$t_0+45.0$		
11	$t_0+50.0$		
12	$t_0+55.0$		
逐差平均值 $\overline{\Delta x}$/cm			

2. 不确定度的计算

由于金属杆伸长量与其温度的增加量呈线性变化关系,所以对标尺数据采取隔项逐差处理后,其不确定度为

$$\Delta_{\Delta x} = \sqrt{\Delta_{A\Delta x}^2 + \Delta_{B\Delta x}^2}$$

其 $\Delta_{A\Delta x} =$
$$\sqrt{\frac{1}{5}\left[(\Delta x_{12-6} - \overline{\Delta x})^2 + (\Delta x_{11-5} - \overline{\Delta x})^2 + \cdots + (\Delta x_{9-3} - \overline{\Delta x})^2 + (\Delta x_{8-2} - \overline{\Delta x})^2 + (\Delta x_{7-1} - \overline{\Delta x})^2\right]}$$

由于温度 t 的测量是单次的,故其不确定度只有 B 类分量,即

$$\Delta_t = \Delta_{Bt} = \Delta_{\mathrm{ins}} = 0.1 \ ℃$$

金属杆长度 L、镜尺距离 D 和光杠杆常量 b 同样是单次测量,故

$$\Delta_L = \Delta_D = 0.1 \ \mathrm{cm}$$

$$\Delta_b = 0.002 \ \mathrm{cm}$$

3. 测量结果

线胀系数 α 的近真值可由式(2-4-4)得到,即

$$\overline{\alpha} = \frac{b\,\overline{\Delta x}}{2DL\Delta t}$$

线胀系数的相对不确定度为

$$E_\alpha = \frac{\Delta_\alpha}{\overline{\alpha}} = \sqrt{\left(\frac{\Delta_{\Delta x}}{\overline{\Delta x}}\right)^2 + \left(\frac{\Delta_b}{b}\right)^2 + \left(\frac{\Delta_D}{D}\right)^2 + \left(\frac{\Delta_{\Delta t}}{\Delta t}\right)^2 + \left(\frac{\Delta_L}{L}\right)^2}$$

合成不确定度为

$$\Delta_\alpha = E_\alpha \overline{\alpha}$$

最终测量结果为

$$\alpha = \overline{\alpha} \pm \Delta_\alpha$$

【思考题】

(1) 若实验中加热时间过长,使仪器支架受热膨胀,这对线胀系数测定有何影响?

(2) 根据待测金属杆的伸长量与温度增加量的关系,你能否通过作图的方法求得线胀系数?

(3) 有一体积为 V 的各向同性物体,其体积受热后也符合 $\frac{\Delta V}{V} = \beta \Delta t$ 的关系式,β 为体膨胀系数。试证明物体的体膨胀系数为线膨胀系数的 3 倍,即 $\beta = 3\alpha$。

实验 2-5 声波速度的测量

声波(sound waves)是一种在弹性媒质中传播的机械波(mechanical wave),根据声波频率的不同分为次声波(其频率低于 20 Hz)、可闻声波(其频率在 20~20 000 Hz 之间)、超声波(其频率为 $2×10^4 \sim 10^9$ Hz)。声波的传播速度与媒质性质和温度等因素有关,而与声源振动频率无关,因而通过声速的测定有助于对介质性质的研究。特别由于超声波

具有频率高、波长短、穿透力强、易于定向发射和接收等优点,故超声波速度的测量在声波测距、声波定位、声波探伤以及对各种材料性能研究方面都有广泛的应用。本实验是要测量声波在空气中的传播速度。

【实验目的】

(1) 了解声波产生和接收的原理,学习一种测量空气中声速的方法。
(2) 加深对驻波(standing wave)和振动合成等理论知识的理解。

【实验原理】

1. 声波的发射与接收

某些材料,如钛酸钡陶瓷、锆钛酸铅陶瓷等均具有一个特殊的电性质,当它们受到外力作用而产生压缩或伸长等机械形变时,便会在其特定的对应表面上产生异号等量的电荷,即在两个面间产生电压(或是场)。我们把这种由于形变而产生电压(电场)的现象称为压电效应(piezoelectric effect),把具有压电效应的物质称为压电体。压电效应是可逆的。若将压电体置于电场内(或将其两相对面与交变电源相接),压电体将随电场的变化而沿其厚度的方向发生交替的伸长与压缩,即产生机械振动。我们把压电体这种由于电场作用而产生的振动现象称为逆压电效应或电致伸缩效应。本实验就是利用压电体的逆压电效应而发射声波、利用压电效应而接收声波的。

如图 2-5-1 所示,用锆钛酸铅材料制成压电陶瓷管,陶瓷管内、外壁与交变信号源相连,并与合金铝制成阶梯形变幅杆粘连在一起。当压电陶瓷管受到交变电场的作用时,压电陶瓷管会产生沿管轴向的周期性伸长或缩短,带动变幅杆同时产生沿轴向的振动,于是变幅杆端面便在空气中激发出声波:当交变电场的变化频率与压电陶瓷管的固有频率相等时,陶瓷管处于共振状态,其振幅最大,此时由变幅杆激发的声波也最强。在接收端,锆钛酸铅材料制成的圆形片用于接收声波,利用压电体的压电效应,陶瓷圆片可将其接收到的声波转换为电压(电场)的交变信号。

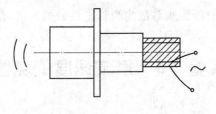

图 2-5-1

2. 波长的测定

声源发出声波后,其传播速度 v 与频率 f、波长 λ 的关系为

$$v = f\lambda \tag{2-5-1}$$

由此式可知,若能测得声波的频率 f 和波长 λ,就可求出声速 v。因为在实验装置中的声波、交变电信号及压电陶瓷管的固有频率,它们都是相同的,通过利用频率计对它们之一的任意量测定,即可得到声波频率。所以,声速测量的关键是声波波长的测量。

声波波长可用下面的两种方法测得。

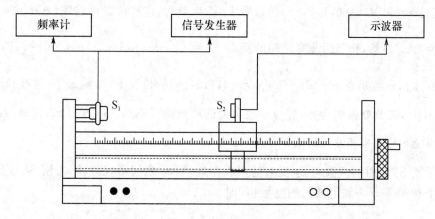

图 2-5-2

1) 驻波干涉法

实验装置如图 2-5-2 所示,S_1 为压电陶瓷管(声波声源的发射头),信号发生器输出的正弦交变信号与之相接,使它的变幅杆产生振动而激发声波。S_2 是压电陶瓷圆片(声波的接收头),它可以把接收到的空气振动转换成交变的正弦电压信号输入示波器以便观察。S_2 在接收声波的同时,还会将一部分声波反射回去。这样一来,在 S_1 和 S_2 之间的区域,就出现了入射声波与反射声波的加现象。

因为信号发生器的信号频率较高,波长很小,所以随其振动的变幅杆端面直径较它所发出声波的波长大得很多,在这种情况下,可近似认为 S_1 发出的声波是平面波。另一方面,S_1 的发射面与 S_2 的反射面平行,S_1 发射的声波是被 S_2 反射面垂直反射回来的,根据波动理论,发射的声波和反射的声波,两列平面波在一定条件下的叠加结果将形成一种特殊的干涉现象,即驻波。

假设声源发出的平面波沿 x 轴的正方向传播,然后遇平面反射沿 x 轴的负方向传播,则入射波和反射波可分别表示为

$$y_1 = A\cos\left(\omega t - \frac{2\pi}{\lambda}x\right)$$
$$y_2 = A\cos\left(\omega t + \frac{2\pi}{\lambda}x\right) \tag{2-5-2}$$

式中 A 为声源振幅,ω 为圆频率,$2\pi x/\lambda$ 为初相位。在两列波相遇区内各点的合振动方程为

$$y = y_1 + y_2 = \left(2A\cos\frac{2\pi}{\lambda}x\right)\cos\omega t \tag{2-5-3}$$

此式表明,两波合成的声波是驻波。在两波相遇处各点都在作相同频率的振动,而各点的振幅 $\left|2A\cos\frac{2\pi}{\lambda}x\right|$ 是位置 x 的余弦函数。进一步分析可知:当 $\left|\cos\frac{2\pi}{\lambda}x\right|=1$,即 $\frac{2\pi}{\lambda}x=k\pi$ 时,也就是 $x=k\frac{\lambda}{2}(k=0,1,2,\cdots)$ 的位置上,振幅最大,这些位置称波腹(antinode),波腹处振幅为 $2A$。显然,相邻两波腹之间的距离 $\Delta x=x_{k+1}-x_k=\frac{\lambda}{2}$;当 $\left|\cos\frac{2\pi}{\lambda}\right|=0$,即 $\frac{2\pi}{\lambda}x=(2k+1)\frac{\pi}{2}$ 时,也就是在 $x=(2k+1)\frac{\lambda}{4}(k=0,1,2,\cdots)$ 的位置上,振幅最小,这些位置称为波节(nodal),波节处振幅为零,即位于波节处的质点始终不动。同理可知,相邻两波节之间的距离 Δx 与两相邻波腹的间距相等,即为 $\frac{\lambda}{2}$。

为了使 S_1 发射的声波与 S_2 反射的声波在 S_1 和 S_2 之间形成驻波,需使 S_1 与 S_2 之间的距离 L 恰好等于声波半波长的整数倍,即

$$L = n\frac{\lambda}{2}(n=1,2,\cdots) \tag{2-5-4}$$

由于声波是纵波,因而随着接收端 S_2 在标尺上的移动,它所接收的声压变化与 S_2 位置的关系如图 2-5-3 所示。这种关系在示波器上体现为电信号的变化关系,当 S_2 表面位于位移的波节处,其声压恰为波腹位置。即当示波器出现最强的电信号时,对应 S_2 一定处在驻波节上。当继续移动 S_2,将再次出现最强的电信号,此时是邻近的又一个波节位置,因此,两最强电信号对应的接收端 S_2 的位移即是 $\frac{\lambda}{2}$,由此便可得波长 λ。

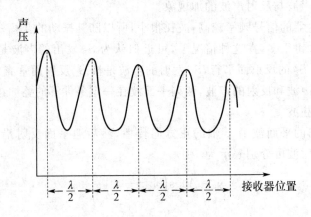

图 2-5-3

2) 相位(phase)比较法

波是振动状态的传播,也可以说是相位的传播,如图 2-5-4 所示,设声源 S_1 从 $x=0$ 处发出的平面波沿 x 轴的正方向传播,其波动方程为

$$y_p = A\cos\omega\left(t - \frac{x}{f}\right) = A\cos 2\pi\left(ft - \frac{x}{\lambda}\right) \quad (2\text{-}5\text{-}5)$$

式中 A 为振幅,ω 为角频率,f 为频率,λ 为波长。由图 2-5-4 可见,离 O 点不同距离的各点具有不同的振动相位。O 点与任意 P 点的相位差为 $\Delta\varphi$,即

$$\Delta\varphi = \frac{2\pi}{\lambda}x \quad (2\text{-}5\text{-}6)$$

若 $x = k\lambda = 2k\dfrac{\lambda}{2}(k = \pm 1, \pm 2, \cdots)$,则有 $\Delta\varphi = 2k\pi$;

若 $x = (2k+1)\dfrac{\lambda}{2}(k = \pm 1, \pm 2, \cdots)$,则有 $\Delta\varphi = (2k+1)\pi$。

就是说,声波沿 x 轴传播时,随位置 x 不同具有不同的相位,而且 x 为半波长偶数倍的各点,其相位与声源的相同;x 为半波长的奇数倍的各点,其相位与声源的相反。利用这一原理,可以准确地测出波长 λ。

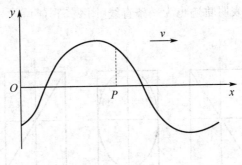

图 2-5-4

实验装置如图 2-5-5 所示,压电陶瓷管 S_1 与频率计、信号发生器相接,同时与示波器的 X 轴相接;压电陶瓷片 S_2 与示波器的 Y 轴相接。将 S_1 发出的声波与 S_2 接收的声波分别输入示波器 X、Y 轴的目的,是要把入射波和反射波作为两列频率严格相同、振动相互垂直的波加以合成,而后通过示波器上的李萨如图形的观察以便求得待测波的波长。

设输入 X 轴的入射波和 Y 轴的反射波的波动方程分别为

$$x = A_1\cos(\omega t + \varphi_1)$$
$$y = A_2\cos(\omega t + \varphi_2) \quad (2\text{-}5\text{-}7)$$

式中的 φ_1、φ_2 分别为在 X、Y 方向振动的初相位。两波合成,其合振动方程为

$$\frac{x^2}{A_1^2} + \frac{y^2}{A_2^2} - \frac{2xy}{A_1 A_2}\cos(\varphi_2 - \varphi_1) = \sin^2(\varphi_2 - \varphi_1) \quad (2\text{-}5\text{-}8)$$

设式中 $\varphi_2 - \varphi_1 = \Delta\varphi$,$\Delta\varphi$ 即为入射波与反射波的相位差。当 $\Delta\varphi = 0$ 时,由式(2-5-8)

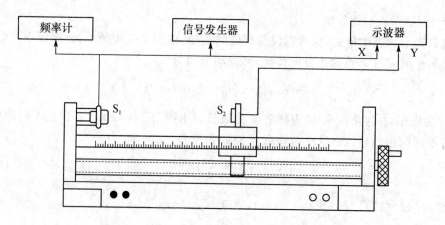

图 2-5-5

得轨迹方程为 $y = \dfrac{A_2}{A_1} x$，表明轨迹为一条直线[图 2-5-6(a)]，当 $\Delta\varphi = \dfrac{\pi}{2}$ 时，由式(2-5-8)得 $\dfrac{x^2}{A_1^2} + \dfrac{y^2}{A_2^2} = 1$，表明轨迹是以坐标轴为主轴的椭圆[图 2-5-6(b)]；当 $\Delta\varphi = \pi$ 时，同理可得轨迹方程为 $y = -\dfrac{A_2}{A_1} x$，表明轨迹也为一条直线[图 2-5-6(c)]。

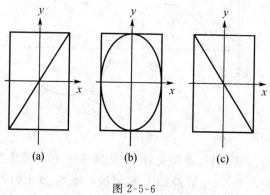

图 2-5-6

【实验仪器】

声速测定仪，数字频率计，信号发生器，示波器，温度计等。

【实验内容与步骤】

1. 仪器调整

阅读信号发生器、数字频率计、示波器的说明书，按其要求，调整仪器。

2. 用驻波法测声速

(1) 按图 2-5-2 连接,使 S_1、S_2 靠近并留有适当空隙。使端面平行且与游标正交。

(2) 根据实验室给出的压电陶瓷换能片的振动频率 ν,将信号发生器输出频率调至 f 附近,缓慢移动 S_2,当在示波器上看到的正弦波首次出现振幅较大处,固定 S_2,再仔细微调信号发生器的输出频率,使荧光屏上图形振幅达到最大,读出共振频率 f。

(3) 在共振条件下,将 S_2 移近 S_1,再缓慢移开 S_2,当示波器上出现振幅最大时,记下 S_2 的位置坐标 L。由近及远移动 S_2,逐个记下各振幅最大时 S_2 的位置坐标值,记为 L_1、L_2、…、L_{12}。

3. 用相位法测声速

移动接收器 S_2,依次记下李萨如图形为斜直线时的位置坐标值,连续两次观察到倾角相同的斜直线对应于相位差改变了 2π,也即对应接收器移动了一个波长的距离。

(1) 按图 2-5-5 连线。

(2) 将示波器调至 X-Y 挡,信号发生器接示波器 CH2 通道,用李萨如图形观察发射波与接收波的相位差。

(3) 在共振条件下,使 S_2 靠近 S_1,然后慢慢移开 S_2,与示波器出现斜率为正的斜线时,微调螺钉,使图形稳定,记下 S_2 的位置 L',继续缓慢移开,依次记下示波器上出现直线时位置坐标读数 L'_1、L'_2、…、L'_{12}。

4. 测量室内的温度 t

【数据处理】

(1) 列表记录所有实验数据(表 2-5-1)

表 2-5-1 数据记录表

	实验室温度 $T=$		K		声波频率 $f=$		kHz
驻波法	极值出现次数	1	2	3	4	5	6
	位置读数/ mm						
	极值出现次数	7	8	9	10	11	12
	位置读数/ mm						
	$\Delta L = L_{i+6} - L_i$						
相位法	斜线出现次数	1	2	3	4	5	6
	位置读数/ mm						
	斜线出现次数	7	8	9	10	11	12
	位置读数/ mm						
	$\Delta L = L_{i+6} - L_i$						

(2) 用逐差法分别算出驻波干涉法和相位比较法所得的波长 λ_1 和 λ_2。

$$\overline{\Delta L} = \frac{1}{6}\sum_{i=1}^{n}\Delta L_i$$

$$\Delta_{A\Delta L} = \sqrt{\frac{1}{5}\sum_{i=1}^{n}(\overline{\Delta L}-\Delta L_i)^2}, \Delta_{B\Delta L}=0.01\text{ mm}$$

$$\Delta_{\Delta L} = \sqrt{\Delta_{A\Delta L}^2 + \Delta_{B\Delta L}^2}$$

$$\Delta f = 0.01 \text{ kHz}$$

$$\overline{v} = \frac{\overline{\Delta L}}{3} \cdot f$$

$$E_v = \sqrt{\left(\frac{\Delta_{\Delta L}}{\overline{\Delta L}}\right)^2 + \left(\frac{\Delta \nu}{\nu}\right)^2}, \Delta v = \overline{v} \cdot E_v$$

$$v = \overline{v} \pm \Delta_v$$

(3) 根据声学理论，在标准状态下，干燥空气中的声速满足下面的理论公式：

$$v = v_0\sqrt{\frac{T}{T_0}}$$

式中的 T 为热力学温标，它与摄氏温度 t 的关系为 $T(K)=t(℃)+273.5$，$v_0=331.45$ m/s，$T_0=273.15$ K。将实验室的温度 t 测下来，并代入上式，算得空气声速的理论值 v_0 与前面实验所得的声速 v_1 与 v_2 作比较，并用百分误差表示。

【思考题】

(1) 为什么要使压电陶瓷管处于共振状态？

(2) 空气中的声速与气温的关系是怎样的？当气温下降时声波的频率、波长会否发生变化？

第三章 电磁学实验

实验 3-1 电表的改装与校准

电表(electric power meter)是最基本的电学测量工具之一,按工作电流可分为直流电表、交流电表、交直流两用电表;按用途可分为电流表、电压表;按读取方式可分为指针式电表和数字式电表。在生产和实验中常用的电表有直流电流表、交流电流表、直流电压表、交流电压表、万用表等,而这些电表都可以通过电流计(俗称表头)改装而成。表头通常是一只磁电式微安表,它只允许通过微安级的电流,一般只能测量很小的电流和电压。为了测量较大的电流或电压需要根据电阻的分流或分压原理,将表头并联或串联适当阻值的电阻,以使表头能够测量较大的电流或电压,这就是电表的改装。改装后的电表指示数通常要和准确度较高的电表的相应指示数进行比较,进而确定改装表的准确度等级,这就是电表的校准。

【实验目的】

(1) 学会使用实验方法测定表头的内阻。
(2) 掌握电表改装的原理和方法。
(3) 学会对改装后的电表进行校正和制作校正曲线,确定电表的准确度等级。

【实验原理】

1. 表头内阻和量程

用于改装的微安表(电流计)习惯上称之为表头。实验用的表头大部分是磁电式的微安表,线圈转动的角度(指针所偏转的角度)与通过的电流成正比,其偏转角是有限的,最大偏转角 θ_g 为 90°左右,所对应的电流值就是该微安表的量程 I_g,可以在微安表的表盘上直接读出。表头内线圈的电阻 R_g 称为表头的内阻。欲将微安表扩大量程进行改装,首先要测量它的内阻。微安表内阻的确定方法有很多,本实验介绍一种简单实用的方法,原理如图 3-1-1 所示。

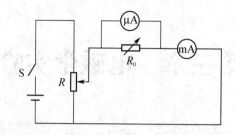

图 3-1-1　测量微安表内阻电路图

首先按着电路图连接好电路,保护好电表。把电阻箱 R_0 的值先调到 $4.0\,\Omega$ 左右,接通电源,移动滑线变阻器 R 的滑片,改变其阻值,使得毫安表指针指在某一定值 I_{mA} 处,微安表指针指在某一定值 $I_{\mu A}$ 处,此时流过电阻箱 R_0 的电流值为:$I_{R_0}=I_{mA}-I_{\mu A}$(注意单位换算)。根据欧姆定律可知电阻箱 R_0 两端的电压为:$U_{R_0}=R_0 I_{R_0}$。这个电压和微安表两端电压相等,再次利用欧姆定律就可以得到微安表的内阻为:$R_g=\dfrac{U_{R_0}}{I_{\mu A}}$。

2. 将微安表改装成毫安表

表头通常是一只内阻较大的高灵敏度的磁电式直流电流表,它的满刻度电流 I_g 很小(几个微安),为了测量较大的电流,需要扩大其量程进行改装。扩大量程的方法是在电表两端并联一个分流电阻 R_I,实验中 R_I 的大小通过调节电阻箱 R_0 来实现。如图 3-1-2 所示。

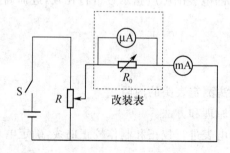

图 3-1-2　微安表改装成电流表原理图

图中虚线框内微安表和 R_I 组成一个新的电流表。设新电流表的量程为 I,则当流入的电流为 I 时,由于流入电流计的电流为 I_g,所以 $I-I_g$ 的电流从分流电阻 R_I 上流过,因

$$U_g=I_g R_g=(I-I_g)R_I \tag{3-1-1}$$

由上式可算出并联电阻的分流电阻为

$$R_I=\dfrac{I_g}{I-I_g}R_g \tag{3-1-2}$$

令 $\dfrac{I}{I_g}=n$，称为量程的扩大倍数，则分流电阻为

$$R_I=\dfrac{1}{n-1}R_g \quad (3\text{-}1\text{-}3)$$

当表头的规格 I_g、R_g 确定后，根据所要扩大的量程倍数 n，就可以算出 R_I。同一表头，并联不同的分流电阻，就可以得到不同量程的电流表。

3. 将微安表改装成伏特表

表头的满刻度电压也很小，仅为 $U_g=I_gR_g$，一般在 10～100 mV 量级。为了测量较大的电压，根据串联电路分压的特点，需要通过在表头电路上串联分压高电阻 R_V 的方法来实现。实验中 R_V 的大小通过调节电阻箱 R_0 来实现。如图 3-1-3 所示，虚框中的微安表和 R_V 组成一个量程为 U 的电压表。

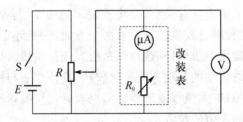

图 3-1-3　微安表改装成电压表原理图

根据欧姆定律有：

$$U=I_g(R_g+R_V) \quad (3\text{-}1\text{-}4)$$

则分压电阻为：

$$R_V=\dfrac{U}{I_g}-R_g \quad (3\text{-}1\text{-}5)$$

4. 电表的准确度等级

由于电表的结构设计、加工制造等原因，使电表的示数有一定的误差。根据误差的大小，电表通常划分为七个不同的准确度等级，即 0.1、0.2、0.5、1.0、1.5、2.5 和 5.0，等级示数表明在电表的面板上。当使用准确度等级为 α、量程为 $A_{\max}$ 的电表进行测量，仪表示数为 A 时，则该电表的最大仪器误差为 Δ_{ins}，即：

$$\Delta_{\text{ins}}=\pm A_{\max}\cdot \alpha\% \quad (3\text{-}1\text{-}6)$$

相对不确定度为：

$$E=\dfrac{\Delta_{\text{ins}}}{A}=\dfrac{A_{\max}}{A}\cdot \alpha\% \quad (3\text{-}1\text{-}7)$$

例如：用一块准确度等级为 0.5、量程为 6 V 的电压表进行测量，测量值为 3.00 V。该电压表的仪器允许最大误差为：

$$\Delta_{\text{ins}}=\pm A_{\max}\cdot \alpha\%=\pm 6\text{ V}\times 0.5\%=\pm 0.03\text{ V} \quad (3\text{-}1\text{-}8)$$

即利用该表测量读取的数据最大不确定度不超过 0.03 V。读值的相对不确定度为：

$$E = \frac{\Delta_{\text{ins}}}{A} = \frac{0.03}{6} \approx 0.5\% \tag{3-1-9}$$

显然，所使用的电表准确度等级越高（级值越小），其读值的准确度也越高。实验室配用的电表都在 1.0 级以下，这些表的误差成分主要是系统误差。在实验测量中，为了避免附加误差的产生，要在正常条件下使用仪表。所谓正常条件包括以下几种：

(1) 电表置放正确；

(2) 外磁场干扰很小；

(3) 环境温度在 20 ℃ 或规定温度以下；

(4) 电表指针机械归零等。

5. 电表的标称误差和校准

标称误差指的是电表的实际读数和准确值的差异，它包括了电表在构造上各种不完善因素引入的误差。为了确定标称误差，先将改装表与一个"标准"电表同时测量同一电流或电压，这称为电表的校准。校准的目的有两个方面：一是评定该表在扩大量程或改装后是否符合原电表的准确度等级（级别数）；二是绘制校正曲线，以便对扩大量程或改装后的电表准确读数。常用的简便的校准方法是比较法，将待校表与标准表（级别数比待校表高两级的表）进行比较。对扩大量程或改装后的电表进行校准，校准点应选在扩大量程的电表的满偏范围内各个标度值的位置上。

具体实验中，为了确定被校准表的准确度等级，对被校准表的整个刻度上等间隔的几个校准点，获得一组被校准表的读数值 I_{xi} 和一组相应的标准表的读数值 I_{si}, $i=1,2,3\cdots$。将每个校准点的标准表读值与被校准表读值作差，得到 n 个差值 ΔI_i，即：$\Delta I_i = I_{si} - I_{xi}$，这一差值称为校准点的校正值。通常取校正值中绝对值最大的一个作为被校准表的最大绝对误差，则标称误差 $a\%$ 表示为：

$$a\% = \frac{\text{最大绝对误差}}{\text{量程}} \times 100\% \tag{3-1-10}$$

国家规定，准确度等级分为 0.1、0.2、0.5、1.0、1.5、2.5 和 5.0，若所计算的 a 并不等于其中的某一值，而是处于两级值中间，则应该取较大的一个级值作为改装表的准确度等级。例如，若计算所得 $a\% = 1.2\%$，它在 1.0 和 1.5 级之间，则该表的准确度等级为 1.5 级。

但是，值得注意的是，虽然在进行校准时选用的标准表准确度等级通常要高于被改装表表头的等级，但是标准表本身也是有误差的。而且当标准表的误差与被校准表表头的误差相比大于 1/3 时，必须要考虑标准表本身的误差。此时公式 $a\% = \frac{\text{最大绝对误差}}{\text{量程}} \times 100\%$ 中的"最大绝对误差"不能简单地取为"校正值中绝对值最大的一个"，而应该包括标准表的误差。若标准表的量程为 I_0，准确度等级为 a_0，则由于该标准表所带来的最大误差为 $\Delta_{\text{ins}} = I_0 \cdot a_0\%$。此时标称误差计算公式中的"最大绝对误差"为：

$$\Delta_{\max} = |\Delta I_i|_{\max} + \Delta_{\text{ins}} = |\Delta I_i|_{\max} + I_0 \cdot a_0\% \tag{3-1-11}$$

根据测量结果画出的校准曲线,可以直观地帮助我们分析和判定测量结果的好坏。由于在实际测量中,表的指针可能从小到大偏转而停止在某个位置上,也可能从大到小偏转而停在某一个位置上,这两种情况是随机出现的。因此,在校准改装表时,要使电流从小到大校准一遍,再使电流从大到小重复校准一遍。对于改装表的同一刻度,标准表可能会出现两个不同的示数,粗略处理可以取平均值作为标准表的示数,求出其与改装表表头示数的差值,即校正值 ΔI_i。以被校准表的读数值作为横轴,校正值作为纵轴,两个相邻校正点之间用直线连接,整个图形是一根折线,这就是电表的校准曲线。如图 3-1-4 所示,具体作图时应该标出坐标的分度值。

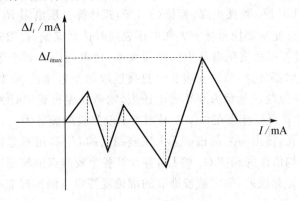

图 3-1-4　电流表校准曲线

【实验仪器】

微安表头,标准电流表,标准电压表,电阻箱,电源,滑线变阻器,导线若干。

被改装的微安表头、标准毫安表、标准电压表,使用时要注意正负极接线柱,接线时注意电流从正极流入,负极流出。

电阻箱量程(0~99 999.9 Ω),实验时注意:改装成电流表时接 9.9 Ω 接线柱,改装成电压表时接 99 999.9 Ω 接线柱。

本实验使用滑线变阻器的分压作用,注意滑线变阻器的三个接线端都用上,两个固定端与电源正负极相接,滑动端与改装表电路相连。

【实验内容与步骤】

1. 微安表头内阻的确定

按图 3-1-1 连接电路。按实验原理 1 所述的方法确定微安表头的量程和内阻。

2. 电流表的改装与校准

(1) 改装:按图 3-1-2 连接电路,根据式(3-1-3)计算分流电阻 R_1。将变阻箱的阻值

设置成 R_I,移动滑线变阻器使得微安表和毫安表同时达到满偏,将微安表改装成大量程的电流表。

(2) 校准:通过控制滑线变阻器中的电流大小,使电流由大到小等间隔地变化,读出五个 I_x 和 I'_s,再使滑线变阻器电流从小到大变化,读出与之前相比五个完全相同的 I_x 和稍有差别的五个 I''_s。将标准表两次读值的平均值作为相应 I_x 的 I_s,并计算各个校准点的校正值 $\Delta I = I_s - I_x$,根据式(3-1-11)计算标称误差,确定被校准表的准确度等级。画出校准曲线。

3. 电压表的改装与校准

(1) 改装:按图 3-1-3 连接电路,根据(3-1-5)式计算分压电阻 R_V。将变阻箱的阻值设置成 R_V,移动滑线变阻器使得微安表和电压表同时达到满偏,将微安表改装成电压表。

(2) 校准:通过控制滑线变阻器中的电流大小,使电流由大到小等间隔地变化,读出五个 U_x 和 U'_s,(此时要注意:从微安表头上直接读取的是电流值,要将其换算成电压值。例如,若将微安表头改装成量程为 6 V 的电压表,则微安表头满偏时为 100 μA 表示该改装表读数为 6 V,微安表指针指在 80 μA 时则表示改装表的读数为 4.8 V。)再使滑线变阻器电流从小到大变化,读出与之前相比五个完全相同的 U_x 和稍有差别的五个 U''_s。将标准表两次读值的平均值作为相应 U_x 的 U_s,并计算各个校准点的校正值 $\Delta U = U_s - U_x$,根据式(3-1-10)计算标称误差,确定被校准表的准确度等级。画出校准曲线。

【数据记录与处理】

表 3-1-1　电流表改装与校正仪器参数

满度电流 I_g/mA	扩程电流 I/mA	电流计内阻 R_g/Ω	R_I 理论值/Ω	R_I 实际值/Ω

表 3-1-2　电流表校正数据记录　　　　　　　　　　　　　　　　　　　mA

被校表头读数 I_{xi}	100	80	60	40	20
电流下降准表读数 I'_s					
电流上升标准表读数 I''_s					
$I_{si} = \dfrac{I'_s + I''_s}{2}$					
$\Delta I_i = I_s - I_x$					

改装表的准确度等级:$\alpha =$　　　　　。

表 3-1-3　电压表改装与校准仪器参数

满度电流 I_g/mA	扩程电压 U/V	电流计内阻 R_g/Ω	R_V 理论值/Ω	R_V 实际值/Ω

表 3-1-4　电压表校正数据记录　　　　　　　　　　　　　　　　　V

被校表读数 U_{xi}	100(6 V)	80(4.8 V)	60(3.6 V)	40(2.4 V)	20(1.2 V)
电流下降标准表读数 U'_s					
电流上升标准表读数 U''_s					
$U_{xi} = \dfrac{U'_s + U''_s}{2}$					
$\Delta U_i = U_s - U_x$					

改装表的准确度等级:$\alpha=$　　　　。

【思考题】

(1) 能否将本实验的电表改装成任意量程的电表,例如 50 μA 或 0.1 V,为什么?
(2) 要测量 0.8 A 的电流用下列哪种电流表测量较好?
① 量程为 3 A,准确度等级为 3.0;
② 量程为 1.5 A,准确度等级为 1.5;
③ 量程为 3 A,准确度等级为 0.5;
④ 量程为 1,准确度等级为 5.0。
(3) 校准曲线有什么作用呢?

实验 3-2　电桥的使用

　　电桥电路在电学中是一种最基本的电路。电桥是将电阻、电容、电感等参数变化量变换成电压或电流值的一种电路。根据激励电源的性质不同,可把电桥分为直流电桥和交流电桥;根据桥臂阻抗性质的不同可以分为电阻电桥、电容电桥和电感电桥;根据电桥工作时是否平衡可以分为平衡电桥和非平衡电桥。

　　电桥又分为直流单臂电桥和直流双臂电桥。直流单臂电桥是惠斯登在 1843 年发明的,所以又称为"惠斯登电桥"。惠斯登电桥适合测量的电阻范围为 1～10^6 Ω。直流双臂电桥(开尔文电桥),适合测量的电阻范围为 10^{-5}～1 Ω。

惠斯登电桥

【实验目的】

(1) 掌握用电桥测量电阻的使用方法。
(2) 了解单臂电桥的构成和测量原理。

【实验原理】

1. 惠斯登电桥的结构与原理

惠斯登(Charles Wheatstone，1802—1875)，英国物理学家，在物理学的许多方面都作出了重要贡献。在电学研究方面，惠斯登利用旋转片的方法，巧妙地测定了电磁波在金属导体中的速率。惠斯登是真正领悟欧姆定律，并在实际中应用的第一批英国科学家之一。在光学方面，惠斯登对双筒视觉、反射式立体镜等进行了研究，阐述了视觉可靠性的根源问题。惠斯登对人眼的视觉、色觉等生理光学的问题也作了正确的阐述。

惠斯登电桥的基本电路如图3-2-1所示。把待测电阻R_x和另外三个电阻R_1、R_2、R_s联接成一个闭路的电阻四边形，电源E和开关S与四边形的两个相对端A、B相联，而在另外两个相对端C、D之间接入检流计。这样联接的电路称为惠斯登电桥。电阻R_x、R_1、R_2、R_s称为电桥的"桥臂"，通常R_1、R_2这两个桥臂称为比例臂，R_s称为比较臂。接入检流计的对角线CD称为"桥"，检流计的作用是将"桥"两端点电位直接进行比较，相当于平衡指示器。当改变R_1、R_2、R_s的阻值时，可以改变C、D两点之间的电位差。通常情况下，由于C、D两点之间有电位差存在，检流计中有电流流过，此时的电桥称为非平衡电桥。当R_1、R_2、R_s的阻值被调节到某一组合时，可以使得C、D两点之间的电位差为零，此时检流计的指针指在零位，这种情况称为电桥处于平衡状态。

当电桥平衡时有： $V_D = V_C, V_A = V_B$ (3-2-1)

即： $I_1 R_1 = I_2 R_2, I_x R_x = I_s R_s$ (3-2-2)

又因为： $I_x = I_1, I_2 = I_s$ (3-2-3)

从而可得： $\dfrac{R_x}{R_1} = \dfrac{R_s}{R_2}$ (3-2-4)

或者： $R_x R_2 = R_1 R_s$ (3-2-5)

式(3-2-5)表明：电桥平衡时，两相对臂的电阻乘积相等。式(3-2-5)称为电桥平衡条件。

用直流单臂电桥测电阻，实际上就是在电桥平衡条件下，把待测电阻R_x按已知的倍率关系与标准电阻进行比较，故而电桥法又称为"平衡比较法"。待测电阻可以表示为：

$$R_x = \dfrac{R_1}{R_2} R_s$$ (3-2-6)

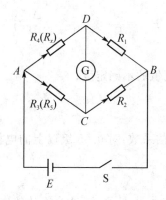

图 3-2-1 惠斯登电桥原理图

2. 单臂电桥准确度级别及其误差

(1) 交换测量法：平衡电桥法测电阻的误差，来源于电桥的灵敏度和各标准电阻的自身误差。在实验中，如不考虑电桥灵敏度的因素，则桥臂 R_1、R_2、R_s 引起的相对不确定度为：

$$E_{R_x} = \sqrt{\left(\frac{\Delta_{R_1}}{R_1}\right)^2 + \left(\frac{\Delta_{R_2}}{R_2}\right)^2 + \left(\frac{\Delta_{R_s}}{R_s}\right)^2} \qquad (3\text{-}2\text{-}7)$$

为减小和修正这一系统误差，将图 3-2-1 中平衡电桥的 R_1、R_2 互换，调节 R_s 使检流计无电流。为区别起见，将此时的可变电阻 R_s 记为 R_3，则有：

$$R_x = \frac{R_2}{R_1} R_3 \qquad (3\text{-}2\text{-}8)$$

式(3-2-6)和(3-2-8)相乘得

$$R_x = \sqrt{R_3 R_s} \qquad (3\text{-}2\text{-}9)$$

互换的结果是 R_1、R_2 的误差被消除，这种方法称为交换法。由(3-2-9)式的交换法测得的 R_x 的相对不确定度为：

$$\frac{\Delta_{R_x}}{R_x} = \sqrt{\frac{1}{2}\left[\left(\frac{\Delta_{R_3}}{R_3}\right)^2 + \left(\frac{\Delta_{R_s}}{R_s}\right)^2\right]} \qquad (3\text{-}2\text{-}10)$$

因为 R_3 和 R_s 同为标准电阻，可设 $\Delta_{R_3} = \Delta_{R_s}$，则(3-2-10)式可以表示为：

$$\frac{\Delta_{R_x}}{R_x} = \frac{\Delta_{R_s}}{R_s} \qquad (3\text{-}2\text{-}11)$$

(2) 准确度等级：式(3-2-11)说明，桥臂电阻引起的测量误差与可变电阻 R_s 有关。实验中，选用具有一定准确度的标准电阻箱作为可变电阻 R_s。电阻箱的准确度级别决定着电桥的准确级别，即分别为 0.01、0.02、0.05、0.1、0.2、0.5、1.0、2.0，共八个级别。不同级别的电桥仪器允许的相对不确定度为：

$$E_{R_x} = \frac{\Delta_{R_x}}{R_x} \leqslant \left(a\% + b\frac{\Delta_{R_s}}{R_s}\right) \tag{3-2-12}$$

其中：

Δ_{R_s}：比较臂 R_s 的最小分度值的不确定度；

R_s：比较臂的电阻值；

a：电桥的准确度级别；

b：与电桥准确度级别有关的系数；对 0.05 级以上的电桥 $b=0.1$；对 0.1 级以下的电桥 $b=0.3$。

3. 单臂电桥的灵敏度

从理论上来讲，电桥处在平衡状态下，流过检流计的电流一定为零。但在实际电路中，由于受到检流计灵敏度的限制，因而可能出现检流计中有微小的电流，但是检流计指针为零，给人以电桥平衡的假象。例如在电桥处于平衡的状态下，比较臂电阻 R_s 产生微小变化，此时检流计的电流 Δ_{R_s} 很小，它不足以驱动检流计的指针偏转，因而电桥看上去是平衡的。由于这种检流计灵敏不足会带来电桥的测量误差，故而引入电桥灵敏度的概念，定义为：单位电流的变化量所引起的检流计指针偏转的格数，即

$$S = \frac{\Delta n}{\Delta I_g} \tag{3-2-13}$$

因为测量中引起指针偏转是由于比较臂电阻的改变，所以为了表征电桥测电阻的准确程度，就用电阻 R_s 的相对改变量 $\frac{\Delta_{R_s}}{R_s}$ 定义电桥的灵敏度，称为电桥的相对灵敏度，即

$$S' = \frac{\Delta n}{\frac{\Delta R_s}{R_s}} \tag{3-2-14}$$

由上式可见，电桥灵敏度越大，当比较臂电阻改变一个或几个单位时，检流计的指针偏转就越大，对电桥平衡的判定也就越容易，相应的测量结果也更加准确。

电桥灵敏度的大小由电源电压、检流计的内阻和桥臂电阻决定。在各桥臂电阻元件允许的额定功率的条件下，电桥的灵敏度与电源电压成正比。电桥的灵敏度与检流计的灵敏度成正比。即电源电压高，检流计的灵敏度高，则电桥灵敏度高。检流计的内阻大，桥臂电阻大，则电桥灵敏度低。

从理论上来讲，电桥灵敏度越高，电桥平衡能够判断得越精确，测量结果的不确定就越小。但是实际上电桥的灵敏度也不是越高越好，灵敏度越高，调节平衡所需要的时间就越长，稳定重复性差，不方便实验操作。因此，具体实验中要结合具体实际情况合理地选择电源电压、检流计以及相应的桥臂电阻，适度提高电桥灵敏度的同时兼顾实验要求。

4. 倍率 K 的选择对测量结果的影响

比例臂 R_1 与 R_2 的比值称为电桥的比率或倍率，用 K 表示，即 $K = \frac{R_1}{R_2}$。通常倍率 K

有多种选择。由式(3-2-6)可知 $R_x=KR_s$。从理论上讲,只要满足电桥平衡的条件,倍率 K 可以任意选取。但在实验中,倍率 K 的取值不同,实验结果的准确程度是不同的,即所测得待测电阻 R_x 的有效数字位数因 K 的取值不同而不同。例如:待测电阻 R_x 约为6 Ω,当 K 值取 0.1 和 0.01 时,会得到如下两个结果:

$$R_{x_1}=K_1R_s=0.1\times 61.00\ \Omega=6.100\ \Omega,\quad R_{x_2}=K_2R_s=0.1\times 610.03\ \Omega=6.100\ 3\ \Omega$$

很明显,K 值不同,结果的有效数字位数是不同的。可见,为了使得测量结果具有较高的精确度,K 值的选择应该根据待测电阻的粗测值进行最佳选择,即:要以 R_x 读取的位数最多为佳,实际测量中直接测得的是比较臂 R_s 的值,所以在具体实验中我们使得 R_s 的示值位数最多。

【实验仪器】

QJ-19A 型单双臂两用直流电桥,AC15A 型直流检流计,待测电阻,导线若干。

【实验内容与步骤】

(1) 连接线路。

(2) 根据待测电阻粗测值(可用万用表粗测),选择比例臂 R_1 与 R_2 的比值。

(3) 先按下粗调按钮,粗调 R_s 使检流计指针指零。按下细调按钮,细调 R_s 使检流计指针指零。此时记下 R_s 的值。注意:比率 K 的选择要使得 R_s 的示值位数最多。

(4) 将粗调、细调按钮弹出,面板上代表 R_s 的阻值悬挡归零,重复第三个操作步骤四次。即每个位置待测电阻重复测量五次。本实验要求每位同学测量两个未知电阻。

(5) 测量电桥灵敏度:首先将电桥调至平衡状态(分别在测 R_{x_1} 和 R_{x_2} 时),然后改变比较臂 R_s,使检流计指针偏转 3~5 格。此时记下 R_s 及其改变量 ΔR_x,记下检流计指针偏转的格数 Δn 代入式(3-2-14),算出电桥相对灵敏度。

【数据记录与处理】

1. 未知电阻的测量

将 R_{x_1} 和 R_{x_2} 的测量值填入实验表格 3-2-1、3-2-2 中。

表 3-2-1 电阻数据记录表

测项 / 测次	粗测值 $R_{x_1}=$		Ω	测项 / 测次	粗测值 $R_{x_2}=$		Ω
	$K=\dfrac{R_1}{R_2}$	R_{s_1}/Ω	R_{x_1}/Ω		$K=\dfrac{R_1}{R_2}$	R_{s_2}/Ω	R_{x_2}/Ω
1				1			
2				2			

续表

测项\测次	粗测值 $R_{x_1}=$ Ω			测项\测次	粗测值 $R_{x_2}=$ Ω		
	$K=\dfrac{R_1}{R_2}$	R_{s_1}/Ω	R_{x_1}/Ω		$K=\dfrac{R_1}{R_2}$	R_{s_2}/Ω	R_{x_2}/Ω
3				3			
4				4			
5				5			
6				6			
R_{x_1} 的平均值				R_{x_2} 的平均值			

表 3-2-2　灵敏度数据记录表

	$\Delta R_x/\Omega$	$\Delta n/$格	$S=\dfrac{\Delta n}{\dfrac{\Delta R_s}{R_s}}$
R_{x_1}			
R_{x_2}			

2. 计算 R_{x_1} 和 R_{x_2} 电阻以及 R_{x_1} 和 R_{x_2} 的不确定度

提示：$\bar{R}_x = \dfrac{1}{n}\sum_{i=1}^{n} R_{x_i}$

A 类不确定度为：$\Delta_{AR_x} = \sqrt{\dfrac{1}{n-1}\sum_{i=1}^{n}(\bar{R}_x - R_{x_i})^2}$

B 类不确定度为：$\Delta_{BR_x} = \bar{R}_x \alpha \%$　$\alpha = 0.05$

合成不确定度为：$\Delta_{R_x} = \sqrt{\Delta_{ARx}^2 + \Delta_{BRx}^2}$

相对不确定度为：$E_{R_x} = \dfrac{\Delta_{R_x}}{\bar{R}_x}$

测量结果：$R_x = \bar{R}_x \pm \Delta_{R_x}$ (Ω)

【思考题】

(1) 如何消除 R_1 与 R_2 的系统误差？
(2) 平衡电桥与非平衡电桥有哪些不同？
(3) 直流单臂电桥的灵敏度与哪些因素有关？提高电桥灵敏度的主要途径是什么？

附录：双臂电桥

1. 双臂电桥工作原理

测量中等阻值的电阻，伏安法是比较容易的方法，惠斯登电桥法是一种精密的测量方法，但在测量低电阻时都发生了困难，这是因为引线本身的电阻和引线端点接触电阻的存在。图 3-2-2 为伏安法测电阻的线路图,待测电阻 R 两侧的接触电阻和导线电阻以等效电阻 R_1,R_2,R_3,R_4 表示,如图 3-2-3 所示,通常电压表内阻较大,R_1 和 R_4 对测量的影响不大,而 R_2,R_3 与 R_x 串联在一起,被测电阻实际应为 $R_2+R_x+R_3$,附加电阻约 $10^{-2}\Omega$ 数量级,在测低电阻时就不能忽略,也不能用图 3-2-2 电路来测量 R_x。

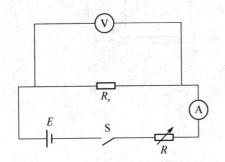 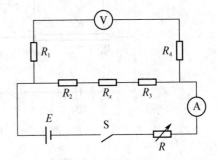

图 3-2-2 伏安法测电阻　　　　　　　图 3-2-3 伏安法测电阻等效电路

为消除接触电阻的影响,接线方式改成四端钮方式,如图 3-2-4 所示。C-C 为电流端钮,P-P 为电压端钮,等效电路如图 3-2-5 所示:此时毫伏表上测得电压为 R_x 的电压降,由 $R_x=U/I$ 即可准确计算出 R_x。

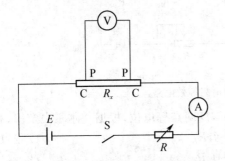 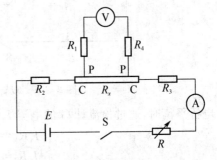

图 3-2-4 双臂电桥测电阻　　　　　　　图 3-2-5 双臂电桥测电阻等效电路

由此可见,测量低值电阻时,为了消除接触电阻的影响,将通过电流的接点(称电流接点)与测量电压的接点(即电压接点)分开,并且将电压接点放在里面。把四端接法的低电阻接入原单臂电桥,演变成图 3-2-6 的双臂电桥,等效电路如图 3-2-7 所示。标准电阻 R_N 电流头接触电阻为 R_{iN1}、R_{iN2},待测电阻 R_x 电流头接触电阻为 R_{ix1}、R_{ix2},这些接触电阻都连接到双臂电桥电流测量回路中,只对总的工作电流 1 有影响,而对电桥的平衡无影响。将标准电阻电压头接触电阻为 R_{N1}、R_{N2} 和待测电阻 R_x 电压头接触电阻 R_{x1}、R_{x2} 分别接到双臂电桥电压测量回路中,因为它们与较大电阻 R_1,R_2,R_3,R_4 相串联,对测量结果的影响也极其微小,这样就减少了这部分接触电阻和导线电阻对测量结果的影响。

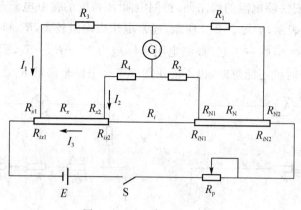

图 3-2-6 双臂电桥测电阻

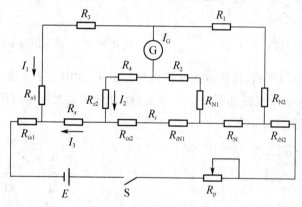

图 3-2-7 双臂电桥测电阻等效电路

电桥平衡时,通过检流计 G 的电流 $I_g=0$。C,D 两点等电位,根据基尔霍夫定律,有:

$$I_1 R_1 = I_2 R_2 + I_3 R_N \tag{3-2-15}$$

$$I_1 R_3 = I_3 R_x + I_2 R_4 \tag{3-2-16}$$

解方程组得

$$R_x = \frac{R_3}{R_1} R_N + \frac{R_2 \cdot R_i}{R_2 + R_4 + R_i}\left(\frac{R_3}{R_1} - \frac{R_4}{R_2}\right) \tag{3-2-17}$$

调节 R_1,R_2,R_3,R_4 使得 $\frac{R_3}{R_1}=\frac{R_4}{R_2}$,即 $R_1=R_2,R_3=R_4$。式中第二项为零,则待测电阻 R_x 和标准电阻 R_N 的接触电阻 R_{ix2}、R_{iN1} 均包括在低电阻导线 R_i 内,则有

$$R_x = \frac{R_3}{R_1} R_N \tag{3-2-18}$$

实际上很难做到 $\frac{R_3}{R_1}=\frac{R_4}{R_2}$。为了减少(3-3-11)式中的第二项影响,使用尽量粗的导线以减少 R_i 的值,使(3-3-11)式中的第二项尽量小。

2. 双臂电桥结构原理

(1) 双臂电桥电路图。图 3-2-8 为双臂电桥的电路图。

为了保持 $R_3/R_1=R_4/R_2$ 在使用电桥过程中始终成立，常将电桥做成一种特殊结构，即将比例臂采用双十进电阻箱。在这种电阻箱里，两个相同十进电阻的转臂连接在同一转轴上，因此在转臂的任一位置都保持 $R_1=R_2, R_3=R_4$。

在上述图中应用的符号意义说明如下：

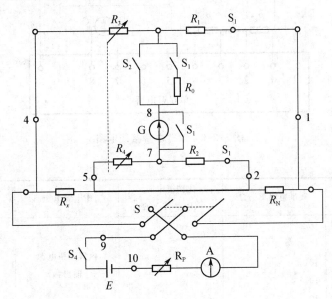

图 3-2-8 双臂电桥电路图

R_1、R_2——比例臂电阻；

S_1、S_2——比例臂选择开关；

R_3、R_4——测量臂内臂外臂电阻；

×100，×10，×1、×0.1、×0.01 测量盘转换开关；

R_0——检流计保护电阻。

(2) 双臂电桥测低值电阻电阻率电路图。图 3-2-9 为双臂电桥接线电路。

接线及辅助设计要求：

R_P——可变电阻器，调节测量回路电流；

A——电流表，调节 R_P 应使测量回路电流小于标准电阻 R_N 的额定值；

R_N——0.01 级、0.001～10 Ω 标准电阻器；

S——供电流换向用开关；

G——检流计，可选用 AZ19 型检流计。

连接被测电阻 R_x 和标准电阻 R_N 的电位线电阻应小于 0.002 Ω，跨接线 r 的电阻应

小于 $0.001\ \Omega$。(表 3-2-3)

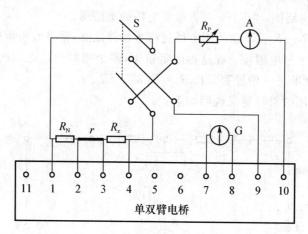

图 3-2-9 双臂电桥接线电路

表 3-2-3

被测电阻 R_x/Ω	标准电阻 R_N/Ω	比例臂电阻 $(R_1=R_2)/\Omega$	工作电源电压/V	允许误差/%
$10\sim 10^2$	10	100	内置双桥电源 输出:4	±0.05
$1\sim 10$	1			
$0.1\sim 1$	10^{-1}			
$10^{-2}\sim 10^{-1}$	10^{-2}			
$10^{-3}\sim 10^{-2}$	10^{-3}			
调换 R_x 和 R_N 位置时				
$10^{-4}\sim 10^{-3}$	10^{-3}	10^2	4	±0.1
$10^{-5}\sim 10^{-4}$		10		±0.5
$10^{-6}\sim 10^{-5}$		1		±5

【实验内容与步骤】

(1) 按图 3-2-10 所示接线。

将可调标准电阻、被测电阻按四端连接法,与 R_1、R_2、R_3、R_4 连接,注意 C_{N_2}、C_{x_1} 之间要用粗短导线连接。

(2) 打开专用电源和检流计的开关,通电后,等待 5 min,调节指零仪(检流计)指针指在零位置上。在测量未知电阻时,为保护指零仪指针不被打坏,指零仪的灵敏度调节旋钮应放在最低位置,使电桥初步平衡后再增加指零仪灵敏度。在改变指零仪灵敏度或环境等因素变化时,有时会引起指零仪指针偏离零位,在测量之前,随时都应调节指零仪零零。

(3) 估计被测电阻值大小,选择适当 R_1、R_2、R_3、R_4 的阻值,注意 $R_1=R_2$,$R_3=R_4$ 的条件。先按下"G"开关按钮,再正向接通 K 开关,接通电桥的电源,调节 R_3,使指零仪指针指在零位上,电桥平衡。注意:测量低阻时,工作电流较大,由于存在热效应,会引起被测电阻的变化,所以电源开关不应长时间接通,应该间歇使用。记录 R_1、R_2、R_3、R_4 和 R_N 的阻值。

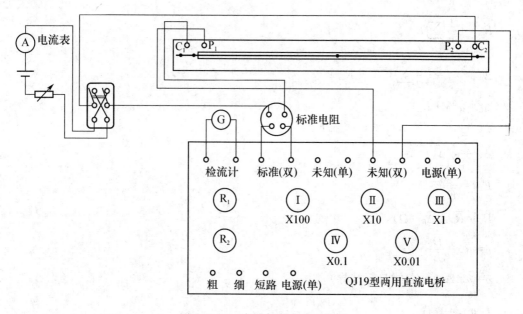

图 3-2-10　实验仪器电路连接图

(4) 如要更高的测量精度,保持测量线路不变,再反向接通 K 开关,重新微调 R_3,使指零仪指针重新指在零位上,电桥平衡。这样做的目的是消减接触电势和热电势对测量的影响。记录 R_1,R_2,R_3,R_4 和 R_N 的阻值。

$$R_{x_2}=\frac{R_3}{R_1}\times R_N \qquad (3\text{-}2\text{-}19)$$

被测电阻按下式计算:

$$R_x=(R_{x_1}+R_{x_2})/2 \qquad (3\text{-}2\text{-}20)$$

(5) 保持以上测量线路不变,调节 R_2 或 R_4,使 $R_1\neq R_2$ 或 $R_3\neq R_4$,测量 R_x 值,并与 $R_1=R_2$,$R_3=R_4$ 时的测量结果相比较。

3. 实验步骤

(1) 测量金属杆的电阻 R_x。

按图 3-2-10 连接好电路。调定 $R_1=R_2$,$R_3=R_4$,正向接通工作电流,按下"G"按钮使检流计指示为零,双臂电桥调节平衡,记下 R_1,R_2,R_3,R_4 和 R_N 的阻值。反向接通工作电流,使电路中电流反向,重新调节电桥平衡,记下 R_1,R_2,R_3,R_4 和 R_N 的阻值。

(2) 记录金属杆的长度 L。
(3) 有螺旋测微器测量金属杆的直径 d，在不同部位测量五次，求平均值，根据公式计算金属杆的电阻率。

【数据记录与处理】

$$\overline{R}_x = \frac{1}{n}\sum R_{xi}$$

$$\Delta_A = \sqrt{\frac{1}{n-1}\sum_{i=1}^{n}(\overline{R}_x - R_{xi})^2}$$

$$\Delta_B = \alpha\% \cdot \overline{R}_x$$

$$\alpha = 0.05$$

$$\Delta_{R_x} = \sqrt{\Delta_A^2 + \Delta_B^2}$$

$$E_{R_x} = \frac{\Delta_{R_x}}{\overline{R}_x}$$

$$R_x = \overline{R}_x \pm \Delta_{R_x}(\Omega)$$

$$\overline{\rho} = \overline{R}_x \frac{\pi \overline{D}^2}{4L}$$

$$\rho = \overline{\rho} \pm \Delta_\rho (\Delta_\rho \text{ 公式自行推导})$$

【思考题】

(1) 双臂电桥与惠斯登电桥有哪些异同？
(2) 双臂电桥怎样消除附加电阻的影响？
(3) 如果待测电阻的两个端电压引线电阻较大，对待测量结果有无影响？
(4) 如何提高测量金属丝电阻率的准确度？

实验 3-3　电位差计测量电源电动势及电阻

电位差计(potentiometer)是一种根据补偿原理制成的高精度和高灵敏度的比较式电测仪器。补偿原理就是利用一个电压或电动势去抵消另一个电压或电动势，1841 年，波根多尔夫(J. C. Poggendorff, 1796—1877)提出补偿法。应用波根多尔夫提出的恒定工作电流补偿原理，1861 年制成了第一台电位差计，但是工作电流的校对部分没有单独分开，是和补偿电压合在一起的，使用很不方便。1893 年英国科学家制造了第一台商业性的电位差计，现代许多电位差计仍然沿用它的设计方法，并有所改进。

补偿原理的特点是不从测量对象中支取电流,因而不干扰被测量的数值,测量结果准确可靠,其准确度可达到 0.001%,因此电位差计曾是精密测量中应用最为广泛的仪器之一。

【实验目的】

(1) 学习补偿原理。
(2) 了解和掌握电位差计的工作原理和结构特点。
(3) 用电位差计测量电源电动势和未知电阻。

【实验原理】

1. 补偿原理

补偿原理就是利用一个电压或电动势去抵消另一个电压或电动势。

若用一块电压表测量某电池的电动势,如图 3-3-1 所示,显然测得值 $U=E-Ir$ 和电源电动势 E 是不相等的,I 为通过测量回路的电流,r 为电池的内阻。测的电压 U 必然要小于被测电池的电动势 E,这是因为电池是有内阻的。引起这个系统误差的原因就在于测量过程中一般要有电流流过电池的内部。采用补偿原理可能做到在测量过程中使得流过待测电池的电流几乎为零。图 3-3-2 所示为电路的补偿原理图。其中 E_0 的电动势大小可以连续调节,而且可以准确读出。显然当 $E_0 > E_x$ 或 $E_0 < E_x$ 时,回路中都会有电流流过检流计。只有当 $E_0 = E_x$ 时,回路中电流才为零,这时称电路处于补偿状态。由于 E_0 的电动势大小可以准确读出,所以 E_x 的大小可以准确测量。电位差计就是利用这一原理制作的。

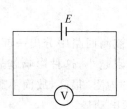

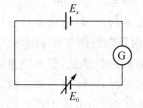

图 3-3-1 测电池电动势电路图　　　图 3-3-2 电路的补偿原理图

2. 电位差计的工作原理

电位差计的工作原理如图 3-3-3 所示,它由两个回路组成,电源 E、可变电阻 R_n、电阻 R 和开关 S_1 组成辅助回路,电源 E_x(或 E_s)、检流计、电阻 R 和开关 S_2、S_3 构成补偿回路。接通 S_1 后,有电流 I 通过电阻丝 AB,并在电阻丝上产生电压降落 IR。如果再接通 S_2,可能出现两种情况:

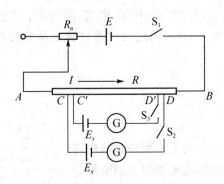

图 3-3-3 电位差计的工作原理图

(1) 当 $E_x > U_{CD}$ 或 $E_x < U_{CD}$ 时,检流计 G 中有电流通过。

(2) 当 $E_x = U_{CD}$ 时,检流计 G 中没有电流通过。

我们称第二种情况为电位差计处于补偿状态,或者说待测电路得到补偿。在补偿状态时,$E_x = U_{CD}$。设每单位长度电阻丝的电阻为 r_0,CD 段电阻丝的长度为 L_x,于是有:

$$E_x = I r_0 L_x \tag{3-3-1}$$

将可变电阻 R_n 的滑动端固定,即保持工作电流 I 不变,再用一个电动势为 E_s 的标准电池替换图中的 E_x,适当地将 CD 位置调到 $C'D'$,这样可以使得检流计的指针不偏转,达到补偿状态。设 $C'D'$ 的电阻丝长为 L_s,则有:

$$E_s = I R_{C'D'} = I r_0 L_s \tag{3-3-2}$$

与式(3-3-1)相比可得:

$$E_x = E_s \frac{L_x}{L_s} \tag{3-3-3}$$

上式表明,待测电池的电动势 E_x 可以用标准电池电动势 E_s 和在同一工作电流下电位差计处于补偿状态时的 L_x 和 L_s 值来确定。

由以上分析可知,电位差计有以下特点。

(1) "内阻"高:用电压表测量电位差时,总要从被测回路中分出一部分电流来,这就改变了被测回路的参量,影响测量结果,电压表的内阻越小,这种影响越显著。当电位差计测出电位差时,补偿回路的电流为零,或者说它的"内阻"很高,故而不影响被测回路参量,可以"真正"测出电路中两点间的电位差或者电源电动势。

(2) 准确度高:从 $E_x = E_s \frac{L_x}{L_s}$ 的表达式可以看出,E_x 的精度依赖于 E_s 和电阻比值 $\frac{L_x}{L_s}$ 以及检流计的灵敏度。在电位差计中,E_s 为标准电池,$\frac{L_x}{L_s}$ 为标准内阻,所以它们的准确度高,加之使用的检流计灵敏度高,所以待测电动势的测量应该是十分准确的。

3. 箱式电位差计工作原理

图 3-3-4 是箱式电位差计原理图。它由以下三部分组成:

(1) 工作电流调节电路:它由 E,R_n,R_1,R,S 等组成;

(2)校正工作电流回路:它由 E_s,R_s,G,S_1,S_2 等组成;

(3)待测回路:它由 E_x,R_x,G,S_1,S_2 等组成。

由上述可知,电位差计的工作原理以比较法为基础,其测量结果是经过两次比较获得的。第一次调节是调解工作电流,即把标准电池的电动势与标准电阻 R 上的压降比较;第二次才是测量未知电压,即把已知的补偿电压与位置电压相比较。

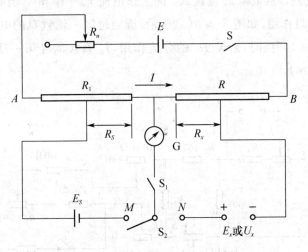

图 3-3-4 箱式电位差计原理图

4. UJ-31 型电位差计的结构及原理

UJ-31 型电位差计简化原理如图 3-3-5 所示。该电位差计的量程分为两挡("×1"和"×10"),其转换通过改变开关的位置来实现。图中 R_p 是调节工作电流的电阻,R_N 和 R 分别为提供核准工作电流用的标准电阻和温度补偿电阻。其中电位差计有三个读数装置,

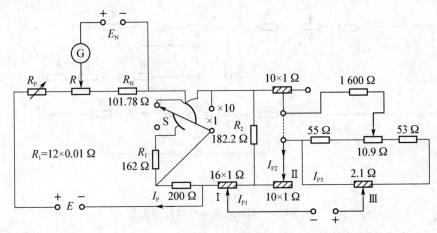

图 3-3-5 UJ-31 型电位差计简化原理图

第一读数(测量)盘是16只1 Ω的电阻组成的16步进式开关。第二读数(测量)盘是采用替换式步进开关,结构是用10只1 Ω的电阻组成代换盘。第三读数(测量)盘是由阻值2 Ω的滑线盘构成,滑线盘上通过的电流大小由内附沿线电阻10 Ω来调节,测量盘分为105等份。

UJ-31型电位差计从电源 E 流经 R_N 的工作电流 $I_p=10$ mA,当 S 拨在"×1"挡时,经过 R_1 的分流电阻作用,如图3-3-6(a)所示,流经过第一读数盘的电阻的电流为 $I_{p_1}=1$ mA;当 S 拨在"×10"挡时,断开 R_1 的分流作用,I_p 直接流经第一读数盘,如图3-3-6(b)所示,此时 $I_{p_1}=I_p=10$ mA。

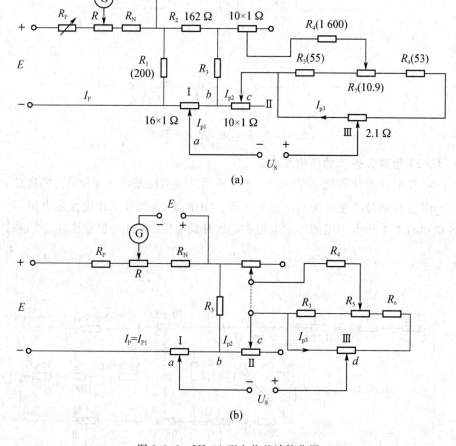

图 3-3-6　UJ-31 型电位差计简化图

UJ-31型电位差计补偿回路的补偿电阻在最高限时,也只不过是20多欧姆,故而它属于低电势电阻型电位差计。因此配给的检流计应该是外临界电阻较低的检流计。它的范围是:"×1"挡时是 0~17.1 mV,分辨率为 1 μV,游标尺最小分辨率为 0.1 mV;"×10"挡时是 0~171 mV,分辨率是 10 μV,游标尺最小分辨率为 1 mV。使用 5.7~6.4 V 外接工作电源,总工作电流为 10 mA。UJ-31 型电位差计有三个工作电流调节盘,第一盘是 17 点步进的转换开关构成 17×4 Ω,第二盘和第三盘均为滑线,调节范围是 0~72 Ω。标准电池回路由标准电池电势补偿电阻 101.76 Ω、温度补偿盘(22×0.01 Ω)组成,标准电池电势补偿范围为 1.076~1.019 8 V,最小步进电势为 100 mV。

5. 电位差计的准确度级别及允许误差

不同的电位差计,其准确度的级别各不相同,通常有八个级别,即 0.001、0.002、0.005、0.02、0.05、0.1 和 0.2 等。UJ-31 型电位差计准确度级别为 0.05 级,在正确操作情况下电位差计最大允许误差 $|\Delta|$,即:

$$|\Delta| \leqslant (a\% U_x + b\Delta_{U_x}) \tag{3-3-4}$$

上式中:

a——电位差计的准确度级别。

$$b: \begin{cases} =0.5 \left(若 \dfrac{\Delta_{U_x}}{U_x} \leqslant 0.5a\% \right) \\ =1 \left(若 \dfrac{\Delta_{U_x}}{U_x} \geqslant 0.5a\% \right) \end{cases} \tag{3-3-5}$$

U_x——电位差计测量读数。

Δ_{U_x}——电位差计最低一挡读数盘的步进值。

式(3-3-4)表明电位差计的最大允许误差有两项组成:

(1) 与被测电压 U_x 的大小有关的误差,是由补偿回路中的测量电阻制造不准确引起的;

(2) 与被测电压 U_x 的值无关,为恒定误差,它对应着电位差计内部产生的寄生热电势。利用电位差计进行测量时,在工作电流十分稳定情况下,测量结果的最大相对不确定度为: $\dfrac{\Delta_{U_x}}{U_x} \leqslant a\% + b\dfrac{\Delta_{U_x}}{U_x}$。因此,为了减小测量结果的相对不确定度,应使被测电压的值接近电位差计的测量上限。

【实验仪器】

UJ-31 型电位差计、检流计、标准电池、分压板、直流电源、干电池、导线若干。UJ-31 型电位差计,其工作原理图相对应部分的说明如图 3-3-7 所示。

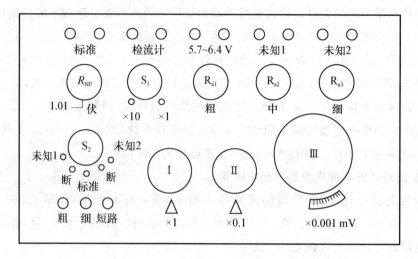

图 3-3-7 UJ-31 型电位差计工作原理图相对应部分的说明

表 3-3-1 UJ-31 型电位差计面板说明

R_n	R_n 分成 R_{n_1}（粗调）、R_{n_2}（中调）、R_{n_3}（细调）三个 R_n 电阻转盘，用来准确地调节工作电流
R_s	标有 R_s 转钮，是为补偿温度不同时标准电动势的变化而设置的。当温度不同时引起标准电池电动势变化时，通过调节 R_s，进而调节 R_s 两端的电压，使标准电池得到补偿
R_s	R_s 分为 I（×1），II（×0.1），III（×0.001）三个电阻转盘，并在转盘上标出电压。电位差计处于被补偿状态，可以从三个转盘上读出未知电动势
S_1	标有 S_1 的按钮有两个，分别标记为"粗"和"细"。按下"粗"有保护电阻与检流计串联，按下"细"保护电阻被短路
S_2	标有 S_2 的旋钮的作用是：校准电位差计时应旋至"标准"；测未知电动势至"未知 1"或"未知 2"

【实验内容与步骤】

1. 电位差计的调整

（1）参考图 3-3-7 连接电路。

（2）调节检流计的零点。

（3）调节工作电流。

将转换开关 S_2 旋到"标准"位置。"R_{NP}"旋钮指示到 1.018 6 V（此值为标准电池室温 20 ℃时的电动势）。打开稳压电源，使工作电压处于 6 V。将电位差计按钮"粗"按下，用变阻器 R_{n_1}（粗调）、R_{n_2}（中调）调节工作电流，使检流计指示到"零"位置，松开"粗"按钮，按下"细"钮，调节 R_{n_2}（中调）、R_{n_3}（细调）再次使得检流计指"零"，此时表示工作电流已经调好。

2. 电位差计的测量

(1) 测量电池电动势。工作电流调好后,将测量开关 S_2 转到"未知1"或"未知2"位置,将量程变换开关 S_1 转到"×10"挡时,即可进行测量干电池的电动势 E_x。调节读数盘 Ⅰ、Ⅱ、Ⅲ 直至检流计指零,此时电位差计与被测电动势补偿平衡。所得到的 E_x 大小则由电位差计上的读数盘的读数总和乘以量程变换开关 S_1 所示的倍率。要求测量 5 次(每次测量时要重新校准一次工作电流),求平均值。

(2) 测量电位差计的灵敏度。直流电位差计的灵敏度是与准确度有密切关系的,为了保证一定的测量准确度,整个测量装置要有足够的灵敏度。在电位差计平衡状态下,如果被测电压 U_x 有 ΔU_x 的变化,引起检流计有 n 的偏转格数,则电位差计的灵敏度定义为:$S=\dfrac{n}{\Delta U_x}$,对应于 $n=\dfrac{1}{3}$ 格(人眼所能察觉的偏转)的 ΔU_x 就是电位差计所能判断的极限。记下使检流计偏转 3~5 格所需要电压的改变量 ΔU_x,计算出电位差计的灵敏度。

3. 测量未知电阻

(1) 按图 3-3-8 连接电路。

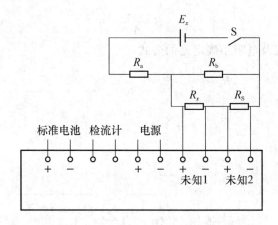

图 3-3-8　测量未知电阻电路连接图

(2) 重新校准工作电流。

(3) 测量未知电阻。将 S 转到"未知1"挡,依次调整读数盘 Ⅰ、Ⅱ、Ⅲ 使电路处于补偿状态,读数盘 Ⅰ、Ⅱ、Ⅲ 指示的值之和为 R_x 上的电压 U_x。将 S 转到"未知2"挡,用测量"未知1"的方法测量"未知2"上的 R_x 的电压 U_s。计算 R_x 的公式为:$R_x=\dfrac{U_x}{U_s}R_s$。重复第 2、第 3 步,测量 5 次。

【数据记录与处理】

1. 测量电池电动势及电动势不确定度的公式

$$\overline{U}_x = \frac{1}{n}\sum_{i=1}^{n} U_{xi}$$

$$\Delta_A = \sqrt{\frac{1}{(n-1)}\sum_{i=1}^{n}(\overline{U}_x - U_{xi})^2}$$

$$\Delta_B = \alpha\% \ \overline{U}_x, \alpha = 0.05$$

$$\Delta_{U_x} = \sqrt{\Delta_A^2 + \Delta_B^2}$$

$$E_{U_x} = \frac{\Delta_{U_x}}{\overline{U}_x}$$

$$U_x = \overline{U}_x \pm \Delta_{U_x}$$

2. 电位差计的灵敏度

$$S = \frac{n}{\Delta_{U_s}}$$

3. 测量未知电阻及电阻不确定度的公式

$$\overline{R}_x = \frac{\overline{U}_{R_x}}{\overline{U}_{R_s}} R_s$$

$$\overline{U}_{R_x} = \frac{1}{n}\sum_{i=1}^{n} U_{R_{xi}}$$

$$\overline{U}_{R_s} = \frac{1}{n}\sum_{i=1}^{n} U_{R_{si}}$$

$$\Delta_{AU_{R_x}} = \sqrt{\frac{1}{(n-1)}\sum_{i=1}^{n}(\overline{U}_{R_x} - U_{R_{xi}})^2}$$

$$\Delta_{BU_{R_x}} = \alpha\% \ \overline{U}_{R_x}, \alpha = 0.05$$

$$\Delta_{U_{R_x}} = \sqrt{\Delta_{AU_{R_x}}^2 + \Delta_{BU_{R_x}}^2}$$

$$\Delta_{AU_{R_s}} = \sqrt{\frac{1}{(n-1)}\sum_{i=1}^{n}(\overline{U}_{R_s} - U_{R_{si}})^2}$$

$$\Delta_{BU_{R_s}} = \alpha\% \ \overline{U}_{R_s}, \alpha = 0.05$$

$$\Delta_{U_{R_s}} = \sqrt{\Delta_{AU_{R_s}}^2 + \Delta_{BU_{R_s}}^2}$$

$$E_{R_x} = \frac{\Delta_{R_x}}{\overline{R}_x} = \sqrt{\left(\frac{\Delta_{U_{R_x}}}{\overline{U}_{R_x}}\right)^2 + \left(\frac{\Delta_{U_{R_s}}}{\overline{U}_{R_s}}\right)^2 + \left(\frac{\Delta_{R_s}}{R_s}\right)^2}$$

$$\Delta_{R_x} = E_{R_x} \cdot \overline{R}_x$$

$$R_x = \overline{R}_x \pm \Delta_{R_x}$$

【思考题】

(1) 电位差计所依据的基本原理是什么?

(2) 电位差计有几个工作回路? 其作用是什么?

实验 3-4　铁磁材料居里温度的测定

19 世纪末,法国著名物理学家皮埃尔·居里(Pierre Curie,居里夫人的丈夫,"居里定律"的发现者,1903 年和居里夫人还有贝克勒尔共同获得了诺贝尔物理学奖)在自己的实验室里发现磁石的一个物理特性:当磁石加热到一定温度时原来的磁性就会消失。后来,人们把这个温度叫"居里点"(the Curie temperature)。铁磁物质被磁化后具有很强的磁性,但随着温度的升高,金属点阵热运动的加剧会影响磁畴磁矩的有序排列,当温度达到足以破坏磁畴磁矩的整齐排列时,磁畴被瓦解,平均磁矩变为零,铁磁物质的磁性消失而变为顺磁物质,与磁畴相联系的一系列铁磁性质(如高磁导率、磁滞回线、磁滞伸缩等)全部消失,相应的铁磁物质的磁导率转化为顺磁物质的磁导率。与铁磁性消失时所对应的温度即为居里点温度。

【实验目的】

(1) 通过实验,对感应电压输出随温度升高而下降的现象进行观察,了解铁磁性材料在居里温度点由铁磁性变为顺磁性,从而使整个磁性材料参数变化的微观机理。

(2) 用感应法测定铁磁材料的 $\varepsilon_{eff(B)} - T$ 曲线,并求出其居里温度。

【实验原理】

1. 基本原理

磁性是物质最基本的属性之一,所以我们将具有磁效应的所有物质都称为磁介质。当磁介质放入磁场中就会被磁化,产生一个附加的磁场。根据磁化效果的不同可以将磁介质分为三类:一类物质在外磁场中呈现微弱的磁性,磁化后有与外磁场同方向的附加磁场,这类物质称为顺磁质;另一类物质它们在外磁场中也会呈现微弱的磁性,但附加磁场与外磁场反方向,这类物质称为抗磁质;第三类物质它们在外磁场中能产生非常强的与外磁场同方向的附加磁场,这类物质称为铁磁质,铁磁质的用途很广泛。

磁介质磁化的规律可以用磁感应强度 B、磁化强度 M、磁场强度 H 来描写。它们之间的关系可用下列的公式来表示：

$$B=\mu_0(H+M)=(\chi_m+1)\mu_0\mu_r H=\mu H \qquad (3-4-1)$$

式中 μ_r 称为相对磁导率，它是一个无量纲常数，χ_m 称为磁化率，μ_0 称为真空磁导率，μ 称为绝对磁导率。对于顺磁质的磁化率 $\chi_m>0$，相对磁导率 μ_r 略大于 1；对于抗磁质的磁化率 $\chi_m<0$，相对磁导率 μ_r 略小于 1，铁磁质的磁化率 $\chi_m\gg1$，所以相对磁导率 $\mu_r\gg1$。

铁磁质是与物质的固态相联系着的，它的磁化过程很复杂，H 与 B、H 与 M 和 μ_r 之间存在着非线性的关系。

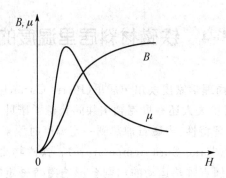

图 3-4-1　磁感应强度 B 与磁场强度 H 之间的关系

磁感应强度 B 与磁场强度 H 之间的关系，如图 3-4-1 所示。B 曲线表示 B、H 之间的关系，铁磁质从完全没有磁化时开始逐渐增大 H，当 H 较小时，B 随 H 成正比地增大。H 再增加时，B 就开始急剧地增大，接着增大变慢，当 H 到达某一数值时再继续增大，B 就几乎不再随 H 的增大而增大，这时铁磁质达到了饱和状态，它的磁化强度 M 也达到了最大值，所得到的这条磁化曲线叫作起始磁化曲线。根据式(3-4-1)，可以求出不同的 H 值所对应的 B 值，μ_r-H 的变化曲线如图 3-4-1 所示，由图中可以看到，当 B 值趋于饱和时，就急剧减小。

在铁磁性物质中，相邻原子间存在着非常强的交互耦合作用，这个相互作用促使相邻原子的磁矩平行排列起来，形成一个自发磁化达到饱和状态的区域（体积约为 10^{-9} m³，其中含有 $10^{17}\sim10^{21}$ 个原子），这个区域称之为磁畴。在没有外磁场作用时，不同磁畴的取向各不相同（图 3-4-2）。

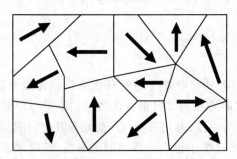

图 3-4-2　未加磁场时多晶结构的磁畴

磁畴的这种排列方式，使磁体能处于最小能量的稳定状态。因此，对整个铁磁物质来说，任何宏观区域的平均磁矩都为零，铁磁物质不显磁性。当有外磁场作用时，磁矩与外磁场同方向排列时的磁能低于外磁场反方向排列时的磁能。结果是自发磁化磁矩与磁场呈小角度的磁畴处于有利地位,磁畴体积逐渐扩大;而自发磁化磁矩与外磁场呈大角度的磁畴体积逐渐减小。随着外磁场的不断增强,取向与外磁场呈大角度的磁畴全部消失,留存的磁畴将向外磁场的方向旋转。继续增大磁场,不同磁畴的取向更加趋于外磁场的方向,任何宏观区域的平均磁矩不再为零,且随着外磁场的增大而增大,当外磁场增大到一定值时,所有磁畴均沿外磁场方向整齐排列(见图 3-4-3),任何宏观区域的平均磁矩达到最大值,铁磁物质显示出很强的磁性。但这种磁性是与温度有关的,随着温度的升高,金属点阵热运动的加剧会影响磁畴矩的有序排列。但在未达到一定温度时,热运动不足以破坏磁畴矩基本的平行排列,此时任何宏观区域的平均磁矩仍不为零,物质仍具有磁性,只是平均磁矩随着温度的升高而减小。而当分子的热运动足以破坏磁畴矩的整齐排列时,磁畴的取向又会由有序回到无序的状态,平均磁矩降为零,铁磁物质的磁性消失而转变为顺磁物质,相应的铁磁物质的磁导率转化为顺磁物质的磁导率,居里温度就是对应于这一磁性转变时的温度。

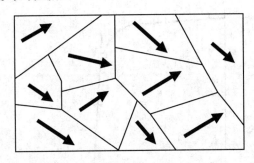

图 3-4-3 加磁场时多晶磁畴结构

在各种磁介质中最重要的是以铁为代表的一类磁性很强的物质,在化学元素中,除铁之外,还有过渡族中的其他元素(钴、镍)和某些稀土族元素(如镝、钬)具有铁磁性。然而常用的铁磁质多数是铁和其他金属或非金属组成的合金,以及某些包含铁的氧化物(铁氧体)。铁氧体具有适于更高频率下工作,电阻率高,涡流损耗更低的特性。软磁铁氧体中的一种是以 Fe_2O_3 为主要成分的氧化物软磁性材料,其一般分子式可表示为 $MO·Fe_2O_3$(尖晶石型铁氧体),其中 M 为 2 价金属元素。其自发磁化为亚铁磁性。

2. 实验原理

在磁环上分别绕线圈 AB,并在 A 线圈上统计里电流,则 B 线圈上感应电势的有效值为:

$$\varepsilon_{eff(B)} = 4.44 fN\varphi_m \tag{3-4-2}$$

式中,f 为频率,n 为线圈匝数,φ_m 为最大磁通。

$$\varphi_m = B_m \cdot S \tag{3-4-3}$$

式中 S 是磁环的横截面积,B_m 为磁感应强度,即磁感应强度正弦变化的幅值。又因为

$$H = \frac{B}{\mu} \tag{3-4-4}$$

式中 μ 是磁导率,把式(3-4-3)和式(3-4-4)代入(3-4-2)得:
$$\varepsilon_{eff(B)} = 4.44 fNS_\mu H_m \quad (3-4-5)$$
式中 H_m 是磁场强度的幅值。当激励电流稳定成正弦变化,则 H_m 恒定,即得
$$\varepsilon_{eff(B)} \propto \mu$$
即当 $\mu=0$ 时,感应电动势 $\varepsilon_{eff(B)}=0$,此时温度 T_C 称为居里温度。

显然,我们完全可以用测出的 $\varepsilon_{eff(B)}-T$ 曲线来确定温度 T_C。具体地说,在 $\varepsilon_{eff(B)}-T$ 曲线斜率最大处作其切线,并与横坐标轴相交的一点即为居里温度 T_C,如图3-4-4所示。这是因为有居里点时,铁磁材料的磁性才发生突变,所以要在斜率最大处作切线。又因为在居里点以上时,铁磁材料由铁磁状态转变成顺磁状态。因为本实验交变磁场较弱,所以对顺磁性物质引起的磁化是很弱的,但是有一个很小的值,故而 $\varepsilon_{eff(B)}-T$ 不能与横坐标轴相交。

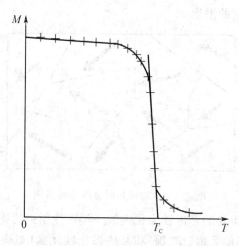

图 3-4-4 $\varepsilon_{eff(B)}-T$ 曲线

3. 实验仪原理

实验仪分为测试部分和实验部分。

(1) 实验部分:如上图3-4-4所示,包括①被测样品和加热电炉丝;②集成温度传感器;③激励线圈和感应线圈。以上各部分都要装在一个底座上。

1. 耐高温绝缘玻璃管;2. 加热电炉丝;3. 集成温度传感器;4. 铁氧铁(被测样品);5. 固定架;6. 印刷板;7. 提供加热电流的电源部分;8. 测温显示部分;9. 激励电源;10. 感应电流测量部分

(2) 测量部分:(面板图)如图3-4-6所示。

接线柱"接激励线圈"为线圈 A 提供激励电源,使 H 稳定,激励电源的输出电流应稳定;接线柱"接电热丝"为电炉丝提供加热直流电流;B 线圈的感应电动势从接线柱"接感应线圈"一端输入;接线柱"接温度传感器"接的是集成传感器 AD590 的输入,通过内部电

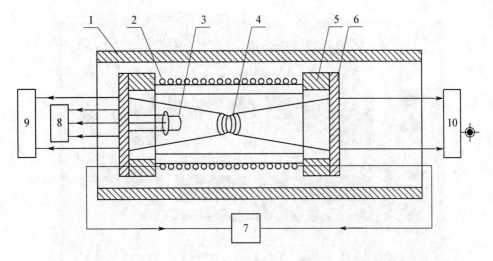

图 3-4-5　实验仪实验部分

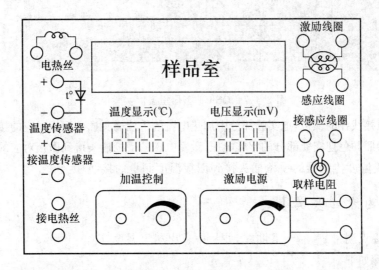

图 3-4-6　实验仪测量部分

路的补偿、放大,在"温度显示"框中显示当前温度值;切换开关打到"接感应线圈"一边时,"电压显示"框中显示的是串在线圈 A 上的取样电阻($51\ \Omega$)上的电压。利用面板上的两个调节器可分别调节"加温控制"电流大小和加在线圈 A 上的激励电压的大小。温度定标在出厂已经完成。

【实验仪器】

杭州求是科技设备有限公司 QS-CT 型居里温度实验仪,面板如图 3-4-7 所示。
仪器的连接方法如下。

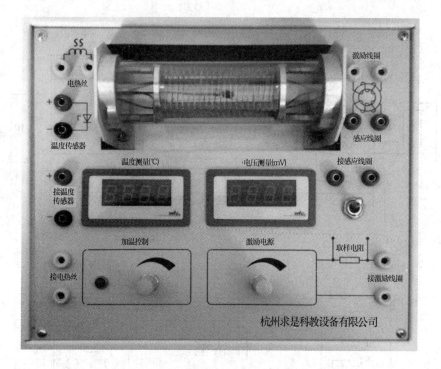

图 3-4-7　QS-CT 型居里温度实验仪

(1) 对照接线柱的颜色,把实验部分中加热电流的手枪插头插到面板对应的接线柱上。
(2) 再参照颜色把实验部分的感应电压,激励电压的手枪插头接到面板对应的接线柱上。
(3) 集成温度传感器的手枪插头接到面板温度测量的接线柱上。

【实验内容与步骤】

对样品逐点测出 $\varepsilon_{eff(B)} - T$ 曲线,并从中求出居里温度 T_C。
实验步骤如下。
(1) 参照仪器安装步骤,连好实验部分和测量部分。(加温电流暂不接)
(2) $\varepsilon_{eff(B)} - T$ 曲线的测量如下。
① 合上测量部分的电源开关,"温度显示"显示出室温温度,"电压显示"显示激励电压或感应电压值。
② 接上加温电流,把电流调到较小(看发光二级管明暗指示)。
③ 温度每升高 5 ℃记下对应的 $\varepsilon_{eff(B)}$ 的值,这个过程中要仔细观察电压表的读数,当电压表的读数在每 5 ℃变化较大时,再每隔 1 ℃左右记下电压表的读数,直到将加热器的温度升高到 100 ℃左右为止,关闭加热器开关。
④ 停止电炉加热(把连接线去掉),让其自然冷却,并记录 $\varepsilon_{eff(B)} - T$ 的值直到炉温接

近室温。

【数据记录与处理】

实验前应先列出记录数据的表格,样表如下表所示,记录时准确定出有效数字位。

T/℃	30	35	40	45	50	55	60	65	70	75
U/V										
T/℃	76	77	78	79	80	81	82	83	84	85
U/V										
T/℃	86	87	88	89	90	91	92	93	94	95
U/V										

作图要求:

(1) 作图大小约为 $8 \times 12 \text{ m}^2$,横坐标和纵坐标的参数数据比例要适当,使曲线接近布满所用的毫米方格纸的面积。

(2) 实验数据的点在图中要明显点出,画曲线要求做到一笔落实,曲线要圆滑,粗细要均匀。

(3) 对实验数据要处理、实验现象和误差要进行分析讨论。

【思考题】

(1) 样品的磁化强度在温度达到居里点时发生突变的微观机理是什么?试用磁畴理论进行解释。

(2) 测出的 $\varepsilon_{eff(B)}$-T 曲线为什么与横坐标没有交点?

实验 3-5 模拟示波器的使用

示波器(oscilloscope)是一种用途十分广泛的电子测量仪器。它能够将时变的电压信号,转换为时间域上的曲线,原来不可见的电气信号,就此转换为在二维平面上直观可见光信号,因此能够分析电气信号的时域性质。利用示波器能观察各种不同信号幅度随时间变化的波形曲线,还可以用它测试各种不同的电量,如电压、电流、频率、相位差、调幅度等。示波器主要可以分为模拟示波器(analog oscilloscope)与数字示波器(digital oscilloscope)两类。

【实验目的】

（1）了解模拟示波器的主要组成部分和基本工作原理，掌握示波器和信号发生器的基本使用方法。

（2）学会用模拟示波器观测不同频率的正弦波。

（3）观察互相垂直的振动合成的李萨如图形。学会一种测量正弦交变频率的方法。

【实验原理】

一般通用模拟示波器的基本结构可以用图 3-5-1 表示，它主要由示波管、放大部分（包括 X 轴放大和 Y 轴放大）、扫描、触发同步和电源五大部分组成。

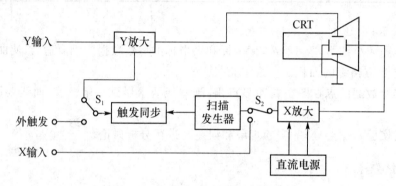

图 3-5-1　模拟示波器的基本结构

1. 示波管的基本结构

示波管是一种真空器件，其结构如图 3-5-2 所示，它主要包括电子枪、偏转系统和荧光屏三部分。

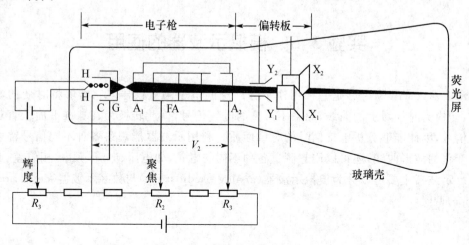

图 3-5-2　示波管的基本结构图

1) 电子枪

电子枪用于产生并形成高速、聚束的电子流,去轰击荧光屏使之发光。它主要由灯丝 H、阴极 C、控制极 G、第一加速阳极 A_1、聚焦电极 FA 和第二阳极 A_2 组成。除灯丝外,其余电极的结构都为金属圆筒,且它们的轴心都保持在同一轴线上。阴极 C 被加热后,可沿轴向发射电子,发射的电子在阳极的吸引下穿过控制极 G 并经阳极形成高速的电子射线向荧光屏直射;控制极相对阴极来说是负电位,改变电位可以改变通过控制极小孔的电子数目,也就是控制荧光屏上光点的亮度。为了提高屏上光点亮度,又不降低对电子束偏转的灵敏度,现代示波管中,在偏转系统和荧光屏之间还加上一个后加速电极。

2) 偏转系统

示波管的偏转系统大都是静电偏转式,它由两对相互垂直的平行金属板组成,分别称为水平偏转板 XX 和垂直偏转板 YY,分别控制电子束在水平方向和垂直方向的运动。当电子在偏转板之间运动时,如果偏转板上没有加电压,偏转板之间无电场,离开第二阳极后进入偏转系统的电子将沿轴向运动,射向屏幕的中心。如果偏转板上有电压,偏转板之间则有电场,进入偏转系统的电子会在偏转电场的作用下射向荧光屏的指定位置。当两对偏转板同时加有偏转电压时,电子束的偏转将是两个相互垂直的偏转作用效果的合成。

3) 荧光屏

荧光屏位于示波管的终端,它的作用是将偏转后的电子束显示出来,以便观察。在示波器的荧光屏内壁涂有一层发光物质,因而,荧光屏上受到高速电子冲击的地点就显现出荧光。此时光点的亮度决定于电子束的数目、密度及其速度,改变控制极的电压时,电子束中电子的数目将随之改变,光点亮度也就改变。在使用示波器时,不宜让很亮的光点固定出现在示波管荧光屏一个位置上,否则该点荧光物质将因长期受电子冲击而烧坏,从而失去发光能力。涂有不同荧光物质的荧光屏,在受电子冲击时将显示出不同的颜色和不同的余辉时间,通常供观察一般信号波形用的是发绿光的,属中余辉示波管。供观察非周期性及低频信号用的是发橙黄色光的,属长余辉示波管。供照相用的示波器中,一般都采用发蓝色的短余辉示波管。

2. 示波器显示波形和使波形稳定的原理

电子束进入偏转系统后,要受 X、Y 两对偏转板静电场力的控制而产生偏转。这是示波器用来显示波形的基础。

1) 扫描显示波形原理

示波管偏转板不加交变信号时,电子束打在荧光屏上只是一个亮点。当被测信号(例如正弦电压信号)接入示波器示波管的垂直(Y 轴)偏转板,这时若水平偏转板(X 轴)不加交变信号,从电子枪射出的电子束只在垂直方向随时间正弦规律地上下往返运动,由于速度很快,实际上看到的是一条竖直的亮线。同理,若只在水平偏转板上加交变信号,看到的是有一条水平两线。

在模拟示波器的机内都有一个提供专门加在 X 轴偏转板上的锯齿波信号电压发生器,它的作用是随着锯齿波电压从低至高呈正比变化,使得穿过它的电子束从左到右在水平方向上做匀速运动,随后信号的变化立刻回到左边,开始又一次从左至右的匀速运动。这成为扫描运动,相应的锯齿波信号称为扫描信号。在它的作用下,垂直方向原来只是竖直亮线的正弦信号被展开。若每次从左到右扫描一个周期,垂直方向信号也刚好变化一个周期,不管频率多高,因为每次扫描都走相同的路径,屏幕上就显示出一个完整的被测信号波形。如图 3-5-3 所示,依此类推,可知若从左到右扫描一个周期,垂直方向信号变化两个周期,屏幕上就显示两个完整的正弦信号波形。当 $T_x = nT_y$,即 $f_y = nf_x$ 时,荧光屏上将显示 n 个完整的 Y 轴信号波形。若 f_y 不等于 nf_x,由于每次扫描的路径不同,荧光屏将可能出现杂乱无章的线条。被测信号频率是一个不可改变的待测未知量,因而通用示波器都必须设有一个专门的调节本机扫描信号频率(TIME/DIV)旋钮来调节屏幕显示波形的数目。

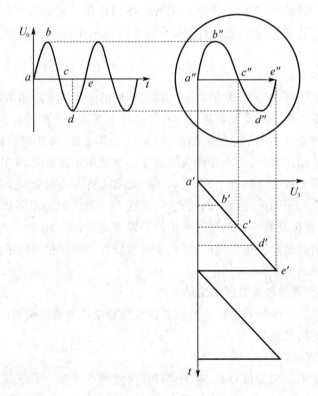

图 3-5-3 扫描显示波形原理图

2）触发电平使波形稳定的原理

如果示波器内部产生的扫描信号与被测的外部输入信号之间不存在任何关联，那么相对被测信号而言，扫描开始的时间就是任意的，开始扫描的电压（电平）位置也是任意的。由于扫描信号从一次扫描结束到下一次扫描开始之间总是存在一定的间隔，以及干扰电压或电压不稳等其他种种因素的影响，被测信号或扫描信号的频率都随时会产生一些微小的波动。对于连续变化的被测信号，以上因素会使得前后两次扫描电压与被测电压合成的电子束轨迹稍微有所不同，荧光屏上显示的被测信号波形将会不稳定。为解决此问题，示波器内设有触发同步锁定装置。它是用设置出发点的方法来使扫描信号与被测信号之间建立同步联系，即一旦触发信号超过由面板上（LEVEL）旋钮设定的触发电平时，示波器立刻启动扫描。而这个触发信号通常就取自垂直输入本身。每一次扫描都必须是在被测信号电压变化到所设定的触发电平同一位置才开始的，从而建立起同步的关系。综上所述，示波器显示波形一般是先调节扫描频率（TIME/DIV）旋钮，使荧光屏上出现恰当数目的被测信号波形，若波形出现横向移动的不稳定现象时，就是适当地调节同步电平（LEVEL）旋钮，使波形稳定。

3. 示波器测量信号波形峰-峰电压值和频率的原理

示波器内 Y 轴放大器等经过事先设计、校准和定标，因而可以使荧光屏上波形的大小（即 Y 轴幅度）与输入信号有确定的对应关系。当 Y 轴电压微调旋钮顺时针旋转至最大位置时，这种对应关系表示在 Y 轴每格电压选择（VOLTS/DIV）旋钮的每一挡位上。当从荧光屏幕上的刻度读出信号波形的峰-峰高度为 a 格（DIV），从 Y 轴每格电压选择挡读得挡位为 $K(V/DIV)$，则被测信号峰-峰电压为：$V=aK$。

同理，扫描微调旋钮（TIME/DIV）旋至最大位置时，扫描时间的校准值表示在扫描时间切换旋钮 TIME/DIV 的每一挡上。若从荧光屏上读出信号波形的每一周期宽度为 C 格，时间挡位为 $S(TIME/DIV)$，则可求出被测信号的频率为：$f=1/T=1/(CS)$。

由于某些原因的影响，可能会使放大器等产生变化，使测量出错，所以示波器本身一般都可以产生一个用于校准的标准信号。测量前一般将此信号接入示波器检验测量是否正确。

【实验仪器】

SG4360D 双踪示波器，SG1646 多功能函数信号发生器。

① SG1646 多功能函数信号发生器能直接产生正弦波、三角波、方波、对称可调脉冲波和 TTL 脉冲波。面板如图 3-5-4 所示。

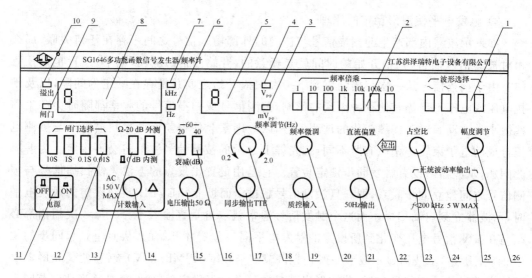

图 3-5-4 SG1646 多功能函数信号发生器面板图

② 功能键说明。

各旋钮和按键功能及使用方法如表 3-5-1 所示。

表 3-5-1 SG1646 多功能函数信号发生器面板功能键说明

序号	面板状态	作用
1	波形选择	(1)输出波形选择 (2)波形选择脉冲波时,可与"24"配合使用可以改变脉冲占空比
2	频率倍乘	频率倍乘开关与"18","20"配合选择工作频率
5	三位 LED	指示电压输出的输出幅度,在不按输出衰减状态,功率输出幅度可参考此值
6	Hz	指示频率单位,灯亮有效
8	数字 LED	所有内部产生频率或外测时的频率均由此 6 个 LED 显示
10	溢出	当频率超过 6 个 LED 所显示范围时灯亮
12	闸门选择	此四挡键为频率计的闸门选择,选择不同的闸门,可反映出频率显示精度
13	计数	(1)频率计内测和外测频率信号(按下)选择 (2)外测频率信号衰减选择,按下此信号衰减 20 dB
15	电压输出	电压输出波形由此输出,阻抗为 50 Ω
16	衰减(dB)	(1)按下按钮可产生 20 dB 或 40 dB 衰减 (2)两只按钮同时按下可产生 60 dB 衰减
17	同步输出	输出波形 TTL 脉冲,可作同步信号
18	频率调节	与"2"配合微调工作频率

续表

序号	面板状态	作用
20	频率微调	与"18"配合微调工作频率
21	50 Hz 输出	此高频头输出为正弦波信号独立输出,与振荡输出可做李萨如图形试验
22	直流偏置	拉出此旋钮可设定任何波形电压输出的直流工作点,顺时针方向为正,逆时针方向为负,将此旋钮推进则直流电位为零
23,25	正弦波功率输出	(1)当波形选择为正弦波时,有正弦波输出 (2)当选择其他波形时输出为零 (3)当 $f > 200$ kHz 时,电路会保护而无输出
26	幅度	调节幅度电位器可以同时改变电压输出和正弦波功率输出幅度

(2) SG4360D 双踪示波器如图 3-5-5 所示。面板上各个功能键的作用在表 3-5-2 中给出。

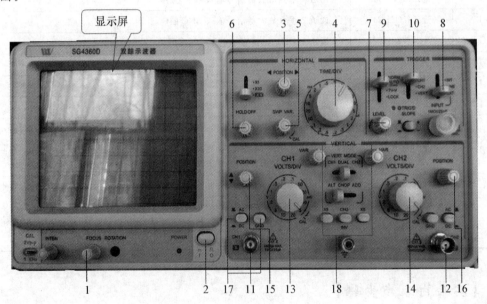

图 3-5-5　SG4360D 双踪示波器

表 3-5-2　SG4360D 双踪示波器功能键说明

序号	面板状态	作用
1	FOCUS	聚焦旋钮调节电子束截面大小,将扫描线聚焦成最清晰状态
2	POWER	示波器主电源开关,当此开关按下时,电源指示灯亮,表示电源接通
3	POSITION	水平位置旋钮/扫描扩展开关,调节信号波形在荧光屏上的位置
4	TIME/DIV	扫描速度切换开关,扫描速度切换开关通过一个波段开关实现,波段开关的指示值代表光点在水平方向移动一个格(1 cm)的时间值

续表

序号	面板状态	作用
5	SWP. VAR	扫描速度可变旋钮,扫描速度可变旋钮为扫描速度微调,"微调"旋钮用于时基校准和微调
6	HOLDOFF	配合 LEVRL 旋钮使波形稳定地显示,通常右旋到头 NORM 位置
7	LEVEL	触发准位调整钮,选择扫描的触发电平
8	触发信号源开关	(1)INT:选择从垂直放大器来的触发信号。(2)LINE:用主电源信号作为触发信号。(3)EXT:把接在 EXT TRIG INUT 上的信号作为触发信号
9	扫描方式选择开关	扫描有自动(AUTO)、常态(NORM)、LOCK 和视频场(TV-V)四种扫描方式
10	内部触发信号源选择开关	当 SOURCE 开关置于 INT 时,用此开关具体选择触发信号源。CH1:以 CH1 的输入信号作为触发信号源。CH2:以 CH2 的输入信号作为触发信号源。VERT MODE:交替地分别以 CH1 和 CH2 两路信号作为触发信号源
11	通道 1(CH1)	通道 1 垂直放大器信号输入 BNC 插座
12	通道 2(CH2)	通道 2 垂直放大器信号输入 BNC 插座
13	VOLTS/DIV	通道 1(CH1)的垂直轴电压灵敏度开关
14	VOLTS/DIV	通道 2(CH2)的垂直轴电压灵敏度开关
15	POSITION	通道 1(CH1)的垂直位置调整旋钮/直流偏移开关
16	POSITION	通道 2(CH2)的垂直位置调整旋钮/反相开关
17	AC-GND-DC	通道 1(CH1)垂直放大器输入耦合方式切换开关。AC:经电容器耦合,输入信号的直流分量被抑制,只显示其交流分量。GND:垂直放大器的输入端被接地。DC:直接耦合,输入信号的直流分量和交流分量同时显示
18	信号显示方式选择	CH1:CH1 通道的信号波形显示在 CRT 上。(2)CH2:CH2 通道的信号波形显示在 CRT 上。(3)CHOP:断续方式,用于慢扫描的观测。(4)ALT:交替方式,扫描控制切换多个通道,用于快扫描的观测。(5)ADD:CH1、CH2 按钮同时按下,CH1 和 CH2 的信号被代数相加后显示在 CRT 上

【实验内容与步骤】

(1)熟悉示波器的信号发生器面板上各旋钮及其作用。

(2)取 $f=50\,\text{Hz}$,$U=1\,\text{V}$,衰减挡为零,打信号输到示波器 Y 轴。选择适当的扫描范围,调出稳定、清晰的正弦图形来。

(3)取 $f=500\,\text{Hz}$、$5\,\text{kHz}$、$50\,\text{kHz}$,调出稳定的图形。

(4)在示波器上分别加上正弦电压。观察 $f_x/f_y=1$、1/2、3/1、3/2 时李萨如图形,X 轴的正弦电压用示波器本身的实验信号,频率为 $f=50\,\text{Hz}$。

【数据记录与处理】

将所观察到的李萨如图形存储记录,并手绘在坐标纸上。

【思考题】

(1) 打开示波器电源开关后,在屏幕上看不到两点,是因为哪个旋钮位置不合适造成的?

(2) 观察李萨如图形时,如果图形不稳定,而且是一个形状不断变化的椭圆,那么图形变化的快慢和两个信号频率之差有什么关系?

(3) 根据观测的李萨如图形能否测出输入信号的频率?

实验 3-6　数字示波器的使用

随着科技及市场需求的快速发展,工程师们需要最好的工具,迅速准确地解决面临的测量挑战,通用示波器也向着更高端的多功能和智能化方向发展。数字示波器(digital oscilloscope)的出现使传统通用示波器发生了重大的变革。数字示波器一般支持多级菜单,能提供给用户多种选择,多种分析功能,因其具有波形触发、存储、显示、测量、波形数据分析处理等独特优点,其使用日益普及。目前高端数字示波器主要依靠美国技术,知名生产商有美国泰克和安捷伦。

【实验目的】

(1) 了解和掌握数字示波器的基本使用。

(2) 学会用数字示波器观测不同频率的正弦波。

(3) 观察互相垂直的振动合成的李萨如图形。学会一种测量正弦交变频率的方法。

【实验原理】

1. 数字示波器的组成原理

电子设备可以划分为两类:模拟设备和数字设备。模拟设备的电压变化连续,而数字设备处理的是代表电压采样的离散二元码。示波器也分为模拟示波器和数字示波器。与上一个实验的模拟示波器不同,数字示波器通过模数转换器(ADC)把被测电压转换为数字信息。它捕获的是波形的一系列样值,并对样值进行存储,存储限度是判断累计的样值是否能描绘出波形为止。随后,数字示波器重构波形。数字示波器可以分为数字存储示波器(DSO)、数字荧光示波器(DPO)和采样示波器。

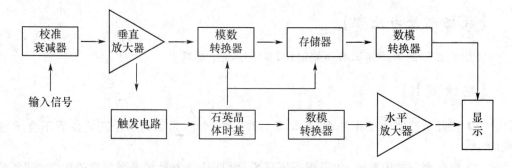

图 3-6-1　数字示波器原理图

数字式存储示波器与传统的模拟示波器相比,其利用数字电路和微处理器来增强对信号的处理能力、显示能力以及模拟示波器没有的存储能力。数字示波器原理如图 3-6-1 所示,当信号通过垂直输入衰减和放大器后,到达模-数转换器(ADC)。ADC 将模拟输入信号的电平转换成数字量,并将其放到存储器中。存储该值的速度由触发电路和石英晶体时基信号来决定。数字处理器可以在固定的时间间隔内进行离散信号的幅值采样。接下来,数字示波器的微处理器将存储的信号读出并同时对其进行数字信号处理,并将处理过的信号送到数-模转换器(DAC),然后 DAC 的输出信号去驱动垂直偏转放大器。DAC 也需要一个数字信号存储的时钟,并用此驱动水平偏转放大器。与模拟示波器类似,在垂直放大器和水平放大器两个信号的共同驱动下,完成待测波形的测量结果显示。数字示波器有实时和存储两种工作模式。当处于实时工作模式时,其电路组成原理与一般模拟示波器一样。当处于存储工作模式时,它的工作过程一般分为存储和显示两个阶段。在存储工作阶段,模拟输入信号先经过适当放大或衰减,然后再经过"采样"和"量化"两个过程数字化处理,将模拟信号转换成数字信号,在逻辑控制电路下依次写入到 RAM 中。在显示工作阶段,将数字化信号从存储器中读出,并经 D/A 转换器转换成模拟信号,经垂直放大器放大加到示波管的 Y 偏转板。与此同时,CPU 的读地址计数脉冲加到 D/A 转换器,得到一个阶梯波扫描电压,加到水平放大器偏转板,从而实现在示波管上以稠密的光点包络重现模拟输入信号。

2. 数字存储示波器的主要技术指标

1) 最大取样速率 f_{max}

定义:单位时间内完成的完整 A/D 转换的最高次数,称为最大取样速率。最大取样速率主要由 A/D 转换器的最高转换速率来决定。最大取样速率愈高,仪器捕捉信号的能力愈强。

数字存储示波器在某个测量时刻的实际取样速率可根据示波器当时设定的扫描时间因数(t/div)推算。其推算公式为

$$f = \frac{N}{t/\text{div}} \tag{3-6-1}$$

式中　　N：每格的取样数；

　　　　$t/{\rm div}$：扫描时间因数,扫描一格所占用的时间。亦称扫描速度。

例如,若某数字示波器的扫描时间因数设定为 $10~\mu{\rm s/div}$,每格取样数为 100 点,则此时的取样速率等于 10 MHz。

2) 存储带宽

带宽是示波器的基本指标,示波器的带宽定义为信号衰减 3 dB(70.7%)时的信号频率。存储带宽与取样速率密切相关。根据取样定理,如果取样速率大于或等于信号最高频率分量的 2 倍,便可重现原信号波形。实际上,在数字存储示波器的设计中,为保证显示波形的分辨率,往往要求增加更多的取样点。

3) 分辨率

分辨率用于反映存储信号波形细节的综合特性。分辨率包括垂直分辨率和水平分辨率。垂直分辨率与 A/D 转换器的分辨率相对应,常以屏幕每格的分级数(级/div)表示。水平分辨率由存储器的容量来决定,常以屏幕每格含多少个取样点(点/div)表示。示波管屏幕坐标的刻度一般为 8×10 div。若示波器采用 8 位 A/D 转换器(256 级),则其垂直分辨率为 32 级/div,用百分数表示为 $1/256\approx 0.39\%$。若采用容量为 1 KB 的存储器,则水平分辨率为 $1\,024/10\approx 100$ 点/div,或用百分数表示为 $1/1\,024\approx 0.1\%$。

4) 存储容量

存储容量又称记录长度,用记录一帧波形数据占有的存储容量来表示,常以字(word)为单位。存储容量与水平分辨率在数值上互为倒数关系。数字存储器的存储容量通常采用 256 B,512 B,1 KB,4 KB 等。存储容量愈大,水平分辨率就愈高。但存储容量并非越大越好,由于仪器最高取样速率的限制,若存储容量选取不恰当,往往会因时间窗口缩短而失去信号的重要成分,或者因时间窗口增大而使水平分辨率降低。

5) 读出速度

读出速度是指将存储的数据从存储器中读出的速度,常用(时间)/div 表示。其中,时间等于屏幕中每格内对应的存储容量×读脉冲周期。使用时,示波器应根据显示器、记录装置或打印机等对速度的不同要求,选择不同的读出速度。

3. 数字存储示波器与模拟示波器相比较有下述几个特点。

(1) 数字存储示波器在存储工作阶段,对快速信号采用较高的速率进行取样与存储,对慢速信号采用较低速率进行取样与存储,但在显示工作阶段,其读出速度采取了一个固定的速率,不受取样速率的限制,因而可以获得清晰而稳定的波形。

(2) 数字存储示波器能长时间地保存信号。这种特性对观察单次出现的瞬变信号尤为有利。有些信号,如单次冲击波、放电现象等都是在短暂的一瞬间产生,在示波器的屏幕上一闪而过,很难观察。数字存储示波器问世以前,屏幕照相是"存储"波形采取的主要方法。数字存储示波器把波形以数字方式存储起来,因而操作方便,且其存储时间在理论上可以是无限长的。

(3) 具有先进的触发功能。数字存储示波器不仅能显示触发后的信号,而且能显示触发前的信号,并且可以任意选择超前或滞后的时间,这对材料强度、地震研究、生物机能实验提供了有利的工具。除此之外,数字存储示波器还可以向用户提供边缘触发、组合触发、状态触发、延迟触发等多种方式,来实现多种触发功能,方便、准确地对电信号进行分析。

(4) 测量精度高。模拟示波器水平精度由锯齿波的线性度决定,故很难实现较高的时间精度,一般限制在 $3\%\sim5\%$。而数字存储示波器由于使用晶振作高稳定时钟,有很高的测时精度。采用多位 A/D 转换器也使幅度测量精度大大提高。尤其是能够自动测量直接读数,有效地克服示波管对测量精度的影响,使大多数的数字存储示波器的测量精度优于 1%。

(5) 具有很强的处理能力,这是由于数字存储示波器内含微处理器,因而能自动实现多种波形参数的测量与显示,例如上升时间、下降时间、脉宽、频率、峰-峰值等参数的测量与显示。能对波形实现多种复杂的处理,例如取平均值、取上下限值、频谱分析以及对两波形进行加、减、乘等运算处理。同时还能使仪器具有许多自动操作功能,例如自检与自校等功能,使仪器使用很方便。

(6) 具有数字信号的输入/输出功能,所以可以很方便地将存储的数据送到计算机或其他外部设备,进行更复杂的数据运算或分析处理。同时还可以通过 GP－IB 接口与计算机一起构成强有力的自动测试系统。

【实验仪器】

本实验所用实验仪器为:GDS-1000 系列数字示波器,SG2040AP 双路数字合成信号发生器。

一、GDS-1000 系列数字示波器

GDS-1000 系列数字示波器平面图如图 3-6-2 所示。

该示波器有两个输入通道 CH1 和 CH2,可同时观测两路输入波形。选择通道 1 时,示波器仅显示通道 1 的信号。选择通道 2 时,示波器仅显示通道 2 的信号。选择双通道时,示波器同时显示通道 1 信号和通道 2 信号。荧光屏(液晶屏幕)是显示部分。屏上水平方向和垂直方向各有多条刻度线,指示出信号波形的电压和时间之间的关系。操作面板上的各个按钮按下后,相应参数设置会显示在荧光屏上。

1. 面板介绍

GDS-1000 系列数字示波器前面板如图 3-6-3 所示。

2. 功能键说明

表 3-6-1 给出图 3-6-3 各功能键的作用。

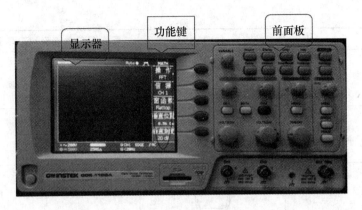

图 3-6-2 GDS-1000 系列数字示波器

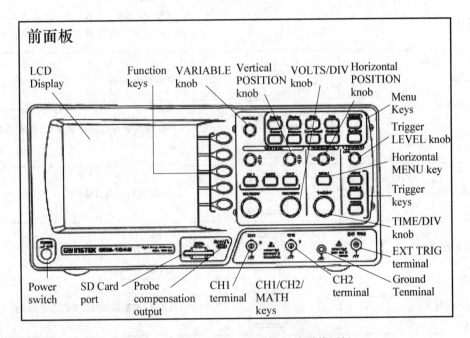

图 3-6-3 GDS-1000 系列数字示波器前面板

表 3-6-1 GDS-1000 系列数字示波器前面板功能键说明

LCD Display		彩色 TFT，宽视角 LCD 显示器
功能键： F1（上方）至 F5（下方）		启动 LCD 显示器左边所显示的功能
Variable 旋钮	VARIABLE	增加/减小数值或移动到下/上一个参数

续表

LCD Display		彩色 TFT，宽视角 LCD 显示器
Acquire 键	Acquire	设置采样模式
Display 键	Display	显示器设置
Cursor 键	Cursor	运行游标测试功能
Utility 键	Utility	设置 Hardcopy 功能。显示系统状态，选择语言，运行自校功能，并设置探棒补偿信号
Help 键	Help	显示 Help 内容
Autoset 键	Autoset	根据输入信号自动设定水平、垂直和处罚设置
Measure 键	Measure	设置并运行自动测量功能
Save/Recall 键	Save/Recall	保存/调取图像、波形或面板设定
Hardcopy 键	Hardcopy	将图像、波形或面板设定保存至 SD 卡
Run/Stop 键	Run/Stop	运行或停止触一发
触发准位旋钮（level）	(TRIGGER) LEVEL	设定触发准位
触发菜单键（MENU）	MENU	设置触发设定

续表

名称	图示	说明
LCD Display		彩色 TFT，宽视角 LCD 显示器
单次触发键（SINGLE）	SINGLE 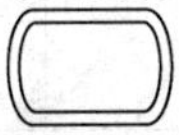	选择触发模式
强制触发键（FORCE）	FORCE 	无论触发状态如何，只对输入信号采样一次
水平菜单键（MENU）	MENU 	设置水平视图
TIME/DIV 旋钮	TIME/DIV 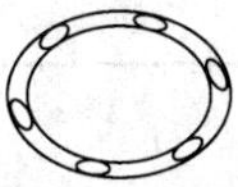	选择水平刻度
垂直位置旋钮	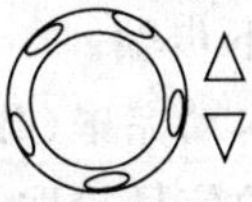	垂直移动波形
CH1/CH2 键	CH1 	设置每通道的垂直刻度和耦合模式
VOLTS/DIV 旋钮	VOLTS/DIV 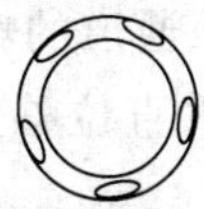	选择垂直刻度
输入端子	CH1 	接收信号：$1\,M\Omega \pm 2\%$ 输入阻抗，BNC 端子
接地端子		接收被测体接地线以接地
MATH 键	MATH 	运行数学运算
SD 卡槽	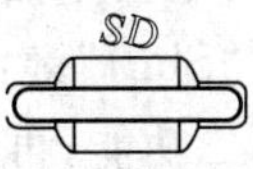 SD	便于转移波形数据、显示图像和面板设定

		续表
LCD Display		彩色 TFT,宽视角 LCD 显示器
探棒补偿输出	≈ 2V	输出 $2V_{p-p}$,方波信号来补偿探棒或演示
外部触发输入	EXT TRIG	接收外部触发信号
电源开关	POWER	启动或关闭示波器

3. 示波器的通用使用方法

当使用示波器观测待测信号时,遵循如下步骤。

(1) 打开电源,预热(模拟)或者静待其启动完毕(数字);

(2) 选择模拟输入通道,将该通道探头的信号拾取端和待测信号相连;

(3) 正确选择探头的衰减比率(如果有需要选择的话),对于固定衰减率的探头,无法在探头上改动,只需设置示波器各个通道的内置衰减率,与示波器探头的实际衰减率相匹配;

(4) 在示波器面板上选择对应的通道和该通道的耦合方式;

(5) 配合调整水平、垂直灵敏度和水平、垂直位移旋钮,使得示波器屏幕上显示待测波形(通常此时待测波形无法稳定显示);

(6) 根据选择的通道设置触发源,并调整触发电平在波形显示区域内,使待测波形稳定。

二、SG2040AP 双路数字合成信号发生器

SG2040AP 双路数字合成信号发生器具有输出函数信号、调频、调幅、频率扫描等信号的功能。

函数信号发生器前面板上共有 12 个按键,按键按下后,可以用响声"嘀"来提示。按键是多功能键,每个按键的基本功能标在该按键上,实现了按键基本功能,只需按下该按键即可。大多数按键有第二功能,第二功能用绿色标在这些按键的上方,实现按键第二功能,只需先按下 Shift 键再按下该按键即可。"Shift"键:基本功能作为其他键的第二功能复用键,按下该键后,此时按其他键则实现第二功能;再按一次该键后,此时按其他键则实现基本功能。"0—9、一"键:数据输入键。"频率"键:频率的选择键。第二功能是选择"正

弦"波形。"幅度"键:幅度的选择键。第二功能是选择"方波"波形。"调频"键:调频功能选择键,按下该键,频率扩大为原频率的十倍。第二功能是选择"方波"波形。"调幅"键:调幅功能模式选择键,按下该键,幅度减小为原幅值的 1/10。第二功能是选择"脉冲"波形。"菜单"键:进入主波、调制、扫描、键控和系统功能模式时,可通过"菜单"键选择各功能的不同选项,并改变相应选项的参数。

【实验内容与步骤】

(1) 熟悉示波器的信号发生器面板上各旋钮及其作用。
(2) 观察 $f_x/f_y=1、1/2、3/1、3/2$ 时李萨如图形,X 轴的正弦电压用示波器本身的实验信号,频率为 $f=50$ Hz。

【数据记录与处理】

将所观察到的李萨如图形存储记录,并手绘在坐标纸上。

【思考题】

(1) 请问带宽和采样频率之间有什么固定关系?
(2) 示波器指标中的带宽如何理解?

实验 3-7　霍尔效应法测磁场

霍尔效应(Hall effect)是导电材料中的电流与磁场相互作用而产生电动势的效应。1879 年美国霍普金斯大学研究生霍尔在研究金属导电机理时发现了这种电磁现象,故称霍尔效应。1980 年原西德物理学家冯·克利青研究二维电子气系统的输运特性,在低温和强磁场下发现了量子霍尔效应,这是凝聚态物理领域最重要的发现之一。目前对量子霍尔效应正在进行深入研究,并取得了重要应用,例如用于确定电阻的自然基准,可以极为精确地测量光谱精细结构常数等。

【实验目的】

(1) 了解用霍尔器件测磁场的原理及有关参数的含义和作用。
(2) 测绘霍尔元件的 I_s-V_H、I_M-V_H 曲线,了解霍尔电势差 V_H 与霍尔元件控制电流 I_s,磁感应强度 B 与励磁电流 I_M 之间的关系。
(3) 学习利用霍尔效应测量磁感应强度 B 及磁场分布。
(4) 学习利用"对称交换测量法"消除负效应产生的系统误差。

【实验原理】

霍尔效应从本质上讲,是运动的带电粒子在磁场中受洛伦兹力的作用而引起的偏转。当带电粒子(电子或空穴)被约束在固体材料中,这种偏转就导致在垂直电流和磁场的方向上产生正负电荷在不同侧的聚积,从而形成附加的横向电场。如图 3-7-1 所示,磁场 B 位于 Z 的正向,与之垂直的半导体薄片上沿 X 正向通以电流 I_s(称为工作电流),假设载流子为电子(N 型半导体材料),它沿着与电流 I_s 相反的 X 负向运动。

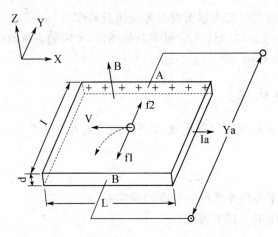

图 3-7-1 霍尔效应原理图

由于洛伦兹力 f_L 作用,电子即向图中虚线箭头所指的位于 Y 轴负方向的 B 侧偏转,并使 B 侧形成电子积累,而相对的 A 侧形成正电荷积累。与此同时运动的电子还受到由于两种积累的异种电荷形成的反向电场力 f_E 的作用。随着电荷积累的增加,f_E 增大,当两力大小相等(方向相反)时,$f_L = -f_E$,则电子积累便达到动态平衡。这时在 A、B 两端面之间建立的电场称为霍尔电场 E_H,相应的电势差称为霍尔电势 V_H。

设电子按均一速度 $\bar{v}$,向图示的 X 负方向运动,在磁场 B 作用下,所受洛伦兹力为:

$$f_L = -e\bar{v}B \tag{3-7-1}$$

式中:e 为电子电量,$\bar{v}$ 为电子的漂移平均速度,B 为磁场的磁感应强度。

同时,电场作用于电子所受电场力为:

$$f_E = -eE_H = -\frac{eV_H}{l} \tag{3-7-2}$$

式中:E_H 为霍尔电场强度,V_H 为霍尔电势,l 为霍尔元件宽度。

当达到动态平衡时:

$$f_L = -f_E, \bar{v}B = \frac{V_H}{l} \tag{3-7-3}$$

设霍尔元件宽度为 l,厚度为 d,载流子浓度为 n,则霍尔元件的工作电流为

$$I_s = ne\bar{v}ld \tag{3-7-4}$$

由(3-7-2)、(3-7-3)两式可得：

$$V_H = E_H l = \frac{1}{ne}\frac{I_s B}{d} = R_H \frac{I_s B}{d} \tag{3-7-5}$$

即霍尔电压 V_H（A、B 间电压）与 I_s、B 的乘积成正比，与霍尔元件的厚度成反比，比例系数 $R_H = 1/ne$ 称为霍尔系数，它是反映材料霍尔效应强弱的重要参数，根据材料的电导率 $\sigma = ne\mu$ 的关系，还可以得到：

$$R_H = \mu/\rho \text{ 或 } \mu = |R_H|\sigma \tag{3-7-6}$$

式中：μ 为载流子的迁移率，即单位电场下载流子的运动速度。一般电子迁移率大于空穴迁移率，因此制作霍尔元件时大多采用 N 型半导体材料。

当霍尔元件的材料和厚度确定时，设：

$$K_H = R_H/d = 1/ned \tag{3-7-7}$$

将(3-7-7)式代入(3-7-5)式中，得：

$$V_H = K_H \cdot I_s B \tag{3-7-8}$$

式中：K_H 称为霍尔元件的灵敏度，它表示霍尔元件在单位磁感应强度和单位控制电流下的霍尔电势，其单位是 mV/(mA·T)，一般要求 K_H 愈大愈好。由于金属的电子浓度(n)很高，所以它的 R_H 或 K_H 都不大，因此不适宜作霍尔元件。此外，元件厚度 d 愈薄，K_H 愈高，所以制作时往往采用减少 d 的办法来增加灵敏度，但不能认为厚度 d 愈薄愈好，因为此时元件的输入和输出电阻将会增加，这对霍尔元件是不利的。

应当注意：当磁感应强度 B 和元件平面法线成一角度时（如图 3-7-2），作用在元件上的有效磁场是其法线方向上的分量 $B\cos\theta$，此时：

$$V_H = K_H I_s B \cdot \cos\theta \tag{3-7-9}$$

所以，一般在使用时应调整元件两平面方位，使 V_H 达到最大，即：$\theta = 0$，这时有

$$V_H = K_H I_s B \cdot \cos\theta = K_H I_s B \tag{3-7-10}$$

由式(3-7-9)可知，当工作电流 I_s 或磁感应强度 B 两者之一改变方向时，霍尔电势 V_H 方向随之改变；若两者方向同时改变，则霍尔电势 V_H 极性不变。

霍尔元件测量磁场的基本电路（如图 3-7-3），将霍尔元件置于待测磁场的相应位置，并使元件平面与磁感应强度 B 垂直，在其控制端输入恒定的工作电流 I_s，霍尔元件的霍尔电势输出端接毫伏表，测量霍尔电势 V_H 的值。

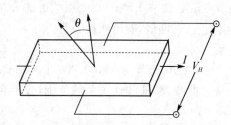

图 3-7-2 磁感应强度 B 和元件平面法线有夹角

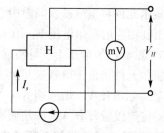

图 3-7-3 霍尔元件测量磁场的基本电路

【实验仪器】

霍尔效应测试仪,霍尔效应实验仪,导线若干。

【实验内容与步骤】

1. 霍尔效应测试仪与实验架连接

按仪器面板上的文字和符号提示将霍尔效应测试仪与霍尔效应实验架正确连接。

(1) 将霍尔效应测试仪面板右下方的励磁电流 I_M 的直流恒流源输出端(0~1 A),接霍尔效应实验架上的 I_M 磁场励磁电流的输入端(将红接线柱与红接线柱对应相连,黑接线柱与黑接线柱对应相连)。

(2) "测试仪"左下方供给霍尔元件工作电流 I_s 的直流恒流源(0~10 mA)输出端,接"实验架"上 I_s 霍尔片工作电流输入端(将红接线柱与红接线柱对应相连,黑接线柱与黑接线柱对应相连)。

(3) "实验仪"上霍尔元件的霍尔电压 V_H 输出端接"测试仪"中部下方的 V_H 输入端。

注意:以上三组线千万不能接错,以免烧坏元件。

2. 研究霍尔效应与霍尔元件特性

1) 测量霍尔元件的零位(不等位)电势 V_0 和不等位电阻 R_0。

(1) 用连接线将中间的霍尔电压输入端短接,调节测试仪电压表的调零旋钮,使电压表显示 0.00 mV。

(2) 断开励磁电流 I_M 调节霍尔元件标尺,使霍尔元件远离电磁铁间隙,以免电磁铁剩磁影响测量数据。

(3) 调节测试仪上工作电流 I_s 的调节旋钮,将工作电流值调为 $I_s = 10.00$ mA,利用 I_s 换向开关,改变工作电流输入方向,分别测出零位霍尔电压 V_{01}、V_{02},并计算不等位电阻:

$$R_{01} = \frac{V_{01}}{I_s}, R_{02} = \frac{V_{02}}{I_s}$$

2) 测量霍尔元件电压 V_H 与工作电流 I_s 的关系

霍尔元件移至电磁铁间隙中心,调节 $I_M = 1\,000$ mA,调节 $I_s = 1.00, 2.00, 10.00$ mA,分别测出其相应的霍尔电压 V_H 填入表 3-7-1,绘出 $I_s - V_H$ 曲线,验证线性关系。

3) 测量霍尔电压 V_H 与励磁电流 I_M 的关系

霍尔元件仍位于电磁铁间隙中心,调节 $I_s = 10.00$ mA,调节 $I_M = 100, 200, 1\,000$ mA,分别测量霍尔电压 V_H 填入表 3-7-2,并绘出 $I_M - V_H$ 曲线,验证线性关系的范围,分析当 I_M 达到一定值以后,$I_M - V_H$ 直线斜率变化的原因。

3. 测量电磁铁间隙中磁感应强度 B 的分布

(1) 将霍尔元件置于电磁铁间隙中心,调节 $I_M = 1\,000$ mA,$I_s = 10.00$ mA,测量相应

的 V_H。

(2) 将霍尔元件从中心向边缘移动,每隔 5 mm 选一个点测出相应的 V_H,填入表 3-7-3 中。

(3) 根据以上所测 V_H 值,由公式

$$V_H = K_H I_s B, \quad B = \frac{V_H}{K_H I_s}$$

计算各点的磁感应强度,并绘出 $X-B$ 曲线,显示电磁铁间隙内部的 B 的分布状态。

【数据记录与处理】

将所观察到的实验数据依次记录到表 3-7-1、表 3-7-2、表 3-7-3 中,并绘出相应的曲线。

表 3-7-1 霍尔电压 V_H 与工作电流 I_s 的关系测量数据记录表

($K_H=$ ____ mV/(mA·T)　$I_M=1\,000$ mA)

I_s/mA	V_1/mV	V_2/mV	V_3/mV	V_4/mV	V_H/mV
	$+I_s +I_M$	$+I_s -I_M$	$-I_s -I_M$	$-I_s +I_M$	
1.00					
2.00					
……					
……					
10.00					

注:$V_H=(V_1-V_2+V_3-V_4)/4$

表 3-7-2 霍尔电压 V_H 与工作电流 I_s 的关系测量数据记录表

($K_H=$ ____ mV/(mA·T)　$I_s=10.00$ mA)

I_M/mA	V_1/mV	V_2/mV	V_3/mV	V_4/mV	V_H/mV
	$+I_s +I_M$	$+I_s -I_M$	$-I_s -I_M$	$-I_s +I_M$	
100					
200					
300					
……					
……					
10 000					

注:$V_H=(V_1-V_2+V_3-V_4)/4$

表 3-7-3　螺线管磁场分布测量数据记录表

($K_H = $ ____ mV/(mA·T)　　$I_s = 10.00$ mA　　$I_M = 1\,000$ mA)

X/cm	V_1/mV $+I_s+I_M$	V_2/mV $+I_s-I_M$	V_3/mV $-I_s-I_M$	V_4/mV $-I_s+I_M$	V_H/mV	B/T
0						
5						
10						
15						
……						

注：$V_H = (V_1 - V_2 + V_3 - V_4)/4$

【实验系统误差及其消除】

1. 不等位电势 V_0

由于制作时，两个霍尔电势不可能绝对对称地焊在霍尔片两侧[图 3-7-6(a)]、霍尔片电阻率不均匀、控制电流极的端面接触不良[图 3-7-6(b)]都可能造成 A、B 两极不处在同一等位面上，此时虽未加磁场，但 A、B 间存在电势差 V_0，此称不等位电势，即 $V_0 = I_s R_0$，R_0 是两等位面间的电阻。由此可见，在 R_0 确定的情况下，V_0 与 I_s 的大小成正比，且其正负随 I_s 的方向而改变。

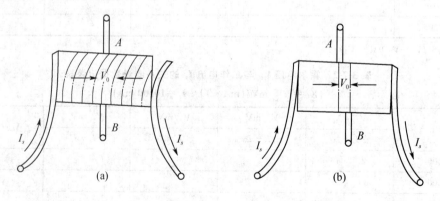

图 3-7-6　不等位电势 V_0

2. 爱廷豪森效应（Eting hausen）

当元件在 X 方向通以工作电流 I_s，Z 方向加磁场 B 时，由于霍尔片内的载流子速度服从统计分布，有快有慢。在到达动态平衡时，在磁场的作用下慢速快速的载流子将在洛伦兹力和霍尔电场的共同作用下，沿 Y 轴分别向相反的两侧偏转，这些载流子的动能将转化为热能，使两侧的温升不同，因而造成 Y 方向上的两侧的温差($T_A - T_B$)。因为霍尔电极和元件两者材料不同,电极和元件之间形成温差电偶,这一温差在 A、B 间产生温差电动势 V_E,$V_E \propto IB$。这一效应称爱廷豪森效应,V_E 的大小与正负符号与 I、B 的大小和方向有关,跟 V_H 与 I、B 的关系相同,所以不能在测量中消除。

3. 能斯特(Nernst)效应

由于控制电流的两个电极与霍尔元件的接触电阻不同,控制电流在两电极处将产生不同的焦耳热,引起两电极间的温差电动势,此电动势又产生温差电流(称为热电流)Q。热电流在磁场作用下将发生偏转,结果在 Y 方向上产生附加的电势差 V_H,且 $V_H \propto QB$,这一效应称为能斯特效应。由此可知 V_H 的符号只与 B 的方向有关。

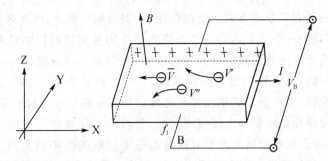

图 3-7-7　正电子运动平均速度 $V' < \bar{V}$　$V'' > \bar{V}$

4. 里纪—杜勒克效应(Righi—Leduc)

如上小节中所述,霍尔元件在 X 方向有温度梯度 dT/dx,引起载流子沿梯度方向扩散而有热电流 Q 通过元件。在此过程中载流子受 Z 方向的磁场 B 作用下,在 Y 方向引起类似爱廷豪森效应的温差 $T_A - T_B$,由此产生的电势差 $V_H \propto QB$,其符号与 B 的方向有关,与 I_s 的方向无关。

为了减少和消除以上效应的附加电势差,利用这些附加电势差与霍尔元件工作电流 I_s、磁场 B(即相应的励磁电流 I_M)的关系,采用对称(交换)测量法进行测量。

当 $+I_s$,$+I_M$ 时　　$V_{AB1} = +V_H + V_O + V_E + V_N + V_R$

当 $+I_s$,$-I_M$ 时　　$V_{AB2} = -V_H + V_O - V_E + V_N + V_R$

当 $-I_s$,$-I_M$ 时　　$V_{AB3} = +V_H - V_O + V_E - V_N - V_R$

当 $-I_s$,$+I_M$ 时　　$V_{AB4} = -V_H - V_O - V_E - V_N - V_R$

对以上四式作如下运算则得:

$$\frac{1}{4}(V_{AB1} - V_{AB2} + V_{AB3} - V_{AB4}) = V_H + V_E$$

可见,除爱廷豪森效应以外的其他副效应产生的电势差会全部消除。因爱廷豪森效应所产生的电势差 V_E 的符号和霍尔电势 V_H 的符号,与 I_s 及 B 的方向关系相同,故无法消除。但在非大电流、非强磁场下,$V_H \gg V_E$,因而 V_E 可以忽略不计,由此可得:

$$V_H \approx V_H + V_E = \frac{1}{4}(V_1 - V_2 - V_3 + V_4)$$

【思考题】

(1) 采用霍尔效应法测磁场时,具体要测量哪些物理量?

(2) 何谓霍尔效应的副效应,如何消除它的影响?

实验 3-8 铁磁材料动态磁滞回线和磁化曲线的测量

磁性材料在科研和工业中有着广泛的应用,种类也相当繁多,因此各种材料的磁特性测量,是电磁学实验中一个重要内容。磁特性测量分为直流磁特性测量和交流磁特性测量。本实验用交流正弦电流对磁性材料进行磁化,测得的磁感应强度与磁场强度关系曲线称为动态磁滞回线,或者称为交流磁滞回线,它与直流磁滞回线是有区别的。可以证明:磁滞回线所包围的面积等于使单位体积磁性材料反复磁化一周时所需的功,并且因功转化为热而表现为损耗。测量动态磁滞回线时,材料中不仅有磁滞损耗,还有涡流损耗,因此,同一材料的动态磁滞回线的面积要比静态磁滞回线的面积稍大些。本实验重点学习用示波器显示和测量磁性材料动态磁滞回线和基本磁化曲线的方法,了解软磁材料和硬磁材料交流磁滞回线的区别。

【实验目的】

(1) 了解磁性材料的磁滞回线和磁化曲线的概念,加深对铁磁材料的重要物理量矫顽力、剩磁和磁导率的理解。

(2) 用示波器测量软磁材料(软磁铁氧体)的磁滞回线和基本磁化曲线,求该材料的饱和磁感应强度 B_m、剩磁 B_r 和矫顽力 H_c。

(3) 学习示波器的 X 轴和 Y 轴用于测量交流电压时,各自分度值的校准。

(4) 用示波器显示硬铁磁材料的交流磁滞回线,并与软磁材料进行比较。

(5) 学习精确测量电阻和电容的实验方法,测量不同阻值电阻和未知电容。

(6) 学习用计算机测量磁性材料动态磁滞回线和磁化曲线的方法。

【实验原理】

1. 铁磁物质的磁滞现象

铁磁性物质的磁化过程很复杂,这主要是由于它具有磁性的原因。一般都是通过测量磁化场的磁场强度 H 和磁感应强度 B 之间关系来研究其磁化规律的。

如图 3-8-1 所示,当铁磁物质中不存在磁化场时,H 和 B 均为零,在 $B-H$ 图中则相当于坐标原点 O。随着磁化场 H 的增加,B 也随之增加,但两者之间不是线性关系。当

H 增加到一定值时,B 不再增加或增加得十分缓慢,这说明该物质的磁化已达到饱和状态。H_m 和 B_m 分别为饱和时的磁场强度和磁感应强度(对应于图中 A 点)。如果再使 H 逐步退到零,则与此同时 B 也逐渐减小。然而,其轨迹并不沿原曲线 AO,而是沿另一曲线 AR 下降到 B_r,这说明当 H 下降为零时,铁磁物质中仍保留一定的磁性。将磁化场反向,再逐渐增加其强度,直到 $H=-H_m$,这时曲线达到 A' 点(即反向饱和点),然后,先使磁化场退回到 $H=0$;再使正向磁化场逐渐增大,直到饱和值 H_m 为止。如此就得到一条与 ARA' 对称的曲线 $A'R'A$,而自 A 点出发又回到 A 点的轨迹为一闭合曲线,称为铁磁物质的磁滞回线,此属于饱和磁滞回线。其中,回线和 H 轴的交点 H_c 和 H'_c 称为矫顽力,回线与 B 轴的交点 B_r 和 B'_r,称为剩余磁感应强度。

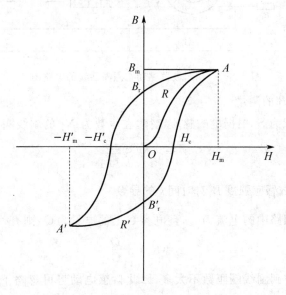

图 3-8-1 磁滞回线和磁化曲线

2. 利用示波器观测铁磁材料动态磁滞回线

电路原理图如图 3-8-2 所示,将样品制成闭合环状,其上均匀地绕以磁化线圈 N_1 及副线圈 N_2。交流电压 u 加在磁化线圈上,线路中串联了一取样电阻 R_1,将 R_1 两端的电压 u_1 加到示波器的 X 轴输入端上。副线圈 N_2 与电阻 R_2 和电容 C 串联成一回路,将电容 C 两端的电压 u_2 加到示波器的 Y 轴输入端,这样的电路,在示波器上可以显示和测量铁磁材料的磁滞回线。

1) 磁场强度 H 的测量

设环状样品的平均周长为 l,磁化线圈的匝数为 N_1,磁化电流为交流正弦波电流 i_1,由安培回路定律 $Hl=N_1 i_1$,而 $u_1=R_1 i_1$,所以可得

$$H=\frac{N_1 \cdot u_1}{l \cdot R_1} \tag{3-8-1}$$

式中，u_1 为取样电阻 R_1 上的电压。由式(3-8-1)可知，在已知 R_1、l、N_1 的情况下，测得 u_1 的值，即可用式(3-8-1)计算磁场强度 H 的值。

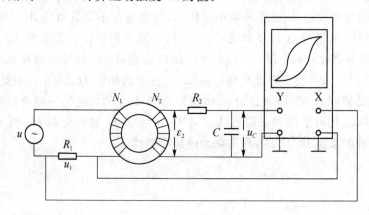

图 3-8-2　用示波器测动态磁滞回线的电路图

2) 磁感应强度 B 的测量

设样品的截面积为 S，根据电磁感应定律，在匝数为 N_2 的副线圈中感生电动势 ε_2 为

$$\varepsilon_2 = -N_2 S \frac{dB}{dt} \tag{3-8-2}$$

式(3-8-2)中，$\dfrac{dB}{dt}$ 为磁感应强度 B 对时间 t 的导数。

若副线圈所接回路中的电流为 i_2，且电容 C 上的电量为 Q，则有

$$\varepsilon_2 = R_2 i_2 + \frac{Q}{C} \tag{3-8-3}$$

在式(3-8-3)中，考虑到副线圈匝数不太多，因此自感电动势可忽略不计。在选定线路参数时，将 R_2 和 C 都取较大值，使电容 C 上电压降 $u_C = \dfrac{Q}{C} \ll R_2 i_2$，可忽略不计，于是(3-8-3)式可写为

$$\varepsilon_2 = R_2 i_2 \tag{3-8-4}$$

把电流 $i_2 = \dfrac{dQ}{dt} = C \dfrac{du_C}{dt}$ 代入(3-8-4)式得

$$\varepsilon_2 = R_2 C \frac{du_C}{dt} \tag{3-8-5}$$

把式(3-8-5)代入式(3-8-2)得

$$-N_2 S \frac{dB}{dt} = R_2 C \frac{du_C}{dt}$$

在将此式两边对时间积分时，由于 B 和 u_C 都是交变的，积分常数项为零。于是，在不考虑负号(在这里仅仅指相位差 $\pm \pi$)的情况下，磁感应强度

$$B = \frac{R_2 C u_C}{N_2 S} \tag{3-8-6}$$

式中，N_2、S、R_2 和 C 皆为常量。通过测量电容两端电压幅值 u_C 代入式(3-8-6)，可以求得材料磁感应强度 B 的值。

当磁化电流变化一个周期，示波器的光点将描绘出一条完整的磁滞回线，以后每个周期都重复此过程，形成一个稳定的磁滞回线。

3) B 轴（Y 轴）和 H 轴（X 轴）的校准

虽然示波器 Y 轴和 X 轴上有分度值可读数，但该分度值只是一个参考值，存在一定误差，且 X 轴和 Y 轴增益微调会改变分度值。所以，用数字交流电压表测量正弦信号电压，并且将正弦波输入 X 轴或 Y 轴进行分度值校准是必要的。

将被测样品（铁氧体）用电阻替代，从 R_1 上将正弦信号输入 X 轴，用交流数字电压表测量 R_1 两端电压 $U_{有效}$，从而可以计算示波器该挡的分度值（单位 V/cm），见图 3-8-3。须注意以下两点：

① 数字电压表测量交流正弦信号，测得值为有效值 $U_{有效}$。而示波器显示的该正弦信号值为正弦波电压峰-峰值 $U_{峰-峰}$。两者关系是

$$U_{峰-峰} = 2\sqrt{2} U_{有效} \tag{3-8-7}$$

② 用于校准示波器 X 轴挡和 Y 轴挡分度值的波形必须为正弦波，不可用失真波形。用上述方法可以对示波器 Y 轴和 X 轴的分度值进行校准。

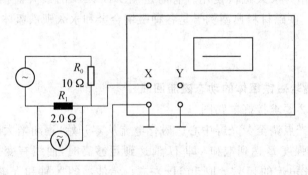

图 3-8-3　X 轴校准电路

【实验仪器】

动态磁滞回线实验仪由可调正弦信号发生器、交流数字电压表、示波器、待测样品（软磁铁氧体、硬磁 Cr12 模具钢）、电阻、电容、导线等组成。其外形结构如图 3-8-4 所示。

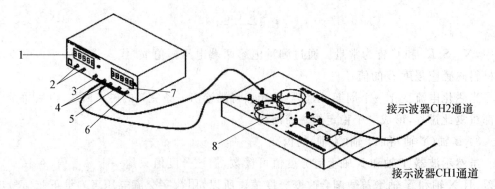

1—交流数字电压表;2—交流电压输入;3—正弦信号输出;4—功率信号输出;
5—幅度调节;6—频率调节;7—频率计;8—待测样品

图 3-8-4 动态磁滞回线和磁化曲线实验仪

【实验内容与步骤】

磁滞回线所围面积很小的材料称为软磁材料。这种材料的特点是磁导率较高,在交流下使用时磁滞损耗也较小,故常作电磁铁或永磁铁的磁轭以及交流导磁材料。如电工纯铁、坡莫合金、硅钢片、软磁铁氧体等都属于这一类。磁滞回线所谓面积很大的材料称为硬磁材料,其特征常常用剩余磁感应强度 B_r 和矫顽力 H_c 此两个特定点数值表示。B_r 和 H_c 大的材料可作为永久磁铁使用。有时也用 BH 乘积的最大值衡量硬磁材料的性能,称为最大磁能。硬磁材料典型例子是各种磁钢合金和永久钡铁氧体。

必做实验

1. 观察和测量软磁铁氧体的动态磁滞回线

(1) 按图 3-8-2 要求接好电路图。

(2) 把示波器光点调至荧光屏中心。磁化电流从零开始,逐渐增大磁化电流,直至磁滞回线上的磁感应强度 B 达到饱和(即 H 值达到足够高时,曲线有变平坦的趋势,这一状态属饱和)。磁化电流的频率 f 取 50 Hz 左右。示波器的 X 轴和 Y 轴分度值调整至适当位置,使磁滞回线的 B_m 和 H_m 值尽可能充满整个荧光屏,且图形为不失真的磁滞回线图形。

(3) 记录磁滞回线的顶点 B_m 和 H_m,剩磁 B_r 和矫顽力 H_c 四个读数值(以长度为单位),在作图纸上画出软磁铁氧体的近似磁滞回线。

(4) 对 X 轴和 Y 轴进行校准。计算软磁铁氧体的饱和磁感应强度 B_m 和相应的磁场强度 H_m、剩磁 B_r 和矫顽力 H_c。磁感应强度以 T 为单位,磁场强度以 A/m 为单位。

(5) 测量软磁铁氧体的基本磁化曲线。现将磁化电流慢慢从大至小,退磁至零。从零开始,由小到大测量不同磁滞回线顶点的读数值 B_i 和 H_i,用作图纸作铁氧体的基本磁化曲线($B-H$ 关系)及磁导率与磁感应强度关系曲线($\mu-H$ 曲线),其中 $\mu=\dfrac{B}{H}$。

2. 观测硬磁 Cr12 模具钢(铬钢)材料的动态磁滞回线

(1) 将样品换成 Cr12 模具钢硬磁材料,经退磁后,从零开始电流由小到大增加磁化电流,直至磁滞回线达到磁感应强度饱和状态。磁化电流频率约为 $f=50$ Hz 左右。调节 X 轴和 Y 轴分度值使磁滞回线为不失真图形。(注意硬磁材料交流磁滞回线与软磁材料有明显区别,硬磁材料在磁场强度较小时,交流磁滞回线为椭圆形回线,而达到饱和时为近似矩形图形,硬磁材料的直流磁滞回线和交流磁滞回线也有很大区别。)

(2) 对 X 轴和 Y 轴进行校准,并记录相应的 B_m 和 H_m,B_r 和 H_c 值,在作图纸上近似画出硬磁材料在达到饱和状态时的交流磁滞回线。

选做实验

(1) 测量取样电阻 R_1 和电阻 R_2、电容 C 的值。

① 电阻的测量。

将电阻箱 R 和待测电阻 R_2(或 R_1)串联,并与正弦交流信号源相接,用交流电压表测量信号输出电压 u 和电阻箱两端电压 u_R,那么,由 $\dfrac{u_R}{R}=\dfrac{u-u_R}{R_2}$,得 $R_2=\dfrac{u-u_R}{u_R}R$。同样,可测得 R_1 的值。R_2 约为 50 kΩ,R_1 约 2 Ω,但测量时应考虑怎样使测量误差最小,测量小电阻时电源又不会短路。测量电路如图 3-8-5 所示。

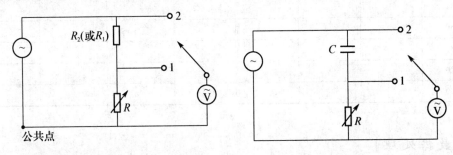

图 3-8-5 用交流电压表测电阻　　图 3-8-6 用交流电压表测电容

② 电容的测量。

电容的值 C 约为 4.7 μF。若交流电频率 $f=50$ Hz,即其阻抗约为 $Z_C=\dfrac{1}{\omega C}=\dfrac{1}{2\pi fC}=\dfrac{1}{100\pi\times 4.7\times 10^{-6}}=677.3$ Ω,测量电容的接线图如图 3-8-6 所示。取 $R=677$ Ω,测量电源电压 u 和电阻两端电压 u_R,在已知频率 f 和 R 时可得电容 C 的值。

$$u^2=u_R^2+u_C^2$$

所以

$$u_C = \sqrt{u^2 - u_R^2}$$

由此可得

$$u_C = Z_C \cdot I = \frac{1}{2\pi fC} \cdot \frac{u_R}{R}$$

$$C = \frac{u_R}{2\pi fR \cdot u_C} \tag{3-8-8}$$

(2) 用交流电压表测量软磁铁氧体材料得基本磁化曲线（$B-H$ 曲线）。

(3) 测量硬磁模具钢材料椭圆交流磁滞回线的交流参量。

【数据表格】

表 3-8-1

u_1/cm	H/(A/m)	u_C/cm	B/mT	u_1/cm	H/(A/m)	u_C/cm	B/mT
0.20				2.40			
0.40				2.60			
0.60				2.80			
0.80				3.00			
1.00				3.20			
1.20				3.40			
1.40				3.60			
1.60				3.80			
1.80				4.00			
2.00				4.20			
2.20				4.40			

【数据处理】

(1) 由实验记录的磁滞回线的顶点 B_m 和 H_m，剩磁 B_r 和矫顽力 H_c 四个读数值（以长度为单位），在作图纸上画出软磁铁氧体的近似磁滞回线。

(2) 由 X 轴和 Y 轴校准的分度值，计算软磁铁氧体的饱和磁感应强度 B_m 和相应的磁场强度 H_m、剩磁 B_r 和矫顽力 H_c。磁感应强度以 T 为单位，磁场强度以 A/m 为单位。

实验参数如下：

$R_1 = 2.0\ \Omega$；$R_2 = 51.0 \times 10^3\ \Omega$

$S = 75 \times 10^{-6}\ \text{m}^2$；$l = 95.8 \times 10^{-3}\ \text{m}$

$N_1 = 200$ 匝；$N_2 = 200$ 匝

$C = 4.70 \times 10^{-6}$ F

(3) 由表 3-8-1 测得数据,在作图纸上作出铁氧体的基本磁化曲线。

【注意事项】

(1) 正弦信号发生器的输出端的黑色接线柱和交流数字电压表输出端的黑色接线柱为公共端(仪器内用导线连在一起),实验时,须将公共端接在一起。

(2) 示波器的 X 轴和 Y 轴显示正弦波信号的分度值为峰-峰值,而交流电压表测量的是正弦波的有效值。两者之间存在一定的关系,计算时必须注意。

(3) 用于校准示波器 X 轴挡和 Y 轴挡分度值的波形必须为正弦波,不可用失真波形。

(4) 在校准 X 轴和 Y 轴灵敏度时,应将被测样品去掉,而代之以纯电阻 R_0。这主要是被测样品是铁磁材料,它的磁导率 $\mu = \dfrac{B}{H}$ 是与电流有关的量,从而使磁化电路中的电流产生非线性畸变。R_0 起限流作用,操作时,不应超过其允许功率。

【思考题】

(1) 在式(3-8-3)中,$u_C \ll R_2 i_2$ 时可将 u_C 忽略,$\varepsilon_2 = R_2 i_2$。考虑一下,由这项忽略引起的不确定度有多大?

(2) 在测量 $B-H$ 曲线过程,为何不能改变 X 轴和 Y 轴的分度值?

(3) 示波器显示的正弦波电压值与交流电压表显示的电压值有何区别?两者之间如何换算?

(4) 硬磁材料的交流磁滞回线与软磁材料的交流磁滞回线有何区别?

(5) 准确测量电阻 R_1、R_2 和电容 C 还有哪些方法?

实验 3-9 毕奥-萨伐尔实验

1820 年,法国物理学家毕奥和萨伐尔,通过实验测量了长直电流线附近小磁针的受力规律,发表了题为《运动中的电传递给金属的磁化力》的论文,人们称之为毕奥-萨伐尔定律。后来,在数学家拉普拉斯的帮助下,以数学公式表示出这一定律。

毕奥-萨伐尔定律是普通物理学中稳恒电流磁场的基本定律,有着极其重要的地位,它确定了磁场的分布情况,解决了磁感应强度 B 的定量计算。在此基础上进一步引出了两个重要的定理,即磁场的高斯定理和安培环路定理,从而揭示了稳恒磁场是无源场、涡旋场。毕奥-萨伐尔定律是静磁学的基本定律,在静磁学的地位,类同于库仑定律之于静电学。

【实验目的】

（1）测定直导体和圆形导体环路激发的磁感应强度与导体电流的关系。
（2）测定直导体激发的磁感应强度与距导体轴线距离的关系。
（3）测定圆形导体环路导体激发的磁感应强度与环路半径以及距环路距离的关系。

【实验原理】

根据毕奥-萨伐尔定律，载流导线上的电流元 Idl 在真空中某点 P 的磁感应强度 dB 的大小与电流元的大小成正比，与电流元和从电流元到 P 点的位矢 r 之间的夹角的正弦成正比，而与电流元到 P 点的距离 r 的平方成反比。

$$d\boldsymbol{B} = \frac{\mu_0}{4\pi} \cdot \frac{I}{r^2} d\boldsymbol{l} \times \frac{\boldsymbol{r}}{r} \tag{3-9-1}$$

式中，$\mu_0 = 4\pi \times 10^{-7} \mathrm{T \cdot m \cdot A^{-1}}$，称为真空磁导率；电流元长度、方向由矢量 dl 表示；从线元到空间 P 点的方向矢量由 r 表示（图3-9-1）。dB 的方向垂直于 Idl 和 r 所确定的平面，当右手弯曲，四指方向从沿小于 π 角转向 r 时，伸直的大拇指所指的方向为 dB 的方向，即 dB 与 Idl、r 三个矢量的方向符合右手螺旋法则。

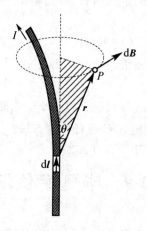

图 3-9-1 导体线元在空间 P 点所激发的磁感应强度

与点电荷的场强公式相似，毕奥-萨伐尔定律是求电流周围磁感强度的基本公式。磁感强度 B 也遵从叠加原理。因此，任一形状的载流导线在空间某一点 P 的磁感强度 B，等于各电流元在该点所产生的磁感应强度 dB 的矢量和。毕奥-萨伐尔定律适用于计算一个稳定电流所产生的磁场（电流量不随时间而改变，电荷不会在任意位置累积或消失）。

计算总磁感应强度意味着积分运算。只有当导体具有确定的几何形状,才能得到相应的解析解。例如:一根无限长导体,在距轴线 r 的空间产生的磁感应强度为

$$B=\frac{\mu_0 I}{2\pi r} \tag{3-9-2}$$

其磁力线为同轴圆柱状分布(图 3-9-2)。

半径为 R 的圆形导体回路在沿圆环轴线距圆心 x 处产生的磁场为

$$B=\frac{\mu_0}{2}\frac{R^2 I}{(R^2+x^2)^{3/2}} \tag{3-9-3}$$

其磁感应线平行于轴线,如图 3-9-3 所示。

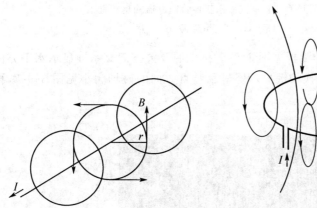
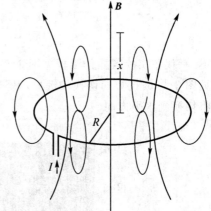

图 3-9-2 无限长导体激发的磁场　　图 3-9-3 圆形导体回路激发的磁场

本实验中,上述导体产生的磁场将分别利用轴向以及切向磁感应强度探测器来测量。磁感应强度探测器件非常薄,对于垂直其表面的磁场分量响应非常灵敏。因此,不仅可以测量磁场的大小,也可以测量其方向。对于直导体,实验测定了磁感应强度 B 与距离 r 之间的关系;对于圆形环导体,测定了磁感应强度 B 与轴向坐标 x 之间的关系。另外实验还验证了磁感应强度 B 与电流 I 之间的关系。

【实验仪器】

毕奥-萨伐尔实验仪,由实验仪主机,电流源,待测圆环,待测直导线,黑色铝合金槽式导轨及支架等构成。

恒流源的操作面板见图 3-9-4,在没有负载的情况下将电压表示数调到 2 V 以下。关闭电源接上负载,保持电压旋钮位置不变,正常调节电流旋钮。

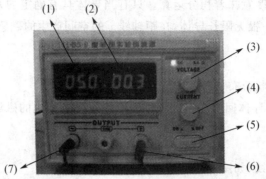

(1)电流显示;(2)电压显示;(3)电压调节旋钮;(4)电流调节旋钮;
(5)电源开关;(6)电流输出正极;(7)电流输出负极

图 3-9-4　恒流源

毕奥-萨伐尔实验仪操作面板见图 3-9-5,按电源开关按键显示屏显示水平方向的磁场大小见图 3-9-6,按方向切换按键显示屏显示竖直方向的磁场大小见图 3-9-7,再按切换按键将切换到水平方向。

(1)显示屏;(2)传感器接口;(3)电源开关;
(4)清零按键;(5)方向切换按键

图 3-9-5　毕奥-萨伐尔实验仪

图 3-9-6　水平方向测量显示　　　图 3-9-7　竖直方向测量显示

传感器被封装在探测杆内部,其位置在黑点处。测量时黑点必须朝上放置。探点距长直导线的距离 r 见图 3-9-8,$r = s + r_0 + s_0$,s 从导轨刻度读取,刻度读取示意图见

图 3-9-9。探点位置可以通过二维调节支架微调。

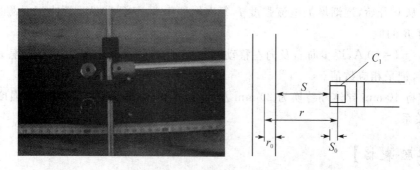

图 3-9-8　传感器探点与长直导线

图 3-9-9　刻度尺读数

【实验步骤】

1. 直导体激发的磁场（表 3-9-1，表 3-9-2）

(1) 将直导线插入支座上，直导体接至恒流源。

(2) 将磁感应强度探测器与毕奥-萨伐尔实验仪连接，方向切换为垂直方向，并调零。

(3) 将磁感应强度探测器与直导体中心对准。

(4) 向探测器方向移动直导体，尽可能使其接近探测器（距离 $s=0$）。

(5) 从 0 开始，逐渐增加电流强度 I，每次增加 1 A，直至 10 A。逐次记录测量到的磁感应强度 B 的值。

(6) 令 $I=10$ A，逐步向右移动磁感应强度探测器，测量磁感应强度 B 与距离 s 的关系，并记录相应数值。

2. 圆形导体环路激发的磁场（表 3-9-3，表 3-9-4）

(1) 将直导体换为 $R=40$ mm 的圆环导体，圆环导体接至恒流源。

(2) 将磁感应强度探测器与毕奥-萨伐尔实验仪连接，方向切换为水平方向，并调零。

(3) 调节磁感应强度探针器的位置至导体环中心。

(4) 从 0 开始,逐渐增加电流强度 I,每次增加 1 A,直至 10 A。逐次记录测量到的磁感应强度 B 的值。

(5) 令 $I=10$ A,逐步向右及向左移动磁感应强度探针器,测量磁感应强度 B 与坐标 x 的关系,记录相应数值。

(6) 将 40 mm 导体环替换为 20 mm 及 60 mm 导体环,分别测量磁感应强度 B 与坐标 x 的关系。

【实验表格】

1. 直导体激发的磁场

表 3-9-1　长直导体激发的磁场 B 与电流 I 的关系($s=0$ mm)

I/A	B/mT
0	
1	
2	
3	
4	
5	
6	
7	
8	
9	
10	

表 3-9-2　长直导体激发的磁场 B 与距离 r 的关系($I=10$ A)

r/mm	B/mT
5	
6	
7	
8	
10	

续表

r/mm	B/mT
14	
17	
21	
26	
37	
55	

2. 圆形导体回路激发的磁场

表 3-9-3　$R=40$ mm 圆形导体回路激发的磁感应强度 B 与电流 I 的关系

I/A	B/mT
0	
1	
2	
3	
4	
5	
6	
7	
8	
9	
10	

表 3-9-4　圆形导体回路激发的磁感应强度 B 与坐标 x 的关系

x/cm	B/mT ($R=20$ mm)	B/mT ($R=40$ mm)	B/mT ($R=60$ mm)
−10			
−7.5			
−5.0			
−4.0			
−3.0			
−2.5			

续表

x/cm	B/mT ($R=20$ mm)	B/mT ($R=40$ mm)	B/mT ($R=60$ mm)
−2.0			
−1.5			
−1.0			
−0.5			
0.0			
0.5			
1.0			
1.5			
2.0			
2.5			
3.0			
4.0			
5.0			
7.5			
10.0			

【数据处理】

1. 直导体激发的磁场

由表 3-9-1 测量数据给出磁感应强度 B 与电流强度 I 之间的关系。在测量精度内，测量值分布在一条直线上，即磁感应强度 B 正比于电流强度 I，见图 3-9-10。

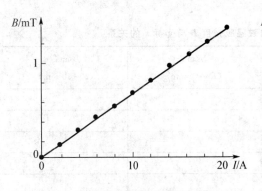

图 3-9-10　直导体激发的磁场 B-I 关系

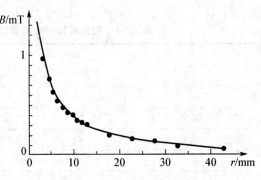

图 3-9-11　直导体激发的磁场 B-r 关系

根据表 3-9-2 中数据画出直导体激发的磁场 B-r 关系曲线,见图 3-9-11。给出对应的 B^{-1}-r 曲线,从图 3-9-12 可知,实验数值近似于一条直线。

2. 圆形导体回路激发的磁场

由表 3-9-3 数据绘出圆形导体回路激发的磁感应强度 B 与电流强度 I 之间的关系,在该情形下,实验值也同样呈直线分布,验证了磁感应强度 B 与电流强度 I 之间的正比关系,见图 3-9-13。

表 3-9-4 数据对应于 3 个不同大小的圆形导体回路,各自激发的磁感应强度 B 与坐标 x 的关系,见图 3-9-14。这些曲线与根据式(3-9-3)的计算结果相符。

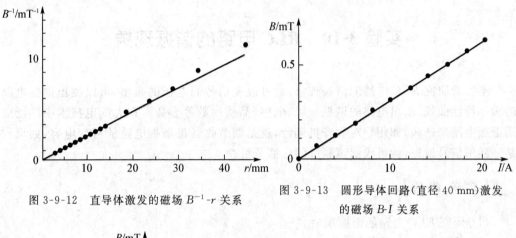

图 3-9-12　直导体激发的磁场 B^{-1}-r 关系

图 3-9-13　圆形导体回路(直径 40 mm)激发的磁场 B-I 关系

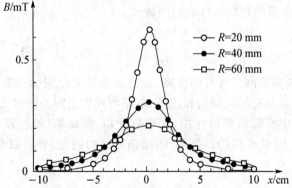

图 3-9-14　不同半径的圆形导体回路激发的磁场 B-x 关系

【注意事项】

(1) 仪器使用前需预热 5 min 再进行测量。

(2) 测量时,尽量使磁场探测器远离电源,避免电源辐射的磁场梯度对测量的影响。

(3) 调整电源和磁场探测器的位置角度或增加两者之间的距离可以基本消除电源辐射的磁场梯度对测量的影响。

(4) 确认导线正确接线,电流值逆时针调到最小后再开关电源。

(5) 磁场探测器的导线请勿用力拽。

【思考题】

(1) 分析本实验磁场测量误差来源。

(2) 本实验仪所用探测器具有一定尺寸,而不是一个点,对实验结果是否有影响？

实验 3-10　RLC 电路的谐振现象

本实验研究 RLC 电路的谐振现象,通过改变信号源电压的频率,可以测出谐振电路的频率特性曲线,求出电路的谐振频率、电感、品质因数等参数。在无线电技术中广泛应用谐振电路来选频,如用户对收音机调台,就是调节收音机谐振电路的可变电容,如果与某一频率信号谐振,就可收到该频率的广播节目。

【实验目的】

(1) 研究 RLC 电路的谐振现象。

(2) 了解 RLC 电路的相频特性和幅频特性。

【实验原理】

同时具有电感和电容两类元件的电路,在一定条件下会发生谐振现象。谐振时电路的阻抗、电压与电流以及它们之间的相位差、电路与外界之间的能量交换等均处于某种特殊状态,因而在实际中有着重要的作用,如在放大器、振荡器、滤波器电路中常用作选频等。本实验中,通过 RLC 电路的相频特性、幅频特性的测量,着重研究 RLC 电路的谐振现象。

1. 串联谐振

RLC 串联电路如图 3-10-1 所示。其总阻抗 $|Z|$、电压 u 与电流 i 之间的相位差 φ、电流 i 分别为

$$|Z| = \sqrt{R^2 + \left(\omega L - \frac{1}{\omega C}\right)^2} \tag{3-10-1}$$

$$\varphi = \arctan \frac{\omega L - \dfrac{1}{\omega C}}{R} \tag{3-10-2}$$

$$i = \frac{u}{\sqrt{R^2 + \left(\omega L - \frac{1}{\omega C}\right)^2}} \tag{3-10-3}$$

式中 $\omega = 2\pi f$ 为角频率；$|Z|$、φ、i 都是 f 的函数，当电路中其他元件参量取确定值的情况下，它们的特性完全取决于频率。

图 3-10-2(a)、(b)、(c) 分别为 RLC 串联电路的阻抗、相位差、电流随频率的变化曲线。其中，(b) 图中 $\varphi - f$ 曲线称为相频特性曲线；(c) 图中 $i - f$ 曲线称为幅频特性曲线，它表示在总电压 u 保持不变的条件下 i 随 f 的变化曲线。相频特性曲线和幅频特性曲线统称为频响特性曲线。

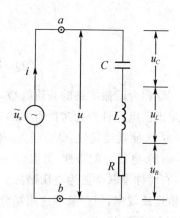

图 3-10-1 RLC 串联电路

由曲线图可以看出，存在一个特殊的频率 f_0，特点为：

(1) 当 $f < f_0$ 时，$\varphi < 0$，电流的相位超前于电压，整个电路呈电容性，且随 f 降低，φ 趋近于 $-\frac{\pi}{2}$；而当 $f > f_0$ 时，$\varphi > 0$，电流的相位落后于电压，整个电路呈电感性，且随 f 升高，φ 趋近于 $\frac{\pi}{2}$。

(2) 随 f 偏离 f_0 越远，阻抗越大，而电流减小。

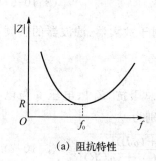
(a) 阻抗特性

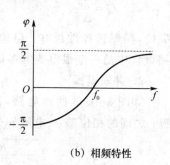
(b) 相频特性

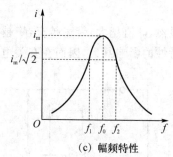
(c) 幅频特性

图 3-10-2 RLC 串联电路的频率特性

(3) 当 $\omega L = \frac{1}{\omega C}$，即

$$\omega_0 = \frac{1}{\sqrt{LC}} \text{ 或 } f_0 = \frac{1}{2\pi \sqrt{LC}} \tag{3-10-4}$$

时，$\varphi = 0$，电压与电流同相位，整个电路呈纯电阻性，总阻抗达到极小值 $Z_0 = R$，而总电流达到极大值 $i_m = \frac{u}{R}$。这种特殊状态称为串联谐振，此时角频率 ω_0（或频率 f_0）称为谐振角频率（或谐振频率）。在 f_0 处，$i - f$ 曲线有明显尖锐的峰显其谐振状态，因此，有时称它

为谐振曲线。谐振时,有

$$u_L = i_m |Z_L| = \frac{\omega_0 L}{R} u, \frac{u_L}{u} = \frac{\omega_0 L}{R} = \frac{1}{R}\sqrt{\frac{L}{C}}$$

而

$$u_C = i_m |Z_C| = \frac{1}{R\omega_0 C} u, \frac{u_C}{u} = \frac{1}{R\omega_0 C} = \frac{1}{R}\sqrt{\frac{L}{C}}$$

令

$$Q = \frac{u_L}{u} = \frac{u_C}{u} \text{ 或 } Q = \frac{\omega_0 L}{R} = \frac{1}{R\omega_0 C} \tag{3-10-5}$$

Q 称为谐振电路的品质因数,简称 Q 值。它是由电路的固有特性决定的,是标志和衡量谐振电路性能优劣的重要的参量。Q 值标志着:

(1) 储耗能特性:Q 值越大,相对耗能越小,储能效率越高。

(2) 电压分配特性:谐振时 $u_L = u_C = Qu$,电感、电容上的电压均为总电压的 Q 倍,因此,有时称串联谐振为电压谐振。利用电压谐振,在某些传感器、信息接收中,可显著提高灵敏度或效率,但在某些应用场合,它对系统与人员却具有一定不安全性,故而在设计与操作中应予以注意。

(3) 频率选择性:设 f_1, f_2 为谐振峰两侧 $i = \frac{i_m}{\sqrt{2}}$ 处所对应频率(如图 3-10-2(c) 所示),则 $\Delta f = f_2 - f_1$ 称为通频带宽度,简称带宽。不难证明

$$Q = \frac{f_0}{\Delta f} \tag{3-10-6}$$

显然,Q 值越大,带宽越窄,峰越尖锐,频率选择性越好。Q 值对于放大器、滤波器的选频特性的影响甚大,因而在有关电路设计中是一个很重要的参量。

2. 并联谐振

如图 3-10-3 所示电路,其总阻抗 $|Z_P|$、电压 u 与电流 i 之间的相位差 φ、电压 u 分别为

$$|Z_P| = \sqrt{\frac{R^2 + (\omega L)^2}{(1-\omega^2 LC)^2 + (\omega CR)^2}} \tag{3-10-7}$$

$$\varphi = \arctan\frac{\omega L - \omega C[R^2 + (\omega L)^2]}{R} \tag{3-10-8}$$

$$u = i|Z_P| = \frac{u_{R'}}{R'}|Z_P| \tag{3-10-9}$$

显然,它们都是频率的函数。当 $\varphi = 0$ 时,电流和电压同相位,整个电路呈纯电阻性,即发生谐振。由式(3-10-8)求得并联谐振的角频率 ω_P 为

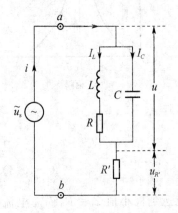

图 3-10-3 RLC 并联电路

$$\omega_p = 2\pi f_p = \sqrt{\frac{1}{LC} - \left(\frac{R}{L}\right)^2} = \omega_0 \sqrt{1 - \frac{1}{Q^2}} \tag{3-10-10}$$

式中：$\omega_0 = 2\pi f_0 = \frac{1}{\sqrt{LC}}$，$Q = \frac{\omega_0 L}{R} = \frac{\sqrt{L/C}}{R}$。可见，并联谐振频率 f_p 与 f_0 稍有不同，当 $Q \gg 1$ 时，$\omega_p \approx \omega_0$，$f_p \approx f_0$。

图 3-10-4(a)、(b)、(c)分别为 RLC 并联电路的阻抗、相位差、电流或电压随频率的变化曲线。由(b)图中 $\varphi - f$ 曲线可见，在谐振频率 $f = f_p$ 两侧，当 $f < f_p$ 时，$\varphi > 0$，电流的相位落后于电压，整个电路呈电感性；当 $f > f_p$ 时，$\varphi < 0$，电流的相位超前于电压，整个电路呈电容性。显然，在谐振频率两边区域，并联电路的电抗特性与串联电路时截然相反。由(a)图中 $|Z_p| - f$ 曲线和(c)图中 $i - f$ 曲线可见，在 $f = f'_p$ 处总阻抗达到极大值，总电流达到极小值，而在 f'_p 两侧，随 f 偏离 f'_p 越远，阻抗越小，电流越大。不言而喻，这种特性，与串联电路完全相反。(c)图中 $u - f$ 曲线为在总电流保持不变的条件下，电感（或电容）两端电压 u 随频率的变化曲线。

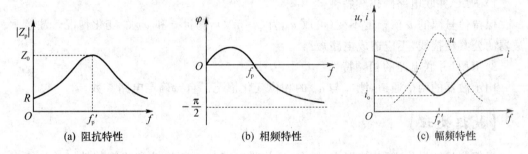

(a) 阻抗特性　　　　(b) 相频特性　　　　(c) 幅频特性

图 3-10-4 RLC 并联电路的频率特性

与串联谐振类似，可用品质因数 Q，即

$$Q_1 = \frac{\omega_0 L}{R} = \frac{1}{R\omega_0 C}, Q_2 = \frac{i_C}{i} \approx \frac{i_L}{i}, Q_3 = \frac{f_0}{\Delta f} \tag{3-10-11}$$

标志并联谐振电路的性能优劣，其意义也类同。不过，此时 $i_L \approx i_C = Q_i$，谐振支路中的电流为总电流的 Q 倍。因此，有时称并联谐振为电流谐振。

【实验仪器】

DH4503 型 RLC 电路实验仪；双踪示波器；数字存储示波器（选用）。

【实验步骤】

1. RLC 串联电路的稳态特性

测量电路如图 3-10-1 所示，自选合适的 L 值、C 值和 R 值，用示波器的两个通道测

信号源电压 u 和电阻电压 u_R，必须注意两通道的公共线是相通的，接入电路中应在同一点上，否则会造成短路。

1) 幅频特性

保持信号源电压 u 不变(可取 $u_{pp}=5\ \text{V}$)，根据所选的 L、C 值，估算谐振频率，以选择合适的正弦波频率范围。从低到高调节频率，当 u_R 的电压为最大时的频率即为谐振频率，记录下不同频率时的 u_R 大小。

2) 相频特性

用示波器的双通道观测 u，u_R 的相位差，u_R 的相位与电路中电流的相位相同，观测在不同频率下的相位变化，记录下某一频率时的相位差值。

2. RLC 并联电路的稳态特性

按图 3-10-3 进行连线，注意此时 R 为电感的内阻，随不同的电感取值而不同，它的值可在相应的电感值下用直流电阻表测量，自行设计选定 L、C、R' 的取值。注意 R' 的取值不能过小，否则会由于电路中的总电流变化大而影响 $u_{R'}$ 的大小。

1) RLC 并联电路的幅频特性

保持信号源的 u 值幅度不变(可取 u_{pp} 为 2～5 V)，测量 u 和 $u_{R'}$ 的变化情况。注意示波器的公共端接线，不应造成电路短路。

2) RLC 并联电路的相频特性

用示波器的两个通道，测 u 与 $u_{R'}$ 的相位变化情况。自行确定电路参数。

【数据处理】

根据测量结果作 RLC 串联电路、RLC 并联电路的幅频特性和相频特性。并计算电路的 Q 值。

【注意事项】

(1) 测量 f_0 时，要特别注意接地端的接线，电阻 R 一定要与接地端相连。

(2) 应在谐振频率附近多选择几个频率测试点。在变换测试频率时，应调整信号源的输出幅度不变。

【思考题】

(1) 本实验在测量过程中，为什么要保持信号发生器的输出电压不变？

(2) Q 值对幅频特性曲线有何影响？

(3) 在串联谐振电路中，电感和电容上的电压比整个电路上的外加电压大还是小？为什么？

(4) 在高频情况下，计算电路的总阻抗时，L 和 C 哪个可以忽略？为什么？

实验 3-11　*RLC* 串联电路的暂态过程

电容、电感元件在交流电路中的阻抗是随着电源频率的改变而变化的。将正弦交流电压加到电阻、电容和电感组成的电路中时,各元件上的电压及相位会随着变化,这称作电路的稳态特性;将一个阶跃电压加到 *RLC* 元件组成的电路中时,电路的状态会由一个平衡态转变到另一个平衡态,各元件上的电压会出现有规律的变化,这称为电路的暂态特性。

【实验目的】

(1) 观察 *RC* 和 *RL* 电路的暂态过程,理解时间常数 τ 的意义。
(2) 观察 *RLC* 串联电路的暂态过程及其阻尼振荡规律。

【实验原理】

在阶跃电压作用下,*RLC* 串联电路由一个平衡态跳变到另一平衡态,这一转变过程称为暂态过程。在此期间电路中的电流及电容、电感上的电压呈现出规律性的变化,称为暂态特性。*RLC* 电路的暂态特性在实际工作中十分重要,例如在脉冲电路中经常遇到元件的开关特性和电容充放电的问题;在电子技术中常利用暂态特性来改善波形或是产生特定波形。但是在某些情况,暂态特性也会造成危害,例如在接通、切断电源的瞬间,暂态特性会引起电路中电流、电压过大,造成电器设备和元器件的损坏,这是需要防止的。本实验要观察和分析 *RLC* 串联电路暂态过程中电压及电流的变化规律。

1. *RC* 电路的暂态过程

电路如图 3-11-1,当开关 S 合向 1 时,直流电源 E 通过 R 对电容 C 充电;在电容 C 充电后,把开关 S 从 1 合向 2,电容 C 将通过 R 放电。电路方程为

$$u_C + iR = E$$

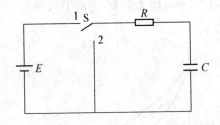

图 3-11-1　*RC* 暂态电路

将 $i = C\dfrac{\mathrm{d}u_C}{\mathrm{d}t}$ 代入上式,方程可写为

充电过程：$\dfrac{\mathrm{d}u_C}{\mathrm{d}t} + \dfrac{1}{RC}u_C = \dfrac{E}{RC}$, $t=0$ 时, $u_C=0$ 　　(3-11-1)

放电过程：$\dfrac{\mathrm{d}u_C}{\mathrm{d}t} + \dfrac{1}{RC}u_C = 0$, $t=0$ 时, $u_C=E$ 　　(3-11-2)

方程的解分别为

充电过程：
$$u_C = E(1 - e^{-\frac{t}{RC}})$$
$$i = \frac{E}{R}e^{-\frac{t}{RC}} \text{ 或 } u_R = Ee^{-\frac{t}{RC}} \tag{3-11-3}$$

放电过程：
$$u_C = Ee^{-\frac{t}{RC}}$$
$$i = -\frac{E}{R}e^{-\frac{t}{RC}} \text{ 或 } u_R = -Ee^{-\frac{t}{RC}} \tag{3-11-4}$$

由上述公式可知，在充电过程中，u_C 和 i 均按指数规律变化，充电时 u_C 逐渐加大，而放电时则逐渐减小。式(3-11-4)中电流的负号表示放电过程的电流方向与充电过程相反。

实验中，可通过 u_R 来观察 i 的变化。u_C 和 u_R 随时间变化的曲线如图 3-11-2 所示。在阶跃电压作用下，u_C 不是跃变，而是渐变接近新的平衡数值，其原因在于电容 C 是储能元件，在暂态过程中能量不能跃变。

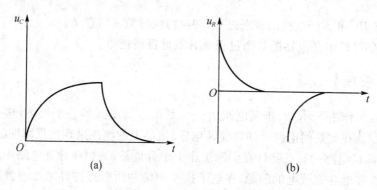

图 3-11-2　RC 充、放电曲线

在充电瞬间，充电电流 i 非常大，这是因为 $i = C\dfrac{du_C}{dt}$，但同时 i 的变化也要受到电阻 R 的制约，不可能无限大，它由下式决定

$$i = \frac{u_R}{R} = \frac{E - u_C}{R} \tag{3-11-5}$$

令 $\tau = RC$，τ 称为 RC 电路的时间常量。在式(3-11-4)中，当 $t = \tau = RC$ 时，有

$$u_C = Ee^{-1} = 0.368E \tag{3-11-6}$$

可见，τ 表示放电过程中，u_C 由 E 衰减到 E 的 36.8% 所需的时间。τ 值越大，u_C 变化越慢，即电容(充)放电进行得越慢。图 3-11-3 给出了不同 τ 值的 u_C 衰减曲线。一般认为 $t = 5\tau$ 时，基本达到新的稳定态，这时，

$$u_C = Ee^{-5} = 0.007E$$

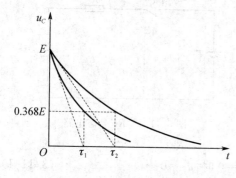

图 3-11-3　τ 对充、放电过程的影响

通过时间常量 τ,电压 u_C 和时间 t 以及 R,C 数值之间建立了对应关系。根据这一特性可制成延时电路,在实际中得到广泛应用,例如用于自动熄灭的节能灯电路中。

2. RL 电路的暂态过程

电路如图 3-11-4,当开关 S 合向 1 时,电路中有电流 i 流过,但由于通过电感的电流不能突变,电流 i 的增长有一相应的变化过程。同理,当开关 S 从 1 倒向 2 时,i 也不会骤然降至零,而只会逐渐消失。电路方程为

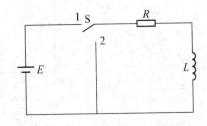

图 3-11-4　RL 暂态电路

电流增长过程:$L\dfrac{\mathrm{d}i}{\mathrm{d}t}+iR=E,t=0$ 时,$i=0$ （3-11-7）

电流消失过程:$\qquad L\dfrac{\mathrm{d}i}{\mathrm{d}t}+iR=0,t=0$ 时,$i=\dfrac{E}{R}$ \qquad (3-11-8)

方程的解分别为

电流增长过程:$\qquad u_L=Ee^{-tR/L}$

$$i=\dfrac{E}{R}(1-e^{-tR/L}) \text{ 或 } u_R=E(1-e^{-tR/L}) \qquad (3-11-9)$$

电流消失过程:$\qquad u_L=-Ee^{-tR/L}$

$$i=\dfrac{E}{R}e^{-tR/L} \text{ 或 } u_R=Ee^{-tR/L} \qquad (3-11-10)$$

可见,不论是电流增长还是消失过程,u_R 和 u_L 都是按指数规律变化,电路的时间常量 $\tau=\dfrac{L}{R}$。图 3-11-5(a),(b)分别画出电流增长和消失过程的 u_L-t 和 u_R-t 曲线图形。

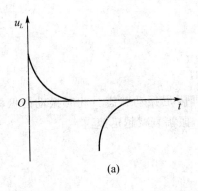
(a)

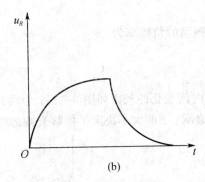
(b)

图 3-11-5

3. RLC 串联电路的暂态过程

电路如图 3-11-6。先观察放电过程,即开关 S 先合向 1 使电容充电至 E,然后把 S 倒向 2,电容就在闭合的 RLC 电路中放电。电路方程为

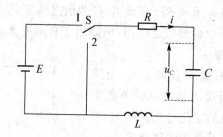

图 3-11-6 RLC 暂态电路

$$L\frac{di}{dt}+Ri+u_C=0$$

又将 $i=C\dfrac{du_C}{dt}$ 代入得

$$LC\frac{d^2u_C}{dt^2}+RC\frac{du_C}{dt}+u_C=0 \tag{3-11-11}$$

根据初始条件 $t=0, u_C=E, \dfrac{du_C}{dt}=0$ 解方程。方程的解分为以下 3 种情况。

(1) $R^2<\dfrac{4L}{C}$ 属于阻尼较小的情况，其解为

$$u_C=\sqrt{\frac{4L}{4L-R^2C}}E\,e^{-t/\tau}\cos(\omega t+\varphi) \tag{3-11-12}$$

其中时间常量为

$$\tau=\frac{2L}{R} \tag{3-11-13}$$

衰减振动的角频率为

$$\omega=\frac{1}{\sqrt{LC}}\sqrt{1-\frac{R^2C}{4L}} \tag{3-11-14}$$

u_C 随时间变化的规律如图 3-11-7 中曲线 I 所示，即阻尼振动状态。此时振动的振幅呈指数衰减。τ 的大小决定了振幅衰减的快慢，τ 越小，振幅衰减越迅速。

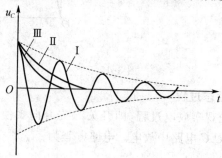

图 3-11-7 三种阻尼曲线

如果 $R^2 \ll \dfrac{4L}{C}$,通常是 R 很小的情况,振幅的衰减很缓慢,从式(3-11-14)可知

$$\omega \approx \frac{1}{\sqrt{LC}} = \omega_0 \qquad (3\text{-}11\text{-}15)$$

此时近似为 LC 电路的自由振动,ω_0 为 $R=0$ 时 LC 回路的固有频率。衰减振动的周期

$$T = \frac{2\pi}{\omega} \approx 2\pi\sqrt{LC} \qquad (3\text{-}11\text{-}16)$$

(2) $R^2 > \dfrac{4L}{C}$ 对应于过阻尼状态,其解为

$$u_C = \sqrt{\frac{4L}{R^2C - 4L}} E \mathrm{e}^{-\alpha t} \mathrm{sh}(\beta t + \varphi) \qquad (3\text{-}11\text{-}17)$$

式中:

$$\alpha = \frac{R}{2L},\ \beta = \frac{1}{\sqrt{LC}}\sqrt{\frac{R^2 C}{4L} - 1}$$

式(3-11-17)所表示的 $u_C - t$ 的关系曲线见图 3-11-7 中的曲线Ⅱ,它是以缓慢的方式逐渐回零。可以证明,若 L 和 C 固定,随电阻 R 的增长,u_C 衰减到零的过程更加缓慢。

(3) $R^2 = \dfrac{4L}{C}$ 对应于临界阻尼状态,其解为

$$u_C = E\left(1 + \frac{t}{\tau}\right)\mathrm{e}^{-t/\tau} \qquad (3\text{-}11\text{-}18)$$

其中 $\tau = \dfrac{2L}{R}$。它是从过阻尼到阻尼振动过渡的分界点,$u_C - t$ 的关系见图 3-11-7 中的曲线Ⅲ。

对应充电过程,即开关 S 先在位置 2,待电容放电完毕,再把 S 倒向 1,电源 E 将对电容充电,于是电路方程变为

$$LC\frac{\mathrm{d}^2 u_C}{\mathrm{d}t^2} + RC\frac{\mathrm{d}u_C}{\mathrm{d}t} + u_C = E \qquad (3\text{-}11\text{-}19)$$

初始条件为 $t=0$,$u_C = 0$,$\dfrac{\mathrm{d}u_C}{\mathrm{d}t} = 0$。方程解为

$$R^2 < \frac{4L}{C},\ u_C = E\left[1 - \sqrt{\frac{4L}{4L - R^2 C}}\mathrm{e}^{-t/\tau}\cos(\omega t + \varphi)\right] \qquad (3\text{-}11\text{-}20)$$

$$R^2 > \frac{4L}{C},\ u_C = E\left[1 - \sqrt{\frac{4L}{R^2 C - 4L}}\mathrm{e}^{-\alpha t}\mathrm{sh}(\beta t + \varphi)\right] \qquad (3\text{-}11\text{-}21)$$

$$R^2 = \frac{4L}{C},\ u_C = E\left[1 - \left(1 + \frac{t}{\tau}\right)\mathrm{e}^{-t/\tau}\right] \qquad (3\text{-}11\text{-}22)$$

可见,充电过程和放电过程十分类似,只是最后趋向的平衡位置不同。

4. 瞬态波形的快速采集

直流电源作用下的 RLC 串联电路的暂态过程中 u_C,i 均为单次非周期性瞬态信号,

用一般示波器无法观察。使用数字存储示波器则可以对瞬态信号进行快速采集,可显示其波形,并可以进行多种自动(或手动)测量,波形可存储;也可以与快速打印机联机,打印出实验结果;通过外接接口模块可将数据传送到计算机进行分析处理,这有助于分析瞬态波形的物理规律。

【实验仪器】

DH4503 型 RLC 电路实验仪;双踪示波器;数字存储示波器(选用)。

【实验步骤】

观测单次矩形脉冲作用下的 RC、RL、RLC 串联电路的暂态过程。实验电路如图 3-11-8 所示,X_1 和 X_2 为电路元件,根据测量内容的不同而代表不同的元件。示波器 CH1 通道用来测量总电压,CH2 通道用来测量 X_2 的电压,注意两个通道必须接地。为便于观察,要求将方波的低电平调整与示波器扫描基线一致。

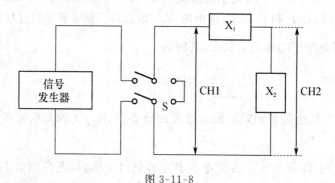

图 3-11-8

1. RC 串联电路的暂态特性

如果选择信号源为直流电压,观察单次充电过程要用存储式示波器。我们选择方波作为信号源进行实验,以便用普通示波器进行观测。由于采用了功率信号输出,故应防止短路。

(1) 选择合适的 R 和 C 值,根据时间常数 τ,选择合适的方波频率,一般要求方波的周期 $T > 10\tau$,这样能较完整地反映暂态过程,并且选用合适的示波器扫描速度,以完整地显示暂态过程。

(2) 改变 R 值或 C 值,观测 u_R 或 u_C 的变化规律,记录下不同 R、C 值时的波形情况,并分别测量时间常数 τ。

(3) 改变方波频率,观察波形的变化情况,分析相同的 τ 值在不同频率时的波形变化情况。

2. RL 电路的暂态过程

选取合适的 L 与 R 值，注意 R 的取值不能过小，因为 L 存在内阻。如果波形有失真、自激现象，则应重新调整 L 值与 R 值进行实验，方法与 RC 串联电路的暂态特性实验类似。

3. RLC 串联电路的暂态特性

(1) 先选择合适的 L、C 值，根据选定参数，调节 R 值大小。观察三种阻尼振荡的波形。如果欠阻尼时振荡的周期数较少，则应重新调整 L、C 值。

(2) 用示波器测量欠阻尼时的振荡周期 T 和时间常数 τ。τ 值反映了振荡幅度的衰减速度，从最大幅度衰减到最大幅度的 0.368 处的时间即为 τ 值。

【数据处理】

(1) 根据不同的 R 值、C 值和 L 值，分别作出 RC 电路和 RL 电路的暂态响应曲线，有何区别？

(2) 根据不同的 R 值作出 RLC 串联电路的暂态响应曲线，分析 R 值大小对充放电的影响。

【注意事项】

(1) 仪器采用开放式设计，使用时要正确接线，不要短路功率信号源，以防损坏。

(2) 示波器注意要选择合适的扫描速率挡位和衰减挡位，以显示恰当的波形。

(3) 用方波显示波形时，示波器 DC 挡位要按下去。

(4) 数据记录既要考虑时间，又要考虑电压的测量。

(5) 若用示波器显示的波形有分叉、跳动或平移等现象，请调节"释抑"开关。

【思考题】

(1) 对于 RLC 串联电路的暂态过程，在 $R=0\ \Omega$ 时，实验中测得的振荡峰值的衰减时间常数一般小于理论计算结果，为什么？

(2) 试说明 RC 电路组成的延时开关的工作原理。

(3) 电容、电感均为储能元件，试从能量转换观点分析解释 RLC 阻尼振荡波形的原理及特点。

第四章 光 学

实验 4-1 光路调整与透镜焦距的测量

在生产、科研和国防等领域,光学仪器(Optical Instrument)的使用十分广泛。例如,它可以将像放大、缩小或记录储存,还可以实现不接触的高精度测量,用它可以研究原子、分子和固体的结构等。总之,在国民经济的各个部门,光学仪器已经成为不可缺少的工具。光学仪器种类繁多,透镜(Lens)是其核心部件,是光学仪器中最基本的光学成像元件。描述透镜特性的一个重要物理量就是焦距(Focus),它决定着透镜成像的规律。在不同的光学仪器中,由于透镜所起的作用不同,常常涉及选择透镜焦距的问题。因此,为了正确地使用光学仪器,必须熟练掌握透镜成像的一般规律,学会光路调节技术和测量焦距的方法。

【实验目的】

(1)掌握透镜的成像规律。
(2)掌握简单光路的分析和调整方法。
(3)学习测量薄透镜焦距的几种方法。

【实验原理】

薄透镜是最常见的基本光学元件,其应用十分广泛。透镜是由两个折射面组成的透明体,其折射面的形状通常为两球面,或是一球面和一平面。各种折射面的不同组合主要构成双凸透镜、平凸透镜、凸凹透镜(正月透镜)、双凹透镜、平凹透镜、凹凸透镜(负月透镜)等六种形状。前三种透镜统称为凸透镜(或称正透镜、会聚透镜),后三种统称为凹透镜(或称负透镜、发散透镜)。凸透镜具有使光线会聚的作用。当一束平行于透镜主光轴的光线通过凸透镜后,将会聚于主光轴上。会聚点 F 称为透镜的焦点,透镜光心 O 到焦点 F 的距离为焦距(图 4-1-1)。凸透镜的焦距越短,其会聚作用愈大。凹透镜具有使光发散的作用。当一束平行于透镜主光轴的光线通过凹透镜后将散开,把发散光的延长线与主光轴的交点 F 称为该凹透镜的焦点,凹透镜光心 O 到焦点 F 的距离为焦距(图 4-1-2)。凹透镜的焦距越短,其发散作用越强。

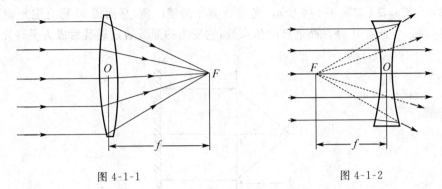

图 4-1-1　　　　　　　　　　　图 4-1-2

所谓薄透镜是一个相对的概念。若透镜中心部位的厚度与其焦距相比甚小时,这种透镜就称之为薄透镜。例如,一个厚度约为 4 mm 而焦距为 150 mm 的透镜,即可将它视为薄透镜。在近轴光线条件下,即光线靠近光轴并且与光轴的夹角很小的情况下,薄透镜的成像规律可表示为

$$\frac{1}{u}+\frac{1}{v}=\frac{1}{f} \tag{4-1-1}$$

如图 4-1-3 所示,式中 u 为物距,v 为像距,f 为薄透镜的焦距。u、v 和 f 均从薄透镜的光心 O 点算起,物距 u 恒取正值,像距 v 和焦距 f 对凸透镜取正值,对凹透镜取负值。运算时,已知量需添加符号,未知量则根据所标结果的符号判定其为凸或凹透镜。

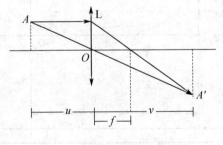

图 4-1-3

式(4-1-1)表明,当 $u=\infty$,则 $v=f$,即自无限远物点射来的平行光线经凸透镜后会聚于像方焦点 F 处;当 $u=f$ 时,则 $v=\infty$,即置于物方焦点 F 处的光源经凸透镜后出射平行光线。这些性质常应用于光学仪器的调整中。

为了便于计算薄透镜的焦距 f,式(4-1-1)可改写成

$$f=\frac{uv}{u+v} \tag{4-1-2}$$

1. 凸透镜焦距的测量原理

(1) 物距像距法：物体发出的光线，经过透镜折射后成像在透镜的另一侧，测出的物距 u 和像距 v，代入式(4-1-1)即可算出薄透镜的焦距。

(2) 自准直法：如图 4-1-4 所示，光点 A 置于透镜一侧，平面镜 M 垂直主光轴置于透镜的另一侧，当光点 A 处在凸透镜的焦点处，它发出的光线通过透镜后成为平行光。

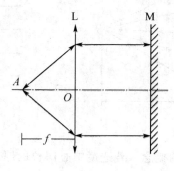

图 4-1-4

平行光遇平面镜 M 后沿原光路返回，仍会聚于 A 点，即光源和光源的像都在透镜的焦点处。若光源不是点光源，而是有一定形状的发光物屏，则只要该物屏是位于透镜焦平面上，那么其像必然也在该焦平面上，此时物屏至透镜光心的距离便是焦距 f。

(3) 共轭法(位移法)：在一般情况下，透镜的光心并不跟它的物体形状的对称中心重合。所以上面介绍的两种方法，在测量物距、像距或焦距时，都会因透镜的光心位置不易确定而在测量中导致不确定度，而共轭法却可以避免这一不确定度的产生。

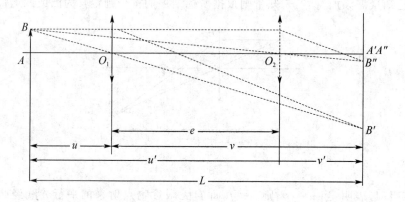

图 4-1-5

如图 4-1-5 所示，设物和像屏间的距离为 L（要求 $L>4f$），并保持不变。透镜位于 O_1 处时，屏上出现一个放大的清晰的像（设此时物距为 u，像距为 v）；当透镜位于 O_2 处（设 O_1、O_2 间的距离为 e），屏上出现一个缩小的清晰像（设此时物距为 u'，像距 v'）。根据薄透镜成像公式(4-1-1)，则：

在 O_1 处，

$$\frac{1}{u}+\frac{1}{L-u}=\frac{1}{f}$$

在 O_2 处，

$$\frac{1}{u+e}+\frac{1}{v-e}=\frac{1}{f}$$

将 $v=L-u$ 代入以上两式，解得

$$f=\frac{L^2-e^2}{4L} \tag{4-1-3}$$

共轭法的测量中，把焦距的测量归结为可以准确测定的量 L 和 e 的测量，从而避免由于薄透镜光心位置估计不准确而产生的不确定度，因此，以上介绍的三种测量方法中，共轭法是最为准确的测量方法。

2. 凹透镜焦距的测量原理

（1）物距像距法：如图 4-1-6 所示，由于凹透镜对光线有发散作用，因而 A 点处实物不能通过单一凹透镜 L_2 得到实像，即这时像屏接收不到像。为此必须借助一凸透镜 L_1，使光线会聚，以得到屏幕上的像。这样，从物点 A 发出的光线经凸透镜 L_1 后并未会聚于 B 点，而是在凹透镜发散的作用下，会聚于 B' 点。根据光线传播的可逆性，就可以视 B 为透镜 L_2 的虚物，而 B' 恰为虚物经透镜 L_2 所生成的像。因此，令 $O_2B=u$，$O_2B'=v$，同时考虑到凹透镜的 f 与 v 均为负值，由式(4-1-1)得

$$\frac{1}{u}-\frac{1}{v}=-\frac{1}{f}$$

即

$$f=\frac{uv}{u-v} \tag{4-1-4}$$

只要测得 u 和 v 的值，就可算得 f 的值。

这种测凹透镜焦距的方法，称为物距像距法。

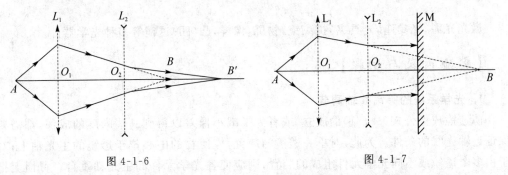

图 4-1-6　　　　　　　　　　　图 4-1-7

（2）自准直法：如图 4-1-7 所示，将物点 A 置于凸透镜 L_1 的主光轴上，测出它的成像位置 B。固定物点 A 和透镜 L_1，在 L_1 和像点 B 之间插入凹透镜 L_2 和平面镜 M。移动

凹透镜 L_2 可使 M 反射回去的光线经 L_2、L_1 后，仍成像于 A 点。此时，从 L_2 到 M 上的光线将是一束平行光，B 点就成为由平面镜反射回去的平行光束经 L_2 折射后的虚像点，所以只需确定 B 点和 L_2 的光心 O_2 点位置即可得到凹透镜的焦距 $-f$。

3. 透镜的误差

理想的成像应该是物平面上每点发出的光，在像平面上都会有一个相应的点，并且物点与像点的相对位置是一定的。这样的像既清晰，又与物完全相似。但实际的像与物并不能完全相似，存在着偏差（失真）。透镜的这种现象称为像差。像差有许多种类，最常见的是球面差和色差。

球面差简称为球差，其产生的原因是简单的球面透镜不能把照射于透镜所有部位的光线都会聚于一点。如图 4-1-8 所示，从同一个物点 A 发出的近轴光线则会聚于 B_1 点，从而 A 点发出的张角较大的光线会聚于 B_2 点，张角连续变化，会聚点也连续变化，因而球差影响着成像的清晰度。

色差的产生是由于透镜材料的折射率随波长不同而略有差异的缘故，因而即便物点发出的光线都满足近轴的要求，不同波长的光其像点也不能完全重合（图 4-1-9）。

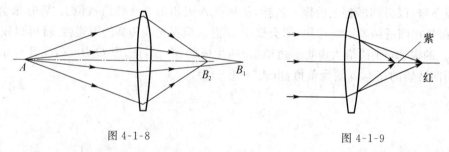

图 4-1-8　　　　　　　　　　图 4-1-9

为了提高成像的清晰度，可以在透镜上加一光阑，遮住张角大的光线，只允许近轴光线通过。同时，光源宜用单色光源。

【实验仪器】

激光光源，光具座，光具夹，扩束镜，物屏，像屏，凸（凹）透镜等多种光学器件。

【实验内容与步骤】

1. 光学系统的等高共轴调节

薄透镜成像公式(4-1-1)的成立，或者为了减小像差以得到高清晰度的成像，都需要保证近轴光线的条件。为此，对单一透镜的装置，应使物的中心位于透镜的主光轴上；对于由多个透镜或不同光学元件组成的装置，则应使各光学元件的主光轴重合。习惯上把各光学元件的主光轴调整至重合的过程称为光学系统等高共轴调节，它是光路调整的基本技术，也是光学实验必不可少的步骤之一。

因为各光学元件都是要放置在光具座上，因此光具座轨道与激光器发出的激光束是否平行非常重要。等高共轴调节首先需将光具座导轨与激光束调平行。具体做法是：在光具座轨道上放置像屏，注意观察激光光束在像屏上所形成的亮点位置（应使亮点处于像屏的中心），沿光具座轨道移动像屏。通常情况下，屏上的亮点位置会随之改变，这说明轨道与光束不平行，认真和仔细地调节激光光束的出射方位，调节轨道的四脚螺旋高度及轨道的摆置方位，直至当像屏在轨道上任意位置放置时，像屏上的亮点位置均无变化。

当光具座轨道与激光束调平行后，可进行轨道各光学元件的共轴调节，具体做法如下：依次在轨道上放置扩束镜、物屏、透镜和像屏，每放一个器件，都要注意观察像屏上所成像中心是否重合。在共轴的情况下，不同的光学器件放上轨道后，像屏上的成像形状可能是不一样的，但它们成像的中心不可移位。

2. 测量凸透镜的焦距

1）物距像距法

激光光源发出的光束经扩束镜后照射在物屏上，从物屏射出的光束经凸透镜后在像屏上成像，通过移动凸透镜，找到清晰的放大像。由于人眼对像清晰程度的判断总不免有一定的误差，故采用左右逼近法读数。先使凸透镜自左向右缓慢移动，当像清晰时停止，记下透镜位置；再使透镜自右向左移动，当像清晰时停止，记下透镜位置。最后取两次读数的平均值作为凸透镜的位置。通过记录物屏、凸透镜和像屏在导轨上的位置读数，得出物距 u、像距 v，根据式(4-1-2)便可计算出凸透镜焦距 f，以上过程重复6次。

注意：重复多次测量过程中，物屏和像屏的位置应是固定不变的。（为什么？是否可以使物屏和凸透镜保持位置不动而达到同样的目的？）

2）共轭法

取物屏与像屏的距离 $L>4f$，移动凸透镜，当像屏上出现清晰的放大像和缩小像时，记录透镜所在位置读数，同时记录固定不动的物屏和像屏的位置读数，从而得出 L 和 e，代入式(4-1-3)便可计算出凸透镜的焦距 f。

注意：物屏和像屏的距离 L 不要取得太大，否则就会因缩小像太小而难以确定最清晰的成像。

3. 物距像距法测量凹透镜的焦距

首先将凸透镜 L_1 置于轨道的某个位置 O_1 处，移动像屏，直至缩小像清晰为止，记下像屏位置读数 B。然后在凸透镜与像屏之间放入待测凹透镜 L_2，记下 L_2 的位置读数 O_2，移动像屏直至屏上像清晰为止，记下像屏的位置读数 B'。由此得出 $u=|B-O_2|$，$v=|B'-O_2|$，以上过程重复6次。最后将测得数据代入式(4-1-4)即可计算出凹透镜 L_2 的焦距 f。

注意：实验过程中不得触摸光学仪器或器件的光学表面。

【数据记录与处理】

表 4-1-1 凸透镜焦距测量数据记录与处理表

测项\测次	物位置坐标	凸透镜位置坐标	屏位置坐标	物距 u /cm	像距 v /cm	焦距 f /cm
1						
2						
3						
4						
5						
6						
平均值						

表 4-1-2 凹透镜焦距测量数据记录与处理表

测项\测次	物位置坐标	凹透镜位置坐标	屏位置坐标	物距 u /cm	像距 v /cm	焦距 f /cm
1						
2						
3						
4						
5						
6						
平均值						

由以上各数据可进行下面的计算。

焦距的平均值为

$$\overline{f} = \frac{\overline{u}\,\overline{v}}{\overline{u}+\overline{v}} \ \text{或} \ \overline{f} = \frac{\overline{u}\,\overline{v}}{\overline{u}-\overline{v}}$$

物距 u 和像距 v 的不确定度分别为：

$$\Delta_{Au} = \sqrt{\frac{1}{n-1}\sum_{i=1}^{n}(u_i - \overline{u})^2}$$

$$\Delta_{Av} = \sqrt{\frac{1}{n-1}\sum_{i=1}^{n}(v_i - \overline{v})^2}$$

$$\Delta_{Bu} = \Delta_{Bv} = \Delta_{\text{ins}} = 0.1 \text{ cm}$$

$$\Delta_u = \sqrt{\Delta_{Au}^2 + \Delta_{Bu}^2}$$

$$\Delta_v = \sqrt{\Delta_{Av}^2 + \Delta_{Bv}^2}$$

焦距的相对不确定度为：

$$E = \frac{\Delta_f}{\bar{f}} = \sqrt{\left(\frac{\bar{u}}{\bar{u}(\bar{u}+\bar{v})}\right)^2 \Delta_u^2 + \left(\frac{\bar{v}}{\bar{u}(\bar{u}+\bar{v})}\right)^2 \Delta_v^2}$$

焦距的合成不确定度为：

$$\Delta_f = \bar{f} \cdot E$$

测量结果为：

$$f = \bar{f} \pm \Delta_f$$

【预习思考题】

(1) 光学系统为什么要进行等高共轴调节？调节等高共轴有哪些要求？应该怎样调节？

(2) 何谓物距像距法、自准直法和共扼法？

(3) 在什么条件下，物点发出的光线通过会聚透镜成像？

(4) 设计一个简单的方法来区分凸透镜和凹透镜（不允许用手摸）。

【思考题】

(1) 本实验中产生不确定度的主要原因都是哪些？

(2) 共轭法测凸透镜焦距时，如果凸透镜光心与滑块上刻线不在垂直于导轨的同一平面内，对实验结果有无影响？为什么？

(3) 重复多次测量中，物屏与像屏为什么要求位置固定不变？假如各次测量中物屏与像屏位置是变化的，如何进行不确定度的估算？

(4) 你能否设计一个简单快捷的粗略测定凸透镜焦距的方案？

实验 4-2　分光计的调节与光栅常数测量

分光计（spectrometer），又称为分光测角仪。它是一种能够精确测量光波经过光学元件（棱镜、平面镜、光栅等）后偏转角度的光学测角仪器。分光计常用来研究光学现象（光的反射、折射、衍射和偏振等）或测量光的反射角、折射角、衍射角等，同时它还可以通过直接测量角度来确定许多与角相关的光学量，如折射率、光波波长、色散率、光栅常量等。此外，分光计调整思想、方法与技巧，在光学仪器中具有一定的代表性，学会对它的调整与使用,有助于掌握操作更为复杂的光学仪器。因此熟悉分光计的基本结构、调整原理、使用方法与技巧是十分必要的。

光栅(Optical Grating)是一种根据多缝衍射原理制成的分光元件。由于它能产生亮度较大、间距较宽、排列规则的光谱,且分辨本领较大,故常用于光谱分析和准确测量光波波长。光栅不仅适用可见光,也适用于 X 射线、紫外线、红外线甚至远红外线,因此,它不仅用于光谱学的研究,还在计量、光通信、信息处理等方面有着广泛的应用。

光栅通常分为透射光栅和反射光栅两种。透射光栅是用金刚石刻刀在平板玻璃上刻划许多平行线制成的,被刻划的线是光栅中不透光的间隙,光线只能在刻痕间的狭缝中通过。因此,透射光栅实际上是一排密集、均匀而又平行的狭缝。反射光栅是在磨光的硬质合金上刻划许多平行线。实验室中通常使用的光栅是由原刻光栅复制而成或利用激光技术制作的全息光栅。普通光栅一般每毫米 250~600 条线左右,精密光栅每毫米达千条线以上。

本实验通过对光栅常量及光波波长的测定,深入了解光栅衍射的原理与一般规律,同时熟悉分光计调整及其使用的方法。

【实验目的】

(1) 了解分光计的结构和原理,学习调节使用方法。
(2) 观察光通过透射光栅的衍射现象,了解透射光栅的主要特性。
(3) 学会用透射光栅测定光波波长、光栅常量及光栅分辨本领和角色散率,掌握透镜的成像规律。

【实验原理】

1. 分光计的结构与原理

由于应用目的和测量要求各异,不同的分光计的结构和测量的准确度方面可能有很大差别,但其光学原理基本相同。分光计装有能产生平行光的平行光管,能接收平行光的望远镜,装有能承载光学元件的载物台,以及为了测出角度,还配有可与望远镜同步转动的刻度盘。图 4-2-1 所示为实验中常用的分光计外形结构示意图。下面逐一介绍分光计的各主要部件的名称及其功能。

1) 望远镜

分光计中采用的是自准直望远镜(本身带有平行管的望远镜),用以观察和确定光线方向。它由物镜、目镜、分划板和照明电珠等组成,分别装在三个套筒中,彼此可以相对滑动以便调节。望远镜结构如图 4-2-2 所示,分划板上刻有"双十字"形叉丝,与分划板紧贴的小棱镜的一面刻有透光的十字窗,小棱镜的另一面与套筒壁上的透光小孔正对,绿色的照明光线由此进入并经小棱镜反射照亮十字窗。若十字窗平面恰好处于物镜的焦平面

第四章 光 学

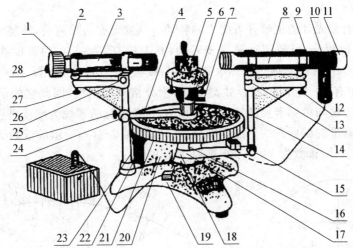

1—狭缝装置；2—狭缝装置锁紧螺钉；3—平行光管；4—标盘制动架；5—载物台；
6—载物台调平螺钉(3个)；7—载物台锁紧螺钉；8—望远镜；9—目镜锁紧螺钉；10—阿贝目镜；
11—目镜调节手轮；12—望远镜倾斜度调节螺钉；13—望远镜水平调节螺钉；14—支臂；
15—望远镜微调螺钉；16—刻度盘制动螺钉；17—望远镜制动螺钉；18—望远镜制动架；19，20—底座；
21—刻度盘；22—游标盘；23—立柱；24—游标盘微调螺钉；25—游标盘制动螺钉；
26—平行光管水平调节螺钉；27—平行光管倾斜度调节螺钉；28—狭缝宽度调节手轮

图 4-2-1

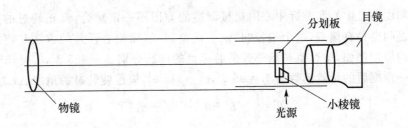

图 4-2-2

上,从十字窗发出的光经物镜后成一平行光束。若前方有一平面镜将这束光反射回来,再经物镜成像于焦平面上,那么从目镜中可以同时看到"双十字"形叉丝与十字窗的反射像。当望远镜光轴与平面镜的光线平行时,在目镜里看到的十字窗反射像就与分划板上"双十字"形叉丝的上交点相重合,如图 4-2-3 所示。

2) 平行光管

平行光管的作用是产生平行光,这是由一可调节宽度的狭缝和一个能够消除色差的透镜组构成。当光源将狭缝照亮,通过伸缩平行光管套筒的长短,使狭缝位于透镜的焦平面上,则从狭缝照进来的光经透镜组后便成为平行光。

3）刻度盘

刻度盘垂直分光计的主轴并可绕主轴转动。刻度盘有内外两层，外层叫读数盘（或度盘），它与望远镜相连，可随望远镜同步转动，其上标有 0°～360°的刻度线，最小刻度为 30′；内层盘叫作游标盘，它通过游标盘制动架与载物台相连，盘上相隔 180°处有两个对称游标刻度，其中有 30 个分格，与读数盘上 29 个分格刻度相当，因此它的最小分度为 1′。角游标的读数方法与游标卡尺的读数方法相似，以角游标的零线为准读出度数，再找两盘刻线刚好准确对准的游标盘的刻线读出分数。如图 4-2-4(a) 所示的读数为 $149°+22′=149°22′$，图 4-2-4(b) 读数为 $149°+30′+14′=149°44′$。

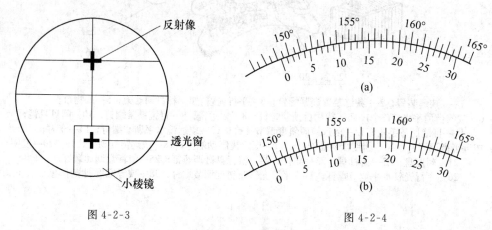

图 4-2-3   图 4-2-4

由于刻度圆盘中心和游标中心因机械制造的原因不一定重合，真正转过的角度同读出的角度之间会稍有偏差，这个偏差叫"偏心误差"。消除偏心误差的方法是将两游标盘读数取平均值。例如，望远镜初始位置两游标盘的读数分别 $\theta_1=355°5′$，$\theta_1'=155°2′$，望远镜转过某一角度后的位置读数为 $\theta_2=95°7′$，$\theta_2'=275°6′$，望远镜转过的角度 $\Delta\theta$ 为

$$\Delta\theta=\frac{1}{2}[|\theta_2-\theta_1|+|\theta_2'-\theta_1'|]$$

因为在角度改变过程中，θ_1 与 θ_2 之间夹有刻度盘的零刻线，因而其角度的实际改变量应为 $[360°-|\theta_2-\theta_1|]$，故

$$\Delta\theta=\frac{1}{2}[(360°-|95°7′-355°5′|)-|275°6′-155°2′|]=110°3′$$

4）载物台

载物台是为放置各种被测光学元器件如棱镜、光栅等而设置的。载物台可绕中心轴转动，台面下方有三个调节螺钉，可用以调节平台的高度和倾斜度。

2. 衍射光栅

光栅的刻痕起着不透光的作用。理想的光栅可看作是许多平行、等距离、等宽度的狭缝。刻痕间的距离称为光栅常量 d，是缝的宽度 b 与刻痕宽度 a 之和，即 $d=a+b$（图 4-2-5）。

如图 4-2-5 所示，以波长为 λ 的单色光经平行光管形成平行光束后垂直照射在光栅

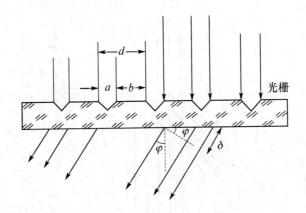

图 4-2-5

面上。光波将在各个狭缝处发生衍射,所以狭缝的衍射光又彼此发生干涉,干涉条纹定域于无限远,因而实验中衍射光的干涉条纹都是利用望远镜来观测的,即将各方向的衍射光会聚到望远镜的焦平面上,各方向的光在此叠加而形成锐细的光线衍射条纹(称光谱线)。由此得到,相邻两缝对应点射出的光束的光程差为

$$\Delta=(a+b)\sin\varphi=d\sin\varphi$$

式中 φ 称为衍射角(衍射光与光栅平面法线之间的夹角),当其满足下列条件:

$$d\sin\varphi_k=k\lambda \quad (k=0,\pm 1,\pm 2,\cdots) \tag{4-2-1}$$

时,则该衍射角方向上的光将得到加强,称为主极大;而其他方向的衍射光或因完全抵消,或因强度很弱而形成很暗的背景。

式(4-2-1)称为光栅方程。λ 是光波波长,k 为光谱线的级次,d 为光栅常量。当 $k=0$ 时,相应于衍射角为零,$\varphi_0=0$,形成极强的零级光谱,称其为光谱的中央(0级)极大。对于 k 的其他数值,其光谱出现在不同的方向上,k 的正负不同,表明相对应的两组光谱线对称地分布在零级光谱的两侧,分别称作正负第一级极大、第二级极大⋯⋯,如图 4-2-6 所示。

图 4-2-6 所示的入射光不是单色光,而是复色光(含有多种不同波长的光)。由光栅方程可以看出,光的波长不同,其衍射角各不相同。只有 $k=0$,$\varphi=0$ 时,各波长的光是重叠在一起的,组成明亮的中央条纹;而对其他各 k 值,不同波长的光,将在中央明条纹两侧对称地分布着 $k=1,2,\cdots$ 各级光谱线,它们按波长大小的顺序依次排成彩色谱线,称为光栅谱线。

因此,可用分光计测出衍射角 φ_k,由已知波长 λ 可以测出光栅常量 d;反之,若光栅常量 d 为已知,实验中测定了某谱线的衍射角 φ_k 和对应的光谱线 k,则可以求出该谱线的波长 λ。

表征光栅特征的除光栅常量 d 外,还有光栅的分辨本领 R 和角色散率 D。

光栅的分辨本领是指波长靠得很近的两条谱线分辨清楚的本领,分辨本领 R 定义为:

$$R=N\frac{\lambda}{\Delta\lambda} \tag{4-2-2}$$

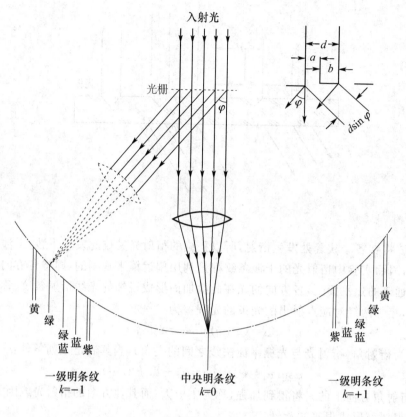

图 4-2-6

式中 λ 为恰能分辨的两条光谱线的平均波长，$\Delta\lambda$ 为这两条光谱线的波长差。根据瑞利判据，所谓两条光谱线恰能被分开的条件是：其中一条光谱线的极强应落在另一条光谱线的极弱上。由此可推出分辨本领式中的 N 是光栅受到光波照射的光缝总数，若受照面的宽度为 l，则 $N = \dfrac{l}{d}$，l 一般取平行光管的通光孔径即可。通常衍射级数 k 不会很高，因而要想提高光栅的分辨本领就要增加刻痕数。

角色散率定义为 $D = \dfrac{\mathrm{d}\varphi}{\mathrm{d}\lambda}$。它是光栅、棱镜等分光元件的重要参量，表示单位波长间隔内两单色光谱线之间的角间距。根据光栅方程，在一定的入射角下，各光波谱线的衍射角随波长 λ 而变化，因此

$$D = \dfrac{k}{d\cos\varphi} \tag{4-2-3}$$

可见，光栅常量 d 愈小，角色散率愈大，光谱线的级次愈高，角色散也愈大。为了得到大的角色散率，光栅常量必须很小，即应增加单位长度内的刻痕数。由式(4-2-3)还可知，当光栅常量 d 已知时，如测得了某光谱线的衍射角 φ_k 和光谱级 k，即可计算这个波长的

角色散率。

【实验仪器】

JJY-1′Ⅱ型分光计,汞灯,透射光栅,双面镜。

【实验内容与步骤】

1. 分光计的调节

调节分光计的要求是:使平行光管发出平行光,望远镜接收平行光;平行光管和望远镜的光轴与仪器的转轴(中心轴)相垂直。

1) 目测粗调

用眼睛粗略估测,调节望远镜和平行光管的倾斜度调节螺钉,使望远镜、平行光管大致呈水平状态。调节载物台下的三个调平螺钉,使载物台大致水平。

2) 目镜调焦

目的是让眼睛通过目镜能够看清楚镜筒内分划板的刻线。为此,慢慢地转动目镜调焦手轮,使目镜前后伸缩,直到眼睛通过目镜能够清晰地看清楚分划板上的"双十字"形叉丝。

3) 望远镜的调焦

望远镜调焦的目的是把分划板上的十字线调整到物镜的焦平面上,即望远镜对无穷远调焦。把望远镜光轴高低调节螺钉和光轴水平调节螺钉调到适中位置。按图4-2-7将光栅片放置在分光计载物台上,尽量使光栅平行于载物台调解螺钉b、c连线放置。然后使望远镜照明灯按要求通电,从目镜中可见一亮斑。松开目镜锁紧螺钉,前后移动目镜筒,可使亮斑聚成亮十字的清晰像,即光栅平面反射回来的十字丝像。最后利用载物台的调平螺钉b、c和望远镜的微调螺钉使十字叉丝像与分划板上方十字线重合。如图4-2-8所示,并且微动目镜调焦手轮,消除二者之间的视差。这时,望远镜已调焦到无穷远,即能观察平行光了。

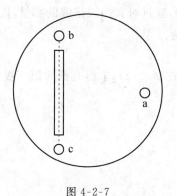

图 4-2-7　　　　　　　图 4-2-8

4）使望远镜的光轴垂直于中心转轴

当十字叉丝像与分划板上方十字线重合（图 4-2-8）时，把游标盘连同载物台及光栅转动 180°，可能会使十字叉丝像向上或向下偏移，说明望远镜光轴仅与光栅的一个面相垂直，并且与分光计中心转轴垂直。要做到望远镜光轴与中心转轴垂直，当游标盘连同载物台转过 180°后，十字叉丝像必须仍与分划板上方十字线重合。具体做法是：调节载物台的调平螺钉 a，使叉丝像移向分划板上方十字线，移动一半距离后，改调望远镜倾斜度调节螺钉，将偏离的另一半距离消除。重复这样的调整，直到被光栅平面两面反射的叉丝像都能够与分划板上方的十字线重合为止。上述调节方法称为二分之一调节法，也叫各半调节法，在光学仪器调节中这是一种很常用的方法。

5）调节平行光管

用光源照明平行光管的狭缝，把调整好的望远镜转到对准平行光管的位置，这时从望远镜的目镜中可观察到狭缝像。调整平行光管的狭缝与物镜之间的距离，直至能看到清晰的狭缝像，转动狭缝使它的像与分划板的垂直线无视差地重合。然后，再调节平行光管的俯仰，使狭缝像处于目镜视场的中间位置。这样，平行光管已能发射平行光，它的光轴也垂直于分光计的转轴，至此，分光计调节完毕。

注意：光栅是精密光学器件，严禁用手触摸刻痕。

2. 光栅常量的测定

用望远镜对准汞灯光谱中明亮的绿线（波长 546.1 nm），分别记录左右一级两个角度位置，即对 $k=1$，记下 θ_1 和 θ_1'；对 $k=-1$，记下 θ_2 和 θ_2'。二者之差等于衍射角的 2 倍，设为 2φ，则

$$\varphi = \frac{1}{4}[|\theta_1-\theta_2|+|\theta_1'-\theta_2'|] \tag{4-2-4}$$

把 λ 和 φ 代入式(4-2-1)，计算出光栅常量。并按仪器读数可能产生的最大误差，估算光栅常量的不确定度。

3. 测光谱线波长

汞灯光谱中各有一条较强的紫光线和绿光线，通过对其一级谱线的测量，按式(4-2-1)计算这两条谱线的波长，并计算两波长的百分误差。

4. 测光栅的色散率（选做）

从汞灯光谱的两条黄线测出 φ 和 λ，并根据式(4-2-3)，求得光栅的第一级色散率。

【数据记录与处理】

（1）光栅常量的测定。

表 4-2-1　绿色谱线衍射角 φ 记录表

测次 \ 绿谱线	$k=+1$		$k=-1$		$\varphi=\dfrac{1}{4}[|\theta_1-\theta_2|+|\theta'_1-\theta'_2|]$
	左盘 θ_1	右盘 θ'_1	左盘 θ_2	右盘 θ'_2	
1					
2					
3					
4					
5					
6					

由以上各数据可进行下面的计算：

$$\overline{\varphi}=\frac{1}{n}\sum_{i=1}^{n}\varphi_i$$

$$\overline{d}=\frac{\lambda}{\sin\overline{\varphi}}\;(\lambda=546.1\text{ nm})$$

$$\Delta_{A\varphi}=\sqrt{\frac{1}{n-1}\sum_{i=1}^{n}(\varphi_i-\overline{\varphi})^2}$$

$$\Delta_{B\varphi}=1'$$

$$\Delta_\varphi=\sqrt{\Delta_{A\varphi}^2+\Delta_{B\varphi}^2}$$

$$E_d=\frac{\Delta d}{\overline{d}}=\frac{\cos\varphi}{\sin\varphi}\Delta\varphi$$

$$\Delta d=\overline{d}\times E_d$$

$$d=\overline{d}\pm\Delta_d$$

(2) 求紫光谱线波长。d 用绿谱线计算结果，$\varphi_{紫}$ 测量 3 次。

表 4-2-2　紫色谱线衍射角 φ 记录表

测次 \ 紫谱线	$k=+1$		$k=-1$		$\varphi=\dfrac{1}{4}[|\theta_1-\theta_2|+|\theta'_1-\theta'_2|]$
	左盘 θ_1	右盘 θ'_1	左盘 θ_2	右盘 θ'_2	
1					
2					
3					

$$\lambda=d\sin\overline{\varphi}$$

百分误差为：

$$A=\frac{|\lambda-\lambda_{公}|}{\lambda_{公}}\times100\%\;(\lambda_{公}=435.8\text{ nm})$$

【预习思考题】

(1) 分光计有哪几个主要部件？各部件的作用是什么？

(2) 分光计测量角度之前需要调节仪器使它符合哪些要求？

(3) 调节望远镜适合于观察平行光的主要步骤是什么？当你观察到什么现象时就可以判断望远镜已适合观察平行光了？

(4) 当反复转动载物台调节使望远镜光轴垂直于分光计主轴时，载物台是否也同时调好到垂直于主轴的状态了，为什么？

(5) 利用衍射原理测光栅常量或波长时，对分光计调整有何特殊要求？

【思考题】

(1) 分光计为什么要调整到望远镜光轴与仪器的主轴相垂直？不垂直对测量结果有何影响？

(2) 如用钠黄光（平均波长 $\lambda=589.3$ nm）垂直入射到 1 mm 内有 500 条刻痕的平面透射光栅上时，试问最多能看到几级光谱？若换上 1 000 条刻痕的光栅，能否看到更多级的光谱？能否提高仪器的分辨本领？

(3) 在分光计调节过程中，如果发现光谱线倾斜，说明什么问题，如何调整？

实验 4-3 用牛顿环测透镜的曲率半径

光的干涉（Optical Interference）为光的波动性提供了有力依据。如果要产生光的干涉物理现象，两束光一定要满足相干条件（频率相同、振动方向相同和初始相位差恒定，光程差小于光源的相干长度）。由于普通光源是不相干的，因此不能由两个简单的实际点光源和面光源形成稳定的干涉现象。为了保证相干条件，通常的办法是利用光学器件将一个波列一分为二，再使它们经过不同的路径后相遇，由于获得的两个波列是由同一个波列分解而来的，它们是满足相干条件的，就可以获得稳定的可观测的干涉现象。分解波列的方法有两种：①分波振面法；②分振幅法。

牛顿环（Newton's rings）是用分振幅的方法产生的干涉现象，也是典型的等厚干涉（equal thickness interference）条纹。光的等厚干涉原理在生产实践中具有广泛的应用，如测量光波波长、精确地测量长度、厚度和角度，检验试件表面的光洁度，研究机械零件内应力的分布以及在半导体技术中测量硅片上氧化层的厚度等。

【实验目的】

（1）观察光的等厚干涉现象，了解等厚干涉条纹的特点。
（2）学习用等厚干涉法测量平凸透镜的曲率半径。
（3）掌握读数显微镜使用方法。
（4）了解用逐差法来消除系统误差的数据处理方法。

【实验原理】

1. 牛顿环

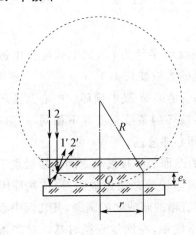
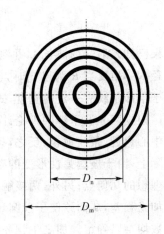

图 4-3-1　　　　　　　　　　　　图 4-3-2

当一曲率半径较大的平凸透镜与一光学平板玻璃相接触时，在平凸透镜和平板玻璃之间就会形成一层空气薄膜，它们之间空气层厚度从中心到边缘逐渐增加，如图 4-3-1 所示。当以波长为 λ 的平行单色光垂直照射在此装置上，入射光将在此空气薄层上下两表面反射，产生具有固定光程差的两束相干光，在空气层表面附近产生等厚干涉，形成一组以接触点为中心的明暗相间的同心圆环，如图 4-3-2 所示。这种干涉图样最早为牛顿发现，故称为牛顿环，通常也将这个装置称作"牛顿环"。

由图 4-3-1 可见，如设透镜 L 的曲率半径为 R，与接触点 O 相距为 r 处的空气膜厚为 e_k，由其几何关系可知：

$$R^2 = (R-e_k)^2 + r^2 = R^2 - 2Re_k + e_k^2 + r^2$$

因 $R \gg e_k$，故可略去 e_k^2 项而得

$$r^2 = 2Re_k$$

也就是

$$e_k = r^2/(2R) \tag{4-3-1}$$

由图 4-3-1 可见，$2e_k$ 恰为两光线在空气层间的光程差。当光线垂直入射时，计算光程差时要考虑光波在平板上反射会有半波损失，从而带来 $\lambda/2$ 的附加光程差，所以图中的 1 和 2 光线在空气层间的总光程差为

$$\delta = 2e_k + \lambda/2 \tag{4-3-2}$$

将式(4-3-1)代入式(4-3-2)就可得以 O 为圆心、以 r 为半径的圆上各点处光程差为

$$\delta = r^2/R + \lambda/2$$

由干涉条件可知，当 $\delta = r^2/R + \lambda/2 = (2k+1)\lambda/2$ 时，反射光相消，即干涉条纹为暗条纹。于是得

$$r_m^2 = mR\lambda \quad (m=0,1,2,\cdots) \tag{4-3-3}$$

即

$$R = r_m^2/m\lambda \tag{4-3-4}$$

如果已知入射光的波长 λ，并测出第 m 级暗条纹的半径为 r_m，则上式可算出透镜的曲率半径 R。相反当 R 为已知时，也可算出入射光的光波波长 λ。

由于干涉条纹有一定的宽度，式(4-3-4)中的 r_m 是第 m 级牛顿环纹中心到圆环中心的距离。根据两光波干涉的理论计算可知，各级牛顿环的条纹宽度并不相同，m 愈小，即距圆环中心愈近，条纹愈粗；反之，条纹愈细，其距环心亦愈远。

实际上，由于玻璃弹性形变的存在，平凸透镜的凸面与平板玻璃之间的接触点不可能是一个理想的几何点；另外，两接触点之间难免附着尘埃等杂物或缺陷等，这些原因都会引起附加光程差，从而致使干涉圆环中心为一不甚清晰的暗或明的圆斑，其几何中心以及各个级数均难以确定。加之牛顿环的干涉条纹并不锐细，在测量直径时基线对准条纹时的定位误差约为条纹间距的 1/10，可见，直接由式(4-3-4)来测定 R 值是十分困难的。为此，对该式做如下变换。

假设对 m 级和 n 级暗环，其半径分别为 r_m 和 r_n，即

$$r_m^2 = mR\lambda, \quad r_n^2 = nR\lambda$$

两式相减，得

$$R = \frac{r_m^2 - r_n^2}{(m-n)\lambda} \tag{4-3-5}$$

如以牛顿环的直径 D 代替环半径，则上式可表示为

$$R = \frac{D_m^2 - D_n^2}{4(m-n)\lambda} \tag{4-3-6}$$

式(4-3-4)经过变换后，其物理意义不同了。以环数差 $m-n$ 代替级数 m 后，在实验中就不再需要确切知道这一级究竟是第几级，因为(不难证明)直径的平方差等于弦的平方差。这样，就不必准确确定圆环的中心，即实验中需要将显微镜的十字叉丝的横丝严格地调到通过环纹的中心。换句话说，所测量的 D 并不是直径(半径)，而是牛顿环的弦长。

即由式(4-3-6),只要测出两个环的两弦长 D_m 和 D_n,若已知光波长 λ,就可算得透镜的曲率半径 R。

2. 逐差法处理数据

由于牛顿环装置中玻璃接触处的弹性形变以及两接触点之间杂物或缺陷等,这些原因都会引起附加光程差而引起系统误差,因而不能直接用牛顿环的直径 D 计算平凸透镜的曲率半径。因此利用逐差法求得 $D_{25}^2 - D_{15}^2$, $D_{24}^2 - D_{14}^2$, $D_{23}^2 - D_{13}^2$, $D_{22}^2 - D_{12}^2$, $D_{21}^2 - D_{11}^2$,然后取平均值代入式(4-3-6),求得凸透镜的曲率半径 R。

3. 光学测量中的对准与调焦技术

对准又称横向对准,是指一个目标与比较标志(十字叉丝)在垂直瞄准轴方向的重合。调焦又称纵向对准,是指一个目标像与比较标志在瞄准轴方向的重合。对准和调焦通常也可描述为等高、共轴和消视差。

【实验仪器】

钠光灯,牛顿环装置,读数显微镜。

(1) 钠光灯:单色光源,波长为 $\lambda = 589.3$ nm。

(2) 牛顿环装置:牛顿环仪由一个曲率半径为 R 的平凸透镜 L 和平板玻璃 P 组合装在金属框架 F 中构成,如图 4-3-3 所示。框架边上有三个螺旋 H,用以调节和 P 之间的接触。以改变干涉环纹的形状和位置。调节 H 时,螺旋不可旋得过紧,以免接触压力过大造成透镜弹性形变,甚至损坏透镜和平板玻璃。

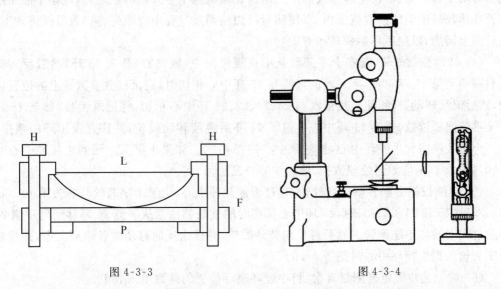

图 4-3-3   图 4-3-4

(3) 读数显微镜:读数显微镜是一种既可作长度测量又可作观察的光学仪器。主要由显微镜(用于观察)、读数用主尺和附尺(用于测量)及照明设备三部分组成,如图 4-3-4

所示。测量前,把待测物(牛顿环)放在毛玻璃制成的工作台上,要求被测物表面与镜筒垂直。测量时,通过底垫的轮使显微镜上下移动进行粗调,再用调焦手轮进行微调,使像清晰。调节目镜时,清楚地看见视场中的十字叉丝后,转动测微刻度轮,使十字叉丝交点对准被测的第一位置,即可在标尺上读数。主尺有 0~50 mm 刻度线,每格为 1 mm,刻度轮上的附尺将圆周等分为 100 格,即度轮尺将圆周等分为 100 格,即将主尺 1 mm 等分为 100 格,因此刻度轮上每一小格代表 0.01 mm。所以,读数时毫米以上部分由主尺读出,毫米以下部分由刻度轮(称为微调刻度轮)读出。两者相加,即为所测物的位置坐标读数(准确到 0.01 mm,估读到 0.001 mm)。

使用时,测微轮应沿同一方向旋转,不可中途反向。这是因为显微镜的移动是靠测微螺旋丝杆推动,螺纹接触之间有间隙,当反方向旋转时,必须转动这个间隙显微镜才能跟着螺旋丝杆移动,从而产生所谓回程误差(非统计不确定度)。

【实验内容与步骤】

(1) 接通钠光灯电源使灯管预热,调节牛顿环仪边框上三个螺旋,使在牛顿环仪中心出现一组同心干涉环。

(2) 将牛顿环仪放在读数显微镜的载物台上,调节 45°反射镜 G,以便获得最大的照度。

(3) 调节读数显微镜调焦手轮,直至在读数显微镜内能看到清晰的干涉条纹的像。适当移动牛顿环位置,使干涉条纹的中央暗区在显微镜十字叉丝的正下方,观察干涉条纹是否在读数显微镜的读数范围内,以便测量(注意:调焦过程中应该先将读数显微镜调下,然后向上调焦,以免压坏牛顿环和劈尖)。

(4) 转动读数鼓轮,观察十字叉丝从中央缓慢向左(或向右)移至 28 环,然后反方向向右移动至第 25 环,当十字叉丝的竖线与 25 环中心相切时,记录读数显微镜上的位置读数,然后继续转动鼓轮,使竖线依次与 24、23、22、21 环中心相切,并记录读数,移至 15 环时又继续记录读数,至第 11 环中心。过了 11 环后继续转动鼓轮,并注意读出环的顺序,直到十字叉丝回到牛顿环中心,核对该中心是否 $k=0$。如果十字叉丝回到牛顿环中心时 $k\neq0$,如 $k=1$,则应如何处理数据,请同学们自己思考?

(5) 继续按原方向转动读数鼓轮,越过干涉圆环中心,记录十字叉丝与右边第 10、11、12、13、14、15 和 21、22、23、24、25 环中心相切时的读数。注意从一侧 25 环移到另一侧 25 环的过程中鼓轮不能倒转。然后再反向转动鼓轮,并读出反向移动时各暗环次序,并核对十字叉丝回到牛顿环中心时是否 $k=0$。

(6) 按上述步骤重复测量 3 次,将牛顿环暗环位置的读数填入表中。

【数据记录与处理】

表 4-3-1 测量数据记录与处理表

环的级数	m	25	24	23	22	21
环的位置读数/mm	$x_{右}$					
	$x_{左}$					
环的弦长($\|x_{右}-x_{左}\|$)/mm	D_m					
环的级数	n	15	14	13	12	11
环的位置读数/mm	$x_{右}$					
	$x_{左}$					
环的弦长($\|x_{右}-x_{左}\|$)/mm	D_n					
D_m^2/mm						
D_n^2/mm						
($D_m^2 - D_n^2$)/mm						

曲率半径:

$$\overline{D_m^2 - D_n^2} = \frac{1}{n}\sum_{i=1}^{n}(D_{mi}^2 - D_{ni}^2)$$

$$\Delta_{A(D_m^2-D_n^2)} = \sqrt{\frac{1}{n}\sum_{i=1}^{n}\left[(D_{mi}^2 - D_{ni}^2) - \overline{D_{mi}^2 - D_{ni}^2}\right]^2}$$

$$\Delta_{B(D_m^2-D_n^2)} = 0.01 \text{ mm}^2$$

$$\Delta_{(m-n)} = \Delta_{B(m-n)} = 0.1$$

$$\overline{R} = \frac{\overline{D_m^2 - D_n^2}}{4(m-n)\lambda}$$

$$E_R = \sqrt{\left(\frac{\Delta_{(D_m^2-D_n^2)}}{D_m^2 - D_n^2}\right)^2 + \left(\frac{\Delta_{(m-n)}}{m-n}\right)^2}$$

$$\Delta_R = \overline{R} \cdot E_R$$

$$R = \overline{R} \pm \Delta_R$$

【思考题】

(1) 从牛顿环仪透射出到环底的光能形成干涉条纹吗? 如果能形成干涉环,则与反射光形成的条纹有何不同?

(2) 实验中为什么要测牛顿环直径,而不测其半径?

(3) 在使用读数显微镜时,怎样判断是否消除了视差?使用时最主要的注意事项是什么?

(4) 实验中如果用凹透镜代替凸透镜,所得数据有何异同?

实验 4-4　双棱镜法测光波波长

早在 17 世纪时,人们就试图解释光的本性。当时出现了两种学说——微粒说和波动说。由于牛顿以他的权威支持微粒说,使波动说被摒弃一个世纪之久,直至 1801 年英国物理学家托马斯·杨(Thomas Young)进行了光的干涉实验,即著名的杨氏双孔干涉实验,并首次肯定了光的波动性,然而当时并没有引起科学界的广泛重视。直到 1881 年法国物理学家菲涅耳(Fresnel)用双棱镜实验和双面镜实验成功地获得了光的干涉条纹,再次证明了光的波动性质,从而获得了法兰西科学院的承认,自此,人们对光的波动理论予以普遍承认,这为波动光学奠定了坚实的基础。

菲涅耳双棱镜实验是一种分波阵面的干涉实验,其实验装置简单,但设计思想却非常巧妙。菲涅耳双棱镜将光束一分为二,形成相干光源,用以观察光的干涉及其特点,并通过测量毫米量级的长度,可以测定出小于微米量级的光波波长。

【实验目的】

(1) 观察利用菲涅耳双棱镜产生的干涉现象及其规律。

(2) 掌握用菲涅耳双棱镜测量光波波长的方法。

(3) 熟练使用测微目镜。

(4) 通过对干涉条纹的调整,体会如何保证实验条件。

【实验原理】

菲涅耳双棱镜是一个主截面呈现等腰三角形的三棱镜,其顶角近于 180°,两底角仅 $30'\sim1°$,如图 4-4-1 所示。从光源 S(单缝)发出的光经棱镜界面的两次折射,光的波阵面分成沿不同方向传播的两束光。这两束光相当于由两个虚光源 S_1、S_2 发出的两束相干光,在它们相重叠的空间区域内产生干涉。将光屏 P 插进上述区域中的任何位置,均可看到明暗交替的干涉条纹。因为干涉空间区域比较狭窄,干涉条纹的间距也很小,所以一般要用测微目镜来观测。

如图 4-4-2 所示。设两虚光源 S_1 和 S_2 的平面间距为 d,由 S_1 和 S_2 到观察屏 P 的距离为 D。若屏上的 P_0 点到 S_1 和 S_2 的距离相等,则 S_1 和 S_2 发出的光波到 P_0 的光程相等。因而在 P_0 点相互加强而形成中央明纹。

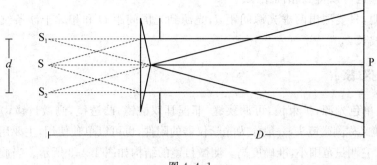

图 4-4-1

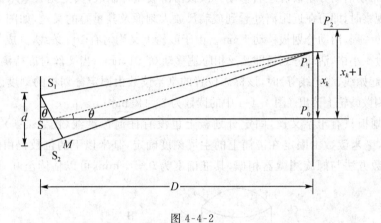

图 4-4-2

设 P_1 是屏上的任意一点，S_1 和 S_2 到屏上 P_1 点的光程差假设为 δ，P_1 和 P_0 的距离为 x_k，当 $D \gg d$ 时，$\triangle SP_0P_1 \sim \triangle S_1S_2M$，由图得到

$$\delta = \frac{x_k}{D}d \tag{4-4-1}$$

当光程差 δ 为半波长的偶数倍时，即满足以下条件

$$\delta = \pm 2k\frac{\lambda}{2} = \pm k\lambda \quad (k=0,1,2,\cdots) \tag{4-4-2}$$

得到明条纹。由以上两式可得

$$x_k = \pm \frac{k\lambda D}{d} \tag{4-4-3}$$

由式(4-4-3)可以得到相邻两明条纹的间距是

$$\Delta x = x_{k+1} - x_k = \frac{D}{d}\lambda \tag{4-4-4}$$

即

$$\lambda = \frac{d}{D}\Delta x \tag{4-4-5}$$

对暗条纹同理也可以得到相同结果。

上式表明,只要测出两虚光源间距 d,光源到光屏间距 D 和相邻干涉条纹间距 Δx,就可算出光波波长 λ。

【实验仪器】

光具座,单色光源,扩束镜,可调狭缝,菲涅耳双棱镜,凸透镜,测微目镜,光屏。

测微目镜又称测微镜头,一般作为光学仪器的附件,也可以单独使用,主要用于光学系统的长度测量。它测量范围小,准确度高。测微目镜的结构如图 4-4-3 所示。当旋动测微鼓轮时,传动丝杆带动活动分划板可左右移动。该板由薄玻璃片制成,其上刻有毫米标度线,人眼贴近目镜筒观察时,即可在近距离处看到玻璃尺放大刻像及其重叠的叉丝,如图 4-4-4 所示。测微鼓轮每转一周,活动分划板移动 1 mm。由于鼓轮上又均匀有 100 条线,分成 100 小格,所以鼓轮每转过 1 小格,活动分划板即叉丝相应地移动 0.01 mm。当叉丝对准待测物上某一标志(如长度的起始线、终止线等)时,该标志位置的毫米读数由固定分划板的刻度读出,毫米以下的位数由测微鼓轮上读出(图 4-4-4 中的读数为 3.440 mm)。

有些分划板只有十字叉丝,固定分划板上也没有任何标度线(图 4-4-5)。使用这种测微目镜时,毫米读数由固定在镜筒上的主尺刻度确定,毫米以下的位数仍由测微鼓轮上读出。即读数方法与螺旋测微器相似,其准确度为 0.01 mm,可以估读至 0.001 mm。

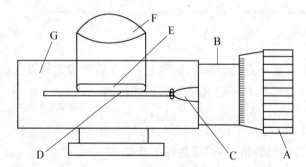

A-测微鼓轮;B-固定套筒;C-传动丝杆;D-活动分划板;E-固定分划板;F-目镜;G-本体盒

图 4-4-3

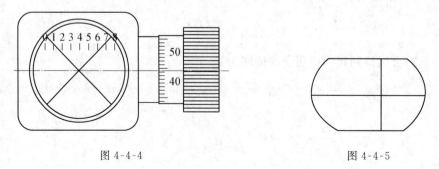

图 4-4-4　　　　　　　　　　图 4-4-5

使用测微目镜测量时,应先调节目镜,看清楚叉丝,然后转动鼓轮,推动分划板,使叉丝的交点或双线与被测物的像重合,便可得到一个读数。转动鼓轮,使叉丝交点或双线移动到被测物的像的另一端,又可得一个读数,两读数之差,即为被测物的尺寸。

测微目镜是较精密仪器,旋转测微鼓轮时,动作要平稳、缓慢,注意观察叉丝所处位置,如已达一端,则不能再强行旋转,否则会损坏仪器。每次测量时,鼓轮应沿同一方向旋转,不要中途反向,这是由于丝杆与螺纹之间存有间隙。在反向旋转瞬间,会出现鼓轮转动而分划板却尚未被带动的现象,由此引起测量不确定度(属于非统计不确定度)。

【实验内容与步骤】

1. 光学系统等高共轴调节

实验装置简图如图 4-4-6 所示。利用 He-Ne 激光器 M 产生单色光,经扩束镜 L 后均匀地照射在单缝 S 上,S 作为次级光源将光源射在双棱镜 B 的棱脊上,然后光被双棱镜折射成两束,在两束光的交叠区内将出现干涉条纹。由于干涉条纹间的距离很小,所以借助于测微目镜 F 对其观察和测量。

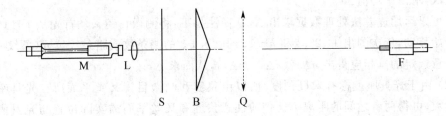

图 4-4-6

(1) 打开光源,在光具座放置光屏,将光具座与激光光束调整平行(参阅实验 4-1)。

(2) 依次将扩束镜 L、狭缝 S、双棱镜 B、会聚透镜 Q 与测微目镜 F 放置在光具座上,将其调到等高共轴状态(参阅实验 4-1)。

(3) 调节测微目镜,使目镜的视场中清晰地出现干涉条纹。最初可能看不到干涉条纹,而只在目镜中看到红色的亮带,或者目镜中什么光亮都没有。可能是以下原因。

① 狭缝射出的光束经棱镜后并未进入目镜。这时可用光屏在测微目镜前接取光线,判断相干光束的交叠区是否在目镜的视场内。

② 等高共轴调节时需在光具座上放置透镜 Q,当进行干涉条纹观察时,不需此镜,检查透镜是否还在光具座上。

③ 狭缝宽度不合适,一般都是狭缝过宽,此时目镜中的现象非常刺眼。渐渐调窄缝宽,使视场中干涉条纹足够清晰。

④ 最常见的情况是狭缝射出的光没有准确打在双棱镜的棱脊上,原因有两个:或者狭缝是水平的,而棱脊不水平;或者狭缝与棱脊都水平但不等高。为判明原因,不妨先在

目镜前方放置光屏,轻轻地绕水平轴(平行于光轴)旋转狭缝或双棱镜,严格使狭缝与棱脊既平行且等高,然后撤掉光屏,使测微目镜视场中出现清晰的干涉条纹。

至此,光学系统等高共轴调节完毕,测微目镜中也已出现较理想的干涉条纹。在以后的调节和测量中不要破坏该光学系统的共轴性,特别要注意一些实验中,工作台因压动或震动变形极易造成光学系统共轴性的破坏。

2. 利用双棱镜测光波波长

根据式(4-4-5),测出 Δx,D 和 d。

(1) 看到干涉条纹后,将双棱镜或测微目镜前后移动,使干涉条纹宽度适当。若条纹不够清晰,可按上述步骤重新调节,直到条纹清晰为止。

利用测微目镜测量条纹间距 Δx。为了提高测量准确度,可测出几个干涉条纹的间距,再除以 n 即得 Δx,n 一般大于10(如 10~15 条)。具体做法是,将测微目镜的十字叉丝从干涉区域的一端沿着干涉条纹垂直的方向逐步移向另一端,初始位置记作 x_1,叉丝越过 n 条条纹后,终止位置记作 x_2。x_1 和 x_2 做差被 n 除即得 Δx,也就是 $\Delta x = \dfrac{x_2 - x_1}{n}$。重复数次,求出平均值 $\overline{\Delta x}$。

还可以运用逐差法处理数据求出 Δx。做法如下:将测微目镜叉丝首先从干涉区域的一端开始移动,依次测出 1、2、3 和 $n+1$、$n+2$、$n+3$ 的明条纹或暗条纹位置(条纹 l 的位置是任意选定的),相应得出 $n\Delta x_1$、$n\Delta x_2$、$n\Delta x_3$,从而求 Δx。

(2) 由于光具座上标有米尺刻度,所以由狭缝和测微目镜叉丝平面所在光具座上的位置读数,可得两者之间的距离 D。但应注意狭缝和叉丝平面的实际位置与光具座所指示的位置并不一致,必须进行修正,修正值由实验室给出。由于 D 测量不确定度较大,因而只测一次即可。

(3) 测量两虚光源间的距离 d。S_1 和 S_2 既然是虚像,所以无法直接用尺测量其间距,但是利用透镜成像的规律,将虚像变成实像,就能够进行测量了。做法如下:在双棱镜 B 和测微目镜 F 之间加上凸透镜 Q,调整这个透镜与目镜等高共轴,沿光具座前后移动透镜,使在目镜视场中能观察到虚光源的两个清晰的像。两个清晰的像的间距 d_1 可以用测微目镜测量出来,由透镜的物像公式可知

$$d = \frac{u}{v} d_1 \tag{4-4-6}$$

式中,u 是狭缝 S 到透镜 Q 的距离(物距);v 是 Q 到测微目镜 F 分划板的距离(像距)。这两个距离可以根据 S、Q 和 F 在光具座标尺上的位置计算出来。u、v 各测一次即可,d_1 可测数次,求出平均值 $\overline{d_1}$。

虚光源距离 d 还可以用另一种方法(共轭法)求出来。用这种方法求 d 时需首先使狭缝与测微目镜之间的距离 D 取得较大(若凸透镜焦距为 f 时,$D \gg 4f$)。移动凸透镜时,只要满足 $D \gg 4f$,总可以在两个不同的位置上,从目镜中看到虚光源的两个清晰的

像,其中之一为放大的实像,另一为缩小的实像。如果分别测得放大像的间距 d_1 和缩小像间距 d_2。根据物像公式有:

第一次成像
$$d = \frac{u_1}{v_1} d_1$$

第二次成像
$$d = \frac{u_2}{v_2} d_2$$

而根据光路的对称性,由图 4-4-7 可得
$$u_1 = v_2, \quad u_2 = v_1$$

故
$$d^2 = d_1 d_2$$

即
$$d = \sqrt{d_1 d_2}$$

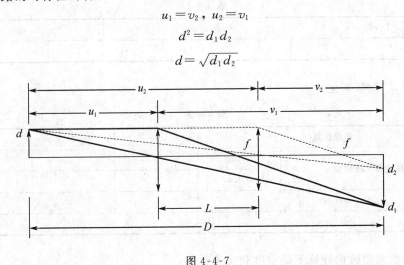

图 4-4-7

(4) 计算光波波长 λ。

将测得 $\Delta x, D$ 和 d 的实验值,代入式(4-4-5)求出波长的实验值 λ。

(5) 观察现象。

① 改变狭缝与测微目镜的距离,观察干涉条纹的变化并作定性解释。

② 改变狭缝与双棱镜之间的距离,观察干涉条纹的变化并作定性解释。

【数据记录与处理】

(1) 测 Δx 的数据记录表 4-4-1。

表 4-4-1

干涉条纹序号	1	2	3
干涉条纹位置/mm			
干涉条纹序号	11	12	13

续表

干涉条纹序号	1	2	3
干涉条纹位置/mm			
$(10\Delta x)$/mm			
Δx/mm			
$\overline{\Delta x}$/mm			

(2) 测 D、u、v 的数据记录表 4-4-2。

表 4-4-2

D/cm	u/cm	v/cm

(3) 测 d_1 的数据记录表 4-4-3。

表 4-4-3

测量次数		1	2	3
两狭缝像位置读数	x_1/mm			
	x_2/mm			
d_1/mm				
$\overline{d_1}$/mm				

(4) 依据测得数据计算不确定度和实验结果：

单次测得量　$\Delta_D = 1\ \text{mm}, \Delta_u = \Delta_v = 1\ \text{mm}$

多次测得量

$$\Delta_{A\Delta x} = \sqrt{\frac{1}{n-1}\sum_{i=1}^{n}(\Delta x_i - \overline{\Delta x})^2}$$

$$\Delta_{B\Delta x} = 0.01\ \text{mm}$$

$$\Delta_{\Delta x} = \sqrt{\Delta_{A\Delta x}^2 + \Delta_{B\Delta x}^2}$$

$$\Delta_{Ad} = \sqrt{\frac{1}{n-1}\sum_{i=1}^{n}(d_i - \overline{d})^2}$$

$$\Delta_{Bd} = 0.01\ \text{mm}$$

$$\Delta_d = \sqrt{\Delta_{Ad}^2 + \Delta_{Bd}^2}$$

$$\overline{\lambda} = \frac{u\overline{d}}{Dv}\overline{\Delta x}$$

相对不确定度为

$$E_\lambda = \frac{\Delta_\lambda}{\bar{\lambda}} = \sqrt{\left(\frac{\Delta_{\Delta x}}{\Delta x}\right)^2 + \left(\frac{\Delta_d}{d}\right)^2 + \left(\frac{\Delta_D}{D}\right)^2 + \left(\frac{\Delta_u}{u}\right)^2 + \left(\frac{\Delta_v}{v}\right)^2}$$

合成不确定度为

$$\Delta_\lambda = E_\lambda \cdot \bar{\lambda}$$

实验结果为

$$\lambda = \bar{\lambda} \pm \Delta_\lambda$$

【预习思考题】

(1) 双棱镜是怎样实现双光束干涉的?
(2) 使干涉条纹清晰的主要调节步骤是什么? 关键步骤是什么?

【思考题】

(1) 为什么要使狭缝尽量窄,而且取向必须与双棱镜的棱脊平行等高,才能看到干涉条纹?
(2) 在成像调节中,若两虚光源 S_1、S_2 强度不等,是什么原因造成的? 现象如何? 应怎样调节?
(3) 干涉条纹的宽度与哪些因素有关?
(4) 分析本实验中产生不确定度的原因。
(5) 改变光源波长时,双棱镜产生的干涉条纹有无变化? 假如光源是复色光,干涉图样会是什么样的?
(6) 如果狭缝水平,双棱镜棱脊为竖直,能否得到干涉图样?

实验 4-5 迈克耳孙干涉仪的调整与使用

迈克耳孙干涉仪(Michelson Interferometer)是利用分振幅法产生相干光束以实现干涉的光学仪器。通过调整该干涉仪,可以产生等厚干涉条纹,也可以产生等倾干涉条纹,主要用于长度和折射率的测量。迈克耳孙干涉仪在近代物理和近代精确计量技术中占据着极其重要的地位。在近代物理发展史上,迈克耳孙(Michelson Interferometer)和莫雷(Morley)合作,利用迈克耳孙干涉仪进行了"以太漂移"实验、标定米尺、推断光谱线精细结构等三项著名的实验,即著名的迈克耳孙 — 莫雷实验。迈克耳孙干涉仪在进行光谱的精细结构分析和极细微长度的测量和标定等工作中发挥着重要的作用,为近代物理学的发展作出了重大贡献,也在生产实践、科学研究和计量技术等领域中有着广泛的应用。

【实验目的】

(1) 了解迈克耳孙干涉仪的结构和原理,学习其调节和使用方法。

(2) 观察等倾干涉和等厚干涉条纹。

(3) 测定 He-Ne 激光的波长。

【实验原理】

1. 仪器原理和干涉条纹的形成

迈克耳孙干涉仪是一种利用光的干涉现象进行微小长度量及其变化测量的精密仪器，它的测量精度可达半个光学波长。该仪器由一套精密的机械传动系统和固定在底座上的四个精密光学镜片组成，其外形如图 4-5-1 所示。其中 G_1 是一面镀有铝膜的平行平面玻璃，称之为分光板。来自光源的光到达 O 点后有一半反射到达反射镜 M_1，另一半透射光经过(光程)补偿片 G_2 到达反射镜 M_2；两部分光经 M_1、M_2 反射后返回(透射部分在返回过程中再次由 G_2 补偿)到达 O 点汇合，并指向观察方向 E(光路原理见图 4-5-2)。

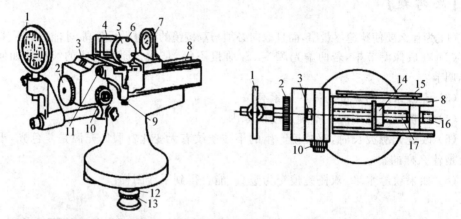

1—观察屏；2—粗调手轮；3—刻度盘；4—G_1,G_2；5—固定镜M_1；6—倾度粗调；7—动镜M_2；8—导轨；9—竖直微调；10—微调手轮；11—水平微调；12—锁紧螺钉；13—调平螺钉；14—丝杠啮合螺母；15—毫米刻度尺；16—丝杠顶进螺帽；17—丝杠

图 4-5-1

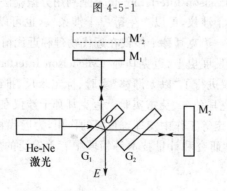

图 4-5-2

G_2 和 G_1 是等厚度和折射率的平行平面玻璃板,其放置方向与 G_1 平行,它的作用是使透射光返回到 O 点时与反射光所经过的玻璃介质光程相等,因此称为补偿片。因此,两部分光的光程差只有空气中的光程差。在仪器上,反射镜 M_2 固定,反射镜 M_1 则垂直放置在导轨上,并且可以由导轨上的精密丝杠带动,便于进行光程差调整,因此是移动反射镜。移动反射镜 M_1 的位置由三个读数装置显示。主尺装在导轨的侧面,由拖板上的短标志线指示读数,精确读数是毫米(mm)。毫米以下的读数由百分尺显示,百分尺是一个直接与丝杠相连的圆盘,从读数窗口看去,粗调手轮转动盘每转动一个分度,反射镜 M_1 移动 0.01 mm,另一个测微尺在仪器右侧微调手轮上,这个手轮每转动一个分度,反射镜 M_1 移动 0.000 1 mm。通过这套传动及读数系统可以对 M_1 位置准确控制到 10^{-4} mm,粗略控制到 10^{-5} mm。M_1 和 M_2 的反面各有三个调节螺钉,用以轻微调整其平面方向。M_2 镜装在与底座相连的悬臂上,转动水平和垂直的拉簧螺钉,可以调节拉簧的松紧,更加精确调节镜面的方位。

在图 4-5-2 中的 M_2' 是平面镜 M_2 由 G_1 半反膜形成的虚像。观察者由 E 方向观察到的光,相当于 M_1 和 M_2' 反射的两部分光的合成。因此看到的现象等同于 M_1 和 M_2' 间的空气薄膜干涉图样。

2. 等倾干涉条纹的形成

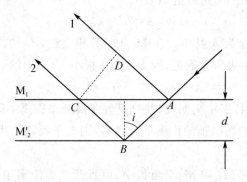

图 4-5-3

进行精细调整,使得 $M_1 \perp M_2$,则 $M_1 // M_2'$。若 M_1 和 M_2' 间的距离为 d,如图 4-5-3 所示。

入射角为 i 的光线经过 M_1 和 M_2' 反射后成为平行的相干光 1 和 2,它们的光程差为
$$\delta = AB + BC - AD = 2d\cos i \tag{4-5-1}$$

因此,当 d 一定时,光程差仅随入射光的倾角 i 而变化,即入射角相同的光线将具有相同的光程差;两束光在无穷远处相遇而干涉,这就是等倾干涉。以视线为中心,入射角为 i 的光线经两平面镜反射后,在无穷远处形成的干涉条纹为同心的圆环。

由干涉的加强条件可推知第 k 级亮纹所应满足的光程差条件为

$$\delta = 2d\cos i = k\lambda \quad (k = 0, 1, 2, \cdots) \tag{4-5-2}$$

式中, λ 为实验中所使用的单色光的波长,由式(4-5-2)可见:

(1) 当 d 一定时,倾角 i 越小,光程差越大,形成的干涉条纹的级次越大,干涉圆环的直径越小,在视线中心。因为 $i=0$ 时光程差最大, $\delta=2d=k\lambda$,所以圆心处干涉条纹的级次最高。

(2) 考虑 d 变化时的情况,如果追踪视场中的某条亮纹(第 k 级),则根据 $2d\cos i_k = k\lambda$ 会发现,当 d 变小时,为保持 $2d\cos i_k$ 不变, $\cos i_k$ 必须增大,即 i_k 必定逐渐减小,因此视场中的条纹表现为随着 d 的减小而逐渐向中央收拢,同时条纹逐渐变粗变疏。

由式(4-5-2)可见, $d=k\lambda/2$ 时,即 $\Delta d=N\lambda/2$ 时,则对应有 N 个条纹从中心"冒出"或"缩入"。据此可得到

$$\lambda = 2\Delta d/N \tag{4-5-3}$$

在实验中,如果数出"冒出"或"缩入"的条纹数目,同时从读数机构上读出 M_1 和 M_2 间距的改变量(即 M_1 的移动路程),就可以根据式(4-5-3)计算出光源的波长数值。

3. 等厚干涉条纹的形成

当 M_1 和 M_2' 间有一很小的交角时,即形成一个空气间隙楔,这时将出现等厚干涉现象。在小角度近似下,光程差可以近似表示为

$$\delta = 2d\cos i \tag{4-5-4}$$

式中, d 为间隙层厚度, i 为入射角。在 M_1 和 M_2' 相交处, $d=0$,则 $\delta=0$,应当出现直条纹,称为中央条纹。在中央条纹附近,因为视角 i 很小,上式中的 $\cos i$ 展开成幂级数,则

$$\delta = 2d(1 - i^2/2! + i^4/4! - \cdots) \approx 2d \tag{4-5-5}$$

所以干涉条纹大体上平行于中央明纹,并且呈等距离分布。离中间条纹较远处,由于视角 i 的增大,式(4-5-5)中的高次项的作用不可忽略,因此条纹将发生弯曲,弯曲方向为凸向中间条纹。

实验观察时,必须使 M_1 和 M_2' 交角很小,而且两平面距离很近(几乎重合)时,才可见到直条纹;在其两侧,随 d 的增加,条纹逐渐变得弯曲了,而弯曲的方向恰恰相反。

【实验仪器】

迈克耳孙干涉仪 1 台,He-Ne 激光器 1 台,扩束透镜 1 个,针孔板 1 个。

【实验内容与步骤】

1. 迈克耳孙干涉仪的调整

(1) 对照教材和预习报告,认知仪器的各个部件及其工作原理。

(2) 将水平仪置于干涉仪的导轨上,调节调平螺钉 13 (图 4-5-1)使仪器水平,调好后

用锁紧圈锁紧。

(3) 用目测法使激光束大致与导轨垂直(注意:不可用肉眼直视激光,以防灼伤)。

(4) 调节粗调手轮 5,使得 M_1 与分光板 G_1 的距离和定镜 M_2 与 G_1 的距离近似相等。

(5) 在光源与仪器间放入针孔板,这时在接收屏上可见到两组针孔板的像,如图 4-5-4 所示。其中一组为动镜反射,另一组为定镜所反射。缓慢调节定镜 M_2 后部的三个调节螺钉,使两组针像重合,则表明两平面反射镜表面垂直。

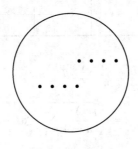

图 4-5-4

2. 观察等倾干涉条纹

(1) 拿掉针孔板,用扩束透镜将激光扩束后照亮分光板 G_1,此时在接收屏上可以看到干涉条纹。(若此时见不到条纹,可以试探转动一下微调手轮,使动镜稍微移动)

(2) 轻轻调整反射镜 M_2 的两个拉簧螺钉,把干涉条纹变粗、曲率变大,直到干涉环的中心位于视场的中央。(此时 M_1 和 M_2' 之间有何关系?)

(3) 旋转微调手轮,观察干涉环的"冒出"或"缩入"现象。

3. 观察等倾干涉条纹测 He-Ne 激光的波长

(1) 选定干涉环清晰区域,调节仪器零点(因为转动微调手轮时,粗调手轮随之转动,而在转动粗调手轮时微调手轮并不随之转动)。首先将微调手轮向着某一方向旋转到零点,然后侧向转动粗调手轮,对齐读数窗中的某一刻度,此时仪器的零点即调整完毕。在以后的调节和测量过程中,应当只使用微调手轮并且单向转动,以免引入回程误差。

(2) 缓慢单向转动手轮,每"冒出"或"缩入"20 个干涉环,记录一次动镜 M_1 的位置读数(标尺、读数窗、微调手轮三者读数之和),一直读到第 200 个干涉环。测量数据填入表 4-5-1 中,用逐差法进行处理,计算波长的近似值及其误差和不确定度。

(3) 观察等厚干涉条纹。缓慢转动微调手轮,使干涉环逐渐向中心缩入,同时可见条纹逐渐变粗、变疏,直到整个视场内条纹消失,此时 M_1 与 M_2' 的距离 $d=0$。调整反射镜 M_2 的方位螺钉,使得两镜之间成一微小角度,则视场内会出现直线形状的平行干涉条纹,在小范围内转动微调手轮(此时可以双向进行),观察并记录条纹及其变化特点。

【测量结果及数据处理】

表 4-5-1　测量 He-Ne 激光波长数据

条纹移动数目 k_1	0	20	40	60	80	100
动镜 M_1 的位置读数 d_1/mm						
条纹移动数目 k_2	100	120	140	160	180	200
动镜 M_1 的位置读数 d_2/mm						
$(\Delta d = d_2 - d_1)$/mm						

$$\overline{\Delta d} = \frac{1}{n}\sum_{i=1}^{n}\Delta d_i$$

$$\Delta_{A\Delta d} = \sqrt{\frac{1}{n-1}\sum_{i=1}^{n}(\Delta d_i - \overline{\Delta d})^2}$$

$$\Delta_{B\Delta d} = 0.0001 \text{ mm}$$

$$\Delta_{\Delta_d} = \sqrt{\Delta_{A\Delta d}^2 + \Delta_{B\Delta d}^2}$$

$$\Delta N = 100$$

$$\Delta_{\Delta N} = 0.1$$

$$\overline{\lambda} = 2\frac{\overline{\Delta d}}{\Delta N}$$

$$E_\lambda = \frac{\Delta_\lambda}{\overline{\lambda}} = \sqrt{\left(\frac{\Delta_{\Delta d}}{\overline{\Delta d}}\right)^2 + \left(\frac{\Delta_{\Delta N}}{\Delta N}\right)^2}$$

$$\Delta_\lambda = E_\lambda \cdot \overline{\lambda}$$

$$\lambda = \overline{\lambda} \pm \Delta_\lambda$$

【思考题】

(1) 调出等倾干涉条纹的关键是什么？

(2) 等倾干涉和等厚干涉条纹有何区别？

(3) 使用复色光（白光）照射 G_1，视场中的干涉条纹如何？调整微调手轮会观察到什么现象？

第五章　近代物理实验

实验 5-1　光学全息照相

普通照相是把从物体表面上各点发出的光（反射光或散射光）的强弱变化经照相物镜成像，并记录在感光底片上，这只记录了物光波的振幅（Amplitude）信息，而失去了描述光波的另一个重要因素——位相（Phase）信息，于是在照相底片上能显示的只是物体的二维平面像。全息照相（Holography），就是利用干涉方法将自物体发出光的振幅和位相信息同时完全地记录在感光材料上，所得的光干涉图样经光化学处理后就成为全息图，当按照所需要的光照明此全息图，能使原先记录的物体光波的波前重现。这是 20 世纪六十年代发展起来的一种新的照相技术，是激光的一种重要应用。

全息照相不仅可以把物光波的强度分布信息记录在感光底片上，而且可以把物波光的位相分布信息记录下来，即把物体的全部光学信息完全地记录下来，然后通过一定方法重现原始物光波即再现三维物体的原像。这就是全息照相的基本原则，由三维物体所构成的全息图能够再现三维物体的原像。

全息照相是伽柏（D. Gabor）于 1948 年研究成功的，由于当时还没有相干性好的光源，所以全息照相在那以后的十年间没有进展。到了 20 世纪六十年代初，由于激光的发明，在大量新型相干性极好的激光光源的帮助和一些技术进展的扩充下，全息照相不久便成为一门得到广泛研究并有远大前景的课题。这次复兴发源于美国密执安大学的雷达实验室，是以 E. N. Leith 和 J. Upatnieks 的工作为标志。他们于 1962 年发表了划时代的全息术研究成果，他们成功地得到了物体的立体重现像。全息图最惊人的特征、同时也必定是它最引人兴趣的地方就在于它产生极为逼真的三维幻觉的本领。这种完全逼真的性质无疑大大地推动了全息术的发展。

【实验目的】

(1) 学习和掌握全息照相的基本原理。
(2) 学习全息照片拍摄和全息影像再现的方法。

(3) 了解全息图的基本性质、观察并总结全息照相的特点。

【实验原理】

英国物理学家 D. Gabor 在 1947 年，并非从三维成像的目的出发，而是为了提高电子显微镜的分辨率，发明了全息术。他提出用物体衍射的电子波制作全息图，然后用可见光照明全息图来得到放大的物体像。由于省去了电子显微镜物镜，这种无透镜两步成像过程可期望获得更高的分辨率，伽柏用可见光验证了这一原理。

全息术的思想渊源来自波动光学（Wave optics）。全息术的发展，不仅有赖于激光的出现，还有赖于其他方面的贡献。伽柏曾经说过："在进行这项研究时，我站在两个伟大的物理学家的肩膀上，他们是布喇格和采尼克。"这就是说，伽柏全息思想的萌生受到他们的启发。在发明全息术的前几年，伽柏看过布喇格的"X 射线显微镜"（布喇格采用两次衍射使晶格的像重现），并注意到如若采用布喇格的方法还不足以记录傅里叶变换（Fourier transform）的全部信息。为了解决相位记录的问题，伽柏想到了采尼克在研究透镜像差时使用过的"相干背景"，即用"相干背景"作为参考波，那么参考波与衍射波（物波）相互干涉，用照相底片记录干涉图样，便得到包含相位信息在内的干涉图样，此即全息图。在全息图上，两个波相位相同处产生极大，相反处产生极小，当用参考光照明全息图时可重建物波波前。由于前人未掌握波前重建，故直到 1947 年全息术的思想才在伽柏的脑子里萌生。在最初的实验里，由于所用的光源很弱且相干长度小，必须把每一实验器件都布置在同一轴线上（称之为同轴全息实验），这样不可避免地受到孪生像（共轭像）的干扰，使再现的图像不太理想。尽管如此，伽柏的实验首次实现了全息记录和重建波前，因而，标志着全息术的开端。

由于当时没有理想的相干光源，受到伽柏同轴全息孪生像的困扰，有成效的工作很少。到了 1962 年左右发明了激光，美国人 E. N. Leith 和 J. Upatnicks 的第一个激光全息照片以及其后的全息图的发表，马上引起巨大的轰动，他们的工作清晰地表明全息图的大存储量。此外，前苏联物理学家丹尼苏克，把伽柏全息术与 G. Lippmann 自然彩色照像技术结合在一起，于 1962 年提出了一种体积反射再现波前原理，也就是反射全息术，为白光全息的发展打下了基础。

由于全息术的发明，1971 年伽柏荣获诺贝尔物理学奖。在获奖时他说道："我深深懂得，这是一支年轻的、有才干的和热诚的研究队伍所完成的……我希望向他们表达我的真挚的谢意，感谢他们的工作帮助我得到这个最高的科学荣誉"。如今，全息术已发展成一门用途很广的一门学科了，相继出现了多种全息方法，开辟了全息应用的新领域。全息术不仅可用于可见光波段，也可用于电子波、X 射线、微波和声波等。

人的眼睛可以看到一个物体，是由于物体所发出的光波（自发光或反射光）携带着物体所包含的信息传播到眼睛，由眼睛在视网膜上成像所致。光信息包含光波的波长、振幅和相位，它们决定了所看见物体的特征（颜色、亮暗、远近和形状）。只要能够记录并再现该特定的光波,即使物体不存在,但人眼看到再现的特定光波,就如同看到逼真的物体一样。记录与再现光波的这一过程就是光学全息术要解决的问题。

全息照相的基本原理是利用相干性好的参考光束 R 和物光束 O 的干涉和衍射,将物光波的振幅和位相信息"冻结"在感光底片上,即以干涉条纹的形式记录下来。在底片上所记录的干涉图样的微观细节与发自物体上各点的光束对应,不同的物光束(物体)将产生不同的干涉图样。因此全息图上只有密密麻麻的干涉条纹,相当于一块复杂的光栅,当用与记录时的参考光完全相同的光以同样的角度照射全息图时,就能在这"光栅"的衍射光波中得到原来的物光波,被"冻结"在全息片的物光波就能"复活",通过全息图片就能看见一个逼真的虚像在原来放置物体的地方(尽管原物体已不存在),这就是全息图的物光波前再现。

全息照相的基本方法是把从激光器发出单束相干光分为两束,一束照明物体,另一束作为参考光束,并将光束进行扩展到具有一定的截面。参考光束一般为未受调制的球面波或平面波,参考光束的取向应使它能与物体反射(或散射)的物光束相交,在两束光重叠的区域内形成由干涉图样构成的光强分布,当感光介质放在重叠区域内,就会由于曝光产生光化学变化,经适当的处理后把这些变化转变为介质的光透射率的变化,即成了全息图。

1. 全息照相的基本过程

普通照相利用透镜将物体成像在底片上,它只记录了物体的光强信息,而并未记录反映物体之间相对位置、远近的相位信息,所以看到的相片没有立体感。全息照相把物体的光强和相位信息全部记录,因而得到的是立体像。

全息术利用干涉原理,将物体发射的特定光波以干涉条纹的形式记录下来。由光的干涉原理可知,所形成的干涉条纹与物光波的振幅和相位有关,所以记录干涉条纹就记录了物光波的全部信息,这就是"全息图"。用光波照明全息图,在一定条件下,由于衍射效应,可使记录的物体特定光波再现,该光波将产生包含物体全部信息的三维像。

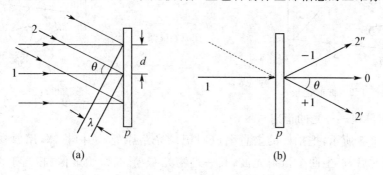

图 5-1-1　干涉法制光栅

为了说明全息术的基本原理,先看一个最简单的例子。在图 5-1-1(a)中,光波 1 和 2

是相干的两束平行光,它们在相遇区域产生干涉,形成等间距的干涉条纹,条纹取向垂直于 1、2 两光束构成的平面(即垂直于纸面)。P 是照相底片,曝光后经过显影、定影处理,则底片就是透光、不透光的条纹,这就是一个光栅,其光栅常数(干涉条纹间距)为

$$d = \frac{\lambda}{\sin\theta} \tag{5-1-1}$$

将该光栅放回原处,用 1 光照射,如图 5-1-1(b)所示,光栅衍射方程为

$$d \cdot \sin\varphi = k\lambda \tag{5-1-2}$$

比较(5-1-1)、(5-1-2)两式,$k=1$ 的 $+1$ 级衍射光在 $\varphi=\theta$ 方向。所以看到的衍射光 $2'$ 就如同看到原光束 2 一样。图 5-1-1(a)是对 2 光的记录,图 5-1-1(b)是对 2 光的再现。把 1 光称为参考光,2 光称为物光。而 -1 级衍射光在 $\varphi=-\theta$ 方向,对应地把 $2''$ 称为共轭光波,而把 $2'$ 称为原始光波。

图 5-1-1 所示的过程就是拍摄全息光栅的基本原理。在一般光栅衍射实验中,所用衍射光栅就是这样制作的,不过为了提高衍射效率,进行了漂白处理。

从以上分析可以看出,全息术分为波前记录与波前再现两个过程。

1) 波前记录——光的干涉

如图 5-1-2 所示,参考光 R 为点光源,物光 O 来自物体表面的散射,这时参考光的波阵面是球面,而物光的波阵面非常复杂。所以,O 光与 R 光在干板 P 上不同位置产生的干涉条纹的取向、间距也是各种各样的。曝光后对全息干板显影、水洗、定影、水洗、晾干,就是一张拍好的全息图,它并没有物体的影像,只是各种复杂的干涉条纹。

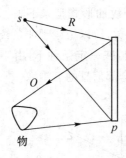

图 5-1-2 波前记录

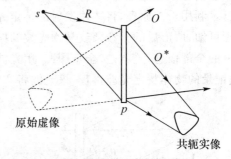

图 5-1-3 波前再现

2) 波前再现——光的衍射

如图 5-1-3 所示,把拍好的全息图放回记录光路原处,去掉物体,用原参考光照明。经全息图衍射后,产生两个衍射光波,其一是物光 O,形成原始虚像(相当于图 5-1-1(b)中的 $+1$ 级),其二是物体的共轭光,形成共轭实像(相当于图 5-1-1(b)中的 -1 级)。必须说明,共轭光波形成虚像还是形成实像与具体的拍摄光路密切相关。

2. 拍好全息图的几个关键技术条件

1）相干光源

物光和参考光必须是相干光,所以用相干性很强的激光作光源。同时,利用分束镜把激光器发出的光分成两束,一束作为物光,一束作为参考光,并使其光程相等。

2）隔振平台

物光和参考光形成的干涉条纹必须是稳定不变的,所以,物光和参考光必须稳定,且相对位置不变。为了避免曝光时（曝光时间几秒至几十秒）各元件受外界干扰而振动,从而影响干涉条纹分布,所有光学元件放置在一块隔振的钢板平台上,并用磁铁使各元件与平台吸附在一起。

3）物光、参考光的强度

从干涉理论可知,当物光与参考光在干板处强度相等时,干涉条纹的对比度最好。而实际上,参考光直射干板,而物光经过物体表面散射到干板,散射光强与物体表面的反射率有关,因而,很难使物光与参考光的强度相等。同时全息照相不仅考虑记录时干涉条纹的对比度,还要兼顾再现时的衍射效率,所以一般使物光与参考光的光强比为 1∶4 到 1∶10。具体测量方法是把光电池放在干板平面处,其输出线接至复射式灵敏电流计,分别测量物光和参考光照射光电池时灵敏电流计偏转的格数,则格数之比就是光强比。

4）全息记录干板

普通照相底片是易变形的软片,而全息记录干板是表面涂有一层感光乳胶的玻璃,这是由于玻璃有一定刚度,不会变形弯曲。对不同波长的激光,用不同型号的感光乳胶。从式(5-1-1)可以看出,物光与参考光夹角越大,形成的干涉条纹越密。所以,任何型号的全息干板均要求具有非常高的分辨率,即感光乳胶的银盐颗粒很细,但银盐颗粒越细相应感光速度越慢。

实验所用全息干板的感光波长范围是 530～700 nm,敏感峰值波长为 630 nm。它对 He-Ne 激光最灵敏,对绿光不敏感,所以,显影时可在绿灯下观察。

【实验仪器】

He-Ne 激光器,全息平台及其光学附件,光电池及复射式灵敏电流计,电磁快门,洗相设备。

【实验步骤】

1. 实验光路

拍摄全息图的光路如图 5-1-4 所示。

2. 光路调节

光路调节是本实验的重要内容,也是拍好全息图的关键。首先了解各仪器的结构与功能,熟练掌握其使用与调节方法,并在干板架上插入白屏(用以接收光);然后按图 5-1-4 在全息平台上布置光路。

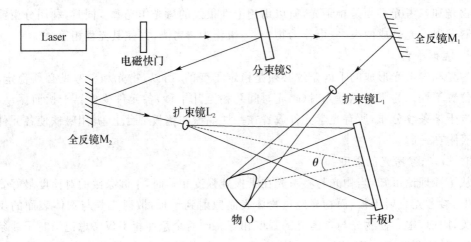

图 5-1-4　全息照相光路

光路调节要点如下。

(1) 激光器发出的光线及经过全反镜、分束镜反射后的光线构成的平面应与平台平面平行。

具体做法是,在一磁座上插入带有十字刻线的白屏(也可利用扩束镜的通光小孔),首先调节激光器的俯仰,使十字屏在平台上移动到不同位置时,细激光束始终照在十字中心,说明激光器出射的细光束与平台平行(这一步实验室已经调节好)。然后,按图布置各元件(先不要放置扩束镜,且各元件合理分布在平台的较大范围,不要挤在一块。分束镜反射的光作为参考光,其透射光作物光)。调节分束镜、反射镜的高低、俯仰,使它们反射的细激光束均照在白屏的十字中心,这样,细激光束构成的平面与全息平台平行。调节物体的高低,使细激光束照在物的中心。

(2) 参考光与物光中心线的夹角 θ 约为 20°~30°。物离干板在 10~20 cm 为宜,太远则物光太弱。M_1 反射的细激光束尽量照在物的正面,且尽量使干板平面正对物的正面(如同一般照相时,灯光从人的正前方照射,照相机也在人的正面拍摄一样)。

(3) 为了保证物光和参考光相干,用分束镜将一束光分为两部分,它们经过不同的路径在干板平面相遇干涉,但必须保证物光光程与参考光光程相等。物光与参考光的起点是分束镜,终点是干板平面。实验中用线绳测量判断两光光程是否相等。

(4) 细激光束直射在物中心和白屏中心,最后加入扩束镜,L_1 扩束的光把物均匀照亮,L_2 扩束的光把白屏均匀照亮。然后去掉白屏,眼睛处于干板位置的后方观察,微微转动物(不可移动,否则改变光程)使看到的物形像最好,且反射的光最强。

(5) 物光与参考光光强之比满足要求。具体做法是,关掉照明灯和电磁快门,在干板架上插好光电池,打开灵敏电流计,调节零点;再打开电磁快门,挡住物光测量参考光照射时灵敏电流计偏转的格数;然后挡住参考光测量物光照射时灵敏电流计偏转的格数,格数之比即为光强之比。如果不满足要求,可以调节 L_1 到物或 L_2 到干板的距离,再次测量。(注意:测量时不要碰任何元件,防止光路变化;测量完毕,把电流计旋置短路。)

注意:光路调节中严禁用手触摸所有的光学元件表面,也不允许用擦镜纸、干棉花、手帕擦拭。发现有污垢或灰尘,请教师处理。

本实验所用分束镜透过率为 70% 左右,故选用透过光作为物光源,针对实际情况,可先调节物光。再调节激光器、分束镜、反射镜的高低、俯仰,使它们出射、反射的细激光束均照在白屏的十字中心的基础上,按图 5-1-4 放置分束镜 S、全反镜 M_1、被拍物及白屏。调节 M_1 反射角度以及物的高低,使反射的点光束射在物体中部,旋转放置物体的底座或白屏的角度,使白屏接收到的被物体反射的光斑最强且在白屏中部,然后在 M_1 及物之间加入扩束镜 L_1,以将 M_1 反射的点光束扩束并正好照亮整个物体,此时沿着被物体反射的光线方向在白屏中应看到清晰的物体轮廓像,至此物光调节完毕。然后按照物光、参考光等光程、夹角合适的要求,调整分束镜 S 的反射角度以及全反镜 M_2 的位置与反射角度,使参考光入射到白屏中部,再加扩束镜 L_2 将点光束扩束合适。

3. 干板曝光

一切准备工作就绪后,关掉电磁快门,在全暗或极暗绿灯下放置干板,乳胶面朝着物体(用干净的手指拿着干板的棱边,用手指在干板一角的两面轻轻一摸,粗糙者即为乳胶面)。曝光时间与光强大小、显影温度有关,视具体情况而定。

注意:一切准备就绪后,稳定几秒钟再打开电磁快门曝光;在曝光过程中严防震动,身体不要接触平台,不能说话和来回走动。

4. 干板的冲洗

曝光后的干板在暗室冲洗,按显影—水洗—定影—水洗—晾干的程序处理。显影时间由实验室提供,显影过程中可在暗绿光下观察,防止显影不足和过度。显影时须注意:干板不能长时间置于绿灯下,以防干板二次曝光,影响衍射光的透过率。

注意:显影时干板不能长时间置于绿灯下,以防干板二次曝光,影响衍射光的透过率;显影液和定影液不要搞混;干板的乳胶面朝上;不要用手摸乳胶面,防止脱落;水洗后自然凉干;保持暗室的卫生整洁。

5. 全息图再现

将凉干的全息图放回原位置,用原参考光照射,去掉物,在全息图的后方观察,即可看到位置、大小与原物一模一样的清晰逼真的三维立体像。

(1) 改变参考光到物的距离,可以使再现像放大缩小,此时,再现像的清晰程度有所改变。

(2) 挡掉全息图的一部分,仍然可看到完整的物体像。

(3) 去掉扩束镜,用细激光束照射(增大再现光的强度),在全息图的另一边用白屏可以接收到共轭实像。

【注意事项】

（1）为保证全息照片的质量，各光学元件应保持清洁。若光学元件表面被污染或有灰尘，应按实验室规定方法处理，切忌用手、手帕或纸片等擦拭。
（2）不要用眼睛直接对准激光束观察，以免灼伤；手切勿触摸激光管的高压端。
（3）曝光时，要避免室内震动和空气流动。
（4）全息底片是玻璃片基，注意轻拿轻放，防止破碎。

【思考题】

（1）全息照相与普通照相有什么区别？
（2）全息照相的实验技术要求是什么？
（3）普通照相在冲洗底片时是在红光下进行的，全息照相冲洗底片时为什么在绿光甚至全黑下进行？

实验 5-2　光电效应及普朗克常量的测定

光电效应（Photoelectric effect）是指一定频率的光照射到某些金属材料表面时，可使金属中的电子从金属表面逸出的现象。光电效应实验对于认识光的本质及早期量子理论（Quantum theory）的发展，具有里程碑式的意义。

19 世纪末，物理学已经有了相当的发展，在力、热、电、光等领域，都已经建立了完整的理论体系，在应用上也取得巨大成果。正当物理学家普遍认为物理学发展已经到达顶峰时，从实验上陆续出现了一系列重大发现，揭开了现代物理学革命的序幕，光电效应实验在其中起了重要的作用。

光电效应是经典电磁理论所不能解释的。按经典理论，电磁波的能量是连续的，电子接收光的能量获得动能，应该是光越强，能量越大，电子的初速度越大；实验结果是电子的初速与光强无关；按经典理论，只要有足够的光强和照射时间，电子就应该获得足够的能量逸出金属表面，与光波频率无关；实验事实是对于一定的金属，当光波频率高于某一值时，金属一经照射，立即有光电子产生；当光波频率低于该值时，无论光强多强，照射时间多长，都不会有光电子产生。光电效应使经典的电磁理论陷入困境，包括勒纳德在内的许多物理学家，提出了种种假设，企图在不违反经典理论的前提下，对上述实验事实作出解释，但都过于牵强，经不起推理和实践的检验。

1900 年，普朗克在研究黑体辐射（Black-body radiation）问题时，先提出了一个符合实验结果的经验公式,为了从理论上推导出这一公式,他采用了玻尔兹曼的统计方法,假定黑体内的能量是由不连续的能量子构成,能量子的能量为 $h\nu$。能量子的假说具有划时代的意义,但是无论是普朗克本人还是他的许多同时代人当时对这一点都没有充分的认识。爱因斯坦以他的惊人的洞察力,最先认识到量子假说的伟大意义并予以发展。爱因斯坦由能量子提出光子假设,得出了著名的光电效应方程,解释了光电效应的实验结果。光量子理论创立后,在固体比热、辐射理论、原子光谱等方面都获得成功,人们逐步认识到光具有波动和粒子二象属性(Wave-particle duality)。光子的能量 $E = h\nu$ 与频率有关,当光传播时,显示出光的波动性,产生干涉、衍射、偏振等现象;当光和物体发生作用时,它的粒子性又显示出来。后来科学家发现波粒二象性是一切微观物体的固有属性,并发展了量子力学来描述和解释微观物体的运动规律,使人们对客观世界的认识前进了一大步。光电效应实验及其光量子理论的解释是量子理论的生长点,在揭示光的波粒二象性方面具有划时代的深远意义。

1916 年密立根通过实验证实了爱因斯坦光电效应方程,并且精确地测定了微观物理学中的物理常量——普朗克常量,它是量子理论与经典理论的联系常数。现在,光电效应广泛地应用于很多领域,如光电管、光电池、光电倍增管等,在现代生产技术和科学实践中已成为不可或缺的重要器件。

【实验目的】

(1) 了解光电效应的基本规律,验证爱因斯坦光电效应方程。
(2) 掌握用光电效应法测定普朗克常数 h。
(3) 测量光电管的伏安特性曲线。
(4) 探究光电管的饱和光电流与入射光强的关系。

【实验原理】

光电效应的实验原理如图 5-2-1 所示。入射光照射到光电管阴极 K 上,产生的光电子在电场的作用下向阳极 A 迁移构成光电流,改变外加电压 U_{AK},测量出光电流 I 的大小,即可得出光电管的伏安特性曲线(Volt-ampere characteristic curve)。

光电效应的基本实验事实如下。

(1) 对应于某一频率,光电效应的 $I-U_{AK}$ 关系如图 5-2-2 所示。从图中可见,对一定的频率,有一电压 U_0,当 $U_{AK} \leqslant U_0$ 时,电流为零,这个相对于阴极的负值的阳极电压 U_0,被称为截止电压。

(2) 当 $U_{AK} \geqslant U_0$ 后,I 迅速增加,然后趋于饱和,饱和光电流 I_M 的大小与入射光的强度 P 成正比。

(3) 对于不同频率的光,其截止电压的值不同,如图 5-2-3 所示。

(4)作截止电压 U_0 与频率 ν 的关系图如图 5-2-4 所示,U_0 与 ν 成正比关系。当入射光频率低于某极限值 ν_0(ν_0 随不同金属而异)时,不论光的强度如何,照射时间多长,都没有光电流产生。

(5)光电效应是瞬时效应(Transient effects)。即使入射光的强度非常微弱,只要频率大于 ν_0,在开始照射后立即有光电子产生,所经过的时间至多为 10^{-9} s 的数量级。

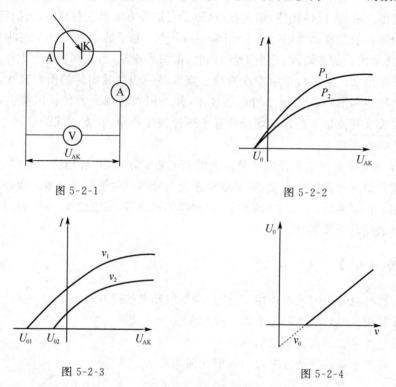

图 5-2-1

图 5-2-2

图 5-2-3

图 5-2-4

按照爱因斯坦的光量子理论,光能并不像电磁波理论所想象的那样,分布在波阵面上,而是集中在被称之为光子的微粒上,但这种微粒仍然保持着频率(或波长)的概念。频率为 ν 的光子具有能量 $E=h\nu$,h 为普朗克常数,当光子照射到金属表面上时,一次为金属中的电子全部吸收,而无须积累能量的时间。电子把这能量的一部分用来克服金属表面对它的吸引力,余下的就变为电子离开金属表面后的动能,按照能量守恒原理,爱因斯坦提出了著名的光电效应方程

$$h\nu = \frac{1}{2}mv_0^2 + A \tag{5-2-1}$$

式中,A 为金属的逸出功(Work function),$\frac{1}{2}mv_0^2$ 为光电子获得的初始动能。

由该式可见,入射到金属表面的光频率越高,逸出的电子动能越大,所以即使阳极电位比阴极电位低时也会有电子落入阳极形成光电流,直至阳极电位低于截止电压,光电流

才为零,此时有关系:

$$eU_0 = \frac{1}{2}mv_0^2 \tag{5-2-2}$$

阳极电位高于截止电压后,随着阳极电位的升高,阳极对阴极发射的电子的收集作用越强,光电流随之上升;当阳极电压高到一定程度,已把阴极发射的光电子几乎全收集到阳极,再增加 U_{AK} 时 I 不再变化,光电流出现饱和,饱和光电流 I_M 的大小与入射光的强度 P 成正比。光子的能量 $h\nu_0 < A$ 时,电子不能脱离金属,因而没有光电流产生。产生光电效应的最低频率(截止频率)是 $\nu_0 = \dfrac{A}{h}$。

将(5-2-2)式代入(5-2-1)式可得

$$eU_0 = h\nu - A = h(\nu - \nu_0) \tag{5-2-3}$$

此式表明截止电压 U_0 是频率 ν 的线性函数,直线斜率 $k = \dfrac{h}{e}$。只要用实验方法得出不同的频率对应的截止电压,求出直线斜率,就可算出普朗克常数 h。

爱因斯坦的光量子理论成功地解释了光电效应规律。

【实验仪器】

ZKY-GD-3 光电效应实验仪。仪器由汞灯及电源、滤色片、光阑、光电管、测试仪(含光电管电源和微电流放大器)构成,仪器结构如图 5-2-5 所示,测试仪的调节面板如图 5-2-6 所示。

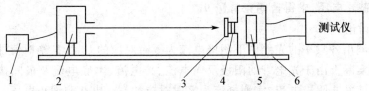

1—汞灯电源;2—汞灯;3—滤色片;4—光阑;5—光电管;6—基座

图 5-2-5 光电效应实验仪结构图

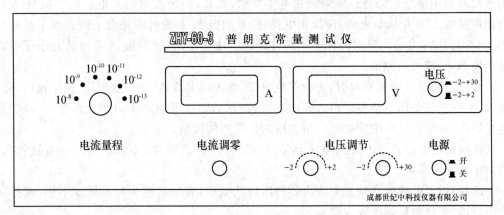

图 5-2-6 测试仪面板图

光阑:3 片,直径为 2 mm、4 mm、8 mm。
滤色片:5 片,透射波长分别为 365.0 nm、404.7 nm、435.8 nm、546.1 nm、577.0 nm。
光电管:阳极为镍圈,阴极为银-氧-钾(Ag-O-K),光谱响应范围 320~700 nm。
暗电流:$I \leqslant 2 \times 10^{-12}$ A$(-2 \text{ V} \leqslant U_{AK} \leqslant 0 \text{ V})$。
光电管电源:2 挡,$-2 \sim +2$ V,$-2 \sim +30$ V,三位半数显,稳定度$\leqslant 0.1\%$。
微电流放大器:6 挡,$10^{-8} \sim 10^{-13}$ A,分辨率 10^{-14} A,三位半数显,稳定度$\leqslant 0.2\%$。

【实验步骤】

1. 测试前准备

将测试仪及汞灯电源接通(汞灯及光电管暗箱遮光盖盖上),预热 20 min。

将汞灯暗箱光输出口对准光电管暗箱光输入口,调整光电管与汞灯距离为约 40 cm 并保持不变。

用专用连接线将光电管暗箱电压输入端与实验仪电压输出端(后面板上)连接起来(红—红,蓝—蓝)。

将"电流量程"选择开关置于所选挡位,仪器在充分预热后,进行测试前调零,旋转"调零"旋钮使电流指示为 0。(在开机或改变电流量程后,都要进行调零。)

用高频匹配电缆将光电管暗箱电流输出端 K 与测试仪微电流输入端(后面板上)连接起来,系统进入测试状态。

2. 测量截止电压,求得普朗克常量 h

1) 问题讨论

理论上,测出各频率的光照射下阴极电流为零时对应的 U_{AK},其绝对值即该频率的截止电压,然而实际上由于光电管的阳极反向电流、暗电流、本底电流及极间接触电位差的影响,实测电流并非阴极电流,实测电流为零时对应的 U_{AK} 也并非截止电压。

光电管制作过程中阳极往往被污染,沾上少许阴极材料,入射光照射阳极或入射光从阴极反射到阳极之后都会造成阳极光电子发射;此外,阴极发射的光电子也可能被 A 的表面所反射。当 A 加负电势,K 加正电势时,对阴极 K 上发射的光电子而言起了减速作用,而对阳极 A 发射或反射的光电子而言却起了加速作用,使阳极 A 发出的光电子也到达阴极 K,形成反向电流。

光电管在没有受到光照时,也会产生电流,称为暗电流,它是由热电流、漏电流两部分组成;本底电流是周围杂散光射入光电管所致,它们都随外加电压的变化而变化,故在光电管制作,或测量过程中采取适当措施以减小它们的影响。

极间接触电位差与入射光频率无关,只影响 U_0 的准确性,不影响 $U_0 - \nu$ 直线斜率,对测定 h 无大影响。

此外,由于截止电压是光电流为零时对应的电压,若电流放大器灵敏度不够,或稳定性不好,都会给测量带来较大误差。

在测量各谱线的截止电压 U_0 时,一般有零电流法、补偿法和拐点法。

零电流法是直接将各谱线照射下测得的电流为零时对应的电压 U_{AK} 的绝对值作为截止电压 U_0。此法的前提是阳极反向电流、暗电流和本底电流都很小。用零电流法测得的截止电压与真实值相差较小,且各谱线的截止电压都相差 ΔU,对 $U_0 - \nu$ 曲线的斜率无大的影响,因此对 h 的测量不会产生大的影响。

补偿法是调节电压 U_{AK} 使电流为零后,保持 U_{AK} 不变,遮挡汞灯光源(套上灯盖),此时测得的电流 I_0 为电压接近截止电压时的暗电流和本底电流。重新让汞灯照射光电管,调节电压 U_{AK} 使电流值至 I_0,将此时对应的电压 U_{AK} 作为截止电压 U_0。此法可补偿暗电流、本底电流对测量结果的影响。

拐点法:从 -2 V 起,缓慢调高外加直流电压,先注意观察一遍电流变化情况,记住电流开始明显升高的电压值;针对各阶段电流变化情况,分别以不同的间隔施加截止电压,读取对应的电流值。在上一步观察到的电流起升点附近,要增加监测密度,以较小的间隔采集数据,在截止电压附近阳极光电流上升很快,找出电流开始变化的"抬头点",此时对应的电压的绝对值为所测的截止电压 U_0。

2) 测量

由于本实验仪器的电流放大器灵敏度高,稳定性好;光电管阳极反向电流、暗电流水平也较低。在测量各谱线的截止电压 U_0 时,可采用零电流法,即直接将各谱线照射下测得的电流为零时对应的电压 U_{AK} 的绝对值作为截止电压 U_0。

将电压选择按键置于 $-2 \sim +2$ V 挡;将"电流量程"开关处于 10^{-12} A 挡,将测试仪电流输入电缆线断开,调零后重新接上;将直径 4 mm 的光阑及 365.0 nm 的滤色片装在光电管暗箱光输入口上,打开汞灯遮光盖。此时电压表显示 U_{AK} 的值,单位为伏;电流表显示与 U_{AK} 对应的电流值 I,单位为所选择的"电流量程"。

从低(-2 V)到高调节电压(绝对值减小),观察电流值的变化,寻找电流为零时对应的 U_{AK},以其绝对值作为该波长对应的 U_0 的值。

依次换上 404.7 nm,435.8 nm,546.1 nm,577.0 nm 的滤色片,重复以上测量步骤。

3. 测光电管的伏安特性曲线

将电压选择按键置于 $-2 \sim +30$ V;将"电流量程"选择开关置于 10^{-11} A 挡;将测试仪电流输入电缆断开,调零后重新接上,将直径 2 mm 的光阑及 435.8 nm 的滤色片装在光电管暗箱光输入口上。

(1) 从低到高调节电压,记录电流从零到非零点所对应的电压值作为第一组数据,以后电压变化一定值记录一组数据到表 5-2-2 中。

换上直径 4 mm 的光阑及 546.1 nm 的滤色片,重复(1)测量步骤。

(2) 在 U_{AK} 为 30 V 时,将"电流量程"选择开关置于 10^{-10} A 挡;将测试仪电流输入电缆断开,调零后重新接上,在同一谱线同一入射距离下,记录光缆分别为 2 mm、4 mm、8 mm 时对应的电流值并填入表 5-2-3 中。

（3）在 U_{AK} 为 30 V 时，将"电流量程"选择开关置于 10^{-10} A 挡并调零，测量并记录在同一谱线同一光阑下，将光电管与入射光不同距离所对应的电流值填入表 5-2-4 中。

【实验表格】

表 5-2-1　$U_0-\nu$ 关系

波长 λ_i/nm	365.0	404.7	435.8	546.1	577.0
频率 $\nu_i/(\times 10^{14}$ Hz$)$	8.214	7.408	6.879	5.490	5.196
截止电压 U_{0i}/V					

表 5-2-2　$I-U_{AK}$ 关系

$L=40$ cm

435.8 nm 光阑 2 mm	U_{AK}/V	−2	2	6	10	14	18	22	26	30
	$I/(\times 10^{-11}$ A$)$									
546.1 nm 光阑 4 mm	U_{AK}/V									
	$I/(\times 10^{-11}$ A$)$									

表 5-2-3　I_M-P 关系

$U_{AK}=30$ V，$L=40$ cm

435.8 nm	光阑孔 φ/mm	2	4	8
	$I/(\times 10^{-10}$ A$)$			
546.1 nm	光阑孔 φ/mm	2	4	8
	$I/(\times 10^{-10}$ A$)$			

表 5-2-4　I_M-P 关系

$U_{AK}=30$ V，$\varphi=8$ mm

435.8 nm	入射距离 L/mm	300	350	400
	$I/(\times 10^{-10}$ A$)$			
546.1 nm	入射距离 L/mm	300	350	400
	$I/(\times 10^{-10}$ A$)$			

【数据处理】

（1）根据表 5-2-1 实验数据，作出截止电压 U_0 与频率 ν 的关系图，得出 $U_0-\nu$ 直线

的斜率 k。求出直线斜率 k 后,可用 $h=ek(e=1.602\times10^{-19}$ C)求出普朗克常量 h,并与普朗克常量理论值 h_0 作比较,计算百分误差

$$E=\frac{h-h_0}{h_0}$$

式中 $h_0=6.626\times10^{-34}$ J·s。

（2）用表 5-2-2 数据在坐标纸上作对应于以上两种波长及光强的伏安特性曲线。

（3）由于照到光电管上的光强与光阑面积成正比,用表 5-2-3 数据作图验证光电管的饱和光电流与入射光强成正比。

（4）用表 5-2-4 数据作图,同样验证光电管的饱和光电流与入射光强成正比。

【注意事项】

（1）测试前先预热汞灯,再将仪器调节到使用状态,每次换挡后注意调零操作。

（2）实验中光电流的显示会有所波动,读数时,可估读光电流的中间值。

【思考题】

（1）测定普朗克常数的关键是什么？怎样根据光电管的特性曲线选择适宜的测定截止电压 U_0 的方法。

（2）什么是电子的逸出功？从截止电压 U_0 与入射光的频率 ν 的关系曲线中,你能确定阴极材料的逸出功吗？

（3）本实验存在哪些误差来源？实验中如何解决这些问题？

（4）当加在光电管两端的电压为零时,光电流不为零,这是为什么？

（5）光电管一般都用逸出功小的金属作阴极,用逸出功大的金属作阳极,为什么？

（6）反向电流产生的原因是什么？在实验中如何消除反向电流的影响？

（7）截止电压的测量有零电流法、补偿法和拐点法。根据你对测量仪器的认识,选用哪种方法最有效？

实验 5-3　密立根油滴实验

美国物理学家密立根(Millikan)为了证明电荷的颗粒性,从 1906 年起就致力于细小油滴带电量的测量。起初他是对油滴群体进行观测,后来才转向对单个油滴观测,他对实验方法做过三次改革,测了上千次数据,终于以上千个油滴的确凿实验数据,不可置疑地首先证明了电荷的颗粒性,即任何电量都是某一基本电荷 e 的整数 n 倍,这个基本电荷(Elementary charge)就是电子所带的电荷。这对于验证了爱因斯坦光电方程的正确性有

重要的意义。

在当时的年代,爱因斯坦的光量子假设和光电方程完全能够解释光电效应中的各种现象,但并没有立即得到人们的承认,它受到的怀疑超过了同年(1905年)爱因斯坦提出的狭义相对论,甚至相信量子概念的一些著名物理学家(包括普朗克本人)也持反对态度。这一方面是由于经典电磁理论的传统观念,深深地束缚了人们的思想;另一方面也是由于这个假设并未得到全面验证。所以从1907年起就不断有科学家从事这方面的研究工作,其中主要困难是接触电位差的存在和金属表面氧化物的影响。直到1916年,密立根的精确实验才完全证实了爱因斯坦的光电方程。这是密立根花了十年的时间,研究接触电位差,消除了各种误差来源,改进真空装置以去掉氧化膜才实现的。特别是除去表面氧化层的问题,这在技术上特别困难,但密立根巧妙地设计了一种试验管,终于解决了金属氧化问题。

密立根的精确实验验证了爱因斯坦光电方程(photoelectric equation)的正确性,却是完全与他预料的相反,密立根一直对爱因斯坦的光电子假设持保留态度。他说:"经过十年之久的试验、变换和学习,有时甚至还要出差错,在这之后,我把一切努力从一开始就针对光量子发射能量的精密测量,测量它随温度、波长、材料(接触电势差)改变的函数的关系。与我自己的预料相反,这项工作终于在1914年成了爱因斯坦方程式在很小实验误差范围内精确有效的第一次直接实验证据,并且第一次直接从光电效应测普朗克常量 h,所得精度大约为 0.5%,这是当时所能得到的最佳值"。密立根由于他对光电效应及测量基元电荷的出色研究,因而获得了1923年诺贝尔物理学奖。

【实验目的】

(1) 验证电荷的不连续性及测量基本电荷电量。
(2) 了解CCD图像传感器的原理与应用。
(3) 学习电视显微镜测量方法。

【实验原理】

1. 基本原理

从喷雾器喷出的油滴,一般而言,由于摩擦都是带电的,如果一个质量为 m,带电荷量为 q 的油液,使其落在间距为 d、电压为 U 的平行平板电极之间,如图5-3-1所示。适当调节平行平板之间的电压数值和极性,使得油滴处于悬浮平衡状态,则有

$$mg = \frac{qU}{d} \tag{5-3-1}$$

因此,只要测出 m、d、U,就可以间接测得油滴所带的电荷量。

实验证明,对应同一个油滴,如果改变其带电荷量 q,使其为 q_1、q_2、q_3、…,则所需的平衡电压 U_1、U_2、U_3、…只能是一些不连续的数值。这一实验事实揭示了电荷存在最小的基本单元,油滴的带电量只能是这一最小数值的整数倍,即

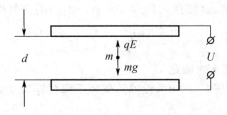

图 5-3-1

$$q = ne \quad (n=1,2,3,\cdots)$$

在实验当中,只要测出一系列的电荷量 q_1、q_2、q_3、$\cdots$,然后求出它们的最大公约数(Greatest common divisor),这个最大公约数就是电子的电荷量 e。

实验中的很重要一点是油滴的质量称量问题,由于油滴的质量 m 很小,需要采用特殊的方法测定。

2. 油滴质量 m 的测定

油滴在表面张力(Surface tension)的作用下一般呈球状,因此

$$m = \frac{4}{3}\pi r^3 \rho \tag{5-3-2}$$

式中,r 为油滴半径,ρ 为油滴密度。

球状油滴的黏性与油滴半径 r 有关,因此可以通过研究油滴在空气中的运动特性间接测定 r。

在图 5-3-1 中,平板电极未加电压时,油滴受重力作用而下降,同时又受黏性阻力 F_f 的作用,F_f 与油滴的速度成正比,经过一小段距离后,油滴的速度达到极限而匀速下降(此时黏性阻力和重力相平衡,浮力忽略不计),由斯托克斯定律(Stokes law)可得

$$F_f = 6\pi r \eta v \tag{5-3-3}$$

式中,η 为空气的黏度;v 为油滴匀速下降的速度。

由式(5-3-2)和式(5-3-3)可得油滴的半径为

$$r = \sqrt{\frac{9\eta v}{2\rho g}} \tag{5-3-4}$$

对于半径小于 10^{-6} m 的小球,空气不能再看成是连续的介质,斯托克斯定律修正为

$$F_f = \frac{6\pi r \eta v}{1 + \dfrac{b}{pr}} \tag{5-3-5}$$

式中,b 为修正常量,等于 8.22×10^{-3} m·Pa;p 为大气压强。

修正后,式(5-3-4)变为

$$r = \left[\frac{9\eta v}{2\rho g} \cdot \frac{1}{1 + \dfrac{b}{pr}} \right]^{\frac{1}{2}} \tag{5-3-6}$$

式(5-3-6)右端仍然含有半径 r,但是由于它位于修正项当中,因此不须十分精确。

可以由式(5-3-4)的计算值,直接代入(5-3-6)与(5-3-2)的合并中,则得到

$$m = \frac{4}{3}\pi\rho \left[\frac{9\eta v}{2\rho g} \cdot \frac{1}{1+b/(pr)}\right]^{\frac{3}{2}} \tag{5-3-7}$$

3. 油滴匀速下降速度 v 的测定

当两极板间施加的电压 $U=0$ 时,设油滴匀速下降的距离为 l,所用的时间为 t,则

$$v = \frac{l}{t} \tag{5-3-8}$$

4. 油滴所带电荷量的计算公式

由式(5-3-1)、式(5-3-4)、式(5-3-7)、式(5-3-8)得

$$q = \frac{18\pi}{\sqrt{2\rho g}} \cdot \frac{d}{U}\left[\frac{\eta l}{t\left(1+\frac{b}{p}\sqrt{\frac{2\rho g t}{9\eta l}}\right)}\right]^{\frac{3}{2}} \tag{5-3-9}$$

令 $A = \frac{18\pi}{\sqrt{2\rho g}}(\eta l)^{\frac{3}{2}} d, B = \frac{b}{p}\sqrt{\frac{2\rho g}{9\eta l}}$,则油滴所带的电荷量可以表达为

$$q = \frac{A}{\left[t(1+B\sqrt{t})\right]^{\frac{3}{2}} U} \tag{5-3-10}$$

由上式可见,测定油滴所带的电荷量,只需测定平衡电压 U,然后撤去电压,使其自由下落,达到匀速时,测出给定下落距离 l 所需时间 t 即可。

上式即为静态法测油滴电荷的公式。为了求电子电荷 e,对实验测得的各个电荷 q 求最大公约数,就是基本电荷 e 的值,也就是电子电荷 e。

【实验仪器】

仪器主要由油滴盒、CCD 电视显微镜、电路箱、监视器等组成。

油滴盒是个重要部件,加工要求很高,其结构见图 5-3-2。

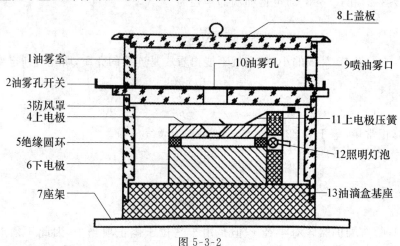

图 5-3-2

从图 5-3-2 上可以看到，上下电极形状与一般油滴仪不同，取消了造成积累误差的"定位台阶"，直接用精加工的平板垫在胶木圆环上，这样，极板间的不平行度、极板间的间距误差都可以控制在 0.01 mm 以下。在上电极板中心有一个 0.4 mm 的油雾落入孔，在胶木圆环上开有显微镜观察孔和照明孔。

在油滴盒外套有防风罩，罩上放置一个可取下的油雾杯，杯底中心有一个落油孔及一个挡片，用来开关落油孔。

在上电极板上方有一个可以左右拨动的压簧。注意：只有将压簧拨向最边位置，方可取出上极板！这一点也与一般油滴仪采用直接抽出上极板的方式不同，为的是保证压簧与电极始终接触良好。

照明灯安装在照明座中间位置，在照明光源和照明光路设计上也与一般油滴仪不同。传统油滴仪的照明光路与显微光路间的夹角为 120°，现根据散射理论，将此夹角增大为 150°～160°，油滴像特别明亮。一般油滴仪的照明灯为聚光钨丝灯，很易烧坏，OM99 油滴仪采用了带聚光的半导体发光器件，使用寿命极长，为半永久性。

CCD 电视显微镜的光学系统是专门设计的，体积小巧，成像质量好。由于 CCD 摄像头与显微镜是整体设计，无须另加连接圈就可方便地装上拆下，使用可靠、稳定、不易损坏 CCD 器件。

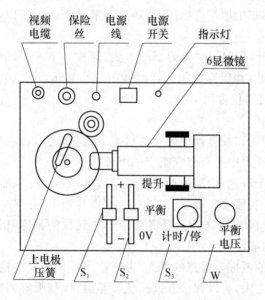

图 5-3-3

电路箱体内装有高压产生、测量显示等电路。底部装有三只调平手轮，面板结构见图 5-3-3。由测量显示电路产生的电子分划板刻度，与 CCD 摄像头的行扫描严格同步，相当于刻度线是做在 CCD 器件上的，所以，尽管监视器有大小，或监视器本身有非线性失真，但刻度值是不会变的。

OM99 油滴仪备有两种分划板,标准分划板 A 是 8×3 结构,垂直线视场为 2 mm,分八格,每格值为 0.25 mm。为观察油滴的布朗运动,设计了另一种 X、Y 方向各为 15 小格的分划板 B。用随机配备的标准显微物镜观测时,每格为 0.08 mm;换上高倍显微镜后,每格值为 0.04 mm,此时,观察效果明显,油滴运动轨迹可以满格。

进入或退出分划板 B 的方法是,按住"计时/停"按钮大于 5 s,即可切换分划板。

在面板上有两只控制平行极板电压的三挡开关,K1 控制上极板电压的极性,K2 控制极板上电压的大小。当 K2 处于中间位置即"平衡"挡时,可用电位器 W 调节平衡电压。打向"提升"挡时,自动在平衡电压的基础上增加(200~300) V 的提升电压,打向"0 V"挡时,极板上电压为 0 V。

为了提高测量精度,OM99 油滴仪将 K2 的"平衡"、"0 V"挡与计时器的"计时/停"联动。在 K2 由"平衡"打向"0 V"时,油滴开始匀速下落的同时开始计时,油滴下落到预定位置时,迅速将 K2 由"0 V"挡打向"平衡"挡,油滴停止下落的同时停止计时。这样,在屏幕上显示的是油滴实际的运动距离及对应的时间,提供了修正参数。这样可提高测距、测时精度。根据不同的教学要求,也可以不联动(关闭联动开关即可)。由于空气阻力的存在,油滴是先经一段变速运动然后进入匀速运动的,但这变速运动时间非常短,远小于 0.01 s,与计时器精度相当。可以看作,当油滴自静止开始运动时,油滴是立即作匀速运动的;运动的油滴突然加上原平衡电压时,将立即静止下来。所以,采用联动方式完全可以保证实验精度。

OM99 油滴仪的计时器采用"计时/停"方式,即按一下开关,清零的同时立即开始计数,再按一下,停止计数,并保存数据。计时器的最小显示为 0.01 s,但内部计时精度为 1 μs,也就是说,清零时间仅占用 1 μs。

喷雾器使用说明:

进行喷油之前,请先在喷雾器中无油的状态下试喷几次,注意用手掌试喷过程中,先用听声的方式试听喷雾器中是否有气喷出的声音;

用滴管从油瓶里吸取油,由灌油处滴入喷雾器里,不要太多,油的液面(3~5) mm 高已足够,千万不可高于喷管上口;

喷雾器的喷雾出口比较脆弱,一般将其置于油滴仪的油雾杯圆孔外(1~2) mm 即可,不必伸入油雾杯内喷油;

必须有一个正确的抓握喷雾器的手式,否则会出现油滴较少的现象;先张开手掌,然后将喷雾器放于掌心之中,再以握拳方式握住喷雾器,保持喷雾器竖直喷雾;另一种方法则可以以一手扶住喷雾器的喷管(掌握平衡),另一手用五指捏住喷雾器的气囊即可;

如果喷雾器里还有剩余的油,不用时将喷雾器立置(例如放在杯子里),否则油会泄漏到实验台上。

【实验步骤】

1. 仪器连接

将 OM99 面板上最左边带有 Q9 插头的电缆线接至监视器后背下部的插座上,然后接上电源即可开始工作。注意,一定要插紧,保证接触良好,否则图像紊乱或只有一些长条纹。

2. 仪器调整

调节仪器底座上的三只调平手轮,将水泡调平。由于底座空间较小,调手轮时应将手心向上,用中指和无名指夹住手轮调节较为方便。照明光路不需调整。CCD 显微镜对焦也不需要用调焦针插在平行电极孔中来调节,只需将显微镜筒前端和底座前端对齐,然后喷油后再稍稍前后微调即可。在使用中,前后调焦范围不要过大,取前后调焦 1 mm 内,观察油滴较好。

3. 开机使用

打开监视器和 OM99 油滴仪的电源,自动进入测量状态,显示出标准分划板刻度线及电压值、计时值。开机后如想直接进入测量状态,按一下"计时/停"按钮即可。

如开机后屏幕上的字很乱或字重叠,先关掉油滴仪的电源,过一会再开机即可。

面板上 K1 用来选择平行电极上极板的极性,实验中置于"+"位或"-"位置均可,一般不常变动。使用最频繁的是 K2 和"平衡电压"电位器(W)及"计时/停"(K3)。监视器门前有一小盒,压一下盒盖就可打开,内有 4 个调节旋钮。对比度一般置于较大(顺时针旋到底或稍退回一些),亮度不要太亮。如发现刻度线上下抖动,这是"帧抖",微调左边起第二只旋钮即可解决。

4. 测量练习

练习是顺利做好实验的重要一环,包括练习控制油滴运动,练习测量油滴运动时间和练习选择合适的油滴。选择一颗合适的油滴十分重要。大而亮的油滴必然质量大,所带电荷也多,而匀速下降时间则很短,增大了测量误差和给数据处理带来困难。通常选择平衡电压为(200~300) V,匀速下落 1.50 mm(6 格)的时间在(8~20) s 左右的油滴较适宜。喷油后,K2 置"平衡"挡,调"平衡电压"电位器 W 使极板电压为(200~300) V,注意几颗缓慢运动、较为清晰明亮的油滴。试将 K2 置"0 V"挡,观察各颗油滴下落大概的速度,从中选一颗作为测量对象。对于 10 英寸监视器,目视油滴直径在(0.5~1.0) mm 左右较适宜。过小的油滴观察困难,布朗运动明显,会引入较大的测量误差。

判断油滴是否平衡要有足够的耐性。用 K2 将油滴移至某条刻度线上,仔细调节平衡电压,这样反复操作几次,经一段时间观察,油滴确实不再移动才认为是平衡了。

测准油滴上升或下降某段距离所需的时间,一是要统一油滴到达刻度线什么位置才认为油滴已踏线,二是眼睛要平视刻度线,不要有夹角。反复练习几次,使测出的各次时间的离散性较小,并且对油滴的控制比较熟练。

5. 实验步骤

实验可选用平衡测量法（静态法）、动态测量法和同一油滴改变电荷法测量（第三种方法要用到汞灯，选做）。

1) 平衡法（静态法）测量

① 连接好仪器，将仪器表面调水平，打开监视器和油滴仪的电源；

② 向喷雾口喷油后，关上油雾孔开关；

③ 将 K1 置向一极，K2 置"平衡"挡，按下联动开关；

④ 选择一颗合适的油滴，调节"平衡电压"电位器 W，使之达到平衡；

⑤ 将已调平衡的油滴用 K2 控制移到"起跑"线上（一般取第 2 格上线），按 K3（计时/停），让计时器停止计时（值未必为 0）；

⑥ 将 K2 拨向"0 V"，油滴开始匀速下降的同时，计时器开始计时。到"终点"（一般取第 7 格下线）时迅速将 K2 拨向"平衡"，油滴立即静止，计时也停止，此时电压值和下落时间值显示在屏幕上，记录下相应的数据，同一油滴可重复几次。

2) 动态法测量

分别测出同一油滴加电压时油滴上升和不加电压时油滴下落相等距离的时间，代入相应公式，求出 e 值，此时最好将 K2 与 K3 的联动断开。油滴的运动距离一般取 1.0～1.5 mm。对某颗油滴重复 5～10 次测量，选择 10～20 颗油滴，求得电子电荷的平均值 e。在每次测量时都要检查和调整平衡电压，以减小偶然误差和因油滴挥发而使平衡电压发生变化。

3) 同一油滴改变电荷法测量

在平衡法基础上，按下汞灯开关（选配件，位置在仪器面板左下角），用汞灯照射目标油滴（应选择颗粒较大的油滴），使之改变带电量，这时原有的平衡电压已不能保持油滴的平衡，然后用平衡法或动态法重新测量。

【实验表格】

表 5-3-1

电荷序号	平衡电压	油滴下落时间						q 平均值	n
		t_1	t_2	t_3	t_4	t_5	$\bar{t}_x$		
1									
2									
3									
4									
5									

【数据处理】

求 e 的方法主要有两种，分别是最大公约数和作图法。

最大公约数法是根据式(5-3-10)计算出各油滴的带电量后，求出其最大公约数，即为电子的电荷量；与公认值 $e=1.60\times10^{-19}$ C 比较，给出百分误差。

作图法是由实验得到的 5 个油滴的带电量分别为 q_1、q_2、$\cdots q_5$，由于电荷的量子化特征，q_i 只能是 e 的整数倍，其对应的整数分别是 n_1、n_2、$\cdots n_5$，在 n—q 坐标系中，这些点将在同一条过原点的直线上，在坐标纸中描绘出直线后，在直线上选取两点，求出直线的斜率

$$k=\frac{q_B-q_A}{n_B-n_A}$$

即为 e 值。与理论值 $e=1.60\times10^{-19}$ C 比较，给出百分误差。

已知参数：

油的密度 $\rho=981$ kg·m^{-3}(20 ℃)

空气粘滞系数 $\eta=1.83\times10^{-5}$ kg·m^{-1}·s^{-1}

修正常数 $b=6.17\times10^{-6}$ m·cmHg

大气压强 $p=76.0$ cmHg

平行板间距 $d=5.00\times10^{-3}$ m

【注意事项】

(1) 实验前必须调节水准泡。

(2) 每次都要调节平衡电压，要求每个油滴的平衡电压和下降时间都不同。

(3) 擦拭极板时要关掉电源，以免触电。

(4) 喷油时功能键应置于 down 处，即两电极板间电压为零。

(5) 喷油时喷雾器应竖拿，食指赌住气孔，对准油雾室的喷雾口，轻轻喷入少许即可。

(6) 喷油后应将风口盖住，以防止空气流动对油滴的影响。

(7) 注意跟踪油滴，随时调节显微镜镜筒，不断校准平衡电压，发现平衡电压有明显改变，则应放弃测量，或作为一颗新油滴重新测量。

(8) 选择平衡电压 200 V 左右，下降 1.5 mm 时间 8~20 s 的油滴。

【思考题】

(1) 对实验结果造成影响的主要因素有哪些？

(2) 如何判断油滴盒内平行极板已经水平？不水平对实验结果有何影响？

(3) CCD 成像系统观测油滴比直接从显微镜中观测有何优点？

实验 5-4 液晶电光效应实验

1888年,奥地利植物学家 Reinitzer 在做有机物溶解实验时,在一定温度范围内观察到液晶(Liquid Crystal,LC)。1961年美国 RCA 公司的 Heimeier 发现了液晶的一系列电光效应,并制成了显示器件。由于液晶显示器件具有驱动电压低(一般为几伏),功耗极小、体积小、寿命长、环保无辐射等优点,从20世纪中叶开始液晶被广泛应用在轻薄型的显示技术上,独占了计算器、电子表、手机、笔记本电脑等领域,是当今显示器的主流。现在,液晶已成为物理学家、化学家、工程技术人员和医药工作者共同关心与研究的领域,在物理、化学、电子、生命科学等诸多领域有着广泛的应用,如光导液晶光阀、光调制器、各种传感器、微量毒气检测、夜视仿真等,其中液晶显示器件、光导液晶光阀、光调制器、光路转换开关等均是利用液晶电光效应的原理制成的。

【实验目的】

(1) 测定液晶样品的电光曲线。
(2) 根据电光曲线,求出样品的阀值电压 U_{th}、饱和电压 U_r、对比度 D_r、陡度 β 等电光效应的主要参量。
(3) 了解最简单的液晶显示器件(TN-LCD)的显示原理。
(4) 用数字存储示波器测定液晶样品的光电响应曲线,求得液晶样品的响应时间。

【实验原理】

1. 液晶

液晶态是一种介于液体和晶体之间的中间态,它既有液体的流动性、黏度、形变等机械性质,又有晶体的热、光、电、磁等物理性质。液晶与液体、晶体之间的区别是:液体是分子取向无序、各向同性的;液晶分子取向有序,但位置无序;晶体则既有取向序,又有位置序,所以液晶分子在形状、介电常数、折射率及电导率上具有各向异性特性。

就成分和出现液晶相的物理条件而言,液晶可分为热致液晶和溶致液晶。热致液晶呈现液晶相是由温度引起的,并且只能在一定温度范围内存在,一般是单一组分,低温时热致液晶是晶体结构,高温时变为液体;而溶致液晶是由符合一定结构要求的化合物与溶剂组成的体系,由两种或两种以上的化合物组成,溶剂的侵入,破坏了晶体的有序取向,使其具有液体的流动性从而呈现出液晶特征,如简单的脂肪酸盐、离子型和非离子型表面活性剂等,生物膜就具有溶质液晶的特征。目前用于显示器件的都是热致液晶,它的电光特性随温度的改变而有一定变化。热致液晶又包括近晶相(smectic)、向列相(nematic)、胆甾相(cholesteric)三种,其中向列相液晶是最简单的液晶相,也是目前发展最快的、市场占有量很大的材料,是液晶显示器件的主要材料。向列相液晶的棒状分子都与分子轴方向平行,所以相列向液晶分子之间是互相平行排列的,但不分层,它们的重心排列是混乱无序的,所以向列相液晶的棒状分子只是一维有序,电场与磁场对液晶有巨大的影响力,在这些外力作用下向列相液晶分子会发生流动,很容易沿流动方向取向。

由于向列相液晶(如图 5-4-1)的棒状分子的光学与电学性质,如折射率与介电常数,在沿着及垂直于这个有序排列的方向是不同的,这使得用电来控制光学性能,或液晶显示成为了可能,加上其黏度较小,这使得向列相液晶成为目前显示器件中应用最广泛的一类液晶。向列相液晶相的介电性行为也是各类电光应用的基础。

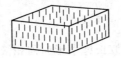

图 5-4-1

2. 液晶的电光效应

大多数液晶材料都是由有机化合物构成的,这些有机化合物分子多为细长的棒状结构,在长轴和短轴两个方向具有不同性质,所以它们在形状、介电常数、折射率及电导率上具有各向异性特性。液晶分子是含有极性基团的极性分子,具有有较强的电偶极矩。由于液晶分子间的作用力比固体弱,液晶分子容易呈现各种状态,在电场、磁场、热能等作用下,能实现各分子状态间的转变,从而引起它的光、电、磁物理性质发生变化。比如在电场作用下,偶极子会按电场方向取向、导致分子原有排列方式发生变化,当光通过液晶时,会产生偏振面旋转、双折射等效应,从而液晶的光学特性也随之发生改变。这种因外电场引起的液晶光学性质的改变称为液晶的电光效应。

液晶的电光效应种类繁多,主要有动态散射型(DS)、扭曲向列相型(TN)、超扭曲向列相型(STN)、有源矩阵液晶显示(TFT)、电控双折射(ECB)等。其中应用较广的有:有源矩阵型(TFT)——主要用于液晶电视、笔记本电脑等高档电子产品;超扭曲向列相型(STN)——主要用于手机屏幕等中档电子产品;扭曲向列相型(TN)——主要用于电子表、计算器、仪器仪表、家用电器等中低档产品,是目前应用最普遍的液晶显示器件。

TN 型液晶显示器件原理较简单,是 STN、TFT 等显示方式的基础。本实验所使用的液晶样品即为 TN 型。

3. 扭曲向列型(TN)液晶盒结构

TN 型液晶盒结构如图 5-4-2 所示。

在涂覆透明电极的两枚玻璃基片之间,夹有正介电各向异性的向列相液晶薄层,四周用环氧树脂密封。玻璃基板内侧覆盖着一层定向层,通常是一薄层高分子有机物,经定向摩擦处理,可使棒状液晶分子平行于玻璃表面,沿定向处理的方向排列。上下玻璃表面的

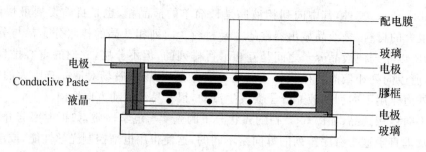

图 5-4-2　TN 型液晶盒结构图

定向方向是相互垂直的,这样,盒内液晶分子的取向逐渐扭曲,从上玻璃片到下玻璃片扭曲了 90°,所以称为扭曲向列型。

4. 扭曲向列型电光效应

无外电场作用时,由于可见光波长远小于向列相液晶的扭曲螺距,当线偏振光垂直入射时,若偏振方向与液晶盒上表面分子取向相同,则线偏振光将随液晶分子轴方向逐渐旋转 90°,平行于液晶盒下表面分子轴方向射出[见图 5-4-3(a)中不通电部分,其中液晶盒上下表面各附一片偏振片,其偏振方向与液晶盒表面分子取向相同,因此光可通过偏振片射出];若入射线偏振光偏振方向垂直于上表面分子轴方向,出射时,线偏振光方向亦垂直于下表面液晶分子轴;当以其他线偏振光方向入射时,则根据平行分量和垂直分量的相位差,光以椭圆、圆或直线等某种偏振光形式射出。

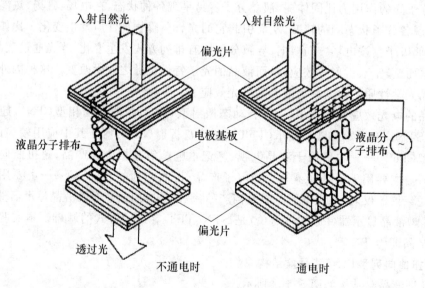

图 5-4-3(a)　TN 型器件分子排布及透过光示意图

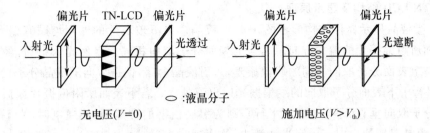

图 5-4-3(b)　TN 型电光效应的原理示意图

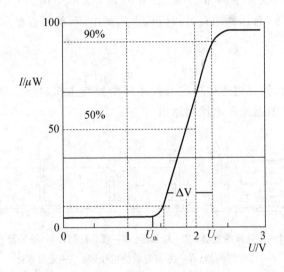

图 5-4-4　液晶电光曲线图

对液晶盒施加电压,当达到某一数值时,液晶分子长轴开始沿电场方向倾斜,电压继续增加到另一数值时,除附着在液晶盒上下表面的液晶分子外,所有液晶分子长轴都按电场方向进行重排列(见图 5-4-3 中通电部分),TN 型液晶盒 90°旋光性完全消失。

若将液晶盒放在两片平行偏振片之间,其偏振方向与上表面液晶分子取向相同。不加电压时,入射光通过起偏器形成的线偏振光,经过液晶盒后偏振方向随液晶分子轴旋转 90°,不能通过检偏器;施加电压后,透过检偏器的光强与施加在液晶盒上电压大小的关系如图 5-4-4 所示;其中纵坐标为透光强度,横坐标为外加电压。最大透光强度的 10% 所对应的外加电压值称为阈值电压(U_{th}),标志了液晶电光效应有可观察反应的开始(或称起辉),阈值电压小,是电光效应好的一个重要指标。最大透光强度的 90% 对应的外加电压值称为饱和电压(U_r),标志了获得最大对比度所需的外加电压数值,U_r 小则易获得良好的显示效果,且降低显示功耗,对显示寿命有利。对比度 $D_r = I_{max}/I_{min}$,其中 I_{max} 为最大观察(接收)亮度(照度),I_{min} 为最小亮度。陡度 $\beta = U_r/U_{th}$ 即饱和电压与阈值电压之比。

5. TN-LCD 结构及显示原理

TN 型液晶显示器件结构参考图 5-4-3,液晶盒上下玻璃片的外侧均贴有偏光片,其中上表面所附偏振片的偏振方向总是与上表面分子取向相同。自然光入射后,经过偏振片形成与上表面分子取向相同的线偏振光,入射液晶盒后,偏振方向随液晶分子长轴旋转 90°,以平行于下表面分子取向的线偏振光射出液晶盒。若下表面所附偏振片偏振方向与下表面分子取向垂直(即与上表面平行),则为黑底白字的常黑型,不通电时,光不能透过显示器(为黑态),通电时,90°旋光性消失,光可通过显示器(为白态);若偏振片与下表面分子取向相同,则为白底黑字的常白型,如图 5-4-3 所示结构。TN-LCD 可用于显示数字、简单字符及图案等,有选择地在各段电极上施加电压,就可以显示出不同的图案。

【实验仪器】

如图 5-4-5 所示,液晶电光效应实验仪主要由控制主机、导轨、滑块、半导体激光器、起偏器、液晶样品、检偏器及光电探测器组成。

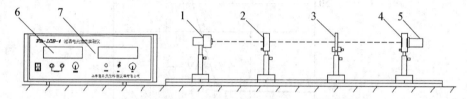

1—半导体激光器; 2—起偏器; 3—液晶样品; 4—检偏器;
5—光电探测器; 6—方波有效值电压表; 7—光功率计

图 5-4-5 液晶电光效应实验仪器装置

【实验内容与步骤】

(1) 光学导轨上依次为:半导体激光器—起偏器—液晶盒—检偏器(带光电探测器)。打开半导体激光器,调节各元件高度,使激光依次穿过起偏器、液晶盒、检偏器,打在光电探测器的通光孔上。

(2) 接通主机电源,将光功率计调零,用话筒线连接光功率计和光电转换盒,此时光功率计显示的数值为透过检偏器的光强大小。旋转起偏器至 120°(出厂时已校准过),使其偏振方向与液晶片表面分子取向平行(或垂直)。旋转检偏器,观察光功率计数值变化,若最大值小于 200 μW,可旋转半导体激光器,使最大透射光强大于 200 μW。最后旋转检偏器,使透射光强达到最小。

(3) 将电压表调至零点,用红黑导线连接主机和液晶盒,从 0 V 开始逐渐增大电压,观察光功率计读数变化,电压调至最大值后归零。

(4) 从 0 开始逐渐增加电压,0~2.5 V 每隔 0.2 V 或 0.3 V 记一次电压及透射光强值,2.5 V 后每隔 0.1 V 左右记一次数据,6.5 V 后再每隔 0.2 或 0.3 V 记一次数据,在关键点附近宜多测几组数据。

(5) 作电光曲线图,纵坐标为透射光强值,横坐标为外加电压值。

(6) 根据作好的电光曲线,求出样品的阈值电压 U_{th}、饱和电压 U_r、对比度 D_r 及陡度 β。

(7) 演示黑底白字的常黑型 TN-LCD。拔掉液晶盒上的插头,光功率计显示为最小,即黑态;将电压调至 6 至 7 V 左右,连通液晶盒,光功率计显示最大数值,即白态。注:可自配数字或字符型液晶片演示,有选择地在各段电极上施加电压,就可以显示出不同的图案。

(8) 自配数字存储示波器,可测试液晶样品的电光响应曲线,求得样品的响应时间。

【注意事项】

(1) 保持液晶盒表面清洁,不能有划痕;应防止液晶盒受潮,防止受阳光直射。
(2) 让激光器的光点打在各元件的中央位置。光功率计量程的选择要合适。
(3) 光功率变化敏感的电压区域可以适当缩小测量间隔、增加测量数据。

【数据记录与处理】

1. 液晶电光效应特性测量表如表 5-4-1 所示

表 5-4-1　电光特性曲线测量表

U/V	I/μW	U/V	I/μW	U/V	I/μW	U/V	I/μW	U/V	I/μW

2. 计算陡度、对比度

陡度 $\beta = U_r/U_{th}$，即饱和电压与阈值电压之比。

对比度 $D_r = I_{max}/I_{min}$，其中 I_{max} 为最大观察(接收)亮度(照度)，I_{min} 为最小亮度。

【思考题】

(1) 液晶光开关的工作原理是什么？
(2) 如何调整光路中各个器件达到实验要求？
(3) 液晶光开关常白模式是指什么？
(4) 为什么检偏器旋转 90°就由常黑模式变成常白模式了？

实验 5-5 弗兰克—赫兹实验

1913年丹麦物理学家玻尔(N·Bohr,1885-1962)提出了原子能级的概念并建立了原子模型理论。该理论指出，原子是由原子核和以核为中心沿各种不同轨道运动的一些电子构成的，如图 5-5-1 所示。对于不同的原子，这些轨道上的电子束分布各不相同。一定轨道上的电子具有一定的能量。当同一原子的电子从低能量的轨道跃迁到较高能量的轨道时，原子就处于受激状态。原子处于稳定状态时不辐射能量，当原子从高能态(能量 E_m)向低能态(能量 E_n)跃迁时才辐射能量，辐射能量满足 $\Delta E = E_m - E_n$。对于外界提供的能量，只有满足原子跃迁到高能级的能级差，原子才吸收并跃迁，否则不吸收。

1914年，德国物理学家弗兰克(JamesFranck,1882—1964)和 G. 赫兹(Gustav Hertz, 1887—1975)用加速电子与稀薄气体原子碰撞的方法，使原子从低能级激发到高能级，观察并测量了汞原子的激发电势和电离电势，弗兰克—赫兹的实验为能级的存在提供了直接的证据，证明了原子内部量子化能级的存在，对玻尔的原子理论是一个有力支持。

玻尔在得知弗兰克—赫兹的实验后，在 1915 年指出，弗兰克—赫兹实验的 4.9 V 正是他的能级理论中预言的汞原子的第一激发电势。弗兰克和赫兹从而证明了原子分立能态的存在。后来他们又观测了实验中被激发的原子回到正常态时所辐射的光，测出的辐射光的频率很好地满足了玻尔理论。玻尔因其原子模型理论获 1922 年诺贝尔物理学奖，而弗兰克与赫兹由于他们的实验发现了原子受电子碰撞的定律也于 1925 年获得诺贝尔物理学奖。

【实验目的】

(1) 研究弗兰克—赫兹管中电流变化的规律。
(2) 测量汞原子的第一激发电位，证实原子能级的存在，加深对原子结构的了解。

（3）了解在微观世界中，电子与原子的碰撞概率。

【实验原理】

1. 玻尔理论

玻尔的原子模型理论指出，原子是由原子核和以核为中心沿各种不同轨道运动的一些电子构成的，如图 5-5-1 所示。

（1）对于不同的原子，这些轨道上的电子束分布各不相同。一定轨道上的电子具有一定的能量，只能取某些分立的状态 E_1、E_2、E_3、…，这些能量值是彼此分立的，不连续的。原子处在稳定状态时，绕核运动的电子虽然在作加速运动，但是既不向外辐射能量也不吸收能量。

（2）当同一原子的电子从一个能量的轨道跃迁到另一个能量的轨道时，就吸收或放出一定频率的电磁辐射，因此电子的能量状态改变具有量子性。在原子辐射（放出能量）时，电子从较高的能级 E_n 过渡到较低能级 E_m，释放出光子，光子能量的大小取决于原子所处两定态之间的能量差，满足如下关系：

$$h\nu = E_n - E_m \tag{5-5-1}$$

其中 $h = 6.63 \times 10^{-34}$ J·s 称作普朗克常数。ν 为光子的频率。

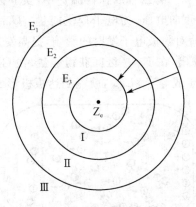

图 5-5-1

一个原子从高能级到低能级的跃迁并且释放能量（发射光子）一般是自发进行的，而从低能级跃迁到高能级则需要外界提供能量，用加速后的电子（或其他微观粒子）与原子相碰撞就是使原子激发（从低能级跃迁到高能级）的有效途径。原子在没有外界运动碰撞情形下，处于基态能量最低状态，记为 E_1；与基态最近的能量状态称为第一激发态（E_2），根据玻尔理论可知，处于基态的原子发生状态改变时，其所需能量不能小于该原子从基态跃迁到第一激发态时所需的能量，这个能量称作临界能量。

$$\Delta E = E_2 - E_1 \tag{5-5-2}$$

式中 ΔE 为临界能量；E_2 为第一激发态能量；E_1 为基态能量。

当电子与原子碰撞时,如果电子能量小于临界能量,则发生弹性碰撞,没有能量交换。只有当电子能量大于临界能量,则发生非弹性碰撞,实现能量交换,导致原子激发,碰撞过程中的一部分能量传递给了束缚电子,其余能量仍为系统动能。一般情况下,原子在激发态所处的时间不会太长,短时间后会回到基态,并以电磁辐射的形式释放出所获得的能量。其频率 ν 满足下式

$$h\nu = eU_g \tag{5-5-3}$$

式中 U_g 为汞原子的第一激发电位。所以当电子的能量等于或大于第一激发能时,原子就开始发光。实验中电子的动能来自于电场的加速作用。初速度为零的电子经过加速电压 U 的作用,获得的动能为 eU,如果此动能恰好等于原子的临界能量 ΔE,则此时的加速电压为原子的第一激发电位 U_g:

$$U_g = \frac{\Delta E}{e} \tag{5-5-4}$$

2. 弗兰克-赫兹实验规律

弗兰克-赫兹实验原理(如图 5-5-2 所示),在该实验中,电子与原子的碰撞是在密封管中进行的,管内为低压汞蒸汽,管内有氧化物阴极 K,阳极 A,第一、第二栅极分别为 G_1、G_2,G_1 和 G_2 之间的距离较大,为电子与气体原子提供较大的碰撞空间从而保证足够高的碰撞频率。实验时弗兰克-赫兹管放在控温炉中,实验温度在 120~200 ℃ 之间,管中的汞为气态。K-G_1-G_2 加正向电压,为电子提供能量。U_{G1K} 的作用一是控制管内电子流的大小,二是消除空间电荷对阴极电子发射的影响,提高发射效率。G_2-A 加反向电压,形成拒斥电场。电子从 K 发出,在 K-G_2 区间获得能量,在 G_2-A 区间损失能量。如果电子进入 G_2-A 区域时动能大于或等于 eU_{G2K},就能到达板极形成板极电流 I。

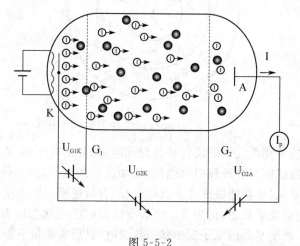

图 5-5-2

如果汞原子的能态是连续的,则施加多大的加速电压,汞原子都有可能吸收能量,电子由于失去能量而最终无法到达极板,检流计中没有电流通过;如果汞原子没有吸收能

量,则板极电流将随着加速电压的升高而增加,直到饱和为止。然而,实验结果恰好与以上两种结果相悖,得到如图 5-5-3 所示的带有吸收峰的曲线,该曲线有如下特征:

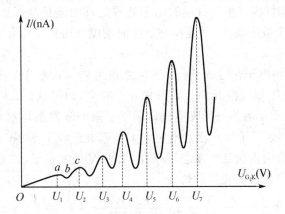

图 5-5-3 弗兰克-赫兹实验 $U_{G_2K} \sim I$ 曲线

(1) 改变电压、电流不是单调地上升,曲线上出现多个峰;

(2) 相邻峰尖之间相应的加速电压差值均为 4.9 V,只有第一个不是 4.9 V,这是由于存在接触电位差,使曲线发生了整体平移的缘故。

对弗兰克-赫兹实验的解释如下。

(1) K-G_1 区间 电子迅速被电场加速而获得能量。

(2) G_1-G_2 区间 电子继续从电场获得能量并不断与汞原子碰撞,当 U_{G1K}<4.9 V 时,其能量小于汞原子第一激发态与基态的能级差 $\Delta E = E_2 - E_1$ 时,汞原子基本不吸收电子的能量,碰撞属于弹性碰撞。根据电子的速率分布,就可以解释极板电流随着加速度电压增高而增大的实验结果。当 $U_{G1K} = 4.9$ V,电子的能量达到临界能量 ΔE,则可能在碰撞中被汞原子吸收这部分能量,这时的碰撞属于非弹性碰撞。

(3) G_2-A 区间 电子受阻,被拒斥电场吸收能量。若电子进入此区间时的能量小于 eU_{G2A} 则不能达到板极。由此可见,若 $eU_{G2K} < \Delta E$,则电子带着 eU_{G2K} 的能量进入 G_2-A 区域。随着 U_{2K} 的增加,电流 I 增加(如图 5-5-3 中 Oa 段),形成可观的板极电流。

若 $eU_{G2K} = \Delta E$,则电子在达到 G_2 处刚够临界能量,并与汞原子发生非弹性碰撞,因此,引起共振吸收,电子把能量全部传递给汞原子,自身速度几乎降为零。汞原子则实现了从基态向第一激发态的跃迁。继续增大 U_{G2K},电子能量被吸收的概率逐渐增加,由于遏止电压的作用,失去了能量的电子将不能到达板极 A,板极电流逐渐下降(如图 5-5-3 中 ab 段)。

继续增大 U_{G2K},当 4.9 V<U_{G2K}<9.8 V 时,电子重新在电场中加速,但是由于 F-H 管内 4.9 V 电位的位置发生变化,第一次非弹性碰撞区逐渐向 G_1 移动。因为到达 G_2 时电子重新获得的能量小于 4.9 eV,所以不会再发生非弹性碰撞,电子将保持其动能达到

G_2,从而能克服 U_{G2K} 的阻力到达板极。电子碰撞后的剩余能量也增加,到达板极的电子又会逐渐增多,表现为 I_P 的又一次上升(如图 5-5-3 中 *bc* 段)。

当 $eU_{G2K}=2\Delta E$ 时,将有相当数量的电子具有足够的能量与汞原子发生两次非弹性碰撞,电子几乎损失全波的动能,因此没有足够的动能克服拒斥电场到达板极,板极电流又逐渐下降。

若 $eU_{G2K}>n\Delta E$ 则电子在进入 G_2-A 区域之前可能 n 次被汞原子碰撞而损失能量。板极电流 I 随加速电压 U_{G2K} 变化曲线就形成 n 个峰值,如图 5-5-3 所示。相邻峰值之间的电压差 ΔU 称为汞原子的第一激发电位。汞原子第一激发态与基态间的能级差 $\Delta E = e\Delta U$。由此可以推理,汞原子第一激发电位为 4.9 V,在吸收了 4.9 V 的能量后,汞原子跃迁到第一激发态,而后自发跃迁回基态,释放出 4.9 eV 的光量子,该光子的波长为实验测得的弗兰克-赫兹管中发出的光波波长为

$$\lambda = \frac{hc}{eU_g} = \frac{6.63\times10^{-34}\times3.00\times10^8}{4.9\times1.6\times10^{-19}} = 2.5\times10^2 \text{ nm}$$

实验测得的弗兰克-赫兹管中发出的光波波长为 253.7 nm,与理论值符合得很好,因此,原子的定态假设就得到了直接的实验验证。

【实验仪器】

弗兰克-赫兹管,加热炉,温度控制仪,稳压电源,扫描电源,微电流测量放大器,超低频示波器,X-Y 记录仪。

(1) 弗兰克－赫兹管。弗兰克－赫兹管是一个充汞四极管,其内有足够的液态汞,保证在使用温度范围内管内汞蒸汽总处于饱和状态。其工作温区为 100～210 ℃,在小于 180 ℃ 时可获得明显的第一谱峰。

(2) 加热炉。为了使 F—H 管内保持一定的汞蒸气饱和蒸气压,实验时要把 F—H 管置于控温加热炉内。加热炉的加热功率约为 400 W。炉内温度均匀,保温性好。一般要求炉温可在 100～250 ℃ 范围内连续可调。实验中要防止温度低时,汞原子电离。温度低时,管内汞的饱和蒸气压较低,平均自由程较大,电子在两次碰撞间隔内有可能积累较高的能量,汞原子受到高能量电子轰击可能电离,管内出现辉光放电,降低管子的使用寿命。

(3) 温度控制仪。温度控制仪的控温范围为 20～300 ℃。由于汞蒸气压对温度非常敏感,所以对温度控制仪的控温灵敏度要求较高,控温精度为 ±1 ℃。温度控制仪上有温度设定按钮,加热 20 min 左右,炉温可达预定的温度。温度控制仪也能同时指示被控温度的大小。

(4) F—H 管稳压电源组。稳压电源输出包括三组独立的稳压电源,它们是灯丝电源、拒斥场电源、控制栅电源,均可调节。三者之间的电位由外电路决定。

(5) 扫描电源。扫描电源提供 0～90 V 的手动可调直流电压或自动慢扫描输出锯齿

波电压,用以改变加速电压,供函数记录仪测量或手动测量。输出波形:锯齿波,三角波。扫描方式:手动,自动。扫描电源上有电压表指示扫描电压大小。为使读数精确,同时再外接一个量程 200 V 的数字电压表,指示该电压大小。

(6) 微电流放大器。微电流放大器可测量 $10^{-10} \sim 10^{-8}$ A 的电流,用来检测 F—H 管的板极电流 I_P。该仪器为利用高输入阻抗运算放大器制成的 I-U 变换器。实验时电路中接入一个微安表,指示被测电流的相对大小。X—Y 记录仪是集数据采集分析和结果显示为一体的基于微机的仪器。在自动慢扫描测量时,X—Y 记录仪可用来采集数据、显示图像以及分析结果。

【实验内容与步骤】

F-H 管本身的参数控制管内汞气压是实验成败的关键。常温下要把管放在恒温炉内加热,一般要求炉温可在 $100 \sim 250$ ℃ 范围内连续可调。为选择合适的炉温,在升温过程中,可以用示波器跟踪 $I_P - U_{G_2K}$ 的曲线波形,配合其他实验条件,使示波器上出现最佳的波形,待温度稳定 30 min 后,测出曲线。

1. 测试前准备

(1) 接通控温电源开关,调节控温旋钮,设定加热温度。让控温炉预热 $15 \sim 30$ min,当温控继电器跳变时,说明已达到预定的炉温。

(2) 接通微电流放大器,预热 20 min。测量开始前调节"调零"旋钮,使电流表指针指零。由于电流为电子流,应将极性开关扳到"-"。同时进行满度校准。

(3) 选择直流(DC)栅极电压,并且调到最小。

2. 测量极板电流 I_P 与加速电压 U_{G_2K}

(1) 启动恒温器,加热 F-H 管,将炉温控制在 $160 \sim 180$ ℃。选择合适的灯丝电压、U_{G_1K}(约 1.5 V)、U_{G_2A}(约 1.5 V)及放大倍数,缓慢增加 U_{G_2K},全面观察一次 I 的变化情况(注意:在改变实验条件时,每个参量不能超过最大允许值。由于灯丝电压和炉温的改变对 I 的影响是滞后的,所以不能一次改变太多。当电流表满偏时应当及时改变倍率。要求随着 U_{G_2K} 的增加能观察到 I 有 $7 \sim 10$ 个峰,峰与谷的差别应当比较明显,最大峰值应接近于电流表的满偏刻度,但是不能超过量程,并且在三五分钟时间内 $I-U_{G_2K}$ 变化规律无明显改变。每次改变实验条件,要等 $2 \sim 3$ min 再观察 I 的变化;若电流 I 迅速增大,表明汞原子已明显电离,此时需要立刻减小。

(2) 数据测量:使 U_{G_2K} 从"0"起缓慢增加,每增加一次电压,待电流表读数稳定(一般都可以立即稳定,个别测量点有可能若干秒后稳定)后,读取一次数据,记录相应的电压 U_{G_2K},电流 I,在峰谷处数据密集一些。

(3) 作 $I-U_{G_2K}$ 曲线,取小于 4 个邻峰的电压差,取平均值,得到汞原子的第一激发电位。

(4) 用锯齿波连续改变加速电压,观察板极电流曲线。

(5) 用 X-Y 记录仪记录曲线。

3. 测量汞的电离电压和高激发电压

降低炉温到 90 ℃~120 ℃，重新选择 U_{G1K}，U_{G2A}，谨慎地选择灯丝电压，使得在第二个第一激发电位峰出现后即可知电离电压。以电离曲线中的第一个峰为定标标准，求出电离峰与第一峰的距离，即可知电离电压。实验完毕后，不能长时间将 U_{G2K} 置于最大值，应将其旋至较小值。

【**数据记录与处理**】

(1) 测量 $I-U_{G_2K}$ 关系，填表 5-5-1。

表 5-5-1

V_{G2K}/V	I_P/nA	V_{G2K}/V	I_P/nA	V_{G2K}/V	I_P/nA	V_{G2K}/V	I_P/nA

(2) 作 $I-U_{G_2K}$ 曲线，取小于 4 个邻峰的电压差，填表 5-5-2，取平均值，得到汞原子的第一激发电位。

(3) 测量汞的电离电压和高激发电压。

表 5-5-2

序号	1	2	3	4
峰值格数				
V_{G2K}/V				

【思考题】

(1) 什么是能极？玻尔的能极跃迁理论如何描述？
(2) $I-U_{G_2K}$ 曲线电流下降并不十分陡峭,主要原因是什么？
(3) 弗兰克－赫兹管的结构是怎样的？
(4) 简述弗兰克－赫兹管中四个电压参量。
(5) I 的谷值并不为零,而且谷值依次沿 U_{G_2K} 轴升高,如何解释？
(6) 第一峰值所对应的电压是否等于第一激发电位？原因是什么？
(7) 写出汞原子第一激发态与基态的能级差。

实验 5-6　音频信号光纤传输技术实验

声音是一种在弹性介质中传播的机械波,是一种低频信号,它的传播受周围环境的影响,如果按照其自身的频率来传输,不利于接收和同步。在通信中一般是使用一个高频率信号作为载波(载波是指被调制以传输信号的波形,一般为正弦波。一般要求正弦载波的频率远远高于调制信号的带宽,否则会发生混叠,使传输信号失真),利用被传输的音频信号对载波进行调制。当信号到达接收地点时需要对信号进行解调,也就是将高频率载波滤掉,从而得到被传输的音频信号。但是,电磁通信有很多缺点:(1)存在衰减,噪声大；(2)存在信息安全问题,因为电力系统的基础设施和使用特性决定了它是一个开放性结构,虽然采用了技术保护措施,但还是难以能保证其信息的安全；(3)存在着传输带宽的拓宽问题。

光纤通信(Fibre Communication)是解决上述问题的一门新技术。光纤(Optical Fiber)是一种由玻璃或塑料制成的纤维,可作为光传导工具。用光纤来传递能量,具有能量损失小、不受电磁干扰、数值孔径大、分辨率高、结构简单、体积小、重量轻、通信容量大、中继距离长、保密性能好等优点。自从 20 世纪 60 年代初,适合于通信用的石英光纤问世以来,其在远距离信息传输方面的应用得到了迅猛发展,以光纤作为信息传输介质的"光纤通信"技术,成为现代科学技术领域中重要组成部分,它是世界新技术革命的重要标志,是现代信息社会各种信息网的主要传输工具。

通过音频信号光纤传输技术实验我们将了解到光波是怎样被调制、传输和解调的,光纤传输的传输原理、系统组成及特点，关键元器件（光源、探测器）的原理及其选配原则。

【实验目的】

（1）熟悉半导体电光/光电器件的基本性能及主要特性的测试方法。
（2）了解音频信号光纤传输系统的结构及选配各主要部件的原则。
（3）掌握半导体电光/光电器件在模拟信号光纤传输系统中的应用技术。
（4）训练音频信号光纤传输系统的调试技术。

【实验仪器】

OFE-B型光纤传输及光电技术综合实验仪，音频信号发生器，示波器，数字万用表。

【实验原理】

光纤传输技术是指以光作为信息载体的传输技术，其基本原理为：首先通过信号发送器将电信号转换成光信号，接着光信号被光纤传送到光信号接收器，最后转换还原成原信号。本实验通过测量两转换器的特性和调试仪器各功能区的功能，从而达到了解光纤传输技术的目的。

1. 系统的组成

图5-6-1示出了一个音频信号直接光强调制光纤传输系统的结构原理图，它主要包括光信号发送器、传输光纤和光信号接收器三个部分。其中光信号发送器由电光转换器及其调制、驱动电路组成；光信号接收器由光电转换器、运算放大器和集成音频功放电路组成。光纤通信系统中对电光转换器在发光波长、电光效率、工作寿命、光谱宽度和调制性能等许多方面均有特殊要求，所以不是随便哪种电光转换器都能胜任光纤通信任务。目前在以上各个方面都能较好满足要求的光源器件主要有半导体发光二级管（Light Emitting Diode，LED）和半导体激光器（Laser Diode，LD）。虽然半导体发光二级管的输出功率小、信号调制速率低，但价格便宜，适合近距离、低速、模拟信号的传输，可以满足我们实验要求。LED的发光中心波长必须为在传输光纤呈现低损耗的 $0.84~\mu m$、$1.31~\mu m$ 或 $1.55~\mu m$ 的光源，本实验采用中心波长为 $0.84~\mu m$ 附近的砷化镓（GaAs）半导体发光二级管作为光源，以峰值响应波长为 $0.8\sim0.9~\mu m$ 的硅光电二极管（Silicon Photoelectric Diode，SPD）作为光电检测元件。为了避免或减少谐波失真，要求整个传输系统的频带宽度能够覆盖被传信号的频谱范围，对于语音信号，其频谱在 $300\sim3\,400~Hz$ 的范围内。由于光导纤维对光信号具有很宽的频带，故在音频范围内，整个系统的频带宽度主要决定于发送端调制放大电路和接收端功放电路的幅频特性。

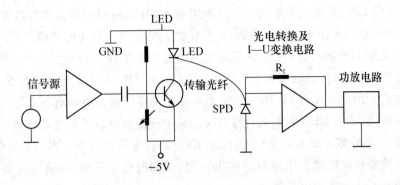

图 5-6-1　音频信号光纤传输实验系统原理图

2. 半导体发光二级管结构、工作原理、特性及其驱动、调制电路

1) 半导体发光二级管

光纤传输系统中常用的半导体发光二极管是一个如图 5-6-2 所示的 n—p—p 三层结构的半导体器件。中间层通常是由 GaAs（砷化镓）p 型半导体材料组成，称为有源 S 层，其带隙宽度较窄，两侧分别由 GaALAs（砷化镓铝）的 n 型和 p 型半导体材料组成，与有源层相比，它们都具有较宽的带隙。具有不同带隙宽度的两种半导体单晶之间的结构称为异质结，在图 5-6-2 中，有源层与左侧的 n 层之间形成的是 p—n 异质结，而与右侧 p 层之间形成的是 p—p 异质结，即在有源层两侧的两种半导体材料的交接层之间形成两个异质势垒，这种势垒结构称为 n—p—p 双异质结构，简称 DH 结构。

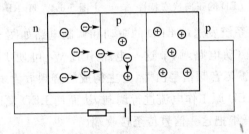

图 5-6-2　半导体发光二极管及工作原理

当给这种结构加上正向偏压时，就能使 n 层向有源层注入导电电子，这些导电电子一旦进入有源层后，因受到右边 p—p 异质结的阻挡作用不能再进入右侧的 p 层，它们只能被限制在有源层内与空穴复合。导电电子在有源层与空穴复合的过程中，其中有不少电子要释放出能量满足以下关系的光子：

$$h\nu = E_1 - E_2 = E_g \tag{5-6-1}$$

式中 h 是普朗克常数，ν 是光波的频率，E_1 是有源层内导电电子的能量，E_2 是导电电子与空穴复合后处于价健束缚状态时的能量。两者的差值 E_g 与双异质结构中各层材料及其组分的选取等多种因素有关，制做 LED 时只要选取合适的材料并控制好各层材料的组分,就可以改变 LED 的发光中心波长。在本实验中,我们使用砷化镓半导体发光二极管作光源,发光中心波长在 $0.84~\mu m$ 附近,正是传输光纤呈现低损耗的波段。

本实验采用 HFBR-1424 型半导体发光二极管的正向伏安特性如图 5-6-3 所示,与普通的二极管相比,在正向电压大于 1 V 以后,才开始导通,在正常使用情况下,正向压降为 1.5 V 左右。图 5-6-4 为 HFBR-1424 型半导体发光二极管的驱动电流与其输出的光功率的关系曲线,称为 LED 的电光特性曲线。为了使传输系统的发送端能够产生一个无非线性失真而峰-峰值又最大的光信号,使用 LED 时应先给它一个适当的偏置电流,其值等于这一特性曲线线性部分中点对应的电流值,而调制电流的峰-峰值应尽可能大地处于这电光特性的线性范围内。

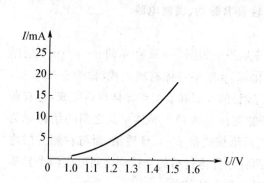
图 5-6-3　HFRB-1424 型 LED 的正向伏安特性

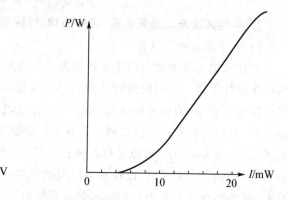
图 5-6-4　HFRB-1424 型 LED 的电光特性

音频信号光纤传输系统发送端 LED 的驱动和调制电路如图 5-6-5 所示,以 B_{G1} 为主构成的电路是 LED 的驱动电路,调节这一电路中的 W_2 可使 LED 的偏置电流在 $0\sim 20~mA$ 的范围内变化。被传音频信号由 I_{G1} 为主构成的音频放大电路放大后经电容器 C_4 耦合到 B_{G1} 的基极,对 LED 原工作电流进行调制,从而使 LED 发送出光强随音频信号变化的光信号,并经光导纤维把这一信号传至接收端。

根据理想运放电路开环电压增益大(可近似为无限大)、同相和反相输入端阻抗大(也可近似为无限大)和接地等三个基本性质,可以推导出图 5-6-5 所示音频放大电路的闭环增益为:

$$G(j\omega) = v_0/v_1 = 1 + Z_2/Z_1 \tag{5-6-2}$$

其中 Z_1、Z_2 分别为放大器反馈阻抗和反相输入端的接地阻抗,只要 C_3 选得足够小,C_2 选得足够大,则在要求带宽的中频范围内,C_3 阻抗很大,它所在支路可视为开路,而 C_2 的阻抗很小,它可视为短路。在此情况下,放大电路的闭环增益 $G(j\omega)=1+R_2/R_1$。C_3 的大小决定了高频端的截止频率 f_2,而 C_2 的值决定着低频端的截止频率 f_1。故该电路中的 R_1、R_2、R_3 和 C_2、C_3 是决定音频放大电路增益和带宽的几个重要参数。

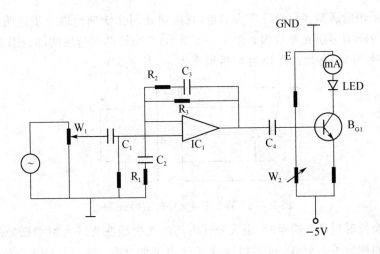

图 5-6-5　LED 的驱动和调制电路

3. 光导纤维的结构及传光原理

光纤的功能是将发送端的光信号以尽可能小的衰减和失真传递到光信号接收端。光纤的色散使信号到达终端的时延不同,信号发生畸变或展宽,限制了传输容量和中继距离,传输系统中,原始信号的固有频带称为基带,输入为激励,输出为响应。衡量光纤性能好坏的重要标志有两个:一是看它传输信息的距离有多远,二是看它携带的信息容量有多大,前者决定光纤的损耗特性,后者决定光纤的脉冲响应或基带频率特性。经过人们对光纤材料的提纯,目前已使光纤的损耗容易做到 1 dB/km 以下。光纤的损耗与工作波长有关,所以在工作波长的选择用上,应尽量选用低损耗的工作波长,光纤通信最早是用短波长 0.84 μm,近来发展至用 1.3~1.55 μm 范围的波长,因为在这一波长范围内光纤不仅损耗低,而且"色散"也小。

光纤的脉冲响应或它的基带频率特性又主要决定于光纤的模式性质。光纤按其模式性质通常可以分成两大类:①单模光纤,②多模光纤。无论单模或多模光纤,其结构均由纤芯和包层两部分组成。纤芯的折射率较包层折射率大,对于单模光纤,纤芯直径只有 5~10 μm,在一定的条件下,只允许一种电磁场形态的光波在纤芯内传播,光在单模光纤中沿光轴直径传播。多模光纤的纤芯直径为 50 μm 或 62.5 μm,允许多种电磁场形态的光波传播;以上两种光纤的包层直径均为 125 μm。按其折射率沿光纤截面的径向分布状况又分成阶跃型和渐变型两种光纤,对于阶跃型光纤,在纤芯和包层中折射率均为常数,纤芯折射率 n_1 大于包层折射率 n_2,根据光射线在非均匀介质中的传播理论分析可知:光线在阶跃型光纤中按与轴线相交的折线传播,可用几何光学的全反射理论解释它的导光原理。渐变型光纤的纤芯折射率随离开光纤轴线距离的增加而逐渐减小,直到在纤芯——包层界面处减至某一值后,在包层的范围内折射率保持这一值不变,光线以正弦形状沿光纤中心轴线传播。

本实验采用阶跃型多模光纤作为信道,现应用几何光学理论进一步说明这种光纤的传光原理。阶跃型多模光纤结构如图 5-6-6 所示,它由纤芯和包层两部分组成,芯子的半径为 a,折射率为 n_1,包层的外径为 b,折射率为 n_2,且 $n_1 > n_2$。

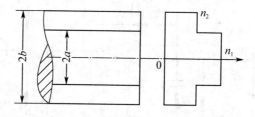

图 5-6-6　阶型多模光纤的结构示意图

当一光束投射到光纤端面时,进入光纤内部的光射线在光纤入射端面处的入射面包含光纤轴线的称为子午射线,这类射线在光纤内部的行径,是一条与光纤轴线相交、呈"Z"字形前进的平面折线;若耦合到光纤内部的光射线在光纤入射端面处的入射面不包含光纤轴线,称为偏射线,偏射线在光纤内部不与光纤轴线相交;其行径是一条空间折线。以下我们只对子午射线的传播特性进行分析。

参看图 5-6-7,假设光纤端面与其轴线垂直,如前所述,当一光线射到光纤入射端面时的入射面包含了光纤的轴线,则这条射线在光纤内就会按子午射线的方式传播。根据 Snell 定律及图 5-6-7 所示的几何关系有:

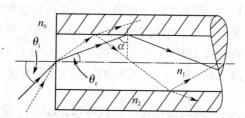

图 5-6-7　子午传导射线和漏射线

$$n_0 \sin \theta_i = n_1 \sin \theta_z \tag{5-6-3}$$
$$\theta_z = \pi/2 - \alpha$$
$$n_0 \sin \theta_i = n_1 \cos \alpha \tag{5-6-4}$$

其中 n_0 是光纤入射端面左侧介质的折射率。通常,光纤端面处于空气介质中,故 $n_0 = 1$。

由(5-6-4)式可知:如果所研究的光线在光纤端面处的入射角 θ_i 较小,则它折射到光纤内部后投射到纤芯——包层界面处的入射角 α 有可能大于由芯子和包层材料的折射率 n_1 和 n_2 按下面两式决定的临结角 α_c:

$$n_1 \sin \alpha_c = n_2 \sin 90° \tag{5-6-5}$$
$$\alpha_c = \arcsin(n_2/n_1) \tag{5-6-6}$$

在此情形下光射线在芯子——包层界面处发生全内反射。该射线所携带的光能就被局限在纤芯内部而不外溢,满足这一条件的射线称为传导射线。

随着图 5-6-7 中入射角 θ_i 的增加,α 角就会逐渐减小,直到 $\alpha=\alpha_c$ 时,子午射线携带的光能均可被局限在纤芯内。在此之后,若继续增加 θ_i,则 α 角就会变得小于 α_c,这时子午射线在纤芯——包层界面处的全内反射条件受到破坏,致使光射线在纤芯——包层界面的每次反射均有部分能量溢出纤芯外,于是,光导纤维再也不能把光能有效地约束在纤芯内部,这类射线称为漏射线。

设与临界角 $\alpha=\alpha_c$ 对应的入射角 θ_i 为 θ_{imax},由上所述,凡是以 θ_{imax} 为张角的锥体内入射的子午线,射到光纤端面上时,均能被光纤有效地接收而约束在纤芯内。根据(5-6-4)式有:

$$n_0 \sin \theta_{imax} = n_1 \cos \alpha_c$$

因其中 n_0 表示光纤入射端面空气一侧的折射率,其值为 1,故:

$$\sin \theta_{imax} = n_1(1-\sin^2\alpha_c)^{1/2} = (n_1^2-n_2^2)^{1/2}$$

通常把 $\sin\theta_{imax} = (n_1^2-n_2^2)^{1/2}$ 定义为光纤的理论数值孔径(numerical aperture),用英文字符 N.A. 表示,即

$$\text{N.A.} = \sin\theta_{imax} = (n_1^2-n_2^2)^{1/2} = n_1(2\Delta)^{1/2} \tag{5-6-7}$$

是一个表征光纤对子午射线捕获能力的参数,其值只与纤芯和包层的折射率 n_1 和 n_2 有关,与光纤的半径 a 无关。在(5-6-7)式中

$$\Delta = (n_1^2-n_2^2)/2n_1^2 \approx (n_1-n_2)/n_1$$

Δ 称为纤芯—包层之间的相对折射率差,Δ 愈大,光纤的理论数值孔径 N.A. 愈大,表明光纤对子午射线捕获的能力愈强,即由光源发出的光功率更易于耦合到光纤的纤芯内,这对于作传光用途的光纤来说是有利的,但对于通信用的光纤,数值孔径愈大,模式色散也相应增加,这不利于传输容量的提高。对于通信用的多模光纤,Δ 值一般限制在 1‰ 左右。由于常用石英多模光纤的纤芯折射率 n_1 的值处于 1.50 附近的范围内,故理论数值孔径的值在 0.21 左右。

4. 半导体光电二极管的结构、工作原理及特性

光信号接收端的功能是将光信号经光电转换器件还原为相应的电信号。光信号接收端由光电转换器、运算放大器和集成音频功放电路组成。本实验使用的光电转换器是峰值响应波长与发送端 LED 的发光中心波长很接近的硅光电二极管(SPD)。硅光电二极管的任务是把传输光纤出射端输出的光信号的光功率转变为与之成正比的光电流 I_0,再通过运算放大器组成的 I/V 转换电路把光电流 I_0 转换成电压 V_0 输出。如果在光信号发射端施加了音频信号,则电压信号中包含的音频信号经电容电阻耦合到音频功率放大器能驱动喇叭发声。

半导体光电二极管与普通的半导体二极管一样,都具有一个 p-n 结,但光电二极管在外形结构方面有它自身的特点,这主要表现在光电二极管的管壳上有一个能让光射入其光敏区的窗口,此外,与普通二极管不同,它经常工作在反向偏置电压状态[如图 5-6-8

(a)所示]或无偏压状态[图 5-6-8(b)所示]。在反偏电压下,p-n 结的空间电荷区的垫垒增高、宽度加大、结电阻减小,所有这些均有利于提高光电二极管的高频响应性能。

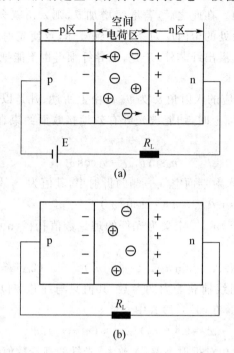

图 5-6-8　光电二极管的结构及工作方式

无光照时,反向偏置的 p-n 结只有很小的反向漏电流,称为暗电流。当有光子能量大于 p-n 结半导体材料的带隙宽度 E_g 的光波照射到光电二极管的管芯时,p-n 结各区域中的价电子吸收光能后将挣脱价键的束缚而成为自由电子,与此同时也产生一个自由空穴,这些由光照产生的自由电子空穴对统称为光生载流子。在远离空间电荷区(亦称耗尽区)的 p 区和 n 区内,电场强度很弱,光生载流子只有扩散运动,它们在向空间电荷区扩散的途中因复合而被消失掉,故不能形成光电流。形成光电流的主要靠空间电荷区的光生载流子,因为在空间电荷区内电场很强,在此强电场作用下,光生自由电子空穴对将以很高的速度分别向 n 区和 p 区运动,并很快越过这些区域到达电极,沿外电路闭合形成光电流,光电流的方向是从二极管的负极流向它的正极,并且在无偏压短路的情况下与入射的光功率成正比,因此在光电二极管的 p-n 结中,增加空间电荷区的宽度与提高光电转换效率有着密切的关系。为此目的,若在 p-n 结的 p 区和 n 区之间再加一层杂质浓度很低以致可近似为本征半导体的 I 层,就形成了具有 p-i-n 三层结构的半导体光电二极管,简称 PIN 光电二极管。PIN 光电二极管的 p-n 结除具有较宽的空间电荷区外,还具有很大的结电阻和很小的结电容,这些特点使 PIN 管在光电转换效率和高频响应方面与普通光电二极管相比均得到了很大改善。

光电二极管的伏-安特性可用下式表示：
$$I = I_0[1-\exp(qv/kt)] + I_L \tag{5-6-8}$$
其中 I_0 是无照的反向饱和电流，V 是二极管的端电压（正向电压为正，反向电压为负），q 为电子电荷，k 为波耳兹曼常数，T 是结温，单位为 K，I_L 是无偏压状态下光照时的短路电流，它与光照时的光功率成正比。(5-6-8)式中的 I_0 和 I_L 均是反向电流，即从光电二极管负极流向正极的电流。根据(5-6-8)式，光电二极管的伏安特性曲线如图 5-6-9 所示，对应 5-6-8(a) 所示的反偏工作状态，光电二极管的工作点由负载线与第三象限的伏安特性曲线交点确定。由图 5-6-9 所示可以看出：

（1）光电二极管即使在无偏压的工作状态下，也有反向电流流过，这与普通二极管只具有单向导电性相比有本质的差别，认识和熟悉光电二极管的这一特点对于在光电转换技术中正确使用光电器件具有十分重要意义。

（2）反向偏压工作状态下，在外加电压 E 和负载电阻 R_L 的很大变化范围内，光电流与入照的光功率均具有很好的线性关系；无偏压工作状态下，只有 R_L 较小时，光电流才与照光功率成正比，R_L 增大时，光电流与光功率呈非线性关系。无偏压状态下，短路电流与入照光功率的关系称为光电二极管的光电特性，这一特性在 I-P 坐标系中的斜率为
$$R = \Delta I / \Delta P (\mu A / \mu W) \tag{5-6-9}$$
将 R 定义为光电二极管的响应度，这是宏观上表征光电二极管光电转换效率的一个重要参数。

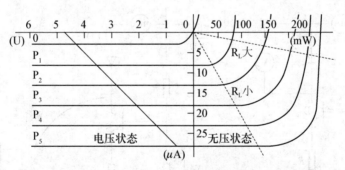

图 5-6-9 光电二极管的伏安特性曲线及工作点的确定

（3）在光电二极管处于开路状态情况下，光照时产生的光生载流子不能形成闭合光电流，它们只能在 p-n 结空间电荷区的内电场作用下，分别堆积在 p-n 结空间电荷区两侧的 n 层和 p 层内，产生外电场，此时光电二极管表现出具有一定的开路电压。不用光照情况下的开路电压就是伏安特性曲线与横坐标轴交点所对应的电压值。由图 5-6-9 可见，光电二极管开路电压与入射光功率也是呈非线性关系。

（4）反向偏压状态下的光电二极管，由于在很大的动态范围内其光电流与偏压和负载电阻几乎无关，故在入射光功率一定时可视为一个恒流源；而在无偏压工作状态下光电

二极管的光电流随负载电阻变化很大,此时它不具有恒流源性质,只起光电池作用。

光电二极管的响应度 R 值与入射光波的波长有关。本实验中采用的硅光电二极管,其光谱响应波长在 $0.4 \sim 1.1\ \mu m$ 之间、峰值响应波长在 $0.8 \sim 0.9\ \mu m$ 范围内。在峰值响应波长下,响应度 R 的典型值在 $0.25\ A \sim 0.5\ \mu A/\mu W$ 的范围内。

【实验内容及步骤】

1. 半导体发光二级管(LED)伏安特性的测定

测试电路如图 5-6-10 所示,测量时调节 W_2 使电压表 V 的读数从 1.2 V 开始逐渐增加,每增加 30 mV,读取一次毫安 mA 的示值,直到电压表读数为 1.56 V 时为止。根据测量结果描绘 LED 伏安特性曲线。

2. LED 传输光纤组件电光特性的测定

测试电路如图 5-6-11 示,该电路除光功率计、LED 及传输光纤外,全安装在光信号发送器内,测量前应把传输光纤的尾端轻轻地插入光功率计的光电探头内,并小心调整其位置使之与光功率计光电探头间的光耦合最佳(在以后的测量中注意保持这一最佳耦合状态不变);然后调节 W_1 使毫安表指示从零逐渐增加,每增加 5 mA 读取一次光功率计示值,直到 50 mA 为止。列表记录下测量数据,根据测量数据用直角坐标纸描绘 LED—传输光纤组件的电光特性,并确定出其线性度较好的线段。

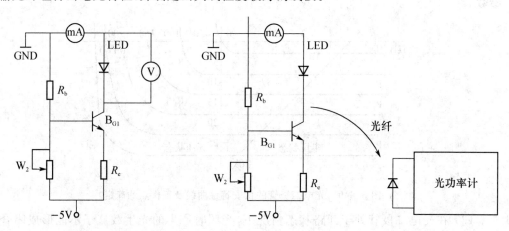

图 5-6-10　LED 伏安特性的测定　　　图 5-6-11　LED 传输光纤组件电光特性的测定

3. 硅光电二极管光电特性及响应度的测定

测量电路如图 5-6-12 所示,测量时,首先把 SPD 切换开关 S 倒向 A 侧,在 LED 小于 50 mA 的任一驱动电流下,进行 LED 尾纤与 SPD 光敏面最佳光耦合状态的调节后,调节电位器 W_1 使 LED 的偏置电流为 20 mA,记下光功率的读数,用 ΔP 表示对此读数取整后的数值。此后继续调节 W_1 使 LED 光纤组件输出的光功率从零逐渐增加,每增加一个

ΔP 值把开关 S 从 A 掷向 B 一次,并读取和记录一次由 I_{c1} 组成的 I-V 变换电路的输出电压 V_0 的示值,根据测量结果和 R_f 的值(10 kΩ),描绘 SPD 的光电特性,并计算它在 LED 发光波长处的响应度 R 的值。

4. LED 最佳工作点的确定及系统发送的最大光信号的测定

在未加调制信号时,LED 的偏置电流的大小对于音频信号光纤传输系统的传输性能影响很大。图 5-6-13 表明了 LED 在两种不同偏置状态下,同样幅度 ΔV 的输入电信号最后转换成的光信号幅度差异十分明显。所谓 LED 最佳工作点选择,就是在 LED 所确定的偏流状态下,在其 I-V 特性和电光特性曲线上从电压信号转换成电流信号,再从电流信号转变成光信号的转换系数要尽可能大(即处于这些特性曲线斜率最大的区域内);另一方面在所选定的工作点上,还要使传输系统无非线性失真的调制信号的幅度要尽可能大。这样才能使传输系统发送端发送出的无非线性失真的光信号最强,这有利于信号的远距离传输。当然,选定的 LED 的工作电流也必须在其允许的最大工作电流范围内。

根据对 LED 伏安特性和电光特性的所测得的实验数据,按以上原则确定一个 LED 的最佳工作点,然后按图 5-6-12 接线,组成一个音频信号光纤传输系统,并把 LED 的偏流调至所选的工作点对应的电流值。在此以后,从零开始逐渐增加正弦调制信号幅度直到指示接收端 I-V 变换电路输出电压的电压表读数有偏离原有的预定值时为止,用示波器观测 I-V 变换电路输出的波形峰值。

根据 SPD 的光电特性、R_f 阻值及 I-V 变换电路输出波形的峰值计算本实验系统传输光纤输出的最大光信号光功率的峰值。

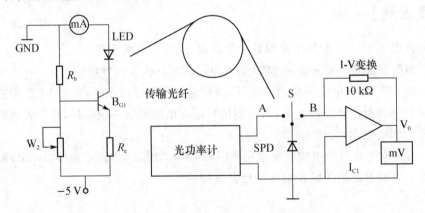

图 5-6-12　硅光电二极管及系统发送的最大信号的测定

5. 接收器允许的最小光信号幅值的估测

把调制信号频率选为 1 kHz,在保持实验系统以上连接不变情况下,逐渐减小 LED 的偏置电流,并适当减小调制信号源的幅度,使接收器 I-V 变换输出电压交流分量的波形为无截止畸形的最大幅值。此后继续减小 LED 的偏流和调制信号的幅度。随着 LED 偏置电流的减小,用示波器观察到的以上交流信号最大幅值也愈来愈小,当 LED 的偏流小到某一值时,这一交流信号的幅值就可能与系统存在的噪声信号的幅值进行比较,对应于这一状态的光信号的幅值就是本实验接收器允许的最小光信号的幅值。知道系统接收端允许的最小光信号的幅值和 LED 传输光纤组件的最大光信号幅值后,就可根据光纤损耗计算出本实验系统的最大传输距离。

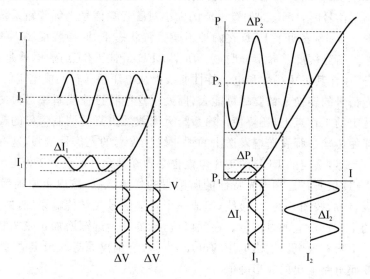

图 5-6-13　硅光电二极管及系统发送的最大信号的测定

【思考题】

(1) 利用 SPD、I-V 变换电路和数字毫伏表,设计一光功率计。

(2) 如何测定图 5-6-9 所示 SPD 第四象限的正向伏安特性曲线?

(3) 在 LED 偏置电流一定的情况下,当调制信号幅度较小时,指示 LED 偏置电流的毫安表读数与调制信号幅度无关,当调制信号幅度增加到某一程度后,毫安表读数将随着调制信号的幅度变化,为什么?

(4) 若传输光纤对于本实验所采用 LED 的中心波长的损耗系数 $\alpha \leqslant 1$ dB,根据实验数据估算本实验系统的传输距离还能延伸多远?

实验 5-7　光导纤维中光速的测定

光在真空中的传播速度是一个极其重要的基本物理常量,许多物理概念和物理量都与光速有密切的联系。例如光谱学中的里德堡常数(Rydberg constant),电子学中真空磁导率(vacuum permeability)与真空电导(vacuum conductivity)率之间的关系,普朗克黑体辐射公式中的第一辐射常数,第二辐射常数,质子、中子、电子、μ 子等基本粒子的质量等常数都与光速 c 相关。因此,许多科学工作者致力于提高光速测量精度的研究。光速的测定在光学的发展史上具特殊而重要的意义。一些早期的物理学家,包括弗兰西斯·培根、约翰内斯·开普勒和勒内·笛卡儿在内,都普遍认为光速是无限的,光速的测定打破了光速无限的传统观念;在物理学理论研究的发展里程中,它为粒子说和波动说的争论提供了有力的实验依据,推动了爱因斯坦相对论理论的发展。从17世纪70年代起,人们开始尝试采用当时最先进的技术来测量光速。伽利略第一次尝试测量光速因测量条件有限,没有成功;丹麦天文学家罗迈第一次提出了有效的光速测量方法——利用木星卫星的成蚀。惠更斯根据罗迈提出的数据和地球的半径,第一次计算出了光的传播速度约为 200 000 km/s,之后测量光速的方法还有旋转齿轮法、转镜法、克尔盒法、变频闪光法等。

  光纤中光速的测定是一个十分有趣的实验,通过这一实验能使学生亲身感受到光在介质中传播的真实物理过程和深刻了解介质折射率的物理意义。在通常的光纤光速测量系统中,对被测光波均采用正弦信号对光强进行调制。在此情况下,为了测出调制光信号通过一定长度光纤后引起的相位差,必须采用较为复杂的由模拟乘法电路及低通滤波器组成的相位检测器,这种相位检测电路的输出电压不仅与两路输入信号的相位差有关,而且也与两路输入信号幅值有关。这里提出一种采用方波调制信号,应用具有异或逻辑功能的门电路进行相差测量的巧妙方法。由这种电路所组成的相位检测器结构简单、工作可靠、相位——电压特性稳定。在光纤折射率 n_1 已知(或近似为 1.5)的情况下,利用这种方法还可测定光纤长度。

【实验目的】

(1) 学习光纤中光速测定的基本原理。
(2) 了解数字信号电光/光电变换及再生原理。
(3) 熟悉数字相位检测器原理、特性测试方法。
(4) 掌握光纤光速测定系统的调试技术。

【实验仪器】

OFE—A 型光纤传输及光电技术综合实验仪一套,双迹示波器一台。

【实验原理】

一、光纤传光原理及光在光纤中的速度

  光导纤维的结构如图 5-7-1 所示,它由纤芯和包层两部分组成,纤芯半径为 a,距离

纤芯轴径向距离为 p 的点折射率为 $n_1(p)$，包层的外半径为 b，折射率为 n_2，且 $n_1 > n_2$。

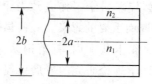

图 5-7-1

从物理光学的角度考虑，光波实际上是一种振荡频率很高的电磁波，当光波在光导纤维中传播时，光导纤维就起着光波导的作用。应用电磁场理论中 $\boldsymbol{E}$ 矢量和 $\boldsymbol{H}$ 矢量应遵从的麦克斯韦方程及它们在芯纤和包层界面处应满足的边界条件可知：在光导纤维中主要存在着两大类电磁场形态。一类是沿光纤横截面呈驻波状，而沿光导纤维轴线方向为行波的电磁场形态，这种形态的电磁场其能量沿横向不会辐射，只沿轴线方向传播，故称这类电磁场形态为传导模式；另一类电磁场形态其能量在轴线方向传播的同时沿横向方向也有辐射，这类电磁场形态称为辐射模式。利用光导纤维来传输光信息时就是依靠光纤中的传导模式。随着光导纤维芯径 a 的增加，光导纤维中允许存在的传导模式的数量也会增多，纤芯中存在多个传导模式的光纤称为多模光纤；当光纤芯径小到某种程度后，纤芯中只允许称为基模的一种电磁场形态存在，这种光纤就称为单模光纤。目前光纤通信系统上使用的多模光纤纤芯直径为 50 μm，包层外径为 125 μm。单模光纤的芯径范围为 5~10 μm，包层外径也为 125 μm。在纤芯范围内折射率不随径向坐标 ρ 变化，即 $n_1(p) = n_1 =$ 常数的光纤，称为阶跃型光纤；在纤芯范围内折射率随径向坐标 ρ 变化的光纤则称为渐变型光纤。

当一束光由光导纤维的入射端耦合到光导纤维内部之后，会在光纤内同时激励起传导模式和辐射模式，但经过一段传输距离，辐射模式的电磁场能量沿横向方向辐射尽后，只剩下传导模式沿光纤轴线方向继续传播，在传播过程中除了因光导纤维纤芯材料的杂质和密度不均引起的吸收损耗和散射损耗外，不会有辐射损耗。目前的制造工艺能使光导纤维的吸收和散射损耗做到很小的程度，所以传导模式的电磁场能在光纤中传输很远的距离。

假设光纤的几何尺寸和折射率分布具有轴对称和沿轴向不变的特点，这样我们就能将光纤中光波的电磁场矢量 $\boldsymbol{E}$ 和 $\boldsymbol{H}$ 表示为

$$\begin{Bmatrix} \boldsymbol{E} \\ \boldsymbol{H} \end{Bmatrix} = \begin{Bmatrix} e(p,\varphi) \\ h(p,\varphi) \end{Bmatrix} \exp[i(\omega t - \beta z)] \qquad (5\text{-}7\text{-}1)$$

此处 (p,φ) 是把光纤轴线取作 z 轴方向的圆柱坐标系中的坐标变数；$\omega = 2\pi\upsilon$ 是光波的角频率；υ 是光波的频率；而 β 是光导纤维中所论传导模式电磁波的轴向传播常量。

对于光纤中允许的每种传导模式都有各自的轴向传播常量，但是根据理论分析可知：光纤中的传导模式的轴向传播常量 β 的取值只能是在

$$k_2 < \beta \leqslant k_1$$

的范围内，使 E、H 矢量在光纤纤芯——包层界面处满足边界条件的一些不连续值，其中 $k_1 = n_1 k_0$，$k_2 = n_2 k_0$，而 $k_0 = (\omega^2 \mu_0 \varepsilon_0)^{\frac{1}{2}}$ 是所论光波在自由空间中的传播常量。

根据(5-7-1)式，具有轴向传播常量 β 的某一传导模式的电磁波，沿光纤轴线的传播速度

$$v_z = \frac{\omega}{\beta} = \frac{2\pi v}{\beta} \tag{5-7-2}$$

由于各传导模式的轴向传播常量略有差异，故从理论上讲，对于长度为 L 的给定光纤，在输入端同时激励起多个传导模式的情况下，各个模式的电磁场到达光纤另一端所需时间：

$$t = \frac{L}{v_z} = \frac{L\beta}{2\pi v} \tag{5-7-3}$$

也略有差异。按以下方式进行粗略估计，所需的最长时间为

$$t_{\max} = \frac{Lk_1}{2\pi v}$$

所需最短时间为

$$t_{\min} = \frac{Lk_2}{2\pi v}$$

所以各传导模式到达光纤另一端的最大时间差为

$$\Delta t = t_{\max} - t_{\min} = \frac{L}{2\pi v}(k_1 - k_2)$$

这一差异与各模式场传播同样长度光纤所需时间的平均值的百分比为

$$\frac{\Delta t}{t} = \frac{2(k_1 - k_2)}{k_1 + k_2} = \frac{2(n_1 - n_2)}{n_1 + n_2}$$

对于通信用的石英光纤，纤芯折射率 n_1 一般在 1.5 左右，包层折射率 n_2 与 n_1 的差异只有 0.01 的量级。所以各传导模式到达光纤终点的时间差异与它们所需的平均传播时间的比值不会大于 0.66%，而实际值比这一百分比要小得多。所以在利用测量调制光信号在给定长度光纤中的传播时间来确定光导纤维中光速的实验中，可近似认为各种传导模式是"同时"到达光纤另一端的，这一近似与测量装置的系统误差相比是完全允许的。根据以上论述，光导纤维中光速的表达式可以近似为

$$v_z = \frac{2\pi v}{\beta} = \frac{2\pi v}{k_1} = \frac{2\pi v}{k_0 n_1} = \frac{c}{n_1}$$

式中，其中 $c = \frac{2\pi v}{k_0}$ 是光波在自由空间中的传播速度。

二、测定光导纤维中光速的实验技术

图 5-7-2 是测定光导纤维中光速实验装置的方框结构图，在该图中由调制信号源提

供周期为 T_1、占空比为 50% 的方波时钟信号对半导体发光二极管 LED 的发光光强进行调制，调制后的光信号经光导纤维、光电检测器件和信号再生电路再次变换成一个周期为 T、占空比仍是 50% 的方波信号。但这一方波信号相对于调制信号源输出的原始方波信号有一定的延时，这一延时包括了 LED 驱动与调制电路、光电转换及信号再生电路引起的延时，也包含所要测定的调制光信号在给定长度光纤中所经历的时间。

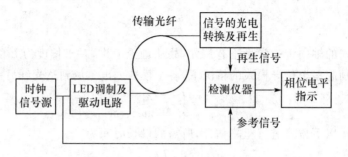

图 5-7-2 测定光导纤维中光速实验装置的方框图

1) 相移测量法

如果把再生信号和作为参考信号的原始调制信号接到一个具有异或逻辑功能的逻辑门电路的两个输入端，则在 $0 \sim \pi$ 的相移所对应的延时范围（即 $0 \sim T/2$）内，该电路的输出波形就是一个周期为 $T/2$，但脉宽与以上两路信号的相对延时成正比的方脉冲序列（如图 5-7-3 所示）。这一方波脉冲序列的直流分量的电平值就与以上两路输入信号的相对延时成正比关系。用示波器可观察到异或逻辑门电路输出的方波序列占空比随延时变化的情况；用直流电压表可以测出这一方波脉冲序列的直流分量的电平值。

利用异或逻辑门电路所组成的相位检测电路的相移—电压特性曲线如图 5-7-4 所示，其中 V_L 是 $2n\pi(n=0,1,2,\cdots)$ 相移时异或门输出的低电平值，V_H 为 $(2n+1)\pi(n=0,1,2,\cdots)$ 相移时异或门输出的高电平值。在 $0 \sim \pi$ 的相移范围内相位检测电路输出的方脉冲序列的直流分量的电平值 $\overline{V_0}$ 与两输入信号的相移之间的关系为

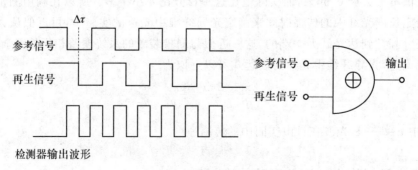

图 5-7-3 相位检测器原理图

$$\Delta_\varphi = \frac{V_0 - V_L}{V_H - V_L} \pi$$

对应的延时关系：

$$\Delta_\tau = \frac{V_0 - V_L}{V_H - V_L}\left(\frac{T}{2}\right) \tag{5-7-4}$$

其中 Δ_τ 为两路信号的相对延时，T 为调制信号的周期，可用示波器测得。

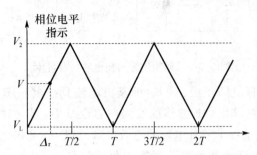

图 5-7-4　相位检测电路的相移-电压特性曲线

具体测量时，先用一长度为 L_1 的长光纤接入测量系统，测得相位检测器输出的直流分量的电平值 $\overline{V_{01}}$。然后用长度为 L_2 的短光纤代替长光纤，并在保持测量系统中的电路参量不变（也即保证两种测量状态下由于电路方面的因素引起的延时一样）的状态下，测得相位检测电路输出的直流分量的电平值为 V_{02}，则调制光信号在长度为 $(L_1 - L_2)$ 的光纤中传播时所经历的时间是

$$t = \frac{V_{01} - V_{02}}{V_H - V_L}\frac{T}{2}$$

对应的传播速度为

$$v_X = \frac{L_1 - L_2}{t} = \frac{2(L_1 - L_2)(V_H - V_L)}{T(V_{01} - V_{02})} \tag{5-7-5}$$

利用式(5-7-5)我们就可根据由以上测量系统所获得的实验数据计算出光导纤维中光的传播速度。

2) 调制信号的光电转换及再生

由传输光纤输出的周期为 T、占空比为 50% 的方波光信号在接收端经过硅光电二极管 SPD 和再生电路（如图 5-7-5 所示）可再变成周期为 T、占空比仍为 50% 方波电信号。方波光信号光电转换及再生电路的工作原理如下。

当数字传输系统的传输光纤中无光时，硅光电二极管无光电流流过，这时只要 R_C 和 R_{b2} 的阻值适当，晶体管 B_{G2} 就有足够大的基极电流 I_b 注入，使 B_{G2} 处于深度饱和状态，因此它的集电极和发射极之间的电压极低，即使经过后面的放大电路放大多倍后也会使反相器的 I_{C2} 的输出电压维持在高电平状态。

当传输光纤中有光时，传输"0"码元时，发送端的 LED 发光，光电二极管有光电流 I_3

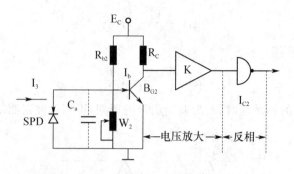

图 5-7-5 调制信号的光电转换及再生

产生,它是从 SPD 的负极流向正极,对 B_{G2} 的基极电流具拉电流作用,使 B_{G2} 的基极电流减小。由于 SPD 结电容、其出脚连接线的线间电容以及 B_{G2} 基—射极间杂散电容的存在(在图 5-7-5 中用 C_a 表示以上三种电容的总效应),使得 B_{G2} 基极电流的这一减小过程不是突变的,而是按某一时间常数的指数规律变化。随着 B_{G2} 基极电流的减小,B_{G2} 逐渐脱离深度饱和状态,向浅饱和状态和放大区过渡,其集电极—发射极间的电压 V_{ce} 也开始按指数规律逐渐上升,由于后面的放大器放大倍数很高,故还未等到 V_{ce} 上升到其渐近值,放大器输出电压就达到使反相器 I_{C2} 状态翻转的电压值,这时 I_{C2} 输出端为低电平。在下一个传输光纤中无光的时刻到来时,接收端的 SPD 无光电流,B_{G2} 的基极电流 I_b 又按指数规律逐渐增加,因而使 B_{G2} 原本按指数规律上升的 V_{ce} 在达到某一值时就停止上升,并在以后按指数规律下降,V_{ce} 下降到某一值后,I_{C2} 由低电平翻转成高电平。适当调节发送端 LED 的工作电流(即改变 LED 的发光光强)和接收端 SPD 无光照射时 B_{G2} 的饱和深度(调 W_2 之间的匹配情况),可使光电转换及再生电路输出一个周期为 T、占空比为 50% 的方波电信号。

【实验内容与步骤】

本实验使用的主要仪器是四川大学物理系研制的 FOV—B 型光导纤维中光速测定实验仪。它是根据双光纤法及方波信号光转换和再生原理制作而成的新型教学实验仪器。由主机、相位检测器和双光纤信道三部分组成(有关该仪器的详细说明见 FOV—B 型光导纤维中光速测定实验仪使用说明书)。配以双踪示波器,利用该仪器可按示波器法和相位检测器法两种不同方式进行光导纤维中光速测定实验。

1. 示波器法

利用示波器法测光纤中光速时的连接线路如图 5-7-6 所示:其中光纤信道左边部分为 LED 的调制和驱动电路;光纤信道右边部分为方波光信号的光电转换及再生电路。调制信号的周期为 16 μs、占空比为 50%。先把长度为 L_1 光纤信道接入测量系统,调节 W_1,使 LED-光纤组件在调制状态下输出的平均光功率为 20 μW(用 FOV-B 型实验仪器提供的光功率计测定),然后保持 W_1 位置不变,观察和比较双踪示波器 CH1、CH2 通道所显示的波形。CH1 的波形是占空比为 50%、周期为 16 μs 的方波,但 CH2 波形的占空比不一定为 50%。这时需调节 W_2 旋钮以改变晶体管 B_{G2} 的饱和深度,可使 CH2 波形也是占空比为 50% 的方波。当测量系统达到一状态时,从示波器读出 CH2 通道的波形相对于 CH1 通道波形的延迟时间 T_1。保持 W_1 和 W_2 调节旋钮的状态不变,用长度为 L_1 光纤信道代替 L_2 光纤信道接入测量系统,此时示波器 CH2 通道方波的占空比一般情况下不再是 50%。为了使 CH2 波形的占空比为 50%,测量系统的电路参量又要保持不变,这只有靠调节 L_2 光纤信道光纤输出与 SPD 的光耦合状态使 CH2 的波形占空比达到 50%。测量系统达到这一状态后,从示波器读出 CH2 波形相对于 CH1 波形的延迟时间 T_2。根据实验数据,光纤中的光速可按以下公式算出:

$$v_X = \frac{L_1 - L_2}{T_1 - T_2}$$

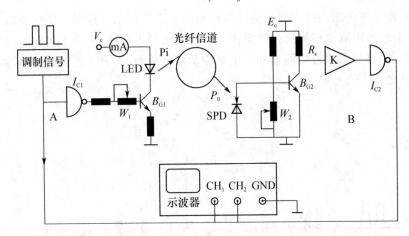

图 5-7-6 示波器法测定光导纤维中光速的实验连接图

具体步骤如下。

(1) 光功率/电压指示开关向上,小数点置十位;
(2) 短接"时钟信号"和"调制输入 D";
(3) 光纤信道输入端的 LED 接入"光源器件的数字信号调制及驱动电路"中 LED 的插孔;
(4) 光纤信道输出端的 SPD 接入"数字信号的光电转换与再生调节电路"中的 SPD 插孔;
(5) 双迹示波器的 CH1 通道接"调制输入 D";CH2 通道接"再生输出"插孔;同步触发源选择 CH1;
(6) 把"光电转换与再生电路"中的 SPD 切换开关向左;
(7) 分别接入长为 L_1、L_2 的长、短光纤,比较 P_1、P_2 的大小;

(8) 接入光功率小的光纤(假如为 L_1),调 W_2 使 $P=25~\mu W$(如 P 的最大值小于 25,则调到最大);

(9) 调 SPD 切换向右,观察并比较 CH1、CH2 两通道波形,CH1 的波形为占空比为 50%,周期为 16 μs 的方波;

(10) 调"再生调节"旋钮,使 CH2 的波形也是一个占空比 50%,具有同一周期的方波,读出并记录 CH2 相对 CH1 的延迟时间在示波器上的长度 D_1;

(11) 保持 W2 和"再生调节"不变,接入光功率大的光纤(L_2),调节 L_2 与 SPD 的耦合光功率使 CH2 的波形达到占空比为 50%,测 CH2 相对 CH1 的延迟时间在示波器上的长度 D_2;

(12) 计算光纤中光速: $V_x = \dfrac{L_1 - L_2}{T_1 - T_2} = \dfrac{L_1 - L_2}{2(D_1 - D_2) \times 10^{-6}}$。

2. 相位检测法

利用相位检测法测光纤中光速的连接图如图 5-7-7 所示。按图 5-7-7 连接好测量系统后,重复示波器法测量相移的全部操作。在再生信号占空比为 50% 状态下,记下 L_1 光纤信道和 L_2 光纤信道相位检测器相移电平指示器的读数 V_1 和 V_2。根据实验数据,按以下公式计算光纤中的光速:

$$T_1 - T_2 = \frac{V_1 - V_2}{V_H - V_L} \frac{T}{2}$$

所以

$$v_X = \frac{L_1 - L_2}{T_1 - T_2}$$

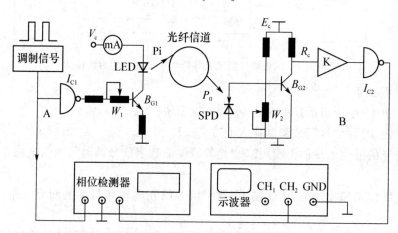

图 5-7-7　相位检测器面板布局

其中,T 是占空比为 50% 方波调制信号的周期,V_H 和 V_L 分别是相位检测器同相输入和反相输入两种情况下相移电平指示器的读数。它们可由 FOV-B 型实验仪提供的相移为180°两种方波信号源测得。

具体步骤如下：

(1) 在用示波器法测延时的基础上，将时钟信号接相位检测器的参考信号插孔；将再生输出信号接相位检测器的被测信号，将两 GND 接通。

(2) 重复示波器法(6)～(11)，记录 L_1，L_2 的相移读数 V_1，V_2。

(3) 将 16 μs 方波信号同时输入参考信号和被测信号，记下相移 V_L。

(4) 将被测信号变为 16 μs 反向方波信号，记下相移 V_H。

(5) 计算延时 $\Delta T = \dfrac{V_1 - V_2}{V_H - V_L} \cdot \dfrac{T}{2}$（$T$ 为占空比为 50% 的时钟信号的周期）。

(6) 计算光纤中光速 $V_x = (L_1 - L_2)/\Delta T$。

【数据记录及处理】

1. 示波器法测光速

$L_1 - L_2 = 400$ m， $U_{(L_1-L_2)} = 0.1 mt/\text{div} = 2 \mu s/\text{div}$

$D_1 = \quad \text{div}, D_2 = \quad \text{div}, \quad U_{D_1} = U_{D_2} = \quad \text{div}$

公式：$T = D \times t/\text{div} \quad V_z = \dfrac{L_1 - L_2}{T_1 - T_2} = \dfrac{L_1 - L_2}{2(D_1 - D_2) \times 10^{-6}}$

2. 相位检测法测光速

$L_1 - L_2 = 400$ m， $U_{(L_1 - L_2)} = 0.1$ m

$V_L = V_h = V_1 = V_2 =$

$U_{V_L} = U_{V_h} = U_{V_1} = U_{V_2} = 0.1 \quad T = 16 \mu s$

$V_z = \dfrac{2(L_1 - L_2)(V_H - V_L)}{T(V_1 - V_2)}$

实验 5-8　PN 结温度—电压特性的测定及数字温度计的设计

温度传感器(Temperature sensor)有正温度系数传感器和负温度系数传感器之分，正温度系数传感器的阻值随温度的上升而增加，负温度系数传感器的阻值随温度的上升而减少，热电偶、热敏电阻、测温电阻属于正温度系数传感器，而半导体 PN 结(PN junction)属于负温度系数的传感器。这两类传感器各有其优缺点，热电偶测温范围宽，但灵敏度低，输出线性差，需要设置参考点；而热敏电阻体积小，灵敏度高，热响应速度快，缺点是线性度差；测温电阻如铂电阻虽然精度高，线性度好，但灵敏度低，价格高。相比之下，

PN 结温度传感器有灵敏度高,线性好,热响应快和体积小的优点,随着半导体工艺水平的不断提高和发展,半导体 PN 结正向压降随温度升高而降低的特性使 PN 结作为测温元件成为可能,过去由于 PN 结的参数不稳,它的应用受到了极大限制,进入 20 世纪 70 年代以来,微电子技术的发展日趋成熟和完善,PN 结作为测温元件受到了广泛的关注。在温度数字化、温度控制以及微机进行温度实时讯号处理等方面有很强的相对优势,获得了广泛的应用。本实验是为介绍 PN 结温度传感器的工作原理而设置的,是集电学和热学为一体的综合性实验。

【实验目的】

(1) 测定 PN 结温度—电压特性,并利用直线拟合的数据处理方法,确定 PN 结温度—电压特性曲线的截距与斜率。
(2) 了解双斜式数字电表的工作原理及其在非电量测量中的应用技术。
(3) 设计 PN 结数字温度计。

【实验原理】

1. PN 结温度—电压特性

PN 结的正向电流—电压关系满足:

$$I = I_0 [\exp(eU/kT) - 1] \tag{5-8-1}$$

式中 I 是通过 PN 结的正向电流,I_0 是反向饱和电流,在温度恒定时是常数,T 是热力学温度,e 是电子的电荷量,U 为 PN 结正向压降。在常温时,kT/e 约为 0.026 V,PN 结的正向压降约为零点几伏,所以 $\exp(eU/kT) \gg 1$,因此 (5-8-1) 式可简化为

$$I = I_0 \exp(eU/kT) \tag{5-8-2}$$

所以常温下 PN 结的伏安特性曲线如图 5-8-1 所示:

当温度变化时,曲线形状发生变化,如图 5-8-2 所示。几条曲线对应的温度由右向左依次是升高的,也就是说在相同电流的情况下,温度升高时,PN 结的结电压会降低,即 PN 结属于负温度系数的传感器。

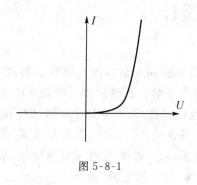

图 5-8-1

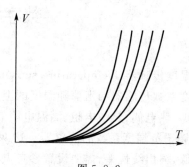

图 5-8-2

PN结在恒流状态下结电压随着温度的升高而下降的特性用其温度—电压特性曲线能更清楚地表示出来。

用数学表达式可写成：
$$V = a - kT \tag{5-8-3}$$

其中 a 对应 PN 结在 $t=0$ ℃时的结电压（mV）；K（mV/℃）是 PN 结结电压随温度变化的变化率。它们可通过实验测定。

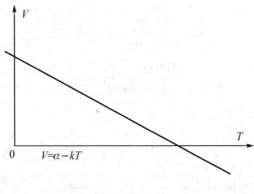

图 5-8-3

2. 双斜式模数转换电路的基本工作原理

双斜式模数转换电路的工作原理非常简单，就是在一定的时间 T_1 内对极板上电量为零的电容器 C 充电，如果充电电流是恒定的并且与待测电压 V_x 成正比，则电容器 C 两极板上积累的电量 Q_c（或两极板间的电压）随时间也线性地增加，在充电结束时刻所积累的电量 Q_0 就与被测电压 V_x 成正比。在此以后，若让电容器 C 在极性与待测电压 V_x 相反的参考电压 V_{ref} 作用下放电，放电的电流与参考电压 V_{ref} 成正比，则电容器两极板上的电量 Q_c 就会从 Q_0 线性地减小。当 Q_c 减至零时停止放电，设 Q_c 减至零时放电过程所经历的时间为 T_2。

在以上过程中，由于电容器 C 在充电结束时刻（即放电的开始时刻）所积累的电量 Q_0 是与 V_x 成正比的，所以电容器的以上放电过程所经历的时间 T_2 也与 V_x 成正比。如果用一个计数器在 T_2 开始时刻对时钟脉冲进行计数，在 T_2 结束时刻停止计数，则 T_2 时期内计数器的读数 N_2 就与 V_x 成正比。

目前常用的 3 位半数字万用表就是用 CMOS 的 7106/7 型单片模数转换器构成的，这些 A/D 转换器的工作原理就是基于电容器的以上充、放电过程中计数器读数 N_2 与 V_x 成正比的基本关系。图 5-8-4 是双斜式 A/D 转换器的结构框图及工作原理图，为了保证电容器 C 的充、放电过程都是恒流过程，采用由运算放大器 A_1 组成的积分电路。整个转换过程分为三阶段：

第一阶段，通过控制电路使有关模拟开关（图 5-8-4 中未画出）闭合，放掉由于各种原因使电容器 C 两极板上积累的电量,这一阶段称为自动调零阶段。

第二阶段,称取样阶段,在这阶段控制电路令模拟开关 K 将被测电压 V_x 与积分器相连,电容器 C 开始以恒定电流 V_x/R 充电,与此同时打开计数门,计数器开始计数,当计数器计到某一确定值 N_1 时,控制电路令取样过程结束。因此,取样时间 T_1 是固定的。取样阶段结束时刻积分器的输出电压 $V_o=Q_o/C$,其中 Q_o 为取样阶段结束时刻积分电容 C 上积累的电量。因取样阶段的充电电流为 V_x/R,故 T_1 期间积分电容 C 上积累的电量 Q_o 由下式确定:

$$Q_o = \int_0^{T_1} \frac{V_x}{R} \cdot dt = \frac{V_x}{R}T_1$$

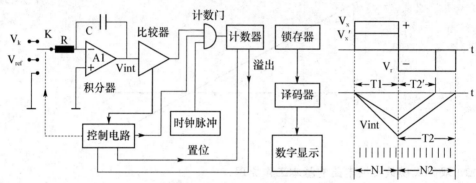

图 5-8-4　双斜式 A/D 转换器的工作原理及结构框图

$$V_o = \frac{Q_o}{C} = -\frac{V_x}{RC}T_1 \tag{5-8-4}$$

(5-8-4)式等号右边的负号表明 V_o 与 V_x 具有相反的极性,这是因为如果 V_x 为正,则图 5-8-4 中电容器 C 右极板带负电荷,故 V_o 极性为负;反之,V_o 为正。

第三阶段称为测量阶段,在此阶段,控制电路首先对被测电压 V_x 作极性判断,然后再令模拟开关 K 把与 V_x 极性相反的参考电压 V_{ref} 与积分器相连,电容器 C 开始以恒定电流 V_{ref}/R 放电,与此同时,计数器开始计数。电容器 C 上的电量(电压)也从 $Q_o(V_o)$ 开始线性地减小,当电容器 C 上的电压降至为零时,由零值比较器给控制电路一个信号,令计数器停止计数,所以测量阶段所经历的时间 T_2 应满足以下关系:

$$-\frac{T_1}{RC}V_x + \frac{1}{C}\int_0^{T_2}\frac{V_{ref}}{R} \cdot dt = 0, \qquad \frac{T_1}{RC}V_x = \frac{T_2}{RC}V_{ref}$$

即
$$T_2 = T_1 \times V_x/V_{ref} \tag{5-8-5}$$

其中 T_1、V_{ref} 在测量过程中均为常数,故 T_2 与 V_x 成正比。如果时钟脉冲的周期为 T_{cp},$T_1 = N_1 T_{cp}$,$T_2 = N_2 T_{cp}$,则(5-8-5)式可改写为:

$$N_2 = \frac{N_1}{V_{ref}}V_x \tag{5-8-6}$$

这表明：在测量阶段的计数值 N_2 与被测电压 V_x 成正比。

双斜式单片模数转换器在控制电路作用下，就按以上三个步骤周期性地对被测电压进行测量。在 3 位半模数转换器中，N_1 设定为 1 000，N_2 的计数范围为 1～2 000，每个测量周期为 4 000 个 T_{CP} 时间，在每个测量周期除第二阶段取样时间总保持 1 000 个 T_{CP} 时间不变外，其余两个阶段持续的时间是与被测电压 V_x 有关，但它们的总和应等于 3 000 个 T_{CP}。在 3 位半模数转换器中，由于数显部分能显示的最大数字 $N_{2\max}=1$ 999，所以待测电压的最大值 $V_{xm}=1.999V_{ref}$，若取 $V_{ref}=100$ mV，则被测电压的最大值为 199.9 mV，这就是一般数字万用表电压挡的基本量程。

3. PN 结数字温度计的设计

PN 结数字温度计的设计，属于数字电表在非电量电测技术中的应用范围。如前所述，PN 结的温度－电压特性具有以下形式：$V_s = a - K \cdot t$（℃）。所以按图 5-8-5 所示的电路就可构成一个以 PN 结为热探头的数字温度计。为了使接在 PN 结温度传感器后的数字电表显示的读数与被测温度 t 的数字一致，需做以下三件事情：

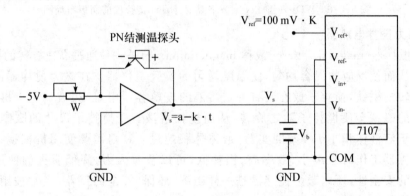

图 5-8-5　PN 结数字温度计的电路结构

（1）首先需要用一个等于 a（mV）的补偿电压 V_b 接 7107 的 V_{in+} 脚，把(5-8-3)式中常数 a 所代表的 PN 结在 $t=0$ ℃时的结电压抵消掉；

（2）因 PN 结温度特性具有负温度系数，所以温度传感器的输出端必须接至 7107 的 V_{in-} 脚；

（3）双斜式模数转换集成电路 ADC7107 的参考电压 V_{ref} 应调节至 100 mV×K。

【实验仪器】

WDJ—A 型 PN 结数字温度计设计实验仪；磁力搅拌电热器；数字万用表；水银温度计(0 ℃～100 ℃)；烧杯。

1. WDJ—A 型 PN 结数字温度计设计实验仪

本实验所用仪器为四川大学物理学院研制的 WDJ-A 型 PN 结数字温度计设计实验仪。

它由主机和加热器两部分组成。主机由 PN 结测温探头、PN 结温度特性测试电路、补赏电压源、双斜式模数转换电路及数字电压表等部分组成。主机前面板布局如图 5-8-6 所示。

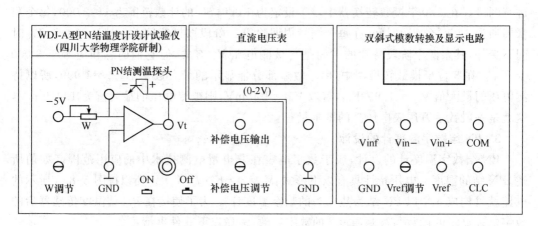

图 5-8-6　WDJ-A 型 PN 结数字温度计设计实验仪前面板布局图

2. 磁力搅拌电热器

磁力搅拌器(magnetic stirrer 或称 magnetic mixer)是一种通过高速旋转的搅拌子来搅拌液体从而使反应物混合均匀,使温度均匀的实验室仪器。在磁力搅拌器的塑料面板下有旋转的磁铁,搅拌子放在装有一定溶液的玻璃容器中,因为玻璃不会屏蔽磁场,所以旋转的磁铁会使搅拌子随之旋转,从而搅拌溶液。受搅拌子尺寸的限制,磁力搅拌器适用于溶液体积小于 4 L 的实验,液体体积超过 4 L 则需要使用机械搅拌器。因为磁力搅拌器工作时噪声小、效率高、损耗低、可以节省人力、降低明火的使用频率提高实验室的安全性,所以磁力搅拌器是一种经济、环保、安全的仪器,经常被用于化学、物理以及生物实验。

【**实验内容与步骤**】

1. 恒流状态下 PN 结温度—电压特性的测定

(1) 在仪器电源开关处于关闭状态下,调节仪器前面板"W 调节"旋钮,使 W 的阻值为 5 kΩ(用数字万用表电阻挡检测),这对应着 PN 结工作在 1 mA 左右的恒流状态;

(2) 把 PN 结测温探头插入主机前面板标有"PN 结测温探头"的相应插孔内(注意插孔和插头的红黑颜色对应),并用连线把主机前面板 0~2 V 的直流电压表接至 PN 结温度—电压特性测试电路的输出端"V_t";

(3) 把 PN 结热敏探头、水银温度计和加热器的控温探头一并置于盛有自来水的烧杯中。用本实验仪配备的加热器加热并搅拌烧杯中的自来水。从 25 ℃开始(对于室温高于 25 ℃的情形,应从 30 ℃开始),每格 5 ℃温度读取一次 PN 结的温度、电压数值,直到 75 ℃或 80 ℃止。用线性拟合方法对实验数据进行处理,求出 PN 结温度—电压特性数学

表达式 $V_s = a - k \times t(℃)$ 中的 a 和 k。

为了使 PN 结温度—电压特性的测量准确,加热过程应按以下操作进行。

A. 接通加热器电源之前,先把温度控制调节旋钮和磁转子搅拌速度控制旋钮反时针转到极限位置,然后接通电源开关。

B. 沿顺时针方向缓慢旋转磁转子搅拌速度控制旋钮,使磁转子搅拌速度适当。

C. 沿顺时针方向缓慢转动温度控制调节旋钮,当控温指示灯亮时停止转动,此时加热器开始加热,烧杯中的水温从室温开始上升。上升到温度控制调节旋钮当前位置所对应的温度时停止加热,控温指示灯熄灭。此后又沿顺时针方向缓慢转动温度控制调节旋钮,当控温指示灯亮时停止转动,加热器继续加热,烧杯中的水温继续上升。上升到温度控制调节旋钮新位置所对应的温度时停止加热,控温指示灯熄灭。如此反复操作,直到水银温度计所指示的温度与需要读数的温度值相差 0.5 ℃~1.0 ℃时,切断电源开关,然后利用加热器的余热继续加热到需要读数的温度,并进行 PN 结温度—电压特性的读数。读数完成后,接通电源开关,重复以上操作,进行 PN 结温度—电压特性另一测试点的读数,直到按要求读取完所有的数据为止。

2. 双斜式数字电表工作原理及性能的实验

(1) 用导线连接仪器前面板右边双斜式模数转换电路的 GND、COM 和 V_{in-} 的三个插孔;

(2) 把仪器前面板中部的补赏电压作为被测电压,用另一导线将其输出插孔接至双斜式模数转换电路的 V_{in+} 插孔;

(3) 调节双斜式模数转换电路的"V_{ref}调节"旋钮,使"V_{ref}"插孔的电压为 100 mV(用前面板 0~2 V 的直流电压表监测);

(4) 把前面板 0~2 V 的直流电压表改接至双斜式模数转换电路的 V_{in+} 插孔;

(5) 调节"补赏电压调节"旋钮,使接至双斜式模数转换电路 V_{in+} 插孔的被测电压为 199 mV,观察双斜式模数转换电路显示的转换数字是否与前面板 0~2 V 的直流电压表的读数一致。若有差异,微调"V_{ref}调节"旋钮使两者一致;

(6) 用长余辉示波器观察双斜式模数转换电路的"V_{int}"插孔的波形。改变被测电压的大小,观察"V_{int}"插孔波形的相应变化。根据双斜式模数转换电路的工作原理分析这一变化的原因。

3. PN 结为探头的数字温度计的设计

(1) 根据双斜式模数转换电路的工作原理和 PN 结温度—电压特性具有负温度系数的性质拟定出工作在 1 mA 恒流状态下的 PN 结数字温度计的电路结构(测温范围 0 ℃~100 ℃);

(2) 根据实验测得的 PN 结温度—电压特性(用数学表达式中的截距 a 和斜率 k 表征),计算 PN 结数字温度计的电路参数:补赏电压 V_b 和双斜式模数转换电路的参考电压 V_{ref};

(3) PN 结数字温度计的组装与调试；

A. 组装按设计结果要求进行；

B. 校准正常情况下应按以下方法校准零点和量程：

零点调节使 PN 结处于冰水混合环境下，通过调节补偿电压的大小实现；

量程调节使 PN 结处于标准气压下沸水环境下，通过调节双斜式模数转换电路的参考电压 V_{ref} 大小实现。

(4) 按上述方式加热烧杯中的自来水，与水银温度计读数对比，考察所组装的 PN 结数字温度计的准确性。

【数据记录与处理】

1. 测定 PN 结温度—电压特性（见表 5-8-1）

表 5-8-1 PN 结温度—电压特性

温度/T	25	30	35	40	45	50	55	60	70	75

2. 降温过程中测量以 PN 结为探头的数字温度计与水银温度计读数对比（见表 5-8-2）

表 5-8-2 数字温度计与水银温度计读数对比

水银温度计读数/T	70	65	60	55	50	45	40	30	25
数字温度计读数/T									

实验 5-9 数字信号光纤通信技术实验

光纤是光导纤维的简写，是一种束缚和传导光波的长圆柱形透明材料，光在光导纤维的传导损耗比电在电线传导的损耗低很多，用光纤来传递能量，具有能量损失小、不受电磁干扰、数值孔径大、分辨率高、不向外辐射电子信号、中继距离长、保密性能好等优点，用光缆代替通信电缆，可以节省大量有色金属，每公里可节省铜 1.1t、铅 2~3t，所以光纤被用作长距离的信息传递。光纤通信与数字技术及计算机结合起来，可以传送数据、图像、控制电子设备和智能终端等。在实际使用时，常把千百根光导纤维组合在一起并加以增强处理，这样既提高了光导纤维的强度，又大大增加了通信容量。多股光导纤维做成的光缆的传导性能良好，一条通路即可同时传输上千套电视节目，可同时容纳数亿人通话。在医学领域，利用光导纤维制成的内窥镜可导入心脏和脑室、胃、食道等器官，可测试许多医学参数，帮助医生检查、治疗疾病。光导纤维胃镜是由上千根玻璃纤维组成的软管，它能传输光线、传导图像,由于光纤柔软,可以弯曲,所以光导纤维能把器官里的图像传出来,使医生看到器官里的状况,进行诊断和治疗。光导纤维可以把阳光送到各个角落,如与敏感元件组合则可以做成各种传感器,测量压力、流量、温度、位移、光泽和颜色等。在能量传输和信息传输方面也获得广泛的应用。

通过本次实验我们来了解光纤的工作原理及分类;了解数字信号光纤传输系统的基本结构、了解数字信号光纤通信技术的基本原理、工作过程;掌握数字信号光纤通信技术实验系统的检测及调试技术;熟悉半导体电光/光电器件的基本性能及主要特性的测试方法。

【实验目的】

(1) 了解数字信号光纤通信技术的基本原理。
(2) 掌握数字信号光纤通信技术实验系统的检测及调试技术。

【实验原理】

一、光导纤维的结构及传光原理

光纤是一种圆柱形介质波导,光在其中传播时实际上是一群满足麦克斯韦方程和纤芯—包层界面处边界条件的电磁波,每个这样的电磁波称为一个模式。光纤按其模式性质通常可以分成两大类:①单模光纤,②多模光纤。无论单模或多模光纤,其结构均由纤芯和包层两部分组成。纤芯的折射率较包层折射率大。光纤中允许存在的模式的数量与纤芯半径和数字孔径有关。纤芯半径和数字孔径愈大,光纤中参与光信号传输的模式也愈多,这种光纤称为多模光纤(芯径 50 或 62.5 μm)。多模光纤中每个模式沿光纤轴线方向的传播速度都不相同。因此,在光纤信道的输入端同时激励起多个模式时,每个模式携带的光功率到达光纤信道终点的时间也不一样,从而引起了数字信号码元的加宽。码元加宽程度显然与模式的数量有关。由多模传输引起的码元加宽称为模式色散。当光纤纤芯半径减小到一定程度时,光纤中只允许存在一种模式(基模)参与光信号的传输。这种光纤称为单模光纤(芯径 5~10 μm)。光在单模光纤中沿光轴直径传播。单模光纤中虽然无模式色散存在,但是由于光源器件的发光光谱不是单一谱线、光纤的材料色散和波导效应等原因,光信号在单模光纤中传输时仍然要引起码元加宽。这些因素产生的码元加宽称为材料色散和波导色散。材料色散和波导色散比起模式色散要小很多。

按其折射率沿光纤截面的径向分布状况又分成阶跃型和渐变型两种光纤。对于阶跃型光纤,在纤芯和包层中折射率均为常数,纤芯折射率 n_1 大于包层折射率 n_2,根据光射线在非均匀介质中的传播理论分析可知:光线在阶跃型光纤中按与轴线相交的折线传播,可用几何光学的全反射理论解释它的导光原理(图 5-9-1)。

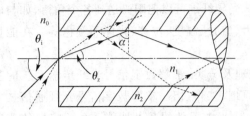
图 5-9-1 阶跃型光纤中光线的传播

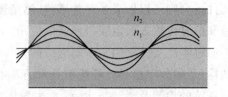
图 5-9-2 渐变型光纤中光线的传播

渐变型光纤的纤芯折射率随离开光纤轴线距离的增加而逐渐减小,直到在纤芯——包层界面处减到某一值后,在包层的范围内折射率保持这一值不变,光线以正弦形状沿光纤中心轴线传播(图 5-9-2)。

二、数字信号光纤通信的基本原理

数字信号光纤通信的基本原理如图 5-9-3 所示(图中仅画出一个方向的信道)。工作的基本过程如下:语音信号经模/数转换成 8 位二进制数码送至信号发送电路,加上起始位(低电平)和终止位(高电平)后,在发时钟 TxC 的作用下以串行方式从数据发送电路输出。此时输出的数码称为数据码,其码元结构是随机的。为了克服这些随机数据码出现长"0"或长"1"码元时,使接收端数字信号的时钟信息下降给时钟提取带来的困难,在对数据码进行电/光转换之前还需按一定规则进行编码,使传送至接收端的数字信号中的长"1"或长"0"码元个数在规定数目内。由编码电路输出的信号称为线路码。线路码数字信号在接收端经过光/电转换后形成的数字电信号一方面送到解码电路进行解码,与此同时也被送至一个高 Q 值的 RLC 谐振选频电路进行时钟提取。RLC 谐振选频电路的谐振频率设计在线路码的时钟频率处。由时钟提取电路输出的时钟信号作为接收时钟 RxC,它

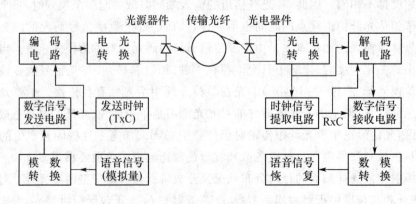

图 5-9-3 数字信号光纤通信系统的结构框图

有两个作用:①为对接收端的线路码进行解码时提供时钟信号;②为对由解码电路输出的再生数据码进行码值判别时提供时钟信号。接收端收到的最终数字信号,经过数/模转换恢复成原来的语音信号。

在单极性不归零码的数字信号表示中,用高电平表示 1 码元,低电平表示 0 码元。码元持续时间(亦称码元宽度)与发时钟 TxC 的周期相同。为了增大通信系统的传输容量,就要求提高收、发时钟的频率。发时钟频率愈高码元宽度愈窄。

由于光纤信道的带宽有限,数字信号经过光纤信道传输到接收端后,其码元宽度要加宽。加宽程度由光纤信道的频率特性和传输距离决定。单模光纤频带宽,多模光纤频带窄。

当码元加宽程度超过一定范围,就会在码值判别时产生误码。通信系统的传输率愈高,码元宽度愈窄,允许码元加宽的程度也就愈小。所以,多模光纤只适用于传输率不高的局域数字通信系统。在远距离、大容量的高速数字通信系统中光纤信道必须采用单模光纤。长距离、高速数字信号光纤通信系统中常用的光源器件是发光波长为 $1.3~\mu m$ 和 $1.5~\mu m$ 的半导体激光器 LD。在传输速率不高的数字信号光纤通信系统中也可采用发光中心波长为 $0.86~\mu m$ 的半导体发光二极管 LED。光电探测器件,主要有 PIN 光电二极管和雪崩光电二极管。有关光纤通信中采用的上述电光和光电器件的结构、工作原理及性能的详细论述见音频信号光纤传输技术实验。

三、本实验系统的硬件结构及工作原理

为了使非通信专业的理工科学生在物理实验中学习到有关数字信号光纤通信的基本原理,我们在本实验中着重于对光信号的发送、接收和再生,数字信号的并串/串并转换,模拟信号的 AD/DA 转换以及误码现象和原因等问题加以论述。有关编码、时钟提取和解码问题先不作为本实验的基本要求。有必要时,做完这一实验后,可作为设计性实验对这些问题进行深入研究。

(一) 实验系统的硬件结构

实验系统的结构如图 5-9-4 所示。其中,光讯号发送部分采用中心波长为 $0.86~\mu m$ 的半导体发光二极管(LED)作光源器件。传输光纤采用多模光纤。光讯号接收部分采用硅光电二极管(SPD)作光电检测元件。计算机通过 RS-232 串口控制单片机。单片机再去控制模数转换电路 ADC0809、数模转换电路 DAC0832 和数字信号并串/串并转换电路 8251,实现 A/D、D/A 转换和数字信号的并串/串并转换。图 5-9-4 中的单片机、ADC0809、DAC0832 及 8251 等部分是集中在实验系统的电端机内,而 LED 的调制和驱动电路、SPD 的光电转换部分是集中在实验系统的光端机内。

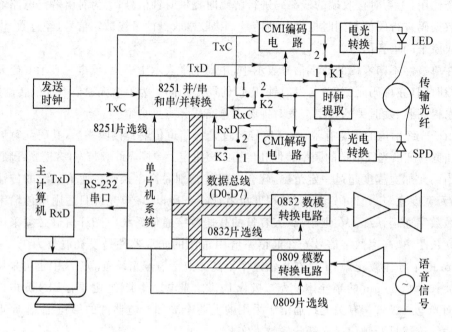

图 5-9-4 数字信号光纤通信实验系统的基本结构

(二)工作过程

实验系统传输的数字信号可以是 ASCII 字符的二进制代码,也可是语音信号经 ADC0809 集成芯片进行 A/D 转换后的数字信号。在实验内容基本要求阶段(避开编、译码和收时钟提取问题,此时图 5-9-4 中的开关 K1、K2 和 K3 均应打在"1"位),实验系统的工作过程如下。

(1) 传输 ASCII 字符时,ASCII 字符的二进制代码由计算机提供,经 RS—232 串口送至电端机,经电端机内 8251 数据发送端(TxD)送至光端机 LED 调制电路输入端,进行数字信号的电-光变换。从 LED 发出的数字式光信号,经传输光纤、光电二极管(SPD)和再生电路变换成数字式电信号送至电端机内 8251 数据接收端 RxD,经码值判别后再由 RS—232 串口送回计算机,并在计算机屏幕上显示出相应的字符。

(2) 传输语音信号时,语音信号放大后送至电端机内 ADC0809 模拟信号输入端进行 A/D 转换,所形成的数字信号经 8251 并/串转换后由其数据发送端 TxD 送至光端机对 LED 进行调制。然后经过 ASCII 字符同样的传输过程在实验系统接收端形成的数字信号再送至电端机,进行 D/A 转换。由此生成的模拟信号经滤波、放大后再由音箱输出。

以上过程均在程序控制下由计算机和电端机中的单片机完成。

(三) 数字信号的发送和电光转换

在 8251 芯片设定为异步传输工作方式并波特率因子等于 1 的情行下,电端机发送端所发送的数据码是由起始位(S)、数据位($D_0 \sim D_7$)和终止位(E)等共 10 位码元组成。第一位是起始位,紧接着是从 D_0 到 D_7 的 8 位数据,最后一位是终止位。每位码元起始时刻与发送时钟 TxC 的下降沿对应、码元持续时间与发送时钟 TxC 的周期相等。对数字信号进行电—光转换的 LED 驱动和调制电路如图 5-9-5 所示。由于电端机内的 8251 集成电路的数据发送端 TxD 在传输系统处于空闲状态时始终是高电平,为了延长发光二极管 LED 的使用寿命,对应这一状态应使 LED 无电流流过。为此,在其驱动调制电路输入端设置了一个由 I_{C1} 组成的反相器。因此 LED 发光,对应电信号的 0 码,无光则对应电信号 1 码。图 5-9-5 中 W_1 是调节 LED 工作电流的电位器。

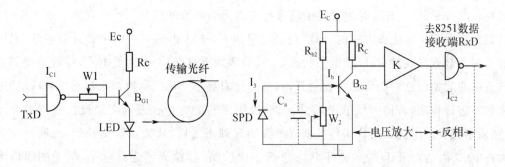

图 5-9-5　LED 的驱动和调制电路　　　图 5-9-6　数字信号的光电转换及再生

(四) 数字信号的光电转换及再生调节

由传输光纤输出的数字光信号在接收端经过硅光电二极管 SPD 和再生调节电路变换成数字电信号,再送至电端机内 8251 集成电路的数据接收端 RxD 进行码值判别。图 5-9-6 是数字信号光电转换及再生调节电路的原理图,其工作原理如下:当传输系统处于空闲状态时,传输光纤中无光,硅光电二极管无光电流流过,这时只要 R_C 和 R_{b2} 的阻值适当,晶体管 B_{G2} 就有足够大的基极电流 I_b 注入,使 B_{G2} 处于深度饱和状态,因此它的集-射极之间的电压 V_{ce} 极低,即使经过后面放大也能使反相器 I_{C2} 的输出电压维持在高电平状态,以满足实验系统数据接收端 RxD 在空闲状态时也应为高电平的要求。当传输 0 码元时,发送端的 LED 发光,光电二极管有光电流 I_3 流过,它是从 SPD 的负极流向正极,这对 B_{G2} 的基极电流具拉电流作用,能使 B_{G2} 的基极电流 I_b 减小。由于 SPD 结电容、其出脚接线的线间电容以及 B_{G2} 基—射极间杂散电容的存在(在图 5-9-6 中用 C_a 表示以上三种电容的总效应),使得 B_{G2} 基极电流的这一减小不是突变的,而是按某一时间常数的指数规律变化。随着 B_{G2} 基极电流的减小,B_{G2} 逐渐脱离深饱和状态,向浅饱和状态和放大区过渡，其集-射极电压 V_{ce} 也开始按指数规律逐渐上升。由于后面的放大器放大倍数很高，V_{ce} 还未上升到其渐近值时，放大器输出电压就到达了能使反相器 I_{C2} 状态翻转的电压值，这时 I_{C2} 输出端为低电平。在下一个 1 码元到来时，接收端的 SPD 无光电流，B_{G2} 的基极电流 I_b 又按指数规律逐渐增加，因而使 B_{G2} 原本按指数规律上升的 V_{ce} 在达到某一值时就停止上升，并在此后又按指数规律下降。V_{ce} 下降到某一值后，I_{C2} 的输出由低电平翻转成高电平。调节图 5-9-5 中 W1 或图 5-9-6 中 W2，使 LED 的工作电流与 SPD 无光照射时 B_{G2} 饱和深度之间适当地配匹，即使在被传输的数据码中 1 码元和 0 码元随机组合的情况下，也能使接收端所接收到的数字信号在码元结构和码元宽度方面与发送的数字信号一致。

（五）数字信号的码值判决和误码

数字信号传输到接收端 8251 的 RxD 端后还不能算信号传输过程的结束。此后，尚需在收时钟 RxC 上升沿时刻对再生信号每位码元的码值进行"0"、"1"判别。在 8251 芯片设定为异步传输工作方式时，码值判别过程如下：8251 内部有一时钟和计数系统，它随时检测着数据接收端 RxD 的电平状态，一旦检测到 RxD 的电平为低电平，接收端得知被传数据的起始位已到的信息。此后开始计时，计时到半个码元宽度时再次对 RxD 端的电平状态进行检测，若仍为低电平，表明先前检测到的低电平状态确实是被传数据的起始位，而不是噪声干扰。确认了传数据起始位的确到来之后，从确认时刻开始，每隔一个收时钟 RxC 周期对 RxD 端的电平状态进行一次检测，若检测到为高电平，赋予的码值为"1"，反之为"0"。若判别结果所形成的二进制代码与发送数据的代码一致，表明码值判别结果正确。根据正确判别结果的二进制代码从计算机字符库内调出的字符就会与发送字符一致；若判别结果所形成的二进制代码与发送字符代码不一致，计算机屏幕上显示的字符就与发送字符不一样，这表明实验系统在信号传输过程中有误码产生。

在本实验系统中误码原因有以下两种：

（1）送到 8251 数据接收端 RxD 信号的码元宽度还未调节到再生状态（与 TxC 相比过宽或过窄）；

（2）在以上实验过程中收时钟 RxC 不是从时钟提取电路获得，而是与发时钟 TxC 采用同一时钟。在此情况下，由于再生信号的波形相对于发送信号的波形具有一定延迟，当这一延迟超过一定范围时，即使接收端数字信号的码元宽度调节到了 TxC 相等的再生状态，在码值判别时也要发生错误。以上延迟既包含了信号在传输过程中光路上的延迟，也包括了电路上的延迟。在实验系统所提供的光纤长度情况下，电路延迟是主要的。而电路延迟又与再生调节电路中晶体管 B_{G2} 的饱和深度有关。B_{G2} 的饱和深度不同，为使接收端的数字信号达到再生状态所要求 SPD 的光电流也不同。B_{G2} 的饱和深度愈深，要求

SPD 提供的光电流也愈大。所以,若在接收端虽有再生波形但仍有误码现象出现的情况下,适当调节图 5-9-3 中"W1 调节"旋钮使 LED 导通时工作电流为另一值后,再调节图 5-9-4 中"W1 调节"旋钮可使再生波形的延迟达到无误码的状态。

【实验仪器】

本实验所用仪器由数字信号光纤通信实验仪和示波器组成。其中数字信号光纤通信实验仪采用四川大学研制的 DOF—E 型仪器,它由光端机、电端机和光纤信道三部分组成。光端机和电端机前、后面板的布局如图 5-9-7 和图 5-9-8 所示。

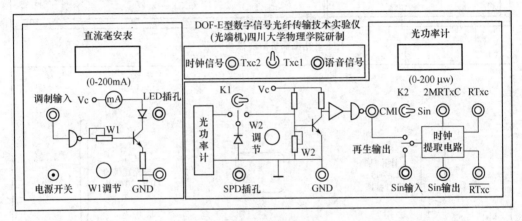

(a) 光端机前面板布局图

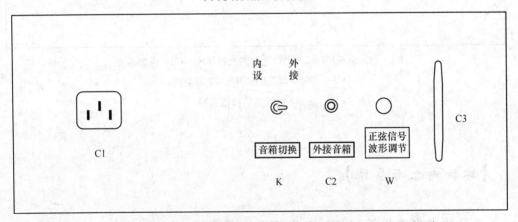

C1—电源插座;C2—外接音箱插孔;C3—连接电端机的DDK-20电缆插座;
W—正弦信号起振与波形调节;K—音箱切换开关

(b) 光端机后面板布局图

图 5-9-7 DOF—E 型数字信号光纤通信实验仪光端机前、后面板的布局

· 273 ·

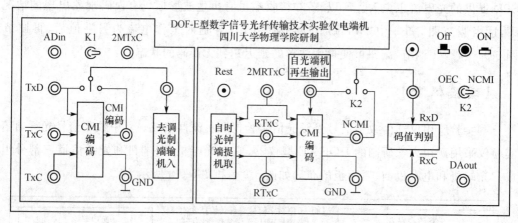

(a) 电端机前面板布局

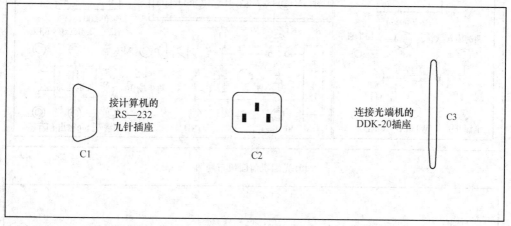

C1—与计算机RS—232串口连接的九针插座；C2—电源插座；
C3—连接光端机的DDK-20电缆插座

(b) 电端机后面板布局

图 5-9-8

【实验内容与步骤】

一、半导体发光二极管(LED)电光特性的测定

(1) 把发光二极管 LED、光纤信道和光电二极管 SPD 按图 5-9-9 所示接至光端机前面板的"LED 插孔"和"SPD 插孔"，光端机前面板的 SPD 切换开关 K1 拨至左侧，观测并记录光端机前面板光功率计的示值。以此示值作为光功率计的零点。

(2) 用导线接通图 5-9-9 中"调制输入"和"GND"插孔间的连线,反时钟方向调节 W1,使光端机前面板的毫安表为一最小整数值,然后顺时钟方向调节 W1,使毫安表读数慢慢增加,每增加 5 mA 读取一次光功率计的示值,直到毫安表示值为 50 mA 止,列表记录测量结果。根据实验读数,以毫安表读数为横坐标、光功率计读数(扣除零点后)为纵坐标,绘制 LED 的电光特性。

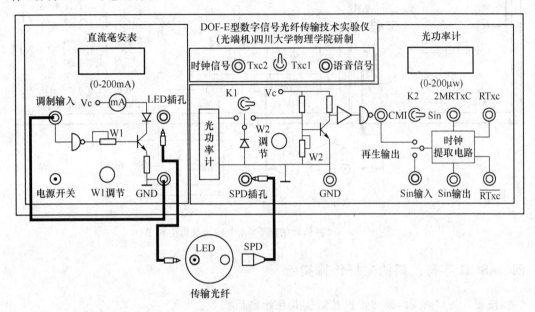

图 5-9-9 半导体发光二极管(LED)电光特性的测定

二、传输系统发送时钟 TxC 周期的测定

把光端机前面板"时钟信号"切换开关拨至"Txc1"侧、双迹示波器 CH1 通道接至光端机前面板"时钟信号"插孔、示波器扫描时间分度值选为 2 μs、调节示波器同步旋钮使荧光屏上出现一稳定的波形后,观测并记录其周期值。

三、时钟信号的电光/光电转换及再生调节

按图 5-9-10 接线。调节 W1 使毫安表指示的 LED(在时钟信号调制状态下)的平均工作电流为适当值(比如 20 mA)后,保持 W1 的调节位置不变,观察示波器荧光屏上是否有时钟信号波形出现。若无,并示波器荧光屏上显示出一条代表低电平的直线,就需沿顺时钟方向慢慢调节 W2,直到示波器荧光屏上出现占空比为 50% 的时钟信号为止;若示波器荧光屏上显示出一条代表高电平的直线就需沿反时钟方向慢慢调节 W2 实现时钟信号的再生调节。若示波器荧光屏上有时钟信号波形出现,但占空比小于 50%,就需顺时钟方向慢慢调节 W2;若占空比大于 50%,就需反时钟方向慢慢调节 W2。

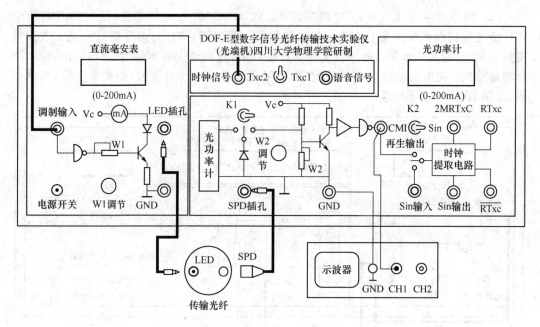

图 5-9-10 时钟信号的电光/光电转换及再生调节

四、ASCII 字符代码的光纤传输实验

按图 5-9-11 所示,进一步连接好实验系统的后面板。

（一）实验系统发送功能的检测

在图 5-9-11 所示实验系统后面板连线的基础上,按图 5-9-12 接好实验系统前面板的连线,并把电端机前面板的开关 K1 执向左侧。启动计算机、运行配套软件后计算机屏幕上将出现图 5-9-13 示的界面。单击"串口设置"按钮,计算机屏幕将换成图 5-9-14 所示界面。根据电端机与计算机的连接情况,串口号选择 COM1 或 COM2。再单击"确定"按钮,待计算机屏幕再一次出现图 5-9-15 所示的界面后,单击"数字传输"按钮。计算机屏幕上就出现图 5-9-15 所示界面。把光标移至"请输入十进制数"的窗口中后,在 0～127 的范围内从键盘输入被传输的 ASCII 字符的十进制数代码(比如,字符 U、Z 和 7 等等,它们相应的十进制数代码分别为 85、90 和 55 等等),再单击"发送"按钮,界面的"本地回显"栏将显示出该代码的 ASCII 字符。观察示波器荧光屏上显示的串行数字信号波形的数码结构是否与被发送的 ASCII 字符的二进制代码一致。若一致,表示实验系统的发送功能正常;若示波器荧光屏上观察不到这一波形,按电端机的"Reset"按钮后用以上方式重新发送。

（二）实验系统数字信号的电光/光电转换及再生调节

继续以上实验,把双迹示波器 CH2 通道接至光端机前面板的"再生输出"插孔。调节 W1 使 LED 的平均工作电流为 2 mA 以上。然后保持 W1 的这一调节位置不变,调节 W2

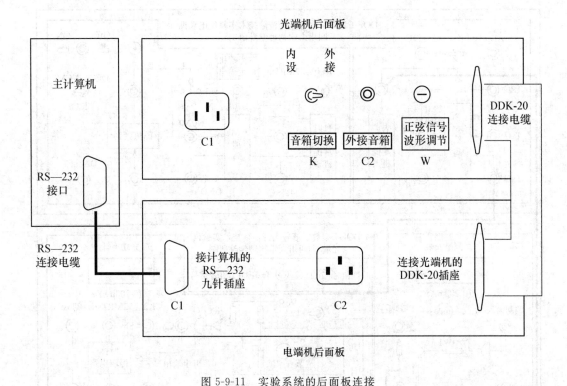

图 5-9-11 实验系统的后面板连接

使双迹示波器 CH2 通道出现码元宽度和数码结构均与 CH1 通道一样的再生波形为止。

（三）码值判别、误码及实验系统无误码状态的调节

完成了上一步调节之后，虽然光端机的再生输出端出现了与发送端波形一样的再生信号，但还不能算完成了数字信号的传输过程。此后，尚需在接收时钟 RxC 的作用下对再生信号每位码元的码值进行"0"、"1"判别。在判别时刻，若检测到再生波形的电平为高电平，赋予的码值为"1"，反之为"0"。若判别结果所形成的二进制代码与发送端发送的字符代码一致，表明码值判别结果正确。根据正确判别结果所形成的二进制代码从计算机字符库调出的字符（显示在图 5-9-13 所示的界面接收栏中）就会与"本地显示"栏中出现的字符一致。若判别结果所形成的二进制代码与发送端发送的字符代码不一致，从计算机字符库调出的字符就与图 5-9-15 所示的界面"本地显示"栏中出现的字符不一样。这表明实验系统在传输过程中有误码产生。使实验系统产生误码的原因有以下两种。

（1）实验系统数据接收端（RxD）的"1"码元高电平持续时间过长，即接收端波形还未达到再生状态；

（2）在实际的数字通信系统中接收时钟 RxC 是用复杂的时钟提取技术从接收信号中提取的，而本实验系统到目前为止，发送时钟 TxC 和接收时钟 RxC 是由同一时钟供给。另一方面，由于接收端再生信号波形相对发送端的发送波形具有一定延迟，当这一延迟超过一定范围时，即使实验系统数据接收端波形达到了再生状态，也会产生误码判别。

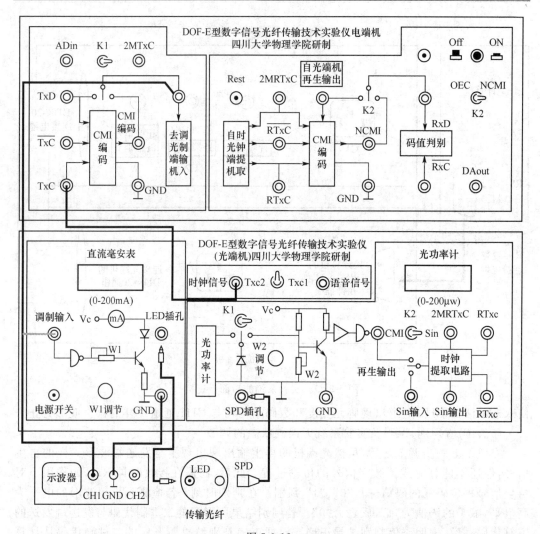

图 5-9-12

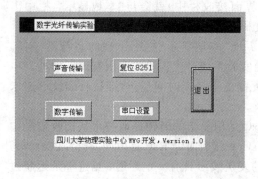

图 5-9-13　　　　　　　　　　　图 5-9-14

接收端再生波形相对发送端的发送波形的总延迟由电路上和光路上两部分延迟组成。本实验系统,电路上延迟是主要的。电路上延迟与传输系统在空闲状态下光电转换和再生调节电路中晶体三极管的饱和深度有关。为了实现光电转换信号的再生调节,接收端这一晶体三极管的饱和深度又应与发送端 LED 导通时的发光强度匹配。若发送端 LED 导通时发光强度愈大,就需光电转换和再生调节电路中晶体三极管的饱和深度愈深,对应的电路延迟就愈短。所以,若在接收端虽有再生波形但仍有误码现象出现的情况下,应调节 W1 使 LED 导通时工作电流为另一值后,再调节 W2 使再生输出端波形达到再生状态……如此反复几次调节直到实验系统无误码状态出现为止。单击图 5-9-15 所示界面中的"停止"按钮,重复以上操作可进行传输其他字符代码的实验。

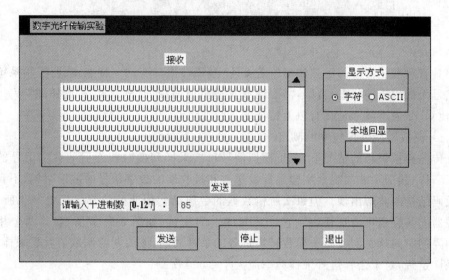

图 5-9-15

五、传输模拟信号时的模数、数模转换实验和模数转换采样周期的测定

保持以上实验连线不变。把光端机后面板的模拟信号切换开关(无标注)拨向上方后,1 kHz 左右的正弦信号就被引入作为实验系统的模入信号。单击图 5-9-15 所示界面中的"退出"按钮,计算机屏幕再次回到图 5-9-13 所示界面,然后单击"声音传输"按钮,计算机屏幕就将显示图 5-9-16 所示界面。单击"开始"按钮,实验系统就进入模拟信号传输状态。在模拟信号传输状态下,用示波器观测,进行以下内容实验。

(一) 模数转换前和数模转换后的模拟信号波形的观测及实验系统无误码状态的调节

把示波器的 CH1 通道和 CH2 通道分别接至电端机前面板左上角的"ADin"插孔和电端机右下角的"DAout"插孔,观察 CH2 通道的波形是否也是一个与 CH1 通道波形同

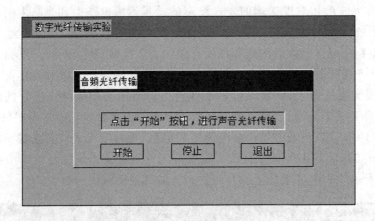

图 5-9-16

频率但具有离散化特征的正弦波形？若 CH2 通道波形具有这一特点，表明实验系统处于语音信号无误码传输状态；否则，需要调节光端机前面板的"W2 调节"旋钮或"W1 调节"旋钮，使 CH2 通道波形是具有以上特征的正弦波。

（二）模数转换采样频率的测定

在传输模拟信号的情况下，由于模拟信号每次采样和模数转换后的数字信号的数码结构不一样，故用示波器观察实验系统发送端和接收端的数字信号的波形时，看不到一个固定数码结构的波形出现。但每次所传数据的数码结构中起始位都是低电平。所以，调节示波器同步旋钮可清楚观察到它在荧光屏上的位置（如图 5-9-17 所示）。两个相邻起始位间隔的时间就是实验系统模数转换过程的采样周期，该周期的倒数值就是采样频率。根据采样定理，对于语音信号采样频率应大于 8 000 次/s。

用收音机或单放机提供的语音信号接至光端机前面板的"语音信号"插孔，并把光端机后面板无标注的开关拨至下方，示波器 CH1 和 CH2 通道分别接至光端机的"调制输入"和"再生输出"插孔。在时钟信号为 TxC1 和 TxC2 两种情况下，用示波器观测传输语音时模数转换过程的采样周期、计算相应的采样频率、用采样定理评估实验系统传输语音信号时的性能。

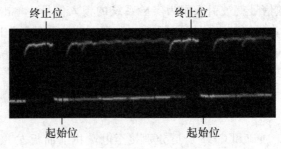

图 5-9-17

六、数字信号的编码、解码和时钟提取电路的设计(设计性选作实验)

(一) 数据码的 CMI 码编码规则及实验观测

1) CMI 码编码规则及编码电路

编码的方式很多,本实验系统的编码码型采用 CMI 码,CMI 是 Coded Mark Inversion(传号反转码)的缩写。其变换规则是:用 01 代表数据码的 0,用 00 或 11 代表数据码的 1,若一个数据码 1 已用 00 表示,则下一个数据码 1 必须用 11 表示,也即表示数据码 1 的线路码在 00 和 11 之间交替反转。CMI 线路码长 0 和长 1 码元数目最多不超过 3 个,这对接收端的时钟提取十分有利。按 CMI 线路码的编码规则,数据码的一个码元变成了线路两个码元。在不降低通信速率的情况下就要求发送 CMI 线路码的时钟频率提高 1 倍,或在沿用数据码发时钟的情况下,CMI 线路码的码元宽度应减小一半。实现 CMI 码变换规则的电路如图 5-9-18 所示。用这一电路进行编码生成的 CMI 线路码的码元宽度相对于数据码的码元宽度减小了一半。因此其频谱中就含有等于发时钟频率 2 倍的谱线。

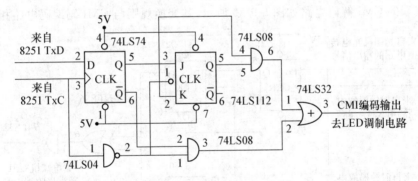

图 5-9-18 CMI 码编码电路

2) CMI 码编码规则的实验观测

把电端机前面板的调制信号切换开关 K_1 拨至右侧、示波器 CH1 和 CH2 通道分别接至电端机的 TxD 插孔和 CMI 编码插孔、示波器同步触发源选 CH1。启动计算机、运行配套程序,在字符传输模式下发送十进制代码为"0"和"127"的 ASCII 字符,观察示波器 CH1 和 CH2 通道在这两种情形下的波形、测量 CMI 码"1"码元的宽度、总结 CMI 码编码规则、计算随机 CMI 码流中基波分量的频率。

(二) 时钟提取电路的设计与实验

接收端对 CMI 线路码进行解码以及对解码后的数据码进行码值判别时,都需要与发时钟 TxC 同频率、同相位的时钟信号。这一时钟信号是从接收端的再生 CMI 线路码中提取。时钟提取的电路结构如图 5-9-19 所示。设计步骤如下:

(1) 首先测定实验系统发时钟的频率 f_{TxC};

（2）选择和计算图 5-9-19 中 RLC 谐振电路的参数：谐振频率 $f_0 = 2f_{TxC}$。

（3）音频信号源作输入信号，用示波器观测 RLC 谐振电路的选频特性，需要时适当改变电路参数，使 RLC 谐振电路的选频特性满足设计要求。

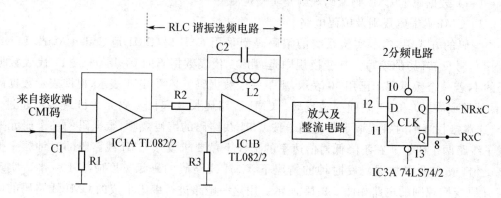

图 5-9-19　时钟提取电路

（三）线路码的 CMI 解码编码规则及实验观测

接收端的 CMI 解码电路如图 5-9-20 所示，其变换规则与 CMI 码编码电路相反。

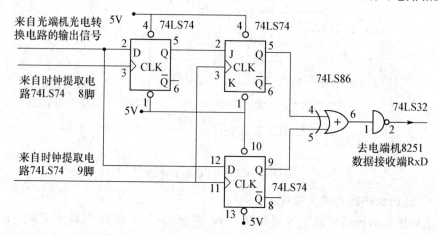

图 5-9-20　CMI 码解码电路

按图 5-9-20 中的所有开关均打在 2 位的连接方式，把设计好的 RLC 谐振电路接入实验系统后，依照本实验内容四、五项的要求重新实验。

【思考题】

（1）简单叙述数字信号光纤传输系统的基本结构及工作过程。

（2）衡量数字通信系统有哪两个指标？

（3）本实验系统数字信号光－电/电－光转换电路的工作原理是什么？

(4) 语音信号数字光纤通信经历哪些过程?
(5) 数字信号的码元宽度与什么因素有关?
(6) 数字光信号经光纤信道传输后码元宽度为什么要变宽?
(7) 如果利用一条光纤信道分时传输 32(或更多)路模拟语音信号,在对语音信号以每秒 8 000 次采样进行 8 位模数转换的情况下,光纤数字通信系统的发时钟的频率 f_{TxC} 至少应等于多少?
(8) 为什么在数字信号发送端进行数据发送之前要进行编码?
(9) 在接收端由时钟提取电路输出的时钟信号有哪些作用?
(10) 图 9-2-13 中 RLC 谐振选频电路依据的工作原理是什么?

实验 5-10　传感器实验

传感器(Sensor)是指一个完整的测量系统或装置,传感器能够感受或响应规定的被测量并按照一定的规律转换成可输出信号。传感器是实验测量获取信息的重要环节。传感器通常由敏感元件和转换元件组成,敏感元件是指传感器中能感受或响应被测量的部分、转换元件是传感器中能将敏感元件感受或响应的被测量转换成适于传输或测量的电信号的部分。传感器是感知、获取、检测以及转换信息的窗口,是处于研究对象与传输处理系统的接口装置,是自动控制中不可缺少的电子器件,被称为计算机实现智能化的五官。它输出的信号是电信号,而它感受的信号不必是电信号,所以传感器可以将声音、压力、位移、速度、形变、转速、液面等各种非电学量转换为电学量进行测量,它在非电量的电测法中应用极为广泛。传感器在军事、基础研究、民用新产品开发的各个领域都起着重要的作用,被广泛应用在各种自动控制的设备和家用电器中,高精度传感器对航空航天军事更是不可缺少的。传感器是现代信息技术的三大基础之一。

【实验目的】

(1) 了解传感器的工作原理和应用。
(2) 掌握某些传感器的测量方法和技术。
(3) 培养完成综合实验的能力。

【实验仪器】

本实验中使用的是 DH-CG2000 型综合传感器实验仪。仪器分为三部分:顶面——实验台(各种传感器件);直立面——各种激励源和显示表;平台面——各单元处理电路。三大部分相互独立,彼此之间无连接,实验时根据实验内容的需要,用连线与外部平台部分连接。

1) 实验台部分

有基本传感器 14 种：金属应变式传感器，差动变压器，电涡流位移传感器，半导体霍耳式传感器，电感式螺管式传感器，磁电式传感器，压电加速度传感器，电容式传感器，压阻式压力传感器，光纤传感器，PN 结温度传感器，铜－康铜热电偶，热敏传感器，光电传感器等。

2) 激励源和显示表部分

电机控制单元、主电源、直流稳压电源（±2 V－±10 V 分 5 挡调节）、振动台：1～30 Hz低频信号驱动，使梁及位移平台产生 1～30 Hz 的振动；加热器工作电压 15 V；音频振荡器：0.4～10 kHz，连续可调；低频振荡器：1～30 Hz，连续可调；F/V 数字显示表（可作为电压表和频率表）、电压测量范围分 0.2 V、2 V、20 V 三挡，测量精度 0.5％；频率测量范围 0～20 kHz，分 2 kHz、20 kHz 两挡；指针式毫伏表量程：500 mV、50 mV、5 mV，精度：2.5％；音频振荡器、低频振荡器。

3) 处理电路部分

电桥、差动放大器、电容变换器、涡流变换器、相敏检波器、移相器、电荷放大器、电压放大器、低通滤波器、温度变换器、光纤变换器、步进电机控制器。

本次实验用到单元为：直流稳压电源、差动放大器、电桥、F/V 表、测微头、双平行梁、应变片、主、副电源。

实验 5-10-1　金属箔式应变片——单臂电桥性能实验

【实验目的】

(1) 了解金属箔式应变片。
(2) 了解单臂电桥的工作原理和工作情况。
(3) 综合传感器列举出其中的某个传感器综合实验，用以了解传感器的特点和特性。

【实验原理】

电阻式传感器(Resistive Sensor)能将被测量如位移、形变、压力、速度、声音、湿度等物理量转换成电阻值。电阻式传感器又包括电阻应变式、压阻式、热敏、热电阻、湿敏等类型。本实验使用的传感器属于电阻应变式传感器，它由电阻应变片和弹性敏感元件组成。传感器中的电阻应变片(Resistance Strain Gage)具有金属的应变效应，实验时将电阻应变片牢固地粘贴在弹性敏感元件表面，当弹性敏感元件受到外力、力矩作用时弹性敏感元件会产生位移、速度、加速度、转角、应力、应变。电阻应变片则将这些力学参数转换成电阻的变化。电阻应变片主要有金属和半导体两类，金属应变片有金属丝、箔式、薄膜式之分,本实验将进行金属箔式应变式传感器灵敏度特性的研究。

箔式应变片(Foil Strain Gauge)具有众多优点,自从1954年Jakson发表了关于用环氧基底制造金属箔式应变片以来,箔式应变片在常温结构应力测量及传感器方面获得了广泛的应用。金属箔式应变片是各种物理量传感器,特别是称重(测力)、压力、位移和加速度传感器的重要敏感元件,是一种常用的测力传感元件。金属箔式应变片可以通过光刻、腐蚀等工艺制成。实验时将箔式应变片牢固地粘贴在测试体表面,测试物受力发生形变时,应变片的敏感栅随之一同形变,从而其电阻也随之发生相应的变化,通过测量电路将阻值的变化转换成易于测量的电信号,就可以输出显示。

通常金属电阻应变片应变灵敏度系数 K 很小,机械应变一般也很小,所以,电阻的相对变化很小,用一般的测试仪很难测出,需要用专门的电路。最常见的就是电桥电路,电桥的作用是完成电阻到电压的比例变化,电桥的输出电压能反映出相应的受力状态。电桥平衡时,对臂电阻的乘积相等,电桥的输出电压为零,如果其中一个桥臂的电阻的阻值发生了变化,则电桥的输出电压就不再为零,也就是通过电桥的输出电压来反映被测物相应的受力状态。而且可以证明,在桥臂电阻产生相同变化的情况下,等臂电桥以及输出对称电桥的输出电压最大,即它们的灵敏度要高。因此在使用中多采用等臂电桥或输出对称电桥。本实验使用的电桥就是等臂电桥。在实验中,使用一个应变片,如图5-10-1所示,称为单臂输出工作状态;使用两个应变片,两个应变片阻值的变化大小相同,正负相反,如图5-10-2所示,称为半桥输出工作状态;使用四个应变片,组成对称的两个差动状态,如图5-10-3所示,称为全桥输出工作状态。

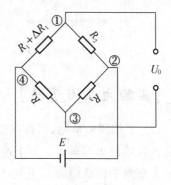

图 5-10-1

1) 单臂输出工作状态

对于等臂电桥,初始时刻,R_1 为应变片,$R_1=R_2=R_3=R_4=R$,R_1 的电阻增量 $\Delta R_1 = \Delta R$,输出电压为:

$$U_0 = U \frac{RR}{(R+R)^2} \left(\frac{\Delta R}{R}\right) = \frac{U}{4}\left(\frac{\Delta R}{R}\right) = \frac{U}{4}k\varepsilon$$

2) 半桥输出工作状态

对于等臂电桥,初始时刻 R_1、R_2 为应变片,$R_1=R_2=R_3=R_4=R$,R_1 的电阻增量为 ΔR_1,R_2 的电阻增量为 ΔR_2,$\Delta R_1 = -\Delta R_2$,输出电压为

$$U_0 = U \frac{RR}{(R+R)^2} \left(\frac{2\Delta R}{R}\right) = \frac{U}{4}\left(\frac{2\Delta R}{R}\right) = \frac{U}{2}k\varepsilon$$

3）全桥输出工作状态

对于等臂电桥，初始时刻 R_1、R_2、R_3、R_4 全部为应变片，$R_1=R_2=R_3=R_4=R$，R_1 的电阻增量为 ΔR_1，R_2 的电阻增量为 ΔR_2，R_3 的电阻增量为 ΔR_3，R_4 的电阻增量为 ΔR_4，$\Delta R_1 = -\Delta R_2$，$\Delta R_3 = -\Delta R_4$，$\Delta R_1 = \Delta R_3$，输出电压为

$$U_0 = U\frac{RR}{(R+R)^2}\left(\frac{4\Delta R}{R}\right) = \frac{U}{4}\left(\frac{4\Delta R}{R}\right) = Uk\varepsilon$$

由此可见单臂、半桥、全桥电路的灵敏度依次提高。

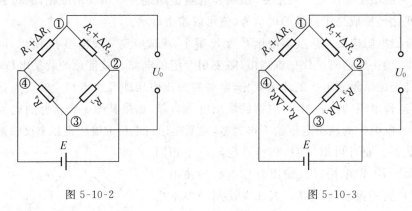

图 5-10-2　　　　　　　　　图 5-10-3

【实验内容与步骤】

（1）了解所需单元、部件在实验仪上的所在位置，观察梁上的应变片，应变片为棕色衬底箔式结构小方薄片。上下两片梁的外表面各贴两片受力应变片和一片补偿应变片，测微头在双平行前面的支座上，可以上、下、左、右调节。

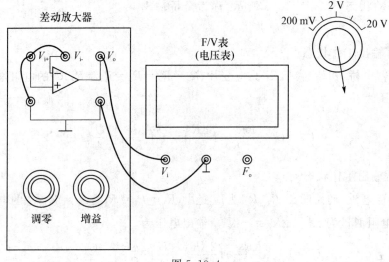

图 5-10-4

（2）将差动放大器调零（参考图 5-10-6）：用连线将差动放大器的正（＋）、负（－）、地短接。将差动放大器的输出端与电压/频率（F/V）表的输入插口 V_i 相连；开启主、副电源；调节差动放大器的"差动增益"到最大位置，然后调整差动放大器的"差动调零"旋钮使电压/频率表显示为零（"差动增益"、"差动调零"旋钮的位置一旦确定就不能再改变），关闭主、副电源。

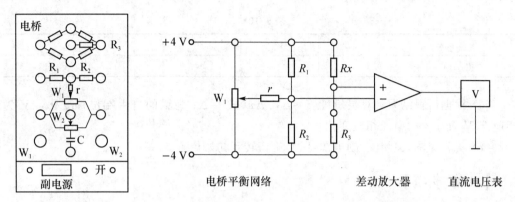

图 5-10-5

（3）根据图 5-10-6 接线，R_1、R_2、R_3 为电桥单元的固定电阻。R_x 为应变片；将稳压电源的切换开关置±4 V 挡，F/V 表置 20 V 挡。调节测微头脱离双平行梁，开启电源，调节电桥平衡电位器 W_1，使 F/V 表显示为零，等待数分钟后将电压/频率表置 2 V 挡，再调电桥 W_1（慢慢地调），使电压/频率表显示为零。

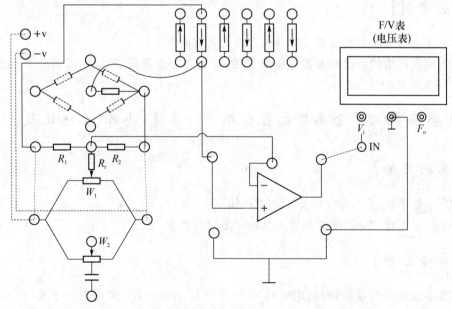

图 5-10-6

(4) 将测微头转动到 10 mm 刻度附近,安装到双平行梁的自由端(与自由端磁钢吸合),调节测微头支柱的高度(梁的自由端跟随变化)使 F/V 表显示为零,这时的测微头刻度为零位的相应刻度。

(5) 往上或往下旋转测微头,使梁移动,每隔 0.5 mm 读一个数,将 F/V 表显示的数值填入下表 5-10-1,然后关闭主、副电源。

表 5-10-1

位移/mm					
电压/V					

(6) 根据所得结果计算灵敏度 $S=\Delta V/\Delta x$ (式中 Δx 为梁的自由端位移变化,ΔV 为相应 F/V 表显示的电压相应变化)。

(7) 实验完毕,关闭主、副电源,所有旋钮转到初始位置。

【注意事项】

(1) 电桥上端的虚线所示的四个电阻实际上并不存在,仅作为一标记,让学生组桥容易。

(2) 作此实验时应将低频振荡器的幅度关至最小,以减小其对直流电桥的影响。

(3) 电位器 W_1,W_2 在有的型号仪器中标为 R_D,R_A。

【思考题】

(1) 本实验电路对直流稳压电源和对放大器有何要求?

(2) 根据所给的差动放大器电路原理图,分析其工作原理,说明它既能作差动放大,又可作同相或反相放大器。

实验 5-10-2　金属箔式应变片——单臂、半桥、全桥比较

【实验目的】

(1) 了解半桥、全桥的工作原理和工作情况。
(2) 验证单臂、半桥、全桥的性能及相互之间的关系。

【实验原理】

本实验使用等臂电桥,即初始时刻,$R_1=R_2=R_3=R_4=R$。此时电桥平衡,桥路相对臂电阻乘积相等,电桥输出为零。在桥臂的四个电阻 R_1、R_2、R_3、R_4 中,电阻的相对变化

率分别为 $\frac{\Delta R_1}{R_1}$、$\frac{\Delta R_2}{R_2}$、$\frac{\Delta R_3}{R_3}$、$\frac{\Delta R_4}{R_4}$，当使用一个应变片时，$\Sigma R = \frac{\Delta R}{R}$，当两个应变片组成差动状态工作时，则有 $\Sigma R = \frac{2\Delta R}{R}$，用四个应变片组成两个差动工作状态，$\Sigma R = \frac{4\Delta R}{R}$。据戴维定理可以得出：单臂、半桥、全桥工作状态下，测试电路的输出电压分别为 $\frac{UK\varepsilon}{4}$、$\frac{UK\varepsilon}{2}$、$UK\varepsilon$。

【实验内容与步骤】

(1) 了解所需单元、部件在实验仪上的所在位置，观察梁上的应变片，应变片为棕色衬底箔式结构小方薄片。上下两二片梁的外表面各贴二片受力应变片和一片补偿应变片，测微头在双平行前面的支座上，可以上、下、左、右调节。

(2) 将差动放大器调零：用连线将差动放大器的正（＋）、负（－）、地短接。将差动放大器的输出端与电压/频率（F/V）表的输入插口 V_i 相连；开启主、副电源；调节差动放大器的"差动增益"到最大位置，然后调整差动放大器的"差动调零"旋钮使电压/频率表显示为零（"差动增益"、"差动调零"旋钮的位置一旦确定就不能再改变），关闭主、副电源。

(3) 根据图 5-10-6 接线，R_1、R_2、R_3 为电桥单元的固定电阻。R_x 为应变片；将稳压电源的切换开关置±4 V 挡，F/V 表置 20 V 挡。调节测微头脱离双平行梁，开启电源，调节电桥平衡电位器 W_1，使 F/V 表显示为零，等待数分钟后将电压/频率表置 2 V 挡，再调电桥 W_1（慢慢地调），使电压/频率表显示为零。

(4) 旋转测微头测微与双平行梁吸合，此时 F/V 表显示为非零值，向下旋转测微头，使梁恢复原状，F/V 表显示零。

(5) 往下旋转测微头，使梁移动，每隔 0.5 mm 读一个数，将 F/V 表显示的数值填入下表 5-10-2，实验完毕，然后关闭主、副电源。

(6) 根据所得结果计算灵敏度 $S = \Delta V/\Delta x$（式中 Δx 为梁的自由端位移变化，ΔV 为相应 F/V 表显示的电压相应变化）。

表 5-10-2

位移/mm					
电压/V					

(7) 调节测微头脱离双平行梁，根据图 5-10-7 接线，R_1、R_2 为电桥单元的固定电阻。R_3、R_4 为应变片；将稳压电源的切换开关置±4 V 挡，F/V 表置 20 V 挡。调节测微头脱离双平行量开启电源，调节电桥平衡电位器 W_1，使 F/V 表显示为零，等待数分钟后将电压/频率表置 2 V 挡，再调电桥 W_1（慢慢地调），使电压/频率表显示为零。

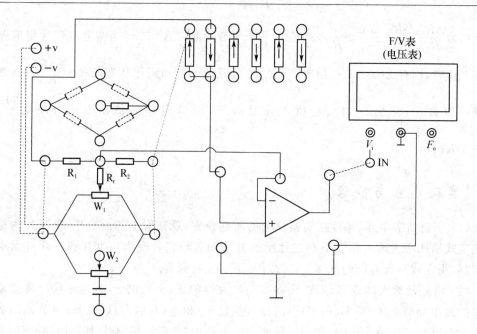

图 5-10-7

(8) 旋转测微头测微与双平行梁吸合,此时 F/V 表显示为非零值,向下旋转测微头,使梁恢复原状,F/V 表显示零。

(9) 往下旋转测微头,使梁移动,每隔 0.5 mm 读一个数,将 F/V 表显示的数值填入下表 5-10-3,然后关闭主、副电源。

表 5-10-3

位移/mm					
电压/V					

(10) 根据所得结果计算灵敏度 $S = \Delta V / \Delta x$(式中 Δx 为梁的自由端位移变化,ΔV 为相应 F/V 表显示的电压相应变化)。实验完毕,关闭主、副电源。

(11) 保持放大器增益不变,将 R_1、R_2 两个固定电阻换为另外两片受力应变片,(即 R_1 换成↑,R_2 换成↓),组桥时只要掌握相对臂应变片的受力方向相同,邻臂应变片的受力方向相反即可,否则相互抵消没有输出。接成一个直流全桥,如图 5-10-8 所示,调节测微头使梁到水平位置,调节电桥调节测微头使梁到水平位置(目测),调节电桥平衡电位器 W1,同样使 F/V 表显示为零,重复(4)过程将读出的数据填入表 5-10-4。

表 5-10-4

位移/mm					
电压/V					

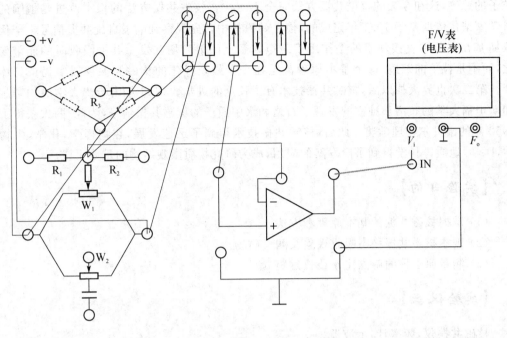

图 5-10-8

(12) 根据所得结果计算灵敏度 $S=\Delta V/\Delta x$(式中 Δx 为梁的自由端位移变化,ΔV 为相应 F/V 表显示的电压相应变化)。实验完毕,关闭主、副电源。

【注意事项】

(1) 在更换应变片时应将电源关闭。
(2) 在实验过程中如发现电压表发生过载,应将电压量程扩大。
(3) 在本实验中只能将放大器接成差动形式,否则系统不能正常工作。
(4) 直流稳压电源 ±4 V 不能旋至过大,以免损坏应变片或造成严重自热效应。
(5) 接全桥时请注意区别各应变片的工作状态方向。

实验 5-11 核磁共振测磁场

核磁共振(nuclear magnetic resonance),是指处在某个静磁场中具有核磁矩的原子核受到相应频率的电磁辐射作用时,受激发发生共振跃迁的现象。

首先把核磁共振方法引入微观研究打的是美国科学家拉比,他在原子束实验中巧妙地运用了核磁共振方法,将磁矩的测量精度提高了两个数量级,但是实验中直接测量的是粒子的踪迹,这和今天的核磁共振方法完全不一样。核磁共振方法的根本改进是俄国的科学家柴伏依斯基于1994年完成的,他在顺磁盐中首先观察到电子自旋共振信号。柴伏依斯基在实验中直接观察的是作用于磁矩体系上的射频场在发生共振吸收时的能量变化,而不是粒子的踪迹,这个基本原理甚至在今天最现代化的核磁共振仪器中仍得到体现。第二次世界大战以后,核磁共振技术有了长足的进步。1946年内哈佛大学的帕赛尔和斯坦福大学的布洛赫独立的发现了石蜡和水中质子的核磁共振信号,为此,两人获得了1952年的诺贝尔物理学奖。此后,核磁共振技术得到了迅速发展,在物理学,化学,生物学,医学,地质等科学得到了广发案的应用,成为研究物质微观结构的重要手段。

【**实验目的**】

(1) 掌握核磁共振的基本原理和方法。
(2) 观察核磁共振稳态吸收现象及测量磁场。
(3) 测量原子核的旋磁比 γ 或核磁矩 μ。

【**实验仪器**】

核磁共振仪,频率计,示波器。

【**实验原理**】

1. 核自旋

原子核具有自旋,其自旋角度动量为

$$P_I = \sqrt{I(I+1)}\hbar \tag{5-11-1}$$

式中 $\hbar = \dfrac{h}{2\pi}$,h 为普朗克常量,I 是核自旋量子数,其值为半整数或整数;当质子数和质量数均为偶数时,$I=0$;当质子数为偶数二质子数为奇数时,$I=0,1,2,\cdots$;当质量数为奇数时,$I=n/2(n=1,3,5\cdots)$。

2. 核磁矩

原子核带有电荷,因而具有核磁矩其大小为

$$u_I = g\frac{e}{2m_N}P_I = gu_N\sqrt{I(I+1)} \tag{5-11-2}$$

$$u_N = \frac{e\hbar}{2m_N} \tag{5-11-3}$$

式中,g 为核的朗德因子,对质子 $g=5.586$,m_N 为原子核质量。u_N 为核磁子,$u_N=5.509\times10^{-27}\mathrm{A\cdot m^2}$,令

$$\gamma = \frac{e}{2m_N}g \tag{5-11-4}$$

显然有
$$u_I = \gamma P_I \tag{5-11-5}$$
γ 称为核的旋磁比。

3. 核磁矩在外磁场中的能量

核自旋磁矩在外磁场中会进动,进动的角频率
$$\omega_0 = \gamma B_0 \tag{5-11-6}$$
式中,B_0 为外恒定磁场。表 5-11-1 列出了一些原子核的自旋量子数、磁矩、回旋频率。

核自旋角动量 P_I 的空间取向是量子化的,设 z 轴沿 B_0 方向,在 z 方向分量只能取
$$p_{Iz} = m\hbar \quad (m = I, I-1, \cdots -I+1, -I) \tag{5-11-7}$$
$$u_{(Iz)} = \gamma P_{Iz} \tag{5-12-8}$$

表 5-12-1

核素	自旋量子数 I	磁矩 u/u_N	回旋频率(MH_Z/T)
^1H	1/2	2.79270	42.577
^2H	1	0.85738	6.536
^3H	1/2	2.9788	45.414
^{12}C	0		
^{13}C	1/2	0.70216	10.705
^{14}N	1	0.40357	3.076
^{15}N	1/2	−0.28304	4.357
^{16}C	0		
^{17}O	5/2	−1.8930	5.772
^{18}O	0		
^{19}F	1/2	2.6273	40.055
^{31}P	1/2	1.1305	17.235

则核磁矩所具有的势能为
$$E = -u_I \cdot B_0 = -u_{(Iz)} \cdot B_0 = -\gamma \hbar m B_0 \tag{5-13-9}$$
对于氢核(^1H),有
$$I = \frac{1}{2}, m = \pm \frac{1}{2}, E = \pm \frac{1}{2} \gamma \hbar B_0 \tag{5-11-10}$$

E 正比于 B_0,核自旋为电子自旋的 1/1840,故在同样的外磁场 B_0 作用下,将以一定的夹角 α 和角频率 ω_0 围绕 B_0 作进动。由式(5-11-2)可知,核磁矩的绝对值为 $|u| = g u_N \sqrt{I(I+1)}$,原子核的角动量 P 与磁矩 u 之间关系用一个叫磁旋比的物理量联系起来:
$$\gamma = \frac{|u|}{|P|} = \frac{g u_N \sqrt{I(I+1)}}{\hbar \sqrt{I(I+1)}} = \frac{g u_N}{\hbar} \tag{5-11-11}$$

原子核磁矩的投影为：$u_z = \gamma p_z = \dfrac{g u_N}{\hbar} p_z = g u_z m$ 投影的最大值即为通常所说的核磁矩 $u_z = g u_N I$。

如果有一射频场(B_1)其工作频率为 ν，以与 B_0 垂直的方向作用于核，且其频率满足共振条件：

$$\nu = \gamma B_0 / 2\pi \tag{5-11-12}$$

则将发生核磁矩对射频能量的共振吸收，该核吸收此旋磁场能量，实现能级之间的跃迁，即发生核磁共振氢谱，此时

$$\Delta E = \omega_0 \hbar = h\nu \tag{5-11-13}$$

$$\omega_0 = \gamma B_0 \tag{5-11-14}$$

式中，h 为普朗克常量，$h = 6.626 * 10^{-34}$ J·s。

5. 仪器工作原理

当发生核磁共振(NMR)时，原子核系统对射频场(rf)产生能量吸收，为了观察到核磁共振现象，必须把吸收的能量转化为可以观察的电信号。检测核磁共振现象的基本原理如图 5-11-1 所示。

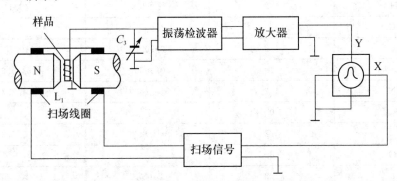

图 5-11-1 观察核磁共振信号原理图

把样品放在静磁场垂直的射频线圈 L_1 中，线圈 L_1 与可调电容 C_3 组成振荡检波器的振荡回共振回路，振荡检波器产生射频场 B_1，改变电容 C_3 可使射频场 B_1 的频率发生变化，当其频率满足共振条件 $\nu = \gamma B_0 / 2\pi$ 时，样品中的原子核系统就吸收线圈中的射频场能量，使振荡器回路的 Q 值下降，导致振荡幅度下降，振荡幅度的变化由检波器检出，并经放大送到示波器的 Y 轴显示，为了不断满足共振条件，扫场信号源和扫场线圈就是对静磁场进行扫场作用，同时又把扫场信号输入到示波器的 X 轴，使示波器的扫描与磁场扫场同步，以保证示波器上观察到稳定的共振信号。振荡器工作应在接近临界状态，通过调节"工作电流"及"反馈"旋钮，使振荡器处于边线振荡状态，以提高核磁共振信号的检测灵敏度，并避免信号的饱和。

扫场信号采用 50 Hz 交流线圈，通过扫场线圈，在静磁场 B 上叠加一个小于 50 Hz 交

变磁场,实现扫描作用。

【实验方法】

正确组装好装置,观察核磁共振吸收信号。把样品放入探头中并将测试时探头缓缓深入此题的磁极间隙中,启动"电源"开关和"扫场电源"开关。同时打开示波器及频率计开关,示波器的"扫描范围"旋钮至"外接"位置,若示波器荧光屏上的水平扫描先不够长,或太长超出荧屏范围赢调节至屏幕宽度相同。增益旋至最小位置。频率计的"量程"移动开关置于"100MHz"位置。电源面板上的"扫场调节"按钮调制最大位置"反馈"及"工作电流"旋至在中间位置,此时示波器立即显示出一条具有高频噪音的水平线,可认为振荡器已产生振荡,若是一条凭证的水平线,表示示波器没有振荡。可调节"工作电流",直至出现噪音为止,此时频率计上会显示振荡频率的数字。缓慢旋转"频率调节"旋钮(频率计的数字随之变化),搜索共振信号,在旋转旋钮时,在示波器上可能会看到振荡器出现高频或低频自激现象,只要顺时针方向稍稍旋转主机上的"工作电流"旋钮,就可以消除自激现象。恢复正常振荡。当出现共振信号时,仔细调节"工作电流"旋钮,慢慢沿逆时针方向调动,同时调节"反馈"旋钮,使振荡器处于最佳工作状态,此时噪音最小,信噪比最大。把示波器的扫描旋至合适的扫描档,此时示波器上出现 4~8 个稳定的信号,且信号的距离相等,此时频率计上的计数就是振荡器的频率,也即共振信号的频率。从频率计上的读出振荡频率,即可用公式(5-11-11)求出 ^{1}H 的磁旋比 γ。(设外磁场 B_0 已知)

数据处理:

(1) ^{1}H 的 g 值与核磁距 u 的计算。已知

$$g = h\gamma/2\pi u_N \tag{5-11-15}$$

$$u = \gamma I h/2\pi \tag{5-11-16}$$

式中,h 是普朗克常数,$h = 6.626 \times 10^{-34}$ J·s;为核磁子,$\mu_N = 5.0508 \times 10^{-27}$ A·m^2。

已知磁场 B_0 的值,只要测出共振频率,通过式(5-11-15)(5-11-17)可算出 ^{1}H 的 γ、g_N 和 u 值(其中 u 是以核磁 u_N 为单位的)。

(2) ^{19}F 的 g 值和核磁矩的计算,测量方法和计算方法与 ^{1}H 基本相同,只是 ^{19}F 的共振频率为 ^{1}H 的 0.94 倍,信号较 ^{1}H 弱许多。

(3) 如果磁场强度未知,又没有精确的磁场计,则用频率计测出 ^{1}H 的共振频率 ν_1, ^{19}F 的频率 ν_2,若已知 ^{1}H、^{19}F 中的一个磁旋比,就可算出另一个核的磁旋比。即设 ^{1}H 的 g 共振频率 ν_1,磁旋比 γ;^{19}F 的频率为 ν_2,磁旋比为 γ_2。

则从

$$\nu = \frac{\gamma}{2\pi} B_0 \tag{5-11-17}$$

得

$$\frac{\nu_1}{\nu_2} = \frac{\gamma_1/2\pi}{\gamma_2/2\pi} \gamma_1 = \frac{\nu_1}{\nu_2} \gamma_2 \tag{5-11-18}$$

例如:在一定的磁场强度下(无磁场计测定其 B_0 的值)测得 ^{19}F 的共振频率 ν_2 为

15.474 47 MHz，已知，^{10}F 的为:$4.00541*10^7 T^{-1}\cdot s^{-1}$ 并测出在同一磁场下 ^{1}H 的共振频率 ν_1 为 16.448 74 MHz，则

$$\frac{\gamma_1}{2\pi}=\frac{\nu_1}{\nu_2}\gamma_2/2\pi=\frac{16.44874}{15.47447}\times 4.00541\times 10^7 T^{-1}s^{-1}=4.2575\times 10^7 T^{-1}\cdot s^{-1}$$

把 $h=6.624\times 10^{-34} J\cdot s$ 及 $u_N=5.0508\times 10^{-27} A\cdot m^2$ 代入 $g=\frac{\gamma}{2\pi}h/u_N$，算出 $g=5.5846$。又把 ^{1}H 的 $I=\frac{1}{2}$ 代入(5-11-6)算出 ^{1}H 的磁矩为

$$u=\frac{\gamma}{2\pi}hI=gu_NI=2.7923u_N \qquad (以核磁子 \mu_N 为单位)$$

【思考题】

(1) 如何确定对应于磁场为 B_0 时核磁共振的共振频率 ν？
(2) B_O 和 B_1 的作用是什么？

实验 5-12　光拍频法测量光速

　　光速是物理学中重要的常量之一。由于它的测定与物理学中许多基本物理问题有密切的联系，如天文测量、地球物理测量，以及空间技术的发展等计量工作的需要，对光速的精确测量显得更为重要，它已成为近代物理学中的重点研究对象之一。

　　17 世纪 70 年代，人们就开始对光速进行测量，由于光速的数值很大，所以早期的测量都是用天文学的方法。到了1849 年菲索利利用转齿法实现了在地面实验室测定光速，其测量方法是通过测量光信号的传播距离和相应时间来计算光速的。由于测量仪器的精度限制，其精度不高。而 19 世纪 50 年代以后，对光速的测量都采用测量光波波长 λ 和它的频率 f。由 $c=f\lambda$ 得出光的传播速度。到了 20 世纪 60 年代，高稳定的崭新光源激光的出现，使光速测量精度得到很大的提高，目前公认的光速度为(299792458 ± 1.2)m/s。

　　测量光速的方法很多，本实验采用声光调制形成光拍的方法来测量。实验集声、光、电子一体。所以通过本实验，不仅可以学习一种新的测量光速的方法，而且对声光调制的基本原理，衍射特性等声光效应有所了解。

【实验原理】

　　光拍法测量光速是利用光拍的空间分布，测出同一时刻相邻同相位点的光程差和光拍频率，从而间接测出光速。

1. 光拍的形成

　　根据振动叠加原理，两列速度相同，振动和传播方向相同，频差又较小的简谐波叠加

形成拍。

假设有两列振幅相同(只是为了简述概况),角频率分别为 ω_1 和 ω_2 的简谐波沿 x 方向传播:

$$E_1 = E_0 \cos(\omega_1 t - k_1 t + \varphi_1)$$
$$E_2 = E_0 \cos(\omega_2 t - k_2 t + \varphi_2)$$

式中 $k_1 = 2\pi/\lambda_1$, $k_2 = 2\pi/\lambda_2$ 为波数, φ_1 和 φ_2 为初位相,者两列简谐波叠加得

$$E = E_1 + E_2 = 2E_0 \cos\left[\frac{\omega_1 - \omega_2}{2}\left(t - \frac{x}{c}\right) + \frac{\varphi_1 - \varphi_2}{2}\right] \times \cos\left[\frac{\omega_1 + \omega_2}{2}\left(t - \frac{x}{c}\right) + \frac{\varphi_1 - \varphi_2}{2}\right]$$
(5-12-1)

式中可见, E 是以角频率为 $\frac{\omega_1 - \omega_2}{2}$,振幅为: $2E_0 \cos\left[\frac{\Delta\omega}{2}\left(t - \frac{x}{c}\right) + \frac{\varphi_1 - \varphi_2}{2}\right]$ 的前进波。注意到其振幅是以角频率随时间作周期性的缓慢变化。所以称 E 为拍频波,其中 $\Delta\omega = \frac{\omega_1 - \omega_2}{2} = \pi\Delta f$, ΔF 称为拍频, $\Delta\lambda$ 是拍的波长,如图 5-12-1 所示

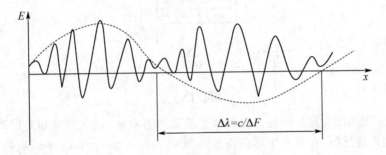

图 5-12-1 拍的形成

2. 相拍二光束的获得——声光调制

光拍的形成要求相叠加的两光束具有一定(较小)的频率差,为了获得具有这样特性的两束光。可以设法使激光束产生一个固定的频移,本实验是利用超声和激光同时在某些介质中互相作用来实现,我们称它为声光调制。

声光调制是基于某些介质的声光效应,由于超声波是弹性波,当它在声光介质中传播时,会引起介质的弹性应力或应变(或介质的密度发生周期性的疏密变化)。从而引起介质中光折射率的相应变化、影响光在介质中的传播特性,此即弹光效应。这种效应使声光介质形成一个相位相光栅,光栅常数为超声的波长 λ。当波长为 $\lambda = 632.8$ nm 的平面单色激光束通过这一位相光栅时,其波阵面将发生变化,如图 5-12-2 所示。

出射光发生多级衍射,使激光束在传播方向,频率和光强分布等方面都按一定规律发生变化,这种现象称为声光效应。

假设超声波 $u(y,t) = u_0 \cos(\omega_s t - k_s y)$ 沿 y 方向以行波传播,它引起介质在 y 方向的应变为:

$$S=\frac{\partial u}{\partial y}=u_0 k_S \sin(\omega_s t - k_S y)=s_0 \sin(\omega_s t - k_S y) \tag{5-12-2}$$

式中，S_0 为应变量的幅值，$k_s=\frac{\omega_s}{v_s}$ 为介质中的声波数，V_s 是介质中的超声波速度，由于应变是周期函数，它引起介质的密度在 y 方向发生疏密相间的变化，如图 5-12-2 所示。

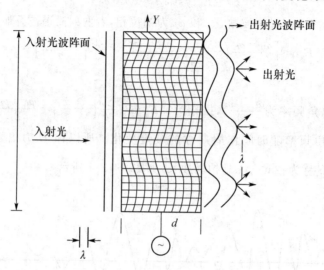

图 5-12-2

若介质 y 方向的宽度 b 恰好是超声波半波长的整数倍，且在声源相对的端面敷上反射材料，使超声波反射，在介质中形成驻波声场 $u(y,t)=2u_0\cos(\omega_s t)\sin(k_s y)$，它使介质在 y 方向的应变为

$$S=\frac{\partial u}{\partial y}=2u_0 k_S \cos(\omega_s t)\sin(k_S y)=2s_0 \cos(\omega_s t)\sin(k_S y) \tag{5-12-3}$$

即，用同样的超声波源激励，驻波引起的应变量幅值是行波的两倍，这样光通过介质产生衍射的强度比行波法强得多，所以本实验采用驻波法。

介质的应变引起其折射率发生相应的变化，其关系可表示为

$$\Delta\left(\frac{1}{n^2}\right)=PS \tag{5-12-4}$$

式中，n 是介质的折射率，P 是单位应变引起的 $\frac{1}{n^2}$ 的变化，称为光弹系数。

在各向同性的介质中，P 和 S 都是标量，于是对于驻波声场：

$$\Delta n=-\frac{n^3}{2}PS=-n^3 PS_0 \cos(\omega_s t)\sin(k_s y)=-2A\cos(\omega_s t)\sin(k_s y) \tag{5-12-5}$$

$$n(y)=n_0+\Delta n=n_0+2A\cos(\omega_s t)\sin(k_s y) \tag{5-12-6}$$

式中，$A=\frac{1}{2}n^3 PS_0$ 为超声波引起介质折射率变化的幅度，此时介质在 y 方向的折射率

(图 5-12-3)表示不同瞬间驻波场中折射率的分布情况。在驻波场中形成折射率分布不以声速()沿 y 方向移动,而是在某些地方总是(n_0)数值,在其他一些地方 n 数值以两倍超声频作涨落变化,当平面激光束通过介质超声驻波场时,利用光衍射极大地两次干涉法可获得超声波光学像,这种情况可以作阴影法来解释:在超声驻波场折射率波节处(即 n 在 $(n_0 \pm \Delta n)$ 范围内变化),光束改变了传播方向,这意味着波节对应于亮条纹,波腹对应于暗条纹,条纹间距为超声波半波长。

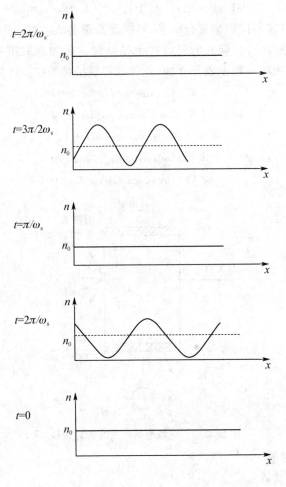

图 5-12-3

当 x 方向射入平面激光,通过厚度为 d 的介质后,其相位发生变化。

$$\Delta \phi = n(y)k_0 d = n_0 k_0 d + 2Ak_0 d \cos(\omega_s t) \sin(k_s y) \quad (5-12-7)$$

式中,k_0 是真空中的光波数,n_0 为未加超声波作用时介质的折射率,$n_0 k_0 d$ 为光通过未加超声波作用的介质后相位变化量,$Ak_0 d \cos(\omega_s t) \sin(k_s y)$ 为光通过未加超声波作用的介质后在 x 方向的附加位相变化在 y 方向的分布,当声光相互作用介质厚度 d 较薄时,此声光介质相当于一薄光栅或相位光栅,其光栅常量等于频的调制而发生变化。若激光束垂直入射这一相位光栅(经超声波作用的介质),出射 L 级对称衍射,衍射光强的极大值满足关系式:

$$\lambda_s \sin\theta_L = L\lambda_0$$

第 L 级衍射光的角频率为

$$\omega_{L\cdots M} = \omega_0(L+2m)\omega_s \qquad (5\text{-}12\text{-}8)$$

式中,L 是衍射级,$(L=0、\pm 1、/2、\cdots)$。对于每一个 L 值,$(m=0、\pm 1、/2、\cdots)$,即在同一衍射光束内就含有许多不同频率成分的光,其频率差都是 $2\omega_s$、$4\omega_s$、$\cdots$,如图 5-12-4 所示。虽然各衍射级的光强度不同,但它们可以产生拍频波。例如选取第一级衍射光,即($L=1$,$m=0$ 和 $m=-1$)的两种频率成分叠加,就可以得到拍频为 $(2\omega_s)$。衍射光频率成分:

$+2$ 级:$(\omega_0,\omega_0 2\omega_s,\omega_0 4\omega_s,\cdots)$

$+1$ 级:$(\omega_0,\omega_0 3\omega_s,\omega_0 5\omega_s,\cdots)$

0 级:$(\omega_0,\omega_0 2\omega_s,\omega_0 4\omega_s,\cdots)$

-1 级:$(\omega_0\omega_s,\omega_0 3\omega_s,\omega_0 5\omega_s,\cdots)$

-2 级:$(\omega_0\omega_s,\omega_0 2\omega_s,\omega_0 4\omega_s,\cdots)$

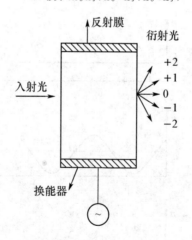

图 5-12-4 驻波声场产生的衍射频移

3. 光拍频波的检测

(1) 光拍频波的接收

实验用光敏检测器——光电二极管接收光拍频波,其光敏面上产生的光电流大小正比于光拍频波的强度(电场强度 E 的平方),所以光电流为

$$i_0 = gE^2 \qquad (5\text{-}12\text{-}9)$$

式中,g 为光敏器件的光电转换常数。

由于光波的频率很高($f > 10^{14}$ Hz)。而且其光敏二极管的最短响应时间 $t \approx 10^{-8}$ s

(即最高的响应频也在 $f=10^8$ Hz 左右),所以目前光波照射光敏检测器所产生的光电流只能是响应时间 $t(1/fc<t<1/\Delta f)$ 内的平均值。

$$i_0 = \frac{1}{t}\int i_0 \mathrm{d}t \tag{5-12-10}$$

将式(5-7-1)、(5-7-9)代入式(5-7-10),结果积分中的高频项为零,只留下常数项和缓变项(光拍信号)。

$$i_0 = \frac{1}{t}\int i_0 \mathrm{d}t = gE_0^2\left\{1+\cos\left[\Delta\omega\left(t-\frac{x}{c}\right)+\Delta\phi\right]\right\} \tag{5-12-11}$$

式中,$\Delta\omega$ 是光拍频的角频率,$\Delta\phi=\phi_1-\phi_2$ 为初相角。可见光检测器输出的光电流包含有直流成分,图 5-7-5 是光拍信号 gE_0^2 在某一时刻的空间分布,如果接收电路把直流成分滤掉,检测器将输出频率为拍频 Δf,而相位与空间位置有关的光拍信号。

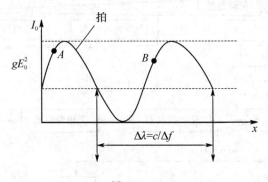

图 5-12-5

(2) 光速的测量

从图 5-7-5 和式(5-7-11)可见,光拍信号的相位与空间位置有关,处在不同空间位置的光敏检测器,在同一时刻有不同相位的光电流输出。

假设空间两点 A、B(图 5-12-5)的光程差为 $\Delta x'$,对应的光拍信号的相位差也为 $\Delta\Phi'$ 即

$$\Delta\Phi' = \Delta\omega \cdot \Delta x'/c = 2\pi\Delta f\Delta x'/c$$

光拍信号的同相位诸点的相位差 $\Delta\Phi$ 满足下列关系:

$$\Delta\Phi = \Delta\omega \cdot \Delta x/c = 2\pi\Delta f\Delta x/c = 2\pi n$$

则

$$c = \Delta f\Delta x/n \tag{5-12-12}$$

式中,当取相邻两同相位点 $n=1$ 时,Δx 恰好是同相位点的光程差,即光拍频波的波长 $\Delta\lambda$。从而有

$$\Delta x = \Delta\lambda = c/\Delta f$$

或

$$c = \Delta f \cdot \Delta\lambda \tag{5-12-13}$$

因此,实验中只要测出光拍波的波长 $\Delta\lambda$(光程差 Δx)和拍频 $\Delta f(\Delta f=2f)$ 为超声波

频率,根据式(5-12-13)可求得 c 值。

【实验仪器】

图 5-12-6 是测量光速实验装置图,(a)是光路示意图,(b)是电路原理框路。

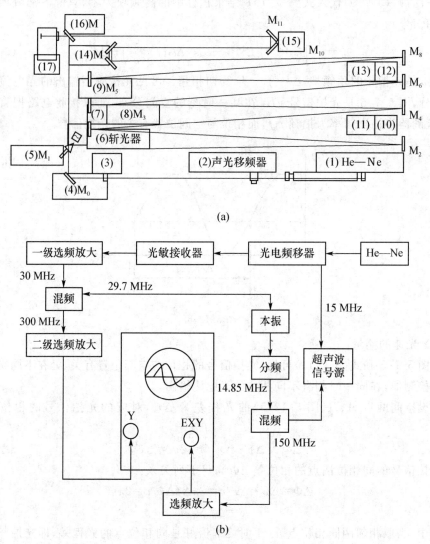

图 5-12-6 实验原理图

由超声功率信号源产生频率为 f 的超声波信号送到声光调制器,在声光介质中产生驻波超声场,此时声光介质形成相位光栅,当 He-Ne 激光束垂直射入声光介质,将产生 L 级对称衍射,任一级衍射光都含有拍 $\Delta f = 2f$ 的光拍信号,假设选用第一级衍射光,可用光阑选出这一束光,经半透分光镜 M_1 将这束光分成两路:远程光束①依次经全反射镜 M_2、M_3 等多次反射后透过半反射镜 M 入射到光敏接收器;近程光束②由半反射镜 M 反射进入光敏接收器,在半透分光镜后面接入斩光器,由小型电机带动,轮流挡住其中一路光束,让光敏接收器轮流接收①路或②路光信号。如果将这路光通过光敏接收器后直接加到示波器上观察它们的波形,还是比较困难的,因为 He-Ne 激光束和频移光束包含许多频率成分,致使有用的拍频信号被淹没,所以难以观察。

为了能够选出清晰的拍频信号,接收电路采用选频放大电路,如图 5-12-6(b)所示,以滤除激光器的噪声和衍射光束中不需要的频率成分。而只让频率为 $(2F±0.25)$ MHz 的拍频通过,从而提高了接收电路的信噪比。

实验中为了用普通示波器观察拍频信号,在一级选频放大电路后面加入混频电路,把拍频信号差额为几百 KHz 的较低频信号送到示波器 Y 轴。另外,还用超声信号源的信号经另一混频电路差额后作为示波器 X 轴同步触发信号,使扫描与信号同步,在示波器的屏幕上显示出清晰、稳定的两束光信号波形,然后通过移动滑动平台,改变两光束间的光程差,在示波器上观察到两束光的相位变化,当两束光相位相同时,光拍波波长 $\Delta\lambda$ 恰好等于两光束的光程差 Δx。所以测出超声波频率 f 和光拍频波的波长 $\Delta\lambda$,就可以计算出光的传播速度 c。

【实验内容】

(1) 在 GSY-N 型光速测量仪上测量光速 c,并求测量不确定度。
(2) 与公认光速值比较,求百分误差。

【实验步骤】

(1) 按图 5-12-6 连接好所用仪器。
(2) 接通激光器电源开关,调节激光器工作电流在 5 mA 左右。
(3) 接通稳压电源开关,细心调节超声波频率,调节激光束通过声光介质并与驻波声场充分相互作用(可通过调节频移器底座上的螺丝完成),使之产生二级以上明显的衍射光斑。
(4) 用光阑选取所需的(零级或一级)光束,调节 M_0、M_1 方位,使①②路光都能按预定要求的光路进行。
(5) 用斩光器分别挡住①路或②路光是经其各自光路后分别射入光敏接收器,调节光敏接受器方位,使示波器荧屏上能分别显示出他们的清晰波形。
(6) 接通斩光器电源开关,示波器上将显示相位不同的两列正弦波形。
(7) 移动滑动平台,改变两束光的光程差,使两列光拍信号同相位(相位差为),此时的光程差为 Δf。

(8) 精确测量两光束的光程,求出它们的光程差,并从频率计测出超声波的频率 f。

【实验注意事项】

(1) 声光频移器引线等不得随意拆卸。
(2) 切忌用手或其他物体接触光学元件的光学面,试验结束盖上防护罩。
(3) 切勿带电触摸激光管电极。
(4) 提高实验精度,防止假相移的产生。

为了提高实验精度,除准确测量超声波频率和光程差外,还要注意对二束光相位的精确比较。如果试验中调试不当,可能会产生虚假的相移,结果影响实验精度。

图 5-12-7 所示的近程光①沿透镜 L 的光轴入射并会聚于 P_1 点,远程光②偏离 L 的光轴入射并会聚于 P_2 点,由于光敏面 P_1 点和 P_2 点的灵敏度和光电子入射时间不同,使两束光产生虚假相移。

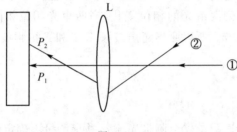

图 5-12-7

检查是否产生虚假相移的办法是分别遮挡远、近程光,观察两路光束在光敏面上反射是否经透镜后都成像于光轴上。

【思考题】

(1) "拍"是怎样形成的?它有什么特性?
(2) 声光调制器是如何形成驻波衍射光栅的?激光束通过它后其衍射有什么特点?
(3) 根据实验中各个量的测量精度,估计本实验的误差,如何进一步提高本实验的测量精度?

第六章 设计性实验

一、设计性实验的作用和特点

设计性实验是学生有一定的基础训练后,对学生进行的介于基础实验教学和科学实验、工程实验之间的,具有对科学实验全过程进行初步训练特点的实验教学。通过这一实验教学环节使学生在设计技术方案、物化技术方案、实验方案等方面的能力有一定的提高。

任何科学实验过程都经过实践——反馈——修正——实践反复进行,并在多次反复过程中不断地加以完善。它主要包括下面几个环节。

常规教学实验主要进行实验实践和实验综合这两个环节。属于继承和接受前人的知识、技能,这是科学实验入门的基础训练。一般说来,这类实验经过长期科学实验证明已经成熟,不论在实验原理、实验方法、仪器配套、实验现像及测量内容、数据处理等方面都具有基础性、典型性和继承性的意义。

设计性实验则由实验室提出实验课题,要求学生自行查找资料,推导其有关的理论,确立实验方案与测量方法,选择配套仪器,进行实验,最后写出比较完整的实验报告。设计性实验应具有综合性、典型性和探索性的意义。

二、设计性实验方案的选择和实验仪器的配套

设计性实验教学核心是实验方案的选择。选择实验方案,并在实验中检验方案的正确性与合理性。设计时一般包括几个方面:根据设计的要求与实验精度的要求,确立实验原理,选择实验方法、测量条件与配套仪器以及测量数据的处理方法等。

在进行设计实验时,还应考虑各种误差,分析其产生的原因,以及如何从测量数据中发现和检查误差的存在,估算其大小,并消除或减少误差对实验结果的影响。

实验方案的选择一般包括:实验方法和测量方法的选择;测量仪器和测量条件的选择;进行综合分析和误差估算等。

1. 实验方法的选择

根据课题所要研究的对象,查阅各种有关资料,根据一定的物理原理,确定被测量与可测量之间关系的各种实验方法。比较各种方法能达到的实验准确度、实验条件及实施的现实可能性,以确定最佳实验方案。

例如:测量转动惯量有刚体转动法、三线摆法等;测量凸透镜的焦距有物像法、自准直法、共轭法等。各种方法都有各自的特点,可根据具体的测量进行综合分析,比较各种方法可能出现的误差及消除和减小误差的方法,并确定数据处理方法,选择出最佳方案。

2. 测量方法的选择

实验方法选定后,为使各物理量测量的不确定度最小,需要进行不确定度来源及不确定度传递的分析,并结合实验仪器,确定合适的具体测量方法。例如测量一个线段起点 A 到小球中心 B 的距离,如图 6-1 所示,主要有三种测量方法:

① $L=\dfrac{L_1+L_2}{2}$;② $L=L_2+\dfrac{d}{2}$;③ $L=L_1-\dfrac{d}{2}$。若测量用毫米单位的米尺,只考虑不确定度 B 分量的情况下:

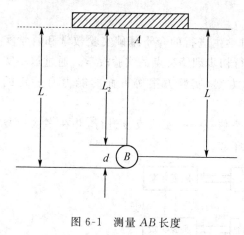

图 6-1 测量 AB 长度

$$\Delta_{L_1}=\Delta_{L_2},\Delta_{ins}=0.05\ \text{cm}$$

用 1/50 mm 游标卡尺测量小球的直径 d,其 $\Delta_d=0.02$ cm,则 L 的测量不确定度为:

①:$\Delta_L=\sqrt{\dfrac{1}{4}\Delta_{L_1}^2+\dfrac{1}{4}\Delta_{L_2}^2}=\sqrt{\dfrac{1}{4}(0.05)^2+\dfrac{1}{4}(0.05)^2}\ \text{cm}=0.04\ \text{cm}$;

②与③:$\Delta_L=\sqrt{\Delta_{L_1}^2+\dfrac{1}{4}\Delta_d^2}=\sqrt{(0.05)^2+\dfrac{1}{4}(0.02)^2}\ \text{cm}=0.05\ \text{cm}$。

由计算结果就可以知道,第一种方法不确定度小于第二、第三种,由此可见,选用测量方法是非常重要的。

3. 测量仪器的选择

选择测量仪器时,一般须考虑四个因素:①分辨率;②准确度;③量程;④价格。由于量程根据待测物理量大小决定,在满足测量要求的情况下,应尽量选择小量程,且能满足分辨率和精度要求的条件下,应尽可能选择价格较低的仪器。

4. 测量条件的选择

测量条件的选择就是要求设计者确定在什么条件下进行测量不确定度最小。这个条件可以由各自变量对不确定度求导并令其为零而得到。对单元函数,只需求一阶和二阶导数,令一阶倒数为零,解出相应的变量表达式,代入二阶导数,若二阶导数大于零,则该表达式即为测量的最有利条件。一般从相对不确定度着手。

例如:如图 6-2 所示,用滑线式电桥测量电阻时滑线臂在什么位置测量时,能使待测电阻的相对不确定度最小。

设 R_x 为标准电阻,$l_1=L-l_2$ 或 $l_2=L-l_1$ 为滑线电阻的两臂长。当电桥平衡:

$$R_x = R_s \frac{l_1}{l_2} = R_s \left(\frac{l-l_2}{l_2}\right)$$

其相对不确定度为

$$E_{R_x} = \frac{\Delta_{R_x}}{R_x} = \frac{L}{(L-l_2)l_2} dl_2$$

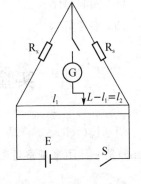

图 6-2 用滑线式电桥测量电阻

E_{R_x} 是 l_2 的函数,要求相对误差为最小的条件是

$$\frac{\partial E_{R_x}}{\partial l_2} = \frac{L(2l_2-L)}{(L-l_2)^2 l_2^2} = 0$$

因此,$l_2 = l_1 = \frac{L}{2}$ 是滑线电桥最有利的测量条件。

5. 数据处理方法的选择

可参阅前面的数据处理基本方法,选用一种既能充分利用测量数据,又符合客观实际的数据处理方法。

6. 实验仪器的配套

实验中需要使用多种仪器时,仪器的合理配套问题比较复杂,一般规定各仪器的分不确定度对总不确定度、测量结果的影响都相同,既按等作用原理选择、配套仪器。

由于物理实验的内容十分广泛,实验的方法和手段非常丰富,同时还由于不确定度影响的复杂性,因此很难找出一套普遍实用的方法。实验者在具体的实验中应该根据实际情况因地制宜地制定出切实可行的实验方案。

三、设计性实验报告的撰写

设计性实验是在学生已经掌握了一些基础物理实验原理、方法和技能之后,通过查阅一定的文献资料,利用实验室提供的实验仪器和测量工具,自主进行实验操作的一类提高性实验。撰写一份完整的设计性实验报告,主要包括以下几个方面的内容:

(1) 实验题目

(2) 引言

(3) 实验目的

(4) 实验原理

(5) 实验仪器

(6) 实验内容与步骤

(7) 数据记录与处理

(8) 实验总结

(9) 参考资料

实验 6-1 自组望远镜与显微镜

望远镜(telescope)是一种用于观察远距离物体的目视光学仪器,显微镜(microscope)是一种用来观察近距离微小物体的目视光学仪器。

【实验目的】

(1) 进一步掌握透镜的成像规律。

(2) 了解望远镜及显微镜的工作原理。

(3) 学习用自组的望远镜测量透镜焦距。

【实验要求】

(1) 用自准直法或共轭法测出两块凸透镜的焦距,确定一个作为物镜,一个作为目镜,自组一台望远镜。

(2) 用自组望远镜测量另一透镜的焦距。

(3) 用自准直法或共轭法测出两块短焦透镜的焦距,确定一个作为物镜,一个作为目镜,自组一台显微镜。

【实验提示】

1. 望远镜

根据所用透镜类型的不同,常用折射式望远镜可分为开普勒式和伽利略式。开普勒式望远镜(Kepler telescope)由两个凸透镜组成,其光路如图 6-1-1 所示。无穷远处的物屏 y 上的一点(图中未画出)发出的光(平行光)经物镜 L_o 成实像 y' 于 L_o 的焦平面处(处于目镜 Le 的焦点 Fe 内),分划板 P 也处于 L_o 的焦平面处,则 y' 与分划板 P 重合。如物 y 不处于无穷远处,则 y' 与 P 位于 F_o 之外。而目镜 Le 起到了一个放大镜的作用,又将 y' 成一个放大、倒立的虚像 y'' (分划板 P 也同时成放大的虚像 P',并与 y'' 重合)。开普勒式望远镜的优点是物镜和目镜之间存在一个中间实像,在中间像的位置可安置一块分划板,就可以进行瞄准和测量,若在系统中插入一个倒像系统,则可将倒像 y'' 变成一个正像,更利于观察和瞄准。由此可见,人眼通过望远镜观察物体,相当于将远处的物体拉到了近处观察,实质上起到了视角放大的作用。

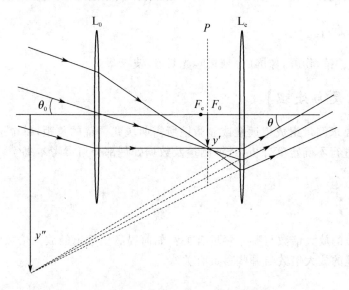

图 6-1-1　开普勒式望远镜光路图

伽利略式望远镜(Galileo telescope)由一个凸透镜(物镜)和一个凹透镜(目镜)组成,其光路如图 6-1-2 所示,光线经物镜折射所成的实像在目镜的后方,这个像相对目镜是一个虚像,该虚像经过目镜又成一个正立放大的虚像。伽利略式望远机不需要加倒像系统,但是这种系统的缺点是中间不存在实像,无法安装分划板。

2. 显微镜

显微镜是观察微小物体的光学仪器,其光路图如图 6-1-3 所示。物镜 L 的焦距非常短($f_0 <$ 1 cm),目镜 Le 的焦距大于物镜的焦距,但也不超过几个厘米。分划板 P 与物镜 L_0 之间的距离为 l。物屏 y 放在物镜焦点 F_0 外一点,调节 y 与 L_0 之间的距离,使其通过物镜 L_0 成一放大倒立的实像 y' 于分划板 P 处。然后通过目镜 Le 观察像 y',先调节目镜 Le 与分划板 P 之间的距离,以使人眼看清分划板 P,然后看清 y' 时,也同时看清了分划板 P。人眼通过目镜 Le 看 y' 的过程与望远镜中通过 Le 看 y'' 的观察过程相同,则人眼通过显微镜观察的微小物体 y 被大大地放大成 y'' 了。

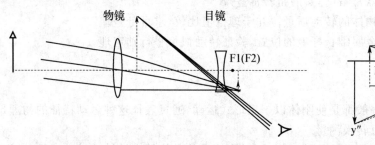

图 6-1-2　开普勒式望远镜光路图

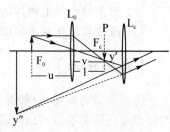

图 6-1-3　望远镜光路图

可以通过改变分划板 P 与物镜 L_o 之间的距离 l,可以获得显微镜的不同放大率。

【实验仪器】

凸透镜,凹透镜,物屏,像屏(分划板),光具座,支架等

【数据记录与处理】

根据实验要求测量组成望远镜或显微镜所需两块儿透镜的焦距,每个透镜测量 6 次,并对测量结果进行不确定度分析,透镜测量及数据处理部分可参考本书实验:光路调整与透镜焦距的测量。

【思考题】

(1) 望远镜的放大倍数与哪些参量有关?如何提高望远镜的放大倍数?
(2) 显微镜的放大倍数与哪些参量有关?

实验 6-2 转动惯量的测定

转动惯量(moment of inertia)是刚体绕轴转动时惯性大小的量度,是表明刚体特性的一个物理量,刚体转动惯量除了与物体的质量有关外,还与轴的位置和质量分布(即形状、大小和密度)有关。

【实验目的】

(1) 用扭摆测定几种不同形状物体的转动惯量和弹簧的扭转常量,并与理论值进行比较。
(2) 验证转动惯量平行轴定理。

【实验要求】

(1) 测定扭摆的仪器常量(弹簧的扭转常量)K。
(2) 测定两个以上物体的转动惯量。并于理论值比较,求百分差。
(3) 改变滑块儿在金属细长杆上的位置,验证转动惯量平行轴定理。

【实验提示】

转动惯量的测量,一般都是使刚体以一定形式运动,通过表征这种运动特征的物理量与转动惯量的关系,进行转换测量。

对于形状简单、质量分布均匀的刚体,可以直接计算其绕特定转轴的运动惯量。对于

形状复杂、质量分布不均匀的刚体,则需要采用实验方法来测定,例如机械部件、电动机转子和枪炮的弹丸等。

扭摆的构造如图6-2-1所示,在竖直轴1上装有一根薄片状的螺旋弹簧,用以产生恢复力矩;2在轴的上方可以装上各种待测物体。垂直轴与支座间装有轴承,以降低摩擦力矩;3为水平仪;4为高度调节螺丝用来调整系统平衡。

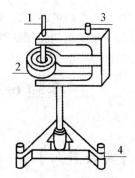

图 6-2-1 扭摆构造图

将物体在水平面内转过一个角度 θ 后,在弹簧的恢复力矩作用下,物体就开始绕垂直轴作扭转运动。根据胡克定律,弹簧受扭转而产生的恢复力矩 M 与所转过的角度 θ 成正比,即

$$M = -K\theta \qquad (6\text{-}2\text{-}1)$$

式中,K 为弹簧的扭转常量。根据转动定律

$$M = I\alpha$$

式中,I 为物体绕转轴的转动惯量,α 为角加速度,由上式得

$$\alpha = \frac{M}{I} \qquad (6\text{-}2\text{-}2)$$

令 $\omega^2 = \frac{K}{I}$,忽略轴承的摩擦阻力矩,由式(6-2-1)、(6-2-2)得

$$\alpha = \frac{\mathrm{d}^2\theta}{\mathrm{d}t^2} = \frac{K}{I}\theta = -\omega^2\theta \qquad (6\text{-}2\text{-}3)$$

上述方程表示扭摆运动具有角简谐振动的特性,角加速度与角位移成正比,且方向相反。此方程的解为

$$\theta = A\cos(\omega t + \phi) \qquad (6\text{-}2\text{-}4)$$

式中,A 为简谐振动的角振幅,ϕ 为初相位,ω 为角速度。此简谐振动的周期为

$$T = \frac{\pi}{\omega} = 2\pi\sqrt{\frac{I}{K}} \qquad (6\text{-}2\text{-}5)$$

由式(6-2-5)可知,只要实验测得物体扭摆的摆动周期,并且 I 和 K 中任何一个量已知时即可计算出另一个量。

理论分析证明,若质量为 m 的物体通过质心轴的转动惯量为 I_0 时,当转轴平行移动距离 x 时,则此物体对新轴线的转动惯量变为 $I_0 + mx^2$,这称为转动惯量的平行轴定理。

本实验还可以采用塔式转动惯量实验仪测量物体的转动惯量。

【实验仪器】

扭摆及几种待测转动惯量的物体,转动惯量测试仪(塔式转动惯量实验仪等相关仪器)。

【数据记录与处理】

根据实验要求测量,并对测量结果进行不确定度分析。

【思考题】

(1) 本实验的不确定度来源有哪些？
(2) 如何运用扭摆法测量质量非均匀物体的转动惯量。

实验 6-3 双臂电桥测金属杆的电阻率

【实验目的】

(1) 了解双臂电桥测低值电阻的原理和方法。
(2) 测定导体的电阻率。
(3) 了解单、双臂电桥的关系和区别。

【实验要求】

(1) 测定铜、铁、铝的电阻率（任选其一），写出实验原理和相关的电路图。
(2) 提出所需的仪器设备。

【实验提示】

在测量低值电阻时，因为引线本身的电阻和引线端点接触电阻的存在（约 $10^{-2}\Omega$），伏安法、惠斯登电桥法已经不再适用。我们可以利用双臂电桥进行低值电阻的测量。为消除接触电阻的影响，接线方式改成四端钮方式，如图 6-3-1。C、C 为电流端钮，P、P 为电压端钮，等效电路如图 6-3-2 此时毫伏表上测得电压为 Rx 的电压降，由 $Rx = V/I$ 即可准确计算出 Rx。

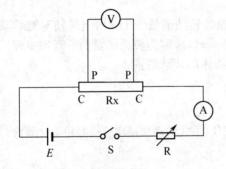

图 6-3-1 双臂电桥测低值电阻

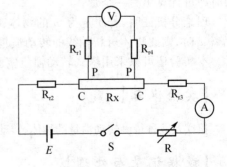

图 6-3-2 双臂电桥测低值电阻等效电路

由此可见，测量低值电阻时，为了消除接触电阻的影响，将通过电流的接点（称电流接点）与测量电压的接点（即电压接点）分开，并且将电压接点放在里面。

把四端接法的低值电阻接入原单臂电桥，演变成图6-3-3的双臂电桥，等效电路如图6-3-4所示。标准电阻R_N电流头接触电阻为R_{iN1}、R_{iN2}，待测电阻Rx的电流头接触电阻为R_{iX1}、R_{iX2}，这些接触电阻都连接到双臂电桥电流测量回路中，只对总的工作电流I有影响，而对电桥的平衡无影响。将标准电阻电压接触电阻为R_{N1}、R_{N2}和待测电阻Rx电压头接触电阻为R_{X1}、R_{X2}分别连接到双臂电桥电压测量回路中，因为它们与较大电阻R_1、R_2、R_3、R_4相串联，对测量结果的影响也极其微小，这样就减少了这部分接触电阻和导线电阻对测量结果的影响。

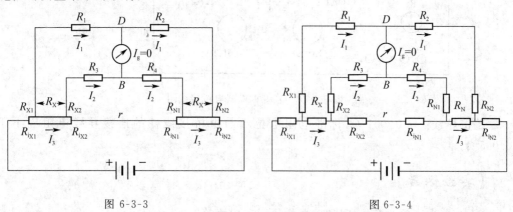

图 6-3-3　　　　　　　　　　　图 6-3-4

用四端式电桥（双桥），按图6-3-5接线，标准电阻R_N按表6-3-1选用0.01级BZ3型标准电阻。

表 6-3-1

R_X/Ω		R_N/Ω	$R_1=R_2$	R_X/Ω		R_N/Ω	$R_1=R_2$
从	到			从	到		
10	100	10	100	0.001	0.01	0.001	100
1	10	1	100	10^{-4}	10^{-3}	0.001	1000
0.1	1	0.1	100	10^{-5}	10^{-4}	0.001	10000
0.01	0.1	0.01	100				

当电桥使用四端式（双桥）测量时，按照表6-3-1选取$R_1:R_2$的数值，把正反向开关合在任意一方接通电路，接通检流计"粗"按钮，调节测量盘，使检流计基本指零，再接通"细"按钮，视灵敏度的高低选择合适的灵敏度量程，再调节测量盘使电桥平衡。

未知电阻R_X按下式计算：

$$R_X = a(v, T) \cdot R_N = v \cdot R_N$$

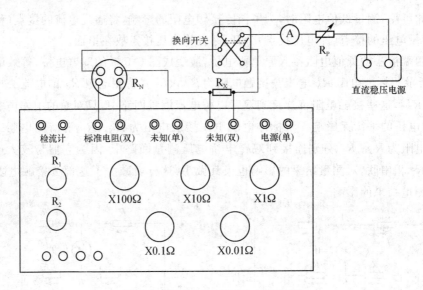

图 6-3-5　QJ19 四端式电桥接线图

跨接导线 $r \leqslant 0.001\ \Omega$，标准电阻电位端与电桥接线柱的连接导线电阻应小于 $0.005\ \Omega$。

【实验仪器】

QJ19 型直流单双臂电桥，待测铜棒、铁棒、铝棒等。

【数据记录与处理】

按照实验要求，阅读有关资料，设计好实验方法，进行测量，并写出完整的实验报告。

【思考题】

(1) 双臂电桥主要适用于测量电阻的范围是多少？
(2) 实验中采用什么方法消除接触电阻和导线电阻对测量结果的影响？

实验 6-4　电位差计测定电阻率

电位差计(potentiometer)是测量电位差的精密仪器，它与标准电阻配合还可测量电流和电阻率，达到很高的准确度。在实验 3-3 电位差计的使用中，有电位差计详细的工作原理和使用方法。

【实验目的】

(1) 掌握电位差计的工作原理和使用方法。
(2) 能用电位差计测定电阻丝电阻率。
(3) 学习简单电路的设计方法,培养独立工作能力。

【实验要求】

(1) 测定电阻率,写出实验原理和相关的电路图。
(2) 提出所需的仪器设备。

【实验提示】

电阻的测定:将一已知阻值的电阻 R_0(用标准电阻或电阻箱)与待测电阻丝 R_x 串联,并使它们流过一个恒定的直流电流。用电位差计分别测出 R_0 与 R_x 两端的电压,便可算出待测电阻丝 R_x 的阻值。

电阻的阻值 R_0 和电流大小的选择要得当,除考虑电位差计量程和电阻的额定电流之外,应尽可能使测量结果有较高的准确度。

【实验仪器】

待测电阻丝,UJ31 型电位差计(包括标准电池、光点检流计和辅助工作电源),直流稳压电源,其他仪器自选。

【数据记录与处理】

按照实验要求,阅读有关资料,设计好实验方法,进行测量,并写出完整的实验报告。

【思考题】

简述用电位差计测量电阻率的原理。

实验 6-5　电磁波综合实验

【实验目的】

(1) 认识时变电磁场,进一步理解电磁感应原理。
(2) 掌握电磁波辐射原理。

(3) 设计电磁感应装置,了解天线的特性和基本结构。

【实验要求】

(1) 用半波天线和电磁波综合实验仪验证位移电流。
(2) 设计电磁波感应器。

【实验提示】

1. 电磁波产生

电磁波(Electromagnetic wave)是电磁场的一种运动形态。变化的电场会产生磁场(即电流会产生磁场),变化的磁场则会产生电场。变化的电场和变化的磁场构成了一个不可分离的统一的场,这就是电磁场,而变化的电磁场在空间的传播形成了电磁波。电磁波为横波。电磁波的磁场、电场及其传播方向三者互相垂直。振幅沿传播方向的垂直方向作周期性变化,电磁波的功率与振幅的平方成正比。在空间传播的电磁波其传播速度与光速 $c(3\times10^{-8} \text{ m/s})$ 相同。电磁波的波长 λ、频率 f 和传播速度 c 三者之间的关系为:$c=\lambda f$。

电磁波的传播不需要介质,但电磁波通过不同介质时,会发生折射、反射、绕射、散射及吸收等等。电磁波的传播有沿地面传播的地面波,还有从空中传播的空中波以及天波。波长越长其衰减也越少,电磁波的波长越长也越容易绕过障碍物继续传播。机械波与电磁波都能发生折射、反射、衍射、干涉,因为所有的波都具有波动性。

2. 电磁波发射与接收

产生电磁振荡的电路叫振荡电路,在理想的电阻为零的无阻尼情况,振荡电路的周期 T_0 和频率 f_0 由振荡电路性质决定:

$$T_0=\frac{1}{f_0}=\sqrt{LC}$$

式中 L,C 为振荡电路的自感和电容。但是 LC 振荡电路中,变化的电场局限于电容器中,而变化的磁场基本局限在电感线圈中,不利于辐射电磁波,通过减少电容极板的面积、增大两极板的距离和减少线圈匝数,一方面即可以提高振荡频率,而另一方面又使得电路更开放以利于电磁波的辐射。

【实验仪器】

JMX-JY-02 型电磁波综合实验仪如图 6-5-1 所示,附件有半波偶极感应器,感应器,带滤波半波偶极感应器,带滤波感应器,八木天线实验尺,高频屏蔽电缆,极细屏蔽电缆等。

【数据记录与处理】

根据实验要求完成实验数据的记录、整理,并用所提供实验附件设计电磁波感应器。

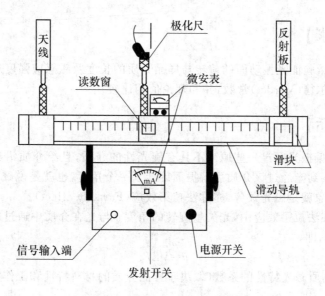

图 6-5-1　电磁波综合实验仪结构图

【实验注意事项】

（1）测试时尽量避免人员走动，以免人体反射影响测试结果。

（2）按下发射开关按钮时，若红色警告灯亮，应立即停止发射，检查波段插口与波段开关是否对应，发射天线是否接好，否则会损坏仪器。

（3）测试感应器时，感应灯不可靠的太近，否则会烧毁感应灯（置于 10 cm 之外）。

【思考题】

（1）何谓位移电流，说明位移电流的物理实质及意义，比较传导电流和位移电流之间有何不同？

（2）电磁波感应器可以制作成几种形式？制作时应注意什么？

实验 6-6　磁光调制（法拉第效应）实验

【实验目的】

（1）了解什么是法拉第效应，观察其产生的现象。

（2）学会测量给定的样品介质的磁致旋光角。

【实验要求】

（1）通过测量验证光振动面的偏转与样品介质的长度及磁感应强度成正比的规律。
（2）计算费尔德（Verdet）常数，并和理论值相比较。

【实验提示】

当一束平面偏振光穿过一些原来不具有旋光性的介质，且给介质沿光的传播方向加一磁场，就会观察到光经过该介质后偏振面旋转了一个角度，也就是说磁场使介质具有了旋光性。这种现象就是磁光效应，亦称法拉第效应（Faraday effect）。

实验表明：在法拉第效应中，光矢量旋转的角度 θ 与光在介质中通过的距离 L 及磁感应强度 B 成正比，即

$$\theta = VBL$$

式中，V 是表征物质磁光特性的系数（取决于样品介质的材料特性和工作波长），称为费尔德（Verdet）常量。

另外，法拉第效应与自然旋光不同。在法拉第效应中对于给定的物质，光矢量的旋转方向只由磁场的方向决定，而与光的传播方向无关，即当光线经样品物质往返一周时，旋光角将倍增。

本实验关键是光路中各光学元件的等高共轴调节，有关内容可参考本教材相关实验。表 6-6-1 为常见物质的费尔德常数。

表 6-6-1　若干种物质的费尔德常数

物　质	$T/℃$	λ/nm	$V/[(°)\cdot T^{-1}\cdot cm^{-1}]$
空气	0	580	6.27×10^{-2}
一氧化氮	0	580	5.8×10^{-2}
水	20	580	1.3×10^2
甲醇	20	589	0.9×10^2
水晶	20	589	1.7×10^2（垂直 c 轴）
重火石玻璃	20	589	$(0.8\text{——}1.0)\times 10^3$

【实验仪器】

磁光调制实验仪，样品为重火石玻璃棒（两根），尺寸 $\phi 10\times 100$ mm。仪器光路结构如图 6-6-1 所示。

【数据记录与处理】

根据实验提示测量光矢量旋转角度 θ 与光在介质中通过的距离 L 及磁感应强度 B 成正比的规律，列出表格，并根据数据画出相应曲线。计算费尔德常量。

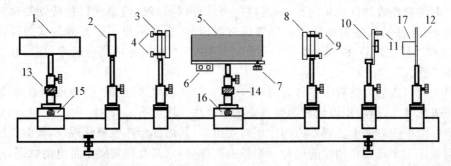

1—He-Ne激光器；2—起偏器；3、8—反射镜；4、9—反射镜调节钮；5—螺线管线圈；6—螺线管线圈接线柱；7—螺线管水平调节钮；10—检偏器(带角度测量盘)；11—检偏器角度调节钮；12—接收光屏；13—激光器垂直调节钮；14—螺线管垂直调节钮；15—激光器径向调节钮；16—螺线管径向调节钮；17—光电检测器（探头）

图 6-6-1 磁光调制实验仪光路部分结构图

【思考题】

（1）法拉第效应是什么现象？
（2）光的偏转方向与光的传播方向是否有关？

实验 6-7 A 类超声诊断与超声特性

【实验目的】

（1）了解超声波的产生和和接收的原理。测量固体或水中的声速。
（2）利用脉冲反射法进行超声无损探伤实验。

【实验要求】

（1）测量固体或水中声速。
（2）选择一个样本进行超声定位诊断实验。

【实验提示】

1. 超生波产生与测量

超声波(Ultrasonic)是指频率高于 20 kHz 的声波，它是弹性机械波，不论材料的导电性、导磁性、导热性、导光性如何，只要是弹性材料，它都可以传播进去，并且它的传播与材料的弹性有关，如果弹性材料发生变化，超声波的传播就会受到干扰，根据这个扰动，就可了解材料的弹性或弹性变化的特征，这样超声就可以很好地检测到材料特别是材料内部的信息，对某些其它辐射能量不能穿透的材料，超声更显示出了这方面的实用性。与 X 射线、γ 射线相比，超声的穿透本领并不优越，但由于它对人体的伤害较小，使得它的应用仍然很广泛。

产生超声波的方法有很多种，如热学法、力学法、静电法、电磁法、磁致伸缩法、激光法以及压电法等等，但应用得最普遍的方法是压电法。压电效应（Piezoelectric effect）：某些电介质在沿一定方向上受到外力的作用而变形时，其内部会产生极化现象，同时在它的两个相对表面上出现正负相反的电荷。当外力去掉后，它又会恢复到不带电的状态，这种现象称为正压电效应。当作用力的方向改变时，电荷的极性也随之改变。相反，当在电介质的极化方向上施加电场，这些电介质也会发生变形，电场去掉后，电介质的变形随之消失，这种现象称为逆压电效应（Inverse piezoelectric effect），或称为电致伸缩现象。逆压电效应只产生于介电体，形变与外电场呈线性关系，且随外电场反向而改变符号。压电体的正压电效应与逆压电效应统称为压电效应。如果对具有压电效应的材料施加交变电压，那么它在交变电场的作用下将发生交替的压缩和拉伸形变，由此而产生了振动，并且振动的频率与所施加的交变电压的频率相同，若所施加的电频率在超声波频率范围内，则所产生的振动是超声频的振动，若把这种振动耦合到弹性介质中去，那么在弹性介质中传播的波即为超声波，这利用的是逆压电效应。若利用正压电效应，可将超声能转变成电能，这样就可实现超声波的接收。

超声回波信号的显示方式。主要有幅度调制显示（A 型）和亮度调制显示及两者的综合显示，其中亮度调制显示按调制方式的不同又可分为 B 型、C 型、M 型、P 型等。A 型显示是以回波幅度的大小表示界面反射的强弱，即在荧光屏上以横坐标代表被测物体的深度，纵坐标代表回波脉冲的幅度，横坐标有时间或距离的标度，可借以确定产生回波的界面所处的深度。

2. 超声波的应用

1) 医用 A 类超声

A 类超声波是按时间顺序将信号转变为显示器上位置的不同来分析人体组织的位置、形态等。这项技术可用于人体腹腔内器官位置及厚度的测量与颅脑的占位性病变的分析诊断。如图 6-7-1 所示，超声波从探头发出，先后经过腹外壁，腹内壁，脏器外壁，脏器内壁，t 为探头所探测到的回波信号在示波器时间轴上所显示的时间，即超声波到达界面后又返回探头的时间。若已知声波在腹壁中的传播速度 u_1、腹腔内的传播速度 u_2 与在脏器壁的传播速度 u_3，则可求得腹壁的厚度为：

$$d_1 = u_1(t_2 - t_1)/2 \tag{6-7-1}$$

脏器距腹内壁的距离为：

$$d_2 = u_2(t_3 - t_2)/2 \tag{6-7-2}$$

脏器的厚度为：

$$d_3 = u_3(t_4 - t_3)/2 \tag{6-7-3}$$

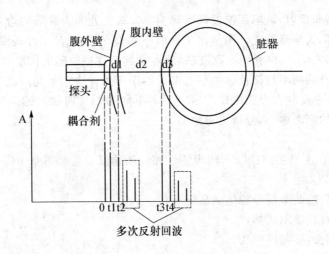

图 6-7-1　A 类超声诊断原理图

$$\frac{r(v,T)}{\alpha(v,T)} = F(v,T)$$

2) 超声脉冲反射法探伤

对于有一定厚度的工件来说,若其中存在缺陷,则该缺陷处会反射一个与工件底部的声程不同的回波,一般称之为缺陷回波。如图 6-7-2 所示为一个存在裂缝缺陷的工件。

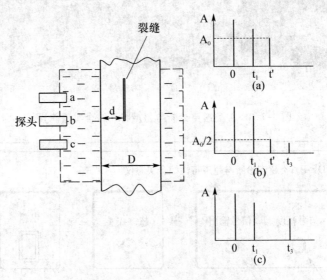

图 6-7-2　超声脉冲反射法探伤原理图

图 6-7-2 中(a)、(b)、(c)分别反映了同一超声探头在 a、b、c 三个不同位置时的反射情况。在位置 a 时,超声信号被缺陷完全反射,此时缺陷回波的高度为 A_0;在位置 c 时,该处不存在缺陷,回波完全由工件底面反射;而在位置 b 时,由于超声信号一半由缺陷反

射,一半由工件底面反射,缺陷回波的高度降为 $A_0/2$,此处即为缺陷的边界——这种确定缺陷边界的方法称为半高波法。测量出工件的厚度 D,分别记录工件表面、底面及缺陷处回波信号的时间 t_1、t_2、t',再利用半高波法,就可得到工件中缺陷的深度 d 及其位置。

超声探头本身的频率特征及脉冲信号源的性质等条件决定了超声波探伤具有时间上的分辨率,该分辨率反映在介质中即为区分距离不同的相邻两缺陷的能力,称为分辨力。能区分的两缺陷的距离愈小,分辨力就愈高。

3. 仪器介绍

FD-UDE-B 型 A 类超声诊断与超声特性综合实验仪实验装置如 6-7-3 示;实验仪主机面板示意图 6-7-4 示:

1——信号幅度:调节信号幅度的旋钮;
2——信号输出:接示波器;
3——超声探头:接超声探头;
4——电源开关。

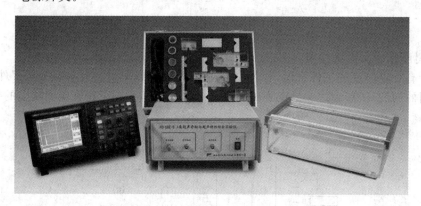

图 6-7-3 A 类超声诊断与超声特性综合实验装置

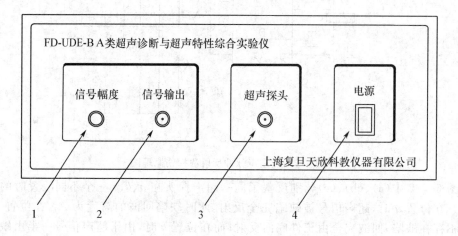

图 6-7-4 断与超声特性综合实验仪主机面板示意图

主机内部工作原理见下面框图：

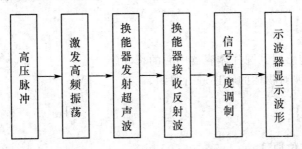

图 6-7-5 主机内部工作原理框图

仪器的工作原理：电路发出一个高速高压脉冲至换能器，这是一个幅度呈指数形式减小的脉冲。此脉冲信号有两个用途：一是作为被取样的对象，在幅度尚未变化时被取样处理后输入示波器形成始波脉冲；二是作为超声振动的振动源，即当此脉冲幅度变化到一定程度时，压电晶体将产生谐振，激发出频率等于谐振频率的超声波（本仪器采用的压电晶体的谐振频率点是 2.5 MHz）。第一次反射回来的超声波又被同一探头接收，此信号经处理后送入示波器形成第一回波，根据不同材料中超声波的衰减程度、不同界面超声波的反射率，还可能形成第二回波等多次回波。

【实验仪器】

FD-UDE-B 型 A 类超声诊断与超声特性综合实验仪，数字示波器

【数据记录与处理】

参照本书实验 2-4 声波速度的测量，根据实验要求记录数据，求出所测介质声音传播速度或工件缺陷深度及位置，并对测量结果进行不确定度分析。

【思考题】

(1) 什么是压电效应？怎样利用压电效应产生超声波？
(2) 举例说明超声波有哪些用途？

实验 6-8 超声 GPS 三维声纳定位

【实验目的】

(1) 用时差法测量声速和距离。

(2) 了解声纳的工作原理，用超声波对被测目标定位。

【实验要求】

(1) 定标；求传感器到圆柱体容器中心的长度。
(2) 利用超声波对物体的轨迹进行跟踪。

【实验提示】

1. 超声波的定位原理

超声波探测物体的位置是通过测距和测角同时完成。超声测距通常包括渡越时间测距、声波幅值测距、相位测距等方法。本实验采用渡越时间测距法。其工作原理如下：超声波反射与接收采用同一超声传感器，超声传感器先作为超声波发射器发出超声波，经介质（本实验用水）的传播到达测试目标，测试目标反射回来的回波传播到超声传感器，此时超声传感器切换为超生接收器，其接收到的时间即为渡越时间（Transit time）。该渡越时间与水中的声速相乘，就是声波传播的总距离，即探测时间的 2 倍（本实验所用的仪器已设计成将传播时间除以 2）故显示器的时间就是探测器到物体的时间。

$$l = v \cdot t \tag{6-8-1}$$

两边进行微分

$$dl = v dt + t dv$$

式(6-8-1)表明超声波测距仪的测试精度是由渡越时间和声速决定的。如将声速看成常量，则上式变为：

$$dl = v dt = v / f \tag{6-8-2}$$

式(6-8-2)说明计时电路的计时频率越高，传感器的精度越高。超声波的传播速度受介质温度影响最大，超声波声速 v 与环境温度 t_0 的关系可由以下经验公式给出：

$$v = 1480 \times \sqrt{(t_0 + 273.16)/273.16} \tag{6-8-3}$$

同时该温度下的速度 v 也可以利用逐差法通过实际测量的方法来求得，而目标的角度测量可直接从换能器的方向旋转刻度盘读取。

2. 实验装置介绍

实验模拟装置由圆柱体容器以及安装在容器壁上探测传感器等附件组成，如图 6-8-1 所示。被测物 1 挂在具有丝杆装置可使其沿容器半径方向做径向移动的横梁 2 上，同时横梁 2 可以绕容器中心 O 转动。3 是可读取换能器转动角度 Φ 的旋转盘。对目标物体进行定位，必须知道它与相对参考点的相对位置。一般可以用极坐标来定位。根据图 6-8-1 所示，如果我

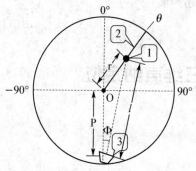

图 6-8-1 实验装置结构与坐标的关系

们知道了 l 和 Φ 就确定了目标方位。l 可以通过前面的介绍来测量；Φ 可以从旋转盘测出。

3. 测量仪的电路结构框图

水下超声定位仪的电路结构组成如图 6-8-2 所示，整个系统由 89C51 系列单片机来控制，启动测量时，由单片机每隔 10 ms 发出 2 个 1 MHz 的超声波，驱动超声波发射器的功率电路发射出超声脉冲，同时启动单片机的计时器，当这脉冲到达被测目标时，发生反射，经水的传播被超声波接收器接收，再由放大电路进行滤波放大，使单片机产生中断，计数停止，数码显示器把测得的时间显示并可由单片机将该数据进行存储，同时可从换能器的旋转盘读取方向角度，由此实现定位的功能。

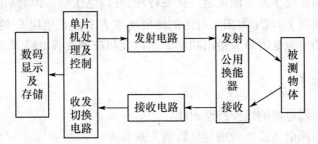

图 6-8-2　FB215A 型 GPS(三维声纳)定位实验仪结构框图

【实验仪器】

超声 GPS(三维声纳)定位实验仪，示波器。

【数据记录与处理】

测量实验室温度，计算当前温度下声波在水中的传播速度。在初始时刻，当换能器置于 $\Phi=0°$ 时，仪器横梁也处在 $0°$ 位置，即在同一直径上，此时可以利用经验公式(6-8-3)求取 v，利用测量仪测出回波时间 t_p，从而可求出探测器到圆柱体容器中心的长度，从而完成仪器的定标。自拟表格记录所有的定标实验数据，表格的设计要便于用逐差法进行计算。

确定好被测物的运动轨迹、起点坐标、终点坐标、角度步长和长度步长，对测试物体直线运动或圆周运动轨迹进行跟踪。

【思考题】

在实验中，改变被测物到探测器之间的距离，会发现测量结果与理论值的相对误差会变大，原因是什么？

实验 6-9　太阳能电池特性研究

太阳能电池(solar cell)又称为"太阳能芯片"或"光电池",是一种利用太阳光直接发电的光电半导体薄片。太阳能电池

【实验目的】

(1) 测量不同照度下太阳能电池的伏安特性、开路电压 U_0 和短路电流 I_s。
(2) 在不同照度下,测定太阳能电池的输出功率 P 和负载电阻 R 的函数关系。
(3) 确定太阳能电池的最大输出功率 P_{max} 以及相应的负载电阻 R_{max} 和填充因数。

【实验要求】

(1) 测量太阳能电池的伏安特性曲线。
(2) 测量太阳能电池输出功率与负载的关系曲线。
(3) 确定太阳能电池的最大输出功率 P_{max} 以及相应的负载电阻 R_{max} 和填充因子。

【实验提示】

太阳能电池,也称为光伏电池,是将太阳光辐射能直接转换为电能的器件。由这种器件封装成太阳电池组件,再按需要将一块以上的组件组合成一定功率的太阳电池方阵,经与储能装置、测量控制装置及直流-交流变换装置等相配套,即构成太阳电池发电系统。

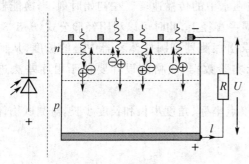

图 6-9-1　太阳能电池的工作原理

太阳能电池的工作原理基于光伏效应,如图 6-9-1 所示。当光照射太阳能电池时,将产生一个由 n 区到 p 区的光生电流 I_s。同时,由于 pn 结二极管的特性,存在正向二极管电流 I_D,此电流方向从 p 区到 n 区,与光生电流相反。因此,实际获得的电流 I 为两个电流之差:

$$I = I_s(\Phi) - I_D(U) \quad (6-9-1)$$

如果连接一个负载电阻 R,电流 I 可以被认为是两个电流之差,即取决于辐照度 Φ 的负方向电流 I_s,以及取决于端电压 U 的正方向电流 $I_D(U)$。

由此可以得到太阳能电池伏安特性的典型曲线(见图 6-9-2)。在负载电阻小的情况下,太阳能电池可以看成一个恒流源,因为正向电流 $I_D(U)$ 可以被忽略。在负载电阻大的情况下,太阳能电池相当于一个恒压源,因为如果电压变化略有下降那么电流 $I_D(U)$ 迅速增加。

当太阳电池的输出端短路时,可以得到短路电流,它等于光生电流 I_s。当太阳电池的输出端开路时,可以得到开路电压 U_0。

在固定的光照强度下,光电池的输出功率取决于负载电阻 R。太阳能电池的输出功率在负载电阻为 R_{max} 时达到一个最大功率 P_{max},R_{max} 近似等于太阳能电池的内阻 R_i。

$$R_i = U_0/I_S \qquad (6-9-2)$$

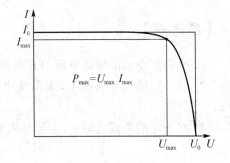

图 6-9-2　在一定光照强度下太阳能电池的伏安特性(U_{max}, I_{max}:最大功率点)

这个最大的功率比开路电压和短路电流的乘积小(见图 6-9-2),它们之比为:

$$F = \frac{P_{max}}{U_0 \cdot I_S} \qquad (6-9-3)$$

F 称为填充因子。

此外,太阳能电池的输出功率为

$$P = U \cdot I \qquad (6-9-4)$$

其是负载电阻的函数。

$$R = U/I \qquad (6-9-5)$$

我们经常用几个太阳能电池组合成一个太阳能电池。串联会产生更大的开路电压 U_0,而并联会产生更大的短路电流 I_s。在本实验中,把两个太阳能电池串联,分别记录在四个不同的光照强度时电流和电压特性。光照强度通过改变光源的距离和电源的功率来实现。

【实验仪器】

太阳能电池两块,插件板,测试仪,卤素灯。实验装置如图 6-9-3 所示,主要特点是自组式、模块化、实时测量光照度。

稳压源:2~12 V,100 W。

图 6-9-3　实验装置

【数据记录与处理】

根据实验要求测量太阳能电池
特性,列出表格,记录原始数据,并画出相应曲线。

【思考题】

(1) 太阳能电池的短路电流与光照强度之间的关系是什么?

(2) 在一定的光照强度下,太阳能电池的输出功率 P 与负载电阻 R 之间的关系是什么?

(3) 在一定的负载电阻下,太阳能电池的输出功率 P 与光照强度之间的关系式什么?

实验 6-10　热辐射与红外扫描成像

热辐射(thermal radiation)是 19 世纪发展起来的新学科,至 19 世纪末该领域的研究达到顶峰,黑体辐射(Blackbody radiation)实验是量子论得以建立的关键性实验之一,也是高校实验教学中一个重要的实验。物体由于具有温度而向外辐射电磁波的现象称为热辐射。热辐射的光谱是连续谱,波长覆盖范围理论上可从 0 至 $+\infty$,而一般的热辐射主要靠波长较长的可见光和红外线。物体在向外辐射的同时,还将吸收从其他物体辐射的能量,且物体辐射或吸收的能量与它的温度、表面积、黑度等因素有关。

【实验目的】

(1) 探究物体温度以及物体表面对物体辐射能力的影响。

(2) 探究黑体辐射与距离的关系。

(3) 依据维恩位移(Wayne displacement)定律,测绘物体辐射能量与波长的关系图。

【实验要求】

(1) 研究物体的辐射面、辐射体温度对物体辐射能力大小的影响,并分析原因。

(2) 测量改变测试点与辐射体距离时,物体辐射强度 P 与距离 S 以及距离的平方 S^2 的关系,并描绘 $P-S^2$ 曲线。

(3) 根据不同温度下的辐射强度和对应的 λ_{max},描绘 $P-\lambda_{max}$ 曲线图。

(4) 了解红外成像原理,根据热辐射原理测量发热物体的形貌(红外成像)。

【实验提示】

1859 年,基尔霍夫(G. R. Kirchhoff)从理论上导入了辐射本领、吸收本领和黑体概念,他利用热力学第二定律证明了一切物体的热辐射本领 $r(v,T)$ 与吸收本领 $\alpha(v,T)$ 成正比,比值仅与频率 v 和温度 T 有关,其数学表达式为:

$$\frac{r(v,T)}{\alpha(v,T)} = F(v,T) \tag{6-10-1}$$

式中 $F(v,T)$ 是一个与物质无关的普适函数。在 1861 年他进一步指出,在一定温度下用不透光的壁包围起来的空腔中的热辐射等同于黑体的热辐射。在 1897 年,斯特藩(J. Stefan)从实验中总结出了黑体辐射的辐射本领 R 与物体绝对温度 T 四次方成正比的结论; 1884 年,玻尔兹曼对上述结论给出了严格的理论证明,其数学表达式为:

$$R_T = \sigma T^4 \tag{6-10-2}$$

即斯特藩-玻尔兹曼定律,其中 $\sigma = 5.673 \times 10^{-12} \, \text{W}/(\text{cm}^2 \cdot \text{K}^4)$ 为玻尔兹曼常量。

1888 年,韦伯(H. F. Weber)提出了波长与绝对温度之积是一定的。1893 年维恩(Wilhelm Wien)从理论上进行了证明,其数学表达式为:

$$\lambda_{\max} T = b \tag{6-10-3}$$

式中 $b = 2.8978 \times 10^{-3} \, (\text{m} \cdot \text{K})$ 为一个普适常数,随温度的升高,绝对黑体光谱亮度的最大值的波长向短波方向移动,即维恩位移定律。

图 6-10-1 显示了黑体不同色温的辐射能量随波长的变化曲线,峰值波长 $\lambda_{\max}$ 与它的绝对温度 T 成反比。1896 年维恩推导出黑体辐射谱的函数形式:

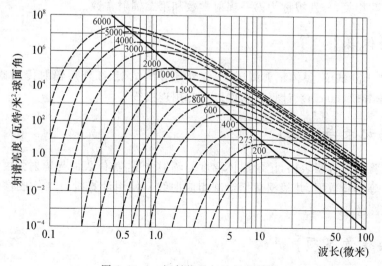

图 6-10-1 辐射能量与波长的关系

$$r_{(\lambda,T)} = \frac{ac^2}{\lambda^5} e^{-\beta/\lambda T} \tag{6-10-4}$$

式中 α, β 为常数，该公式与实验数据比较，在短波区域符合的很好，但在长波部分出现系统偏差。为表彰维恩在热辐射研究方面的卓越贡献，1911 年授予他诺贝尔物理学奖。

1900 年，英国物理学家瑞利(Lord Rayleigh)从能量按自由度均分定律出发，推出了黑体辐射的能量分布公式：

$$r(\lambda,T) = \frac{2\pi c}{\lambda^4} KT \tag{6-10-5}$$

该公式被称之为瑞利·金斯公式，公式在长波部分与实验数据较相符，但在短波部分却出现了无穷值，而实验结果使趋于零。这部分严重的背离，被称之为"紫外灾难"。

1900 年德国物理学家普朗克(M. Planck)，在总结前人工作的基础上，采用内插法将适用于短波的维恩公式和适用于长波的瑞利·金斯公式衔接起来，得到了在所有波段都与实验数据符合的很好的黑体辐射公式：

$$r_{(\lambda,T)} = \frac{C_1}{\lambda^5} \cdot \frac{1}{e^{c_2/\lambda T} - 1} \tag{6-10-6}$$

式中 c_1、c_2 均为常数，但该公市的理论依据尚不清楚。

这一研究的结果促使普朗克进一步去探索该公式所蕴含的更深刻的物理本质，他发现如果作如下"量子"假设：对一定频率 v 的电磁辐射，物体只能以 hv 为单位吸收或发射它，也就是说，吸收或发射电磁辐射只能以"量子"的方式进行，每个"量子"的能量为：$E = hv$，称之为能量子。式中 h 是一个用实验来确定的比例系数，被称之为普朗克常数，它的值为 6.62559×10^{-34} J·s。公式(6-10-6)中的 c_1、c_2 可表述为：$c_1 = 2\pi hc^2$，$c_2 = ch/k$ 它们均与普朗克常数相关，分别被称为第一辐射常数和第二辐射常数。

【实验仪器】

DHRH-1 测试仪、黑体辐射测试架、红外成像测试架、红外热辐射传感器、半自动扫描平台、光学导轨(60 cm)、计算机软件以及专用连接线等。

【数据记录与处理】

根据实验要求自制表格，记录黑体温度与辐射强度，黑体表面与辐射强度和黑体辐射与距离关系等实验数据，并根据数据绘制相应曲线。使用计算机对红外成像体进行数据采集并合成图像。

【实验注意事项】

(1) 实验过程中，当辐射体温度很高时，禁止触摸辐射体，以免烫伤。

(2) 测量不同辐射表面对辐射强度的影响时，辐射温度不要设置太高，转动辐射体时,应戴手套。

(3) 实验过程中,计算机在采集数据时不要触摸测试架,以免造成对传感器的干扰。

(4) 辐射体的光面1光洁度较高,应避免受损。

【思考题】

(1) 什么是热辐射? 什么是黑体?

(2) 黑体辐射是否具有类似光强和距离的平方成反比的规律?

(3) 红外扫描成像原理是什么? 如何提高红外扫描成像质量?

实验 6-11　多波段光栅单色仪

光栅单色仪(grating monochromator)是用光栅衍射的方法获得单色光的仪器,它可以把紫外、可见及红外三个光谱区的复合光分解为单色光。通过光栅一定的偏转的角度得到某个波长的光,并可以测定它的数值和强度。

【实验目的】

(1) 了解多波段光栅单色仪的结构和使用方法。

(2) 学会多波段光栅单色仪的定标方法。

【实验要求】

(1) 观察实验仪器,看清各旋钮的作用。

(2) 调节光源。点亮高压汞灯,调节光源,使光经凸透镜聚焦在单色仪的入射狭缝。

(3) 调节狭缝宽度,初始调至 0.5 mm 左右,用眼睛从出射狭缝辨认谱线,观察高压汞灯的所有谱线。

(4) 查找高压汞灯本征谱线数值,使用高压汞灯发出的本征谱线对光栅单色仪进行定标。

【实验提示】

多波段光栅单色仪的光学原理如图 6-11-1 所示:复色光源从入射狭缝经反射镜照射到球面镜(一)上,此镜将平行光投射到光栅上,经光栅衍射分光,将复色光分成不同波长的平行光束,以不同的衍射角度投射到球面镜(二)上。球面镜(二)将接收的平行光束聚焦在出缝处,从而得到一系列按波长排列的光谱。透过出射的光束只是光谱宽度很窄的一束单色光,扫描机构运行时,光栅随之转动,可以得到所选择的单色光。

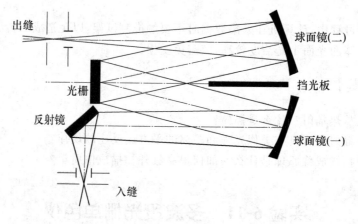

图 6-11-1 多波段光栅单色仪原理图

光栅单色仪经过运输、长期使用或重新装调后,其波长显示的读数与实际所测单色光的准确波长可能会有偏离,这就需要对多波段光栅单色仪进行重新定标,使用一些已知波长、谱线宽度较窄的光照亮入射狭缝,转动扫描手轮使这些光按照波长顺序依次从出射狭缝照出,读出波长值,再利用已知波长的准确值,可以做出多波段光栅单色仪的校准曲线,利用校准曲线,就可以测量其他光波波长的准确值了。实验室常用高压汞灯作为已知标准光源对单色仪进行定标。

【实验仪器】

WDX-300 多波段光栅单色仪(光栅 1200 线/mm)、高压汞灯、凸透镜等。

【数据记录与处理】

根据实验要求用高压汞灯对多波段光栅单色仪进行定标,自制表格,记录数据。

【注意事项】

(1) 单色仪是精密贵重仪器,可调入射狭缝和出射狭缝是其重要部件,它们直接影响光的单色性,操作前应先了解狭缝的结构、调节与读数。

(2) 狭缝调节时,鼓轮要轻旋慢动,切不可使狭缝过窄小于 0(注意鼓轮上读数),这样刀口相互挤压而卷刃,也不可使狭缝过宽大于 3 mm 而使鼓轮损坏。

(3) 旋转手轮一定要轻、慢。

(4) 注意观察出射光谱的变化(颜色)是否超过可见光波段,如果观察不到出射光谱,又没有判明原因时,请不要随便旋转波鼓手轮。

【思考题】

（1）为什么狭缝具有最佳宽度？如何求出狭缝最佳宽度？
（2）为什么要对单色仪进行定标？

实验 6-12　塞曼效应与法拉第效应

法拉第效应（Faraday effect）和塞曼效应（Zeeman effect）是十九世纪物理实验学家的重要成就，它们有利的支持了光的电磁理论，使我们对物质的光谱以及分子和原子的结构有了更多的了解，同时塞曼效应有力证明了电子自旋假设是正确的。

【实验目的】

（1）观察光的偏振现象，研究光的波动性。
（2）观察并理解法拉第磁光偏转现象，研究汞光谱的塞曼分裂现象。
（3）使用 CCD 采集光谱图像，计算电子荷质比。

【实验要求】

（1）观察并理解法拉第磁光偏转现象，研究偏转角度与磁感应强度、介质长度以及材料本身特性之间的关系，计算材料的费尔德常数，深层次理解光的电磁波特性。
（2）研究汞光谱的塞曼分裂现象，计算汞光谱的塞曼分裂裂距以及电子的荷质比，证实原子具有磁矩与空间取向量子化，进一步理解光的电磁理论。
（3）研究汞光谱的塞曼分裂现象，计算汞光谱的塞曼分裂裂距以及电子的荷质比，证实原子具有磁矩与空间取向量子化，进一步理解光的电磁理论。
（4）查了解调节光学元件接近严格平行的方法，理解法布里-珀罗标准具的干涉原理并掌握其调整方法。
（5）学习使用 CCD 摄像器件采集光谱图像，并通过图象采集卡采集进电脑，通过塞曼效应实验分析软件处理采集图像，计算电子荷质比，与读数显微镜直接测量结果作比较，理解现代化的测量手段与经典的实验过程相结合的原理。

【实验提示】

1. 法拉第效应

1845 年，法拉第在实验中发现，当一束线偏振光通过非旋光性介质时，如果在介质中沿光传播方向加一外磁场，则光通过介质后，光振动（指电矢量）的振动面转过一个角度

θ,如图 6-12-1 所示,这种磁场使介质产生旋光性的现象称为法拉第效应或者磁致旋光效应。

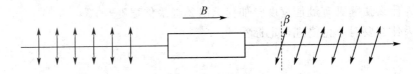

图 6-12-1 法拉第磁致旋光

自从法拉第发现这一效应以后,人们在许多固体、液体和气体中观察到磁致旋光现象。对于顺磁介质和抗磁介质,光偏振面的法拉第旋转角 θ 与光在介质中通过的路程 L 以及外加磁场磁感应强度在光传播方向上的分量成正比,即有:

$$\theta = V \cdot B \cdot L$$

其中 V 为费尔德常数。对于不同介质,偏振面旋转方向不同,习惯上规定,偏振面旋转绕向与磁场方向满足右手螺旋关系的称为"右旋"介质,其费尔德常数 $V>0$;反向旋转的称为"左旋"介质,费尔德常数 $V<0$。

与旋光物质的旋光效应不同,对于给定的物质,法拉第效应中光偏振面的旋转方向仅由磁场的方向决定,而与光的传播方向无关,利用这一特点,可以使光在介质中往返数次而使旋转角度加大。

法拉第效应的简单解释是:线偏振光可以分解为左旋和右旋的两个圆偏振光,无外加磁场时,介质对这两种圆偏振光具有相同的折射率和传播速度,通过 L 距离的介质后,对每种引起了相同的相位移,因此透过介质叠加后的振动面不发生偏转;当有外磁场存在时,由于磁场与物质的相互作用,改变了物质的光特性,这时介质对右旋和左旋圆偏振光表现出不同的折射率和传播速度。二者在介质中通过同样的距离后引起不同的相位移,叠加后的振动面相对于入射光的振动面发生了旋转。这是唯象模型的解释,有关经典理论多年解释可以参考实验指导书。

2. 塞曼效应

1896 年,荷兰物理学家塞曼发现,把光源置于足够强的磁场中,光源发出的每条谱线分裂成若干条偏振化谱线,分裂的条数随能级类别不同而不同,这种现象称为塞曼效应。塞曼效应是继法拉第效应和克尔效应之后发现的第三个磁光效应。是物理学的重要发现之一。

塞曼效应证实了原子具有磁矩,而且其空间取向是量子化的。在磁场中,原子磁矩受到磁场作用,使原子在原来能级上获得一个附加能量。由于原子磁矩在磁场中的不同取向而获得的不同附加能量,使得原来一个能级分裂成能量不同的几个子能级。同样,由光源发出的一条谱线也会分裂成若干成份。

汞光源发出的 546.1 nm 光谱线在外磁场作用下产生跃迁,如图 6-12-2 所示,而原子

发光必须遵从 $\Delta M=0$ 或 $\Delta M=\pm1$ 的跃迁定则(ΔM 表示光谱线由于能级跃迁而产生的磁量子数的差值),而且选择定则与光的偏振有关,光的偏振状态又与观察角度有关,垂直于磁场时为线偏振光,而平行于磁场时则是圆偏振光。

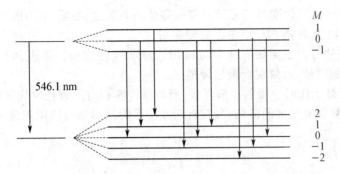

图 6-12-2　塞曼能级分裂

由图 6-12-2 可以看到,由于选择定则的限制,只允许 9 种跃迁存在,从横向角度观察,原 546.1 nm 光谱线分裂成 9 条彼此靠近的光谱线,如图 6-12-3 所示,其中包括 3 条 π 分量线(中心 3 条)和 6 条分量线。

这些条纹相互迭合而使的观察困难。由于这两种成份偏振光的偏振方向是正交的,因此我们可以利用偏振片将分量的 6 条条纹滤去,只让 π 分量条纹留下来,由于相

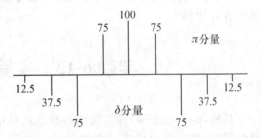

图 6-12-3　汞 546.1 nm 光谱分裂后的光谱线

邻谱线之间的间距非常小,所以采用 2 mm 间隔的法布里-珀罗标准具来准确的分析谱线的精细结构。实验仪采用干涉滤光片把笔形汞灯中的 546.1 nm 光谱线选出,在磁场中进行分裂,后面用读数显微镜观察并测量分裂圆的直径,然后计算出电子荷质比。也可以选配 CCD 摄像装置,并通过图象采集送入电脑,应用塞曼效应实验分析软件进行数据处理。

【实验仪器】

塞曼效应与法拉第效应综合实验仪、读数显微镜或 CCD 摄像头等。

仪器指标:(1)激光器波长:650 nm ;(2)干涉滤光片中心波长:546.1 nm;(3)电磁铁磁感应强度:极距 8 mm,1.3T;(4)读数显微镜放大倍数:$6^{\times}$;(5)法布里-珀罗标准具直径:Φ45 mm、中心波长:589.3 nm。

【数据记录与处理】

根据实验要求采集数据,对所采集数据进行记录并进行处理。

【实验注意事项】

（1）仪器不应受到影响使用的振动和电磁场干扰。

（2）法布里—珀罗标准具等光学元件应避免沾染灰尘、污垢和油脂，还应该避免在潮湿、过冷、过热和酸碱性蒸汽环境中存放和使用。

（3）光学零件的表面上如有灰尘可以用橡皮吹气球吹去。如表面有污渍可以用脱脂、清洁棉花球蘸酒精、乙醚混合液轻轻擦拭。

（4）笔型汞灯工作时会辐射出紫外线，所以操作实验时不宜长时间眼睛直视灯光；另外，应经常保持灯管发光区的清洁，发现有污渍应及时用酒精或丙酮擦洗干净。

【思考题】

（1）如何调节法布里—珀罗标准具？

（2）在实验中，要沿磁场方向观察塞曼效应，应该如何安排实验装置？观察到的干涉条纹花样如何？

实验 6-13　实验空气热机实验

热机（heat engine）是将热能转换为机械能的机器。历史上对热机循环过程及热机效率的研究，曾为热力学第二定律的建立起了奠基性作用。斯特林1861年发明的空气热机，以空气为工作介质，是最古老的热机之一，现在已发展出内燃机、燃气轮机等新型热机，但空气热机结构简单，便于帮助理解热机原理与卡诺循环（Carnot cycle）等热力学重要内容。

【实验目的】

（1）理解热机原理及循环过程。

（2）测量不同冷热端温度时的热功转换值，验证卡诺定理。

（3）测量热机输出功率随负载及转速的变化关系，计算热机实际效率。

【实验要求】

（1）将各部分仪器安装摆放好，根据实验仪上的标识使用配套的连接线将各部分仪器装置连接起来。注意用鱼叉线将电加热器电源的输出接线柱和电加热器的"输入电压接线柱"连接起来，黑色线对黑色接线柱，黄色线对红色接线柱，而在电加热器上的两个接线柱不需要区分颜色，可任意连接。

（2）用手顺时针拨动飞轮，结合图6-13-1仔细观察热机循环过程中工作活塞与位移活塞的运动情况,切实理解空气热机的工作原理。

(3) 取下力矩计,将加热电压加热到 11 挡(36 V)左右,等待约 6~10 min,加热电阻丝已发红后,用手顺时针拨动飞轮,热机即可运转(冷热端温差 100 度以上时易于启动)。减小加热电压至 1 挡,调节示波器,观察压力和容积信号,以及压力和容积信号之间的相位关系等,并把 P-V 图调节到最适合观察的位置,等待约 10 分钟,温度和转速平衡后,记录当前加热电压,并从热机测试仪上读取温度和转速,从双踪示波器显示的 P-V 图估算其面积,逐步加大加热功率,等待约 10 min,温度和转速平衡后,重复测量 4 次以上。以 $nA/\Delta T$ 为纵坐标,以 $\Delta T/T_1$ 为纵坐标,在坐标纸上作 $nA/\Delta T$ 与 $\Delta T/T_1$ 的关系图,验证卡诺定理。

(4) 在最大加热功率下,用手轻触飞轮让热机停止运转,然后将力矩计装在飞轮轴上,拨动飞轮,让热机继续转动。调节力矩计的摩擦力(不要停机),待输出力矩,转速,温度稳定后,读取并记录数据。保持输入功率不变,逐步增大输出力矩,重复测量 5 次以上,记录测量热机输出功率随负载及转速的变化关系。以 n 为横坐标,P_0 为纵坐标,在坐标纸上作 P_0 与 n 的关系图,表示同一输入功率下,输出偶合不同时输出功率或效率随偶合的变化关系。

(5) 用示波器观察热机 P-V 曲线图,将仪器上的示波器输出信号接入双踪示波器的 X、Y 通道,将两个通道打到交流档,在"X-Y"挡观察 P-V 图。

【实验提示】

空气热机的结构及工作原理可用图 6-13-1 说明。热机主机由高温区,低温区,工作活塞及汽缸,位移活塞及汽缸,飞轮,连杆,热源等部分组成。

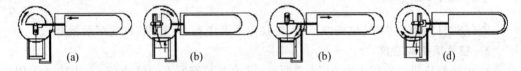

图 6-13-1 空气热机工作原理

热机中部为飞轮与连杆机构,工作活塞与位移活塞通过连杆与飞轮连接。飞轮的下方为工作活塞与工作汽缸,飞轮的右方为位移活塞与位移汽缸,工作汽缸与位移汽缸之间用通气管连接。位移汽缸的右边是高温区,可用电热方式或酒精灯加热,位移汽缸左边有散热片,构成低温区。

工作活塞使汽缸内气体封闭,并在气体的推动下对外做功。位移活塞是非封闭的占位活塞,其作用是在循环过程中使气体在高温区与低温区间不断交换,气体可通过位移活塞与位移汽缸间的间隙流动。工作活塞与位移活塞的运动是不同步的,当某一活塞处于位置极值时,它本身的速度最小,而另一个活塞的速度最大。

当工作活塞处于最低端时,位移活塞迅速左移,使汽缸内气体向高温区流动,如图 6-13-1(a 所示:进入高温区的气体温度升高,使汽缸内压强增大并推动工作活塞向上运动,如图 6-13-1(b)所示,在此过程中热能转换为飞轮转动的机械能;工作活塞在最顶端时,位移活塞迅速右移,使汽缸内向低温区流动,如图 6-13-1(c)所示;进入低温区的气体温度降低,使汽缸内压强减小,同时工作活塞在飞轮惯性力的作用下向下运动,完成循环,如图 6-13-1(d)所示。在一次循环过程中气体对外所作的净功等于 P-V 图所围的面积。

根据卡诺对热机效率的研究而得出的卡诺定理,对于循环过程可逆的理想热机,热机转换效率:

$$\eta = A/Q_1 = (Q_1 - Q_2)/Q_1 = (T_1 - T_2)/T_1 = \Delta T/T_1 \tag{6-13-1}$$

式中 A 为每一循环中热机做的功,Q_1 为热机每一循环从热源吸收的热量,Q_2 为热机每一循环向冷源放出的热量,T_1 为热源的绝对温度,T_2 为冷源的绝对温度。

实际的热机都不可能是理想热机,由热力学第二定律可以证明,循环过程不可逆的实际热机,其效率不可能高于理想热机,此时热机效率:

$$\eta \leqslant \Delta T/T_1 \tag{6-13-2}$$

卡诺定理指出了提高热机效率的途径,就过程而言,应当使实际的不可逆机尽量接近可逆机。就温度而言,应尽量提高冷热源的温度差。

热机每一循环从热源吸收的热量 Q_1 正比于 $\Delta T/n$,n 为热机转速,η 正比于 $nA/\Delta T$。n,A,T_1 及 ΔT 均可测量,测量不同冷热端温度时的 $nA/\Delta T$,观察它与 $\Delta T/T_1$ 的关系,可验证卡诺定理。

当热机带负载时,热机向负载输出的功率可由力矩计测量计算而得,且热机实际输出功率的大小随负载的变化而变化,在这种情况下,可测量计算出不同负载大小时的热机实际效率。

【实验仪器】

空气热机实验仪、空气热机测试仪、电加热器及电源、计算机(或双踪示波器)。

1. 空气热机实验仪

电加热型热机实验仪如图 6-13-2 所示,飞轮下部安装有双光电门,上边的一个用以定位工作活塞的最低位置,下边一个用以测量飞轮转动角度,热机测试仪以光电门信号为采样触发信号。

汽缸的体积随工作活塞的位移而变化,而工作活塞的位移与飞轮的位置有对应关系,在飞轮边缘均匀排列 45 个挡光片,采用光电门信号上下沿均触发方式,飞轮每转 4 度给出一个触发信号,由光电门信号可确定飞轮位置,进而计算汽缸体积。

压力传感器通过管道在工作汽缸底部与汽缸连通,测量汽缸内的压力。在高温和低温区都装有温度传感器,测量高低温区的温度。底座上的三个插座分别输出转速/转角信号、压力信号和高低端温度信号,使用专门的线和实验测试仪相连,传送实时的测量信号。电加热器上的输入电压接线柱分别用黄、黑两种线连接到电加热器电源的电压输出正负极上。

热机实验仪采集光电门信号,压力信号和温度信号,经微处理器处理后,在仪器显示窗口显示热机转速和高低温区的温度。在仪器前面板上提供压力和体积的模拟信号,供连接示波器显示P-V图,所有信号均可经仪器前面板上的串行接口连接到计算机。

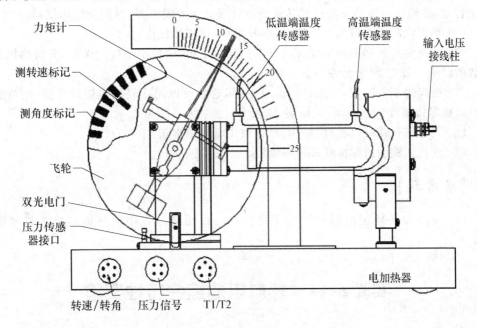

图 6-13-2 电加热型热机实验装置

加热器电源为加热电阻提供能量,输出电压从 24～36 V 连续可调,可以根据实际的实验需要调节加热电压。

力矩计悬挂在飞轮轴上,调节螺钉可调节力矩计与轮轴之间的摩擦力,由力矩计可读出摩擦力矩 M,并进而算出摩擦力和热机克服摩擦力所做的功。经简单推导可得热机输出功率 $P=2\pi nM$,式中 n 为热机每秒的转速,即输出功率为单位时间内的角位移与力矩的乘积。

2. 空气热机测试仪

空气热机测试仪分为微机型和智能型两种型号。微机型测试仪可以通过串口和计算机通讯,并配有热机软件,可以通过该软件在计算机上显示并读取 P-V 图面积等参数和观测热机波形;智能型测试仪不能和计算机通讯,只能用示波器观测热机波形。

【**数据记录与处理**】

根据实验要求采集数据,自制表格,测量记录不同冷热端温度时的热功转换值,并测量热机输出功率随负载及转速的变化关系。

【**实验注意事项**】

(1) 加热端在工作时温度很高,而且在停止加热后 1 小时内扔然会有很高温度,请小

（2）热机在没有运转状态下，严禁长时间大功率加热，若热机运转过程中因各种原因停止转动，必须用手拨动飞轮帮助其重新运转或立即关闭电源，否则会损坏仪器。

（3）热机汽缸等部位为玻璃制造，容易损坏，请谨慎操作。

（4）记录测量数据前必须保证已基本达到热平衡，避免出现较大误差，等待热机稳定读数的时间一般在 10 分钟左右。

（5）在读力矩的时候，力矩计可能会摇摆，这时可以用手轻托力矩计底部，缓慢放手后可以稳定力矩计，如还有轻微摇摆，读取中间值。

（6）飞轮在运转时，应谨慎操作，避免被飞轮边沿割伤。

（7）热机实验上所贴标签都不可撕毁。

【思考题】

（1）为什么 P-V 图的面积即等于热机在一次循环过程中将热能转换为机械能的数值？

实验 6-14 燃料电池综合特性实验

燃料电池(fuel cell)以氢和氧为燃料，通过电化学反应直接产生电力，能量转换效率高于燃烧燃料的热机。按燃料电池使用的电解质或燃料类型，将现在和近期可行的燃料电池分为碱性燃料电池，质子交换膜燃料电池，直接甲醇燃料电池，磷酸燃料电池，熔融碳酸盐燃料电池，固体氧化物燃料电池 6 种主要类型，本实验研究其中的质子交换膜燃料电池。燃料电池的燃料氢(反应所需的氧可以从空气中获得)可电解水获得，也可由矿物或生物原料转化制成。本实验包含太阳能电池发电(光能-电能转换)，电解水制取氢气(电能-氢能转换)，燃料电池发电(氢能-电能转换)几个环节，形成了完整的能量转换，储存，使用的链条，实验内容紧密结合科技发展热点与实际应用，实验过程环保清洁。

【实验目的】

（1）了解燃料电池的工作原理。

（2）观察仪器的能量转换过程：光能→太阳能电池→电解池→氢能(能量储存)→燃料电池→电能。

（3）测量燃料电池输出特性，作出所测燃料电池的伏安特性(极化)曲线，电池输出功率随输出电压的变化曲线。计算燃料电池的最大输出功率及效率。

（4）测量质子交换膜电解池的特性，验证法拉第电解定律。

（5）测量太阳能电池的特性，作出所测太阳能电池的伏安特性曲线，电池输出功率随输出电压的变化曲线。获取太阳能电池的开路电压，短路电流，最大输出功率，填充因子等特性曲线。

【实验要求】

(1) 确认气水塔水位在上限与下限之间,将测试仪的电压源输出端串连电流表后接入电解池,将电压表并联到电解池两端,测试电解池的特性测量。

(2) 在一定的温度与气体压力下,改变负载电阻的大小,测量燃料电池的输出电压与输出电流之间的关系,并作出燃料电池的极化曲线,作出该电池输出功率随输出电压的变化曲线。

(3) 在一定光照条件下,改变太阳能电池负载电阻的大小,测量输出电压与输出电流之间的关系,作出所测太阳能电池的伏安特性曲线,并作出该电池输出功率随输出电压的变化曲线。

【实验提示】

1. 燃料电池

质子交换膜(PEM,proton exchange membrane)燃料电池在常温下工作,具有启动快速,结构紧凑的优点,最适宜作汽车或其它可移动设备的电源,近年来发展很快,其基本结构如图 6-14-1 所示。

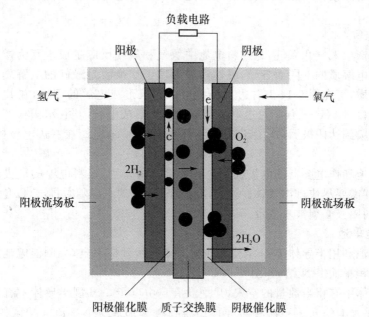

图 6-14-1 质子交换膜燃料电池结构示意图

目前广泛采用的全氟磺酸质子交换膜为固体聚合物薄膜,厚度 0.05～0.1 mm,它提供氢离子(质子)从阳极到达阴极的通道,而电子或气体不能通过。催化层是将纳米量级的铂粒子用化学或物理的方法附着在质子交换膜表面,厚度约 0.03 mm,对阳极氢的氧化和阴极氧的还原起催化作用。膜两边的阳极和阴极由石墨化的碳纸或碳布做成,厚度 0.2~0.5 mm,导电性能良好,其上的微孔提供气体进入催化层的通道,又称为扩散层。教学用燃料电池采用有机玻璃做流场板。

进入阳极的氢气通过电极上的扩散层到达质子交换膜。氢分子在阳极催化剂的作用下解离为 2 个氢离子,即质子,并释放出 2 个电子,阳极反应为:

$$H_2 = 2H^+ + 2e \tag{6-14-1}$$

氢离子以水合质子 $H^+(nH_2O)$ 的形式,在质子交换膜中从一个璜酸基转移到另一个璜酸基,最后到达阴极,实现质子导电,质子的这种转移导致阳极带负电。

在电池的另一端,氧气或空气通过阴极扩散层到达阴极催化剂,在阴极催化层的作用下,氧与氢离子和电子反应生成水,阴极反应为:

$$O_2 + 4H^+ + 4e = 2H_2O \tag{6-14-2}$$

阴极反应使用阴极缺少电子而带正电,结果在阴阳极间产生电压,在阴阳极间接通外电路,就可以向负载输出电能。总的化学反应如下:

$$2H_2 + O_2 = 2H_2O \tag{6-14-3}$$

(阴极与阳极:在电化学中,失去电子的反应叫氧化,得到电子的反应叫还原。产生氧化反应的电极是阳极,产生还原反应的电极是阴极。对电池而言,阴极是电的正极,阳极是电的负极。)

2. 水的电解

将水电解产生氢气和氧气,与燃料电池中氢气和氧气反应生成水互为逆过程。水电解装置同样因电解质的不同而各异,碱性溶液和质子交换膜是最好的电解质。若以质子交换膜为电解质,可在图 6-14-1 右边电极接电源正极形成电解的阳极,在其上产生氧化反应 $2H_2O = O_2 + 4H^+ + 4e$。左边电极接电源负极形成电解的阴极,阳极产生的氢离子通过质子交换膜到达阴极后,产生还原反应 $2H^+ + 2e = H_2$。即在右边电极析出氧,左边电极析出氢。

作燃料电池和作电解器的电极在制造上通常有些差别,燃料电池的电极应利于气体吸纳,而电解器需要尽快排出气体。燃料电池阴极产生的水应随时排出,以免阻塞气体通道,而电解器的阳极必须被水淹没。

3. 太阳能电池

太阳能电池利用半导体 P-N 结受光照射时的光伏效应发电,太阳能电池的基本结构就是一个大面积平面 P-N 结,如图 6-14-2 所示:

P 型半导体中有相当数量的空穴,几乎没有自由电子。N 型半导体中有相当数量的自由电子,几乎没有空穴。当两种半导体结合在一起形成 P-N 结时,N 区的电子(带负电)向 P 区扩散,P 区的空穴(带正电)向 N 区扩散,在 P-N 结附近形成空间电荷区与势垒电场。势垒电场会使载流子向扩散的反方向作漂移运动,最终扩散与漂移达到平衡,使流过 P-N 结的净电流为零。在空间电荷区,P 区的空穴被来自 N 区的电子复合,N 区的

电子被来自 P 区的空穴复合,使该区内几乎没有能导电的载流子,又称为结区或耗尽区。

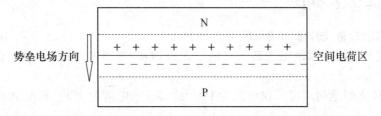

图 6-14-2　半导体 P-N 结示意图

当光电池受光照射时,部分电子被激发而产生电子-空穴对,在结区激发的电子和空穴分别被势垒电场推向 N 区和 P 区,使 N 区有过量的电子而带负电,P 区有过量的空穴而带正电,P-N 结两端形成电压,这就是光伏效应,若将 P-N 结两端接入外电路,就可向负载输出电能。

【实验仪器】

燃料电池综合特性实验仪包括:太阳能电池、电解池、燃料电池、可变负载、测试仪、气水塔和风扇等组成。

燃料电池、电解池和太阳能电池的原理见实验提示部分。

质子交换膜必须含有足够的水分,才能保证质子的传导。但水含量又不能过高,否则电极被水淹没,水阻塞气体通道,燃料不能传导到质子交换膜参与反应。如何保持良好的水平衡关系是燃料电池设计的重要课题。为保持水平衡,我们的电池正常工作时排水口打开,在电解电流不变时,燃料供应量是恒定的。若负载选择不当,电池输出电流太小,未参加反应的气体从排水口泄漏,燃料利用率及效率都低,在适当选择负载时,燃料利用率约为 90%。

气水塔为电解池提供纯水(2 次蒸馏水),可分别储存电解池产生的氢气和氧气,为燃料电池提供燃料气体。每个气水塔都是上下两层结构,上下层之间通过插入下层的连通管连接,下层顶部有一输气管连接到燃料电池。初始时,下层近似满水,电解池工作时,产生的气体会汇聚在下层顶部,通过输气管输出,若关闭输气管开关,气体产生的压力会使水从下层进入上层,而将气体储存在下层的顶部,通过管壁上的刻度可知储存气体的体积。两个气水塔之间还有一个水连通管,加水时打开使两塔水位平衡,实验时切记关闭该连通管。

风扇作为定性观察时的负载,可变负载作为定量测量时的负载。

测试仪可测量电流,电压。若不用太阳能电池电解池的电源,可从测试仪供电输出端口向电解池供电。实验前需预热 15 分钟。

【数据记录与处理】

根据实验要求采集数据,对所采集数据进行记录并进行处理。

【实验注意事项】

(1) 使用前应首先详细阅读说明书。

(2) 该实验系统必须使用去离子水或二次蒸馏水,容器必须清洁干净,否则将损坏系统。

(3) PEM 电解池的最高工作电压为 6 V,最大输入电流为 1 000 mA,否则将极大地 PEM 电解池。

(4) PEM 电解池所加的电源极性必须正确,否则将毁坏电解池并有起火燃烧的可能。

(5) 绝不允许将任何电源加于 PEM 燃料电池输出端,否则将损坏燃料电池。

(6) 气水塔中所加入的水面高度必须在上水位线与下水位线之间,以保证 PEM 燃料电池正常工作。

(7) 该系统主体系由有机玻璃制成,使用中需小心,以免打坏和损伤。

(8) 太阳能电池板和配套光源在工作时温度很高,切不可用手触摸,以免被烫伤。

(9) 绝不允许用水打湿太阳能电池板和配套光源,以免触电和损坏该部件。

(10) 配套"可变负载"所能承受的最大功率是 1 W,只能使用于该实验系统中。

(11) 电流表的输入电流不得超过 2 A,否则将烧毁电流表。

(12) 电压表的最高输入电压不得超过 25 V,否则将烧毁电压表。

(13) 实验时必须关闭两个气水塔之间的连通管。

【思考题】

(1) 该燃料电池最大输出功率是多少?最大输出功率对应的效率多少?

(2) 该太阳能电池的开路电压 U_{oc},短路电流 I_{sc} 是多少?最大输出功率 P_m 是多少?最大工作电压 U_m,最大工作电流 I_m 是多少?填充因子是多少?

附表1 常用基本物理常量表

物理量	符号	数值	单位	相对标准不确定度
光速	c	299 792 458	$m \cdot s^{-1}$	精确
真空磁导带	μ_0	$4\pi \times 10^{-7}$	$N \cdot A^{-2}$	
		$= 12.566\ 370\ 614\cdots \times 10^{-7}$	$N \cdot A^{-2}$	精确
真空电容率	ε_0	$8.854\ 187\ 817\cdots \times 10^{-12}$	$F \cdot m^{-1}$	精确
引力常量	G	$6.673\ 84(80) \times 10^{-11}$	$m^3 \cdot kg^{-1} \cdot s^{-2}$	1.2×10^{-4}
普朗克常量	h	$6.626\ 069\ 57(29) \times 10^{-34}$	$J \cdot s$	4.4×10^{-8}
约化普朗克常量	$h/2\pi$	$1.054\ 571\ 726(47) \times 10^{-34}$	$J \cdot s$	4.4×10^{-8}
元电荷	e	$1.602\ 176\ 565(35) \times 10^{-19}$	C	2.2×10^{-8}
电子静质量	m_e	$9.109\ 382\ 91(40) \times 10^{-31}$	kg	4.4×10^{-8}
质子静质量	m_p	$1.672\ 621\ 777(74) \times 10^{-27}$	kg	4.4×10^{-8}
中子静质量	m_n	$1.674\ 927\ 351(74) \times 10^{-27}$	kg	4.4×10^{-8}
精细结构常数	α	$7.297\ 352\ 569\ 8(24) \times 10^{-3}$		3.2×10^{-10}
里德伯常量	R_∞	$10\ 973\ 731.568\ 539(55)$	m^{-1}	5.0×10^{-12}
阿伏加德罗常量	N_A	$6.022\ 141\ 29(27) \times 10^{23}$	mol^{-1}	4.4×10^{-8}
法拉第常量	F	$96\ 485.336\ 5(21)$	$C \cdot mol^{-1}$	2.2×10^{-8}
摩尔气体常量	R	$8.314\ 462\ 1(75)$	$J \cdot mol^{-1} \cdot K^{-1}$	9.1×10^{-7}
玻尔兹曼常量	k	$1.380\ 648\ 8(13) \times 10^{-23}$	$J \cdot K^{-1}$	9.1×10^{-7}
斯特潘-玻尔兹曼常量	σ	$5.670\ 373(21) \times 10^{-8}$	$W \cdot m^{-2} \cdot K^{-4}$	3.6×10^{-6}
气体摩尔体积	V_m	$22.413\ 68(20) \times 10^{-3}$	$m^3 \cdot mol^{-1}$	9.1×10^{-7}

附表2　标准大气压下不同温度水的密度

温度 $t/℃$	密度 $\rho/(kg \cdot m^{-3})$	温度 $t/℃$	密度 $\rho/(kg \cdot m^{-3})$	温度 $t/℃$	密度 $\rho/(kg \cdot m^{-3})$
0	999.841	17	998.774	34	994.371
1	999.900	18	998.595	35	994.031
2	999.941	19	998.405	36	993.68
3	999.965	20	998.203	37	993.33
4	999.973	21	997.992	38	992.96
5	999.965	22	997.770	39	992.59
6	999.941	23	997.638	40	992.21
7	999.902	24	997.296	41	991.83
8	999.849	25	997.044	42	991.44
9	999.781	26	996.783	50	988.04
10	999.700	27	996.512	60	983.21
11	999.605	28	996.232	70	977.78
12	999.498	29	995.44	80	971.80
13	999.377	30	995.646	90	965.31
14	999.244	31	995.340	100	958.35
15	999.099	32	995.025		
16	999.943	33	994.702		

附表3 20℃时常用固体和液体的密度

物质	密度 ρ/(kg·m^{-3})	物质	密度 ρ/(kg·m^{-3})
铝	2 698.9	甲醇	792
铜	8 960	乙醇	789.4
铁	7 874	乙醚	714
银	10 500	汽油	710~720
金	19 320	氟利昂−12	1 329
钨	19 300	变压器油	840~890
铂	21 450	甘油	1 260
铅	11 350	蜂蜜	1 435
锡	7 298	人血	1 054
水银	13 546.12	全脂牛奶	1 032
钢	7 600~7 900	盐酸	119
石英	2 500~2 800	硫酸	184
水晶玻璃	2 900~3 000	海水	101~105
窗玻璃	2 400~2 700		

附表4 海平面上不同纬度处的重力加速度

纬度 φ/(°)	g/(m·s^{-2})	纬度 φ/(°)	g/(m·s^{-2})
0	9.780 49	50	9.810 79
5	9.780 88	55	9.815 15
10	9.780 24	60	9.819 24
15	9.783 94	65	9.822 94
20	9.786 52	70	9.826 14
25	9.789 69	75	9.828 73
30	9.793 38	80	9.830 65
35	9.797 46	85	9.831 82
40	9.801 80	90	9.832 21
4	9.806 29		

表4中所列的数值是根据公式:$g=9.780\,49(1+0.005\,288\sin^2\varphi-0.000\,006\sin^2 2\varphi)$算出,其中 φ 为纬度(长春的纬度 43°52′,其 g 为 9.804 76 m/s^2)。

附表5 20 ℃时金属弹性模量

金属	弹性模量 E GPa
铝	70.00～71.00
钨	415.0
铁	19.00～210.0
铜	105.0～130.0
金	79.00
银	70.0～82.00
锌	800.00
镍	205.00
烙	240.00～250.0
合金钢	210.0～220.0
碳钢	200.00～210.0
康铜	163.0

附表6 液体黏度

液体	温度/℃	$\eta/(10^{-6}\text{Pa})$	液体	温度/℃	$\eta/(10^{-6}\text{Pa})$
汽油	0	1 788	甘油	−20	
	18	530		0	
乙醇	−20	2 780		20	
	0	1 780		20	
	20	1 190	蜂蜜	80	
甲醇	0	817	水银	−20	1 855
	20	584		0	1 685
乙醇	0	296		20	1 554
	20	243		100	122
变压器油	20	19 800	酒精		1 773
蓖麻油	10			20	1 200
葵花籽油	20	50 000		70	504

附表 7　不同温度下水的黏度

温度/℃	$\eta/(10^{-6}\text{Pa})$	温度/℃	$\eta/(10^{-6}\text{Pa})$
0	1 787	60	469
10	1 304	70	406
20	1 004	80	355
30	801	90	315
40	653	100	82
50	549		

附表 8　某些金属(或合金)的电阻率及其温度系数

金属(或合金)	电阻率/($\mu\Omega\cdot\text{m}$)	温度系数/℃$^{-1}$	金属(或合金)	电阻率/($\mu\Omega\cdot\text{m}$)	温度系数/℃$^{-1}$
铝	0.028	42×10^{-4}	锌	0.059	42×10^{-4}
铜	0.017 2	43×10^{-4}	锡	0.12	44×10^{-4}
银	0.16	40×10^{-4}	水银	0.958	40×10^{-4}
金	0.024	40×10^{-4}	武德合金	0.52	37×10^{-4}
铁	0.098	60×10^{-4}	钢(0.10～0.15碳)	0.10～0.14	6×10^{-3}
铅	0.205	37×10^{-4}	康铜	0.47～0.51	$(-0.04～0.01)\times10^{-3}$
铂	0.105	39×10^{-4}	铜锰镍合金	0.34～1.00	$(-0.03～0.02)\times10^{-3}$
钨	0.055	43×10^{-4}	镍铬合金	0.98～1.10	$(0.03～0.4)\times10^{-3}$

附表9 常用材料的导热系数

物质	温度/K	导热系数/$(10^{-2}W \cdot m^{-1} \cdot K)$	物质	温度/K	导热系数/$(10^{-2}W \cdot m^{-1} \cdot K)$
气体			四氯化碳(CCl_4)	293	1.07
空气	300	2.61	石油	293	1.5
N_2	300	18.2	固体		
H_2	300	2.68	银(Ag)	273	4.18
O_2	300	1.66	铝(Al)	273	2.38
CO_2	300	15.1	铜(Cu)	273	4.0
H_4	300	4.90	黄铜	273	1.2
Ne	273	5.61	不锈钢	273	0.14
液体			玻璃	273	0.10
H_2O	293	6.04	橡胶	298	1.6×10^{-3}
甘油($C_3H_3O_3$)	273	2.9	木材	300	$(0.4 \sim 3.5) \times 10^{-3}$
乙醇(C_2H_3OH)	293	1.7			

附表10 某些物质中的声速

物质	$v/(m \cdot s^{-1})$	物质	$v/(m \cdot s^{-1})$
空气(0℃)	331.45	水(20℃)	1 482.9
一氧化碳(CO)	337.1	酒精(20℃)	1 168
二氧化碳(CO_2)	259.0	铝(Al)	5 000
氧(O_2)	317.2	铜(Cu)	3 750
氩(Ar)	319	不锈钢	5 000
氢(H_2)	1 279.5	金(Au)	2 030
氮(N_2)	337	银(Ag)	2 680

附表 11 常用光谱灯和激光器的可见谱线波长

元素	波长 λ/Å	元素	波长 λ/Å	元素	波长 λ/Å	激光器	波长 λ/Å
氢(H)	6 562.8Hα(红)	汞(Hg)	6 907.2	钠(Na)	5 896.0(黄)	He-Ne	6 323(橙红)
	486 162Hβ(蓝绿)		6 716.2		5 890.0(黄)	氦-氖	
	4 340.5Hγ(蓝)		6 234.4		5 688.3	氩(Ar)	5 237.0
	4 101.7Hδ(蓝紫)		6 123.3		5 682.8		5 145.3
	3 970. Hε(紫)		5 890.2		5 675.8		5 107.2
氦(He)	3 889.0Hε		5 859.4		6 506.5(红)		4 965.1
	7 065.2(红)		5 790.7(黄)	氖(Ne)	6 402.3(橙)		4 879.9
	6 678.2(黄)		5 789.7		6 383.0(橙)		4 764.4
	5 875.6(黄)		5 769.6(黄)		6 266.5(橙)		4 726.9
	5 015.7(绿)		5 675.9		6 217.3(橙)		4 657.9
	4 921.9(蓝绿)		5 460.7(绿)		6 143.1(橙)		4 579.4
	4 713.1(蓝)		5 354.0		5 881.9(黄)		4 545.0
	4 471.5(蓝)		4 960.3		585 265(黄)		4 370.7
	4 026.5(蓝紫)		4 916.0(蓝绿)			红宝石	6 943(深红)
	3 888.7(紫)		4 358.4(蓝)				6 934
			4 347.5				5 100
			4 339.2				3 600
			4 108.1				
			4 077.8(蓝紫)				
			4 046.6(蓝紫)				

附表 12 用于构成十进制倍数和分数单位的词头

因数	词头名称	英文	词头符号	因数	词头名称	英文	词头符号
10^{18}	艾[可萨]	exa	E	10^{-1}	分	deci	d
10^{15}	拍[])	peta	P	10^{-2}	厘	centi	c
10^{12}	太[拉]	tera	T	10^{-3}	毫	milli	m
10^{9}	吉[咖]	gita	G	10^{-6}	微	micro	μ
10^{6}	兆	mega	M	10^{-9}	纳[诺]	nano	n
10^{3}	千	kilo	k	10^{-12}	皮[可]	pico	p
10^{2}	百	hecto	h	10^{-15}	飞[母托]	femto	f
10^{1}	十	deca	da	10^{-18}	阿[托]	atto	a